一流学科建设研究生教学用书

获华东理工大学
研究生教育基金资助

高等反应工程

程振民　朱开宏　袁渭康　编著

化学工业出版社
·北京·

图书在版编目（CIP）数据

高等反应工程/程振民，朱开宏，袁渭康编著．—北京：化学工业出版社，2020.11（2025.3 重印）
ISBN 978-7-122-37558-2

Ⅰ.①高… Ⅱ.①程…②朱…③袁… Ⅲ.①化学反应工程-研究生-教材 Ⅳ.①TQ03

中国版本图书馆 CIP 数据核字（2020）第 152958 号

责任编辑：徐雅妮　　　　文字编辑：葛文文　陈小滔
责任校对：王　静　　　　装帧设计：李子姮

出版发行：化学工业出版社
（北京市东城区青年湖南街 13 号　邮政编码 100011）
印　　装：北京捷迅佳彩印刷有限公司
787mm×1092mm　1/16　印张 18¾　字数 477 千字
2025 年 3 月北京第 1 版第 2 次印刷

购书咨询：010-64518888　售后服务：010-64518899
网　　址：http://www.cip.com.cn
凡购买本书，如有缺损质量问题，本社销售中心负责调换。

定　　价：69.00 元

前言

化学反应工程是化学工程与技术一级学科下属各二级学科的重要基础课程，是化工类研究生的专业必修课。为满足当前科技背景下研究生的培养需求，笔者在华东理工大学研究生教育基金支持下编写了本书。本书特色如下：

（1）从增强研究生人文历史知识、以国际化视野审视学科发展动态的愿望出发，较为系统地撰写了第 1 章“化学反应工程学发展概论”，并有针对性地设置了课后习题。这一章呈现了主要历史事件，使读者得以思考这门学科从何处来、又往何处去。在反映宏观背景的同时，又针对主要事件、主要研究方向提供了具体实例，以实例体现反应工程的内涵。这样编写有助于读者理解随后各章内容在化学反应工程学知识体系中所处的位置，以及不同章节内容间的逻辑关系，在头脑中形成立体的、完善的知识结构。

（2）设置了第 11 章“计算流体力学模拟在反应工程中的应用”。计算流体力学与反应工程学有着千丝万缕的联系，是当前化学反应工程领域的新工具，但是目前还没有反应工程教材将其纳入。对于一本面向研究生的教学用书，仅介绍以停留时间分布（RTD）为代表的经典反应工程模型化理论是不够的，因为 RTD 不能反映反应器内部的真实流动状况。计算流体力学模拟（CFD）具有将内部流动真实体现的优点，特别适合于具有复杂结构和流型的反应器，这是停留时间分布法无法做到的。为此，本书编写了第 11 章。

（3）注重知识结构的完整性和系统性，共划分为 5 个知识层次：第一层次为对反应工程的理解和研究方法论，包含第 1 章“化学反应工程学发展概论”；第二层次为均相反应器理论，包含第 2 章“复杂化学反应体系的定量表征”、第 3 章“理想均相反应器分析”和第 4 章“化学反应器中的混合现象”；第三层次为非均相反应传递过程基础，包含第 5 章“外部传递过程对非均相催化反应的影响”和第 6 章“内部传递对气固相催化反应过程的影响”；第四层次为化学反应器基础理论与模型化，包含第 7 章“固定床反应器”、第 8 章“流化床反应器”、第 9 章“气液反应和反应器”，以及第 10 章“气液固三相反应器”；第五层次为化工前沿技术，主要讲解第 11 章“计算流体力学模拟在反应工程中的应用”。

为方便本教材在教学中的使用，本书配套提供了电子课件和部分习题解答分析，供读者阅读和参考。读者可扫描封底二维码获取。

本书编写分工如下：第 1 章由程振民编写，第 2、4 章由朱开宏、程振民、袁渭康编写，第 3 章由朱开宏编写，第 5 章由朱开宏、程振民编写，第 6～10 章由程振民、朱开宏编写，第 11 章由程振民编写。袁渭康院士提出了本书编写的指导思想，并参加了第 2 章第 4 节、第 4 章第 5 节的编写。全书由程振民统稿。配套课件与习题解答由程振民制作。

由于笔者水平所限，书中疏漏和不足之处在所难免，敬请读者批评指正。

编著者

2020 年 11 月

目录

第1章 化学反应工程学发展概论

第2章 复杂化学反应体系的定量表征

第3章 理想均相反应器分析

第4章　化学反应器中的混合现象

第5章　外部传递过程对非均相催化反应的影响

第6章　内部传递对气固相催化反应过程的影响

第7章 固定床反应器

第8章 流化床反应器

第9章 气液反应和反应器

第10章 气液固三相反应器

第11章 计算流体力学模拟在反应工程中的应用

主要符号表

第1章

化学反应工程学发展概论

本章将介绍化学反应工程学的起源、宗旨、研究内容、发展方向，将以历史背景为依托，通过介绍研究案例，帮助读者建立对化学反应工程学的系统认识。

1.1 化学反应工程学的起源

化学反应工程学的诞生是以下三个事件综合在一起的必然产物：

① 出现了单元操作的概念，但套用这一概念无法解决反应器的设计问题；

② 人类社会开始了工业化进程，工业化学开始由实验室向化学工业阶段发展；

③ 1947 年 Hougen 和 Watson 出版的著作 *Chemical Process Principles Part 3: Kinetics and Catalysis*，奠定了反应工程学的理论基础。

1.1.1 工业化学对化学工程的推动作用

1909 年 1 月 *Journal of Industrial and Engineering Chemistry* 简称 *Ind Eng Chem* 创刊，标志着工业化学时代的到来。副主编 Parker 发表了题为"The Industrial Chemist and His journal"的评论文章，文章中列举了一些实例说明工业化学发展成为一门学科的必要性和迫切性。例如，在铅的冶金生产中，加热状态下将铅的硫化物与硫酸铅反应，在获得金属铅的同时还可得到二氧化硫。该方法也可推广到其他反应，如可用于氢氧化钡的生产。文章列举了一些需要解决的工业化学问题，如通过发酵制备戊醇，可摆脱对杂醇油的依赖，此外还有硫铁矿的利用，锌的回收，等等。Parker 还提出了 Na_2CO_3 生产过程中副产物氯化钙的利用问题。虽然早在 1861 年比利时的索尔维（Ernest Solvay，1838—1922）就以食盐、石灰石和氨为原料，制得了碳酸钠和氯化钙，也就是氨碱法（ammonia soda process）。反应步骤为

$$CaCO_3\text{(高温)} \rightleftharpoons CaO + CO_2\uparrow \tag{1-1}$$

$$NaCl + NH_3 + CO_2 + H_2O \rightleftharpoons NaHCO_3\downarrow + NH_4Cl \tag{1-2}$$

$$2NH_4Cl + CaO \rightleftharpoons 2NH_3\uparrow + CaCl_2 + H_2O \tag{1-3}$$

$$2NaHCO_3\text{(高温)} \rightleftharpoons Na_2CO_3 + CO_2\uparrow + H_2O \tag{1-4}$$

总反应式为

$$CaCO_3 + 2NaCl \rightleftharpoons CaCl_2 + Na_2CO_3 \tag{1-5}$$

但是，该法氯化钠利用率低、成本高、废液和废渣难以处理。主要缺陷在于只用了食盐中的钠和石灰中的碳酸根，二者结合才生成纯碱。食盐中的氯和石灰中的钙结合生成了氯化钙。侯德榜（1890—1974）经过上千次实验，于 1943 年成功研究出联合制碱法，该方法将

氨厂和碱厂建在一起联合生产，由氨厂提供碱厂需要的氨和二氧化碳。反应分三步进行

$$NH_3+CO_2+H_2O \rightleftharpoons NH_4HCO_3 \tag{1-6}$$

$$NH_4HCO_3+NaCl \rightleftharpoons NH_4Cl+NaHCO_3\downarrow \tag{1-7}$$

$$2NaHCO_3 \rightleftharpoons CO_2+H_2O+Na_2CO_3 \tag{1-8}$$

该方法依据了离子反应向浓度减小的方向进行的原理。要制得纯碱，就利用$NaHCO_3$在溶液中溶解度较小的性质，先制得 $NaHCO_3$，再利用 $NaHCO_3$ 的不稳定性分解得到纯碱。要制得 $NaHCO_3$，需要有大量钠离子和碳酸氢根离子，所以在饱和食盐水中通入氨气，形成饱和氨盐水。再向其中通入二氧化碳，在溶液中产生大量的钠离子、铵根离子、氯离子和碳酸氢根离子。其中，$NaHCO_3$由于溶解度最小而析出，NH_4Cl 在常温时溶解度比 NaCl 大，而在低温下却比 NaCl 溶解度小，所以，在 5～10℃时向母液中加入食盐细粉，可使 NH_4Cl 结晶析出。

与氨碱法相比，联合制碱法具有以下优点：加入氯化钠使母液中的氯化铵结晶析出，作为化工产品或化肥，氯化钠溶液又可以循环使用，使食盐利用率从 70%提高到 96%，也使氨碱法副产的氯化钙转化成化肥氯化铵，解决了氯化钙占地毁田、污染环境的难题；以氨厂的废气二氧化碳为碱厂的主要原料制取纯碱，省却了碱厂用于制取二氧化碳的庞大的石灰窑，体现了大规模联合生产的优越性。该方法将世界制碱技术推向一个新高度，赢得了国际化工界的极高评价，很快为世界所采用。为纪念侯德榜先生对近代中国化学工业的贡献，中国化工学会于 1999 年设立了“侯德榜化工科学技术奖”。

Parker 还注意到，在实验室取得成功的方法在用于生产过程时却经常遭遇失败，例如美国海军曾报道用酒精干燥硝化纤维，在实验室中可以成功进行，但在规模化生产时却陷于失败，在很多情况下是由于缺少工程知识，这也促进了化学工程师这一职业的产生。

1.1.2 化学反应工程学的诞生

1957 年召开的第一届欧洲化学反应工程会议在反应工程发展史上具有非凡的意义，标志着化学反应工程学的诞生。

1957 年 5 月 7～9 日，第一届欧洲化学反应工程会议在荷兰阿姆斯特丹皇家热带研究所举行。会议主席为 J. C. Vlugter，有来自 12 个国家的 260 名代表参会，会议共分为五个专题。

专题一为评述性论文。来自荷兰的 van Krevelen 教授（1914—2001）介绍了本次会议的目的，并对反应工程所涉及的研究领域进行了划分。他指出，反应器技术最重要的内容之一是动力学，并可划分为微观动力学和宏观动力学。微观动力学的研究对象是化学动力学或分子尺度上的过程。但是，对于反应器设计来说，并不需要知道所有反应阶段的反应机理，通常只要知道反应的基本特征就足够了。由于工业反应器中无法获得实验室中理想均匀的温度场和流场，而这些不均匀度均超出了分子尺度，因此，需要采用宏观动力学来描述以反应器尺度、边界层厚度为特征的反应现象。van Krevelen 及其合作者还列举了两个实例说明流体力学对反应器设计的影响。

专题二主要讨论非均相反应中的传递现象。Wicke 教授发现非均相气相反应总反应速率受到三个因素的影响：①向催化剂颗粒的传递过程；②孔内的扩散过程；③反应的本质。他认为多孔碳的燃烧在 1000℃以上的温度下起决定作用的是气体向碳粒表面的传递速率，在 650～1000℃之间是孔内扩散，在 650℃以下则是化学反应速率。他提出采用边界层有效厚度的概念可以简化问题。在气液反应器设计方面，Van de Vusse 博士以“碱液中硫醇氧化

的工程问题：反应动力学与反应器设计”为例，指出首先要在高气速和高搅拌转速下获得高的氧传质速率，测定本征反应速率，然后将该速率方程用于反应器设计。

专题三为非均匀浓度分布。Danckwerts 教授介绍了“不完全混合对均相反应的影响”。他指出有两种极端情况需加以区分：

① 流入液体破碎成离散的微团、碎片，其尺寸远小于反应器，其内部为分子聚集体，微团处于完全离析状态；

② 反应物达到分子尺度的混合，可采用均匀混合的理想混合器模型描述。

专题四讨论了反应器的效率和稳定性问题。Denbigh 教授在论文“反应器中的最优温度序列”中讨论了温度对于可逆反应的影响。如果反应为放热型，升高温度可提高反应速率，但会使平衡向低转化率方向移动。对简单反应来说，沿反应器长度方向降低温度可使转化率提高，其最优温度曲线计算并不困难。对串联反应等复杂反应来说，要困难得多。当主、副反应活化能不同时，按一定的序列调节温度会影响反应效果。例如，某反应采用两釜串联方式进行，两个反应器温度不同可使收率相差一倍。Van Heerden 博士主要研究了自热反应过程的稳定性，发现如果将反应放热速率对温度作图可得到 S 形曲线，曲线的下部服从 Arrhenius 关系；在达到完全转化时，曲线趋于定值。

专题五为反应器开发。Schoenemann 教授强调了从实验室阶段向大型工业应用转化过程中动力学、停留时间分布、多相传递研究的重要性，并通过乙炔与甲醛合成 1,4-丁炔二醇的开发做了说明。Schnur 博士采用双膜理论研究了氮氧化物气体吸收制硝酸的吸收塔开发过程，发现液速与填料塔气液传质系数的关系。

这次会议得出的结论是：

① 采用化学工程中处理分离问题的单元操作方式来处理化学反应过程问题已经不再适用；

② 化学反应工程学应摆脱对具体反应的研究，而转向对反应共性特征的研究，以反应级数、动力学常数、反应类型来表征反应特性；

③ 反应与流动、传热、传质存在强烈相互作用，因此，反应工程绝不是单元操作与化学反应的简单结合。

此后，欧洲化学反应工程会议又举行了三届，1970 年升级为国际化学反应工程会议。第一届国际化学反应工程会议（International Symposium on Chemical Reaction Engineering，简称 ISCRE）于 1970 年 6 月在美国华盛顿召开，K. B. Bischoff 为会议主席。这次会议是在要求提高反应过程经济性的背景下召开的，标志着反应工程发展新时代的到来。会议围绕反应动力学、反应器模型化、反应器优化三个主题展开，其中反应器的模型化是会议的重点。ISCRE 召开地点从第一届（1970 年）至第十六届（2000 年）一直在北美洲和欧洲之间轮换。从第十七届（2002 年）在中国香港举行开始，会议在北美洲、欧洲、亚洲之间轮流举行，6 年为一周期。

1.1.3 化学反应工程学诞生时期的主要著作

化学反应工程学的诞生也促进了这门学科基础理论的快速发展。Levenspiel（1926—2017）统计了 1980 年以前以不同语言在不同国家出版的反应工程类著作，见表 1-1。根据 Levenspiel 的统计，在 1957 年化学反应工程学诞生之前，反应工程类专著已经出版 4 部。从 1957 年至 1970 年 ISCRE-1 召开的 14 年间，又出版了 36 部。至 1980 年，比较有影响的经典著作都已出版，其中在世界范围内被广泛作为教材使用的有 *Chemical Engineering Kinetics* (Smith, 1956; 1970; 1981), *Chemical Reaction Engineering* (Levenspiel, 1962; 1972; 1998; 2002), *Elements of Chemical Reactor Design and Operations* (Kramers, Westerterp, van Swaaij, Beenackers, 1963; 1984; 1991), *Chemical Reactor Theory* (Denbigh, 1965; Denbigh and Turner, 1971), *Introduction to the Analysis of Chemical Reactors* (Aris, 1965), *Elements of Chemical Reaction Engineering* (Fogler, 1974; 1992; 1999; 2006; 2016; 2020), *Chemical and Catalytic Reactors Engineering* (Carberry, 1976), *Reaction Kinetics and Reactor Design* (Butt, 1980; 2000), *Chemical Reactor Analysis and Design* (Froment and Bischoff, 1979; 1990; 2011) 等。

表 1-1 1980 年前出版的化学反应工程类代表性著作

年份	作者	著作及出版单位
1947	O. A. Hougen, K. M. Watson	Chemical Process Principles, Part 3 Kinetics and Catalysis, John Wiley & Sons
1956	J. M. Smith	Chemical Engineering Kinetics, McGraw-Hill
1961	R. Aris	The Optimal Design of Chemical Reactors, Academic Press
1962	O. Levenspiel	Chemical Reaction Engineering, John Wiley & Sons
	D. Kunii	Fluidization Methods, Nikkan Kogyo Press
1963	H. Kramers, K. R. Westerterp	Elements of Chemical Reactor Design and Operations, Academic Press
	J. F. Davidson, D. Harrison	Fluidized Particles, Cambridge Univ Press
	C. N. Satterfield, T. K. Sherwood	The Role of Diffusion in Catalysis, Addison-Wesley
1965	R. Aris	Introduction to the Analysis of Chemical Reactors, Prentice-Hall
	K. G. Denbigh	Chemical Reactor Theory, Cambridge Univ Press
	S. Aiba, A. E. Humphrey, N. F. Millis	Biochemical Engineering, Academic Press
	E. E. Petersen	Chemical Reactor Analysis, Prentice-Hall
1968	M. Boudart	Kinetics of Chemical Processes, Prentice-Hall
1969	R. Aris	Elementary Chemical Reactor Analysis, Prentice-Hall
	D. A. Frank-Kamanetskii	Diffusion and Heat Transfer in Chemical Kinetics, Plenum
	D. Kunii, O. Levenspiel	Fluidization Engineering, John Wiley & Sons
1970	J. M. Smith	Chemical Engineering Kinetics, 2nd ed., McGraw-Hill
	P. V. Danckwerts	Gas-Liquid Reaction, McGraw-Hill
	C. N. Satterfield	Mass Transfer in Heterogeneous Catalysis, MIT Press

续表

年份	作者	著作及出版单位
1971	K. G. Denbigh, J. C. R. Turner	Chemical Reactor Theory, 2nd ed., Cambridge Univ Press
1972	D. D. Perlmutter	Stability of Chemical Reactors, Prentice-Hall
	O. Levenspiel	Chemical Reaction Engineering, 2nd ed., John Wiley & Sons
1973	S. Aiba, A. E. Humphrey, N. F. Mills	Biochemical Engineering, 2nd ed., Academic Press
1974	H. S. Fogler	The Elements of Chemical Kinetics and Reactor Calculations, Prentice-Hall
1975	R. Aris	The Mathematical Theory of Diffusion and Reaction in Permeable Catalysts, Vol. 1, The Theory of the Steady State; Vol. 2, Questions of Vinqueness, Stability, and Transient Behaviour, Oxford Vniversity Press
	C. Y. Wen, L. T. Fan	Models for Flow Systems and Chemical Reactors, Marcel Dekker
	B. W. Wojciechowski	Chemical Kinetics for Chemical Engineers, Sterling Swift
1976	J. J. Carberry	Chemical and Catalytic Reaction Engineering, McGraw-Hill
	J. Szekely, J. W. Evans, H. Y. Sohn	Gas-solid Reactions, Academic Press
1977	N. R. Amundson, L Lapidus	Chemical Reactor Theory A Review, Prentice-Hall
	R. Jackson	Transport in Porous Catalysts, Elsevier
	C. G. Hill	Chemical Engineering Kinetics and Reactor Design, John Wiley & Sons
	H. Rase	Chemical Reactor Design for Process Plants, 2vols, John Wiley & Sons
1979	C. N. Satterfield	Heterogeneous Catalysis in Practice, McGraw-Hill
	J. B. Butt	Reaction Kinetics and Reactor Design, Prentice-Hall
	G. Froment, K. B. Bischoff	Chemical Reactor Analysis and Design, John Wiley & Sons
	C. D. Holland, R. A. Anthony	Fundamentals of Chemical Reaction Engineering, Prentice-Hall
	O. Levenspiel	The Chemical Reactor Omnibook, OSU Book Stores
	Y. T. Shah	Gas-Liquid-Solid Reactor Design, McGraw-Hill
1980①	J. M. Smith	Chemical Engineering Kinetics, 3rd ed., McGraw-Hill

① 实际出版时间为 1981 年。

1.2　化学反应工程学的宗旨和研究内容

1.2.1　化学反应工程学的宗旨

Smith（1916—2009）在其著作 *Chemical Engineering Kinetics* 第二版前言中写道：“The first edition of chemical engineering kinetics appeared when the rational design of chemical reactors, as opposed to empirical scale up, was an emerging field.” 即反应工程的

宗旨是通过理性方法而不是经验方法进行反应器的设计和放大。化学工程中经常采用的“无量纲数群法”“经验关联式法”“逐级放大法”都是经验方法，属于着眼于事物外部联系的黑箱方法，因而不适用于化学反应器的设计，只有建立在机理研究基础上的“数学模型化法”才是理性的，才是正确的途径。Levenspiel 对如何实现“数学模型化”做了形象描述，他将动力学与流体力学作为两个缺一不可的环节，共同完成反应器设计的任务，如图 1-1 所示。

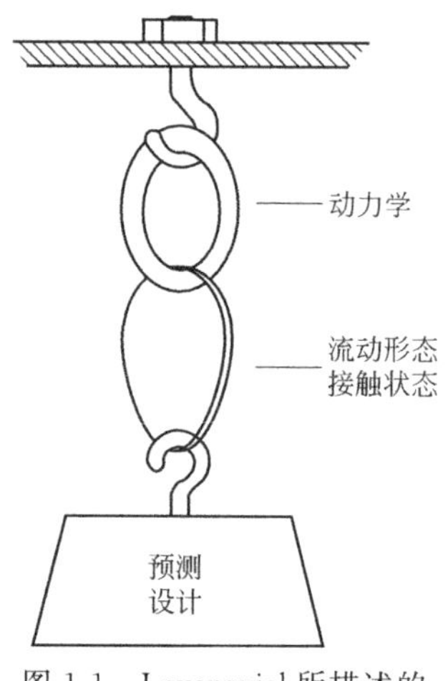

图 1-1 Levenspiel 所描述的数学模型化法

1.2.2 化学反应工程学的研究内容

反应工程设计所依赖的数学模型主要包括物理与化学两个方面，van Krevelen 在 20 世纪 60 年代对此进行了归纳，如图 1-2 所示。

随着反应工程研究的不断深入，在 1980 年的第六届国际化学反应工程会议上（ISCRE-6），Levenspiel 作了题为“The Coming of Age of Chemical Reaction Engineering”的报告，认为化学反应工程学的研究内容应当包含生物化学、聚合物、冶金、生物制药、环境、电化学等领域，见图 1-3，与当前的发展状况基本符合。

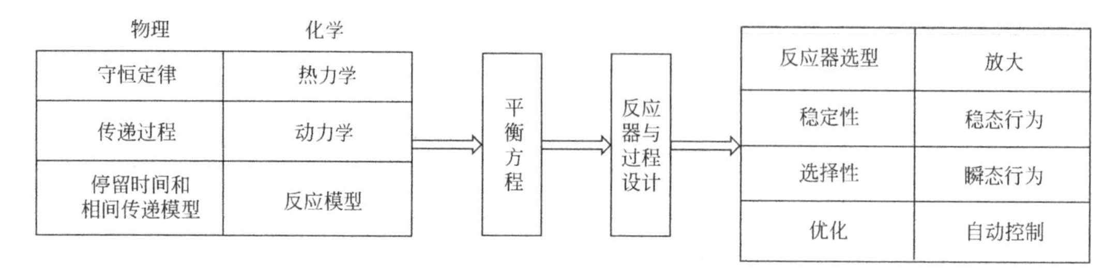

图 1-2 van Krevelen 所提出的化学反应工程学研究内容框图

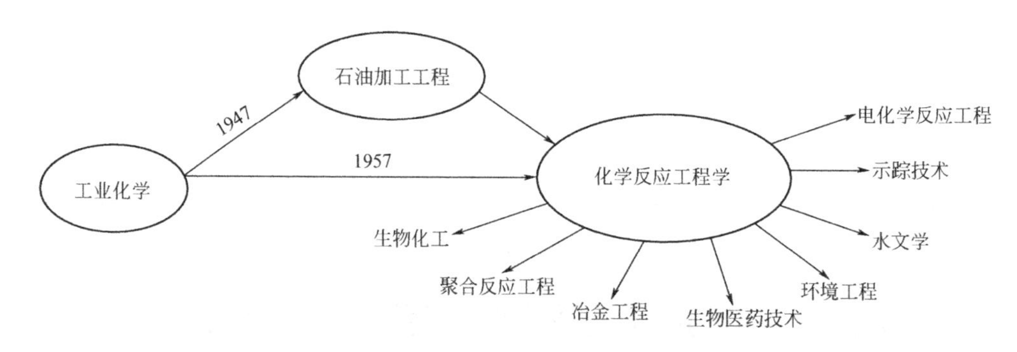

图 1-3 Levenspiel 所提出的化学反应工程学形成历程和所涉及的主要领域

由于化学反应工程学同时涉及物理与化学两方面知识，所以反应工程的课程设置中需要包括工业化学、热力学、传递现象、数学与计算机、反应器控制与过程动力学、生物化学、聚合反应等课程。其中，美国大学的单元操作课程开设时间为 1920 年，热力学课程开设时间为 1930—1940 年，1950—1960 年开设了传递现象，1960 年之后开设了数学与计算机、反应器控制、生物化学、聚合反应等现代课程。

既然反应器数学模型需要对物理过程与化学反应过程同时求解，因此，如果模型过多考虑微观机理，必然变得十分复杂，缺乏实用价值。鉴于此，Levenspiel 指出在反应器模型中，动力学方程应采用幂律型的宏观动力学模型，不宜采用描述微观机理的 Langmuir-Hinshelwood-Hougen-Watson 模型。同样，在对流体流动影响的处理上，也应当摒弃纯流体力学描述方法，使用停留时间分布等反应工程特有的概念，见表 1-2。

表 1-2 流动现象在反应工程中的描述方法

研究领域	流体力学	反应工程
开创者	Prandtl(1904) Taylor(约 1918) von Karman(约 1930)	Danckwerts(1953) Taylor(1953) Zwietering(1959)
概念及术语	速度、压强、湍流、曳力、流线、升力、边界层、涡旋、剪切、Re、Sc、Pr、Pe、Ma、We、Ar 等	年龄、寿命、停留时间、混合、示踪剂曲线、PFR、CSTR、分散、流动模型、离析度等

1.3 化学反应工程学的发展方向

1.3.1 过程强化

1. 反应与分离耦合

如果能够将反应过程中生成的不利于反应进行的物质不断脱除，即在反应器中设置分离装置，将对反应进行十分有利。常见的反应与分离耦合过程有反应蒸馏、反应吸附、反应结晶、反应萃取，不限于可逆反应。采用反应蒸馏可将反应过程中生成的产物馏分移出反应区，并利用反应热抵消蒸馏所需热量，已在酯类合成（酸与醇合成酯类如醋酸甲酯、醋酸乙酯），交酯化（醋酸环己酯与正丁醇反应制取环己醇和醋酸丁酯），醚类合成（醇与烯烃合成醚类如 MTBE、ETBE、TAME），水合（环氧乙烷合成乙二醇、异丁烯水合制叔丁醇），选择性加氢（二烯烃、芳烃加氢），烯烃叠合（异丁烯二聚），烷基化（芳烃与烯烃反应如合成乙苯、异丙苯等）等可逆或非可逆反应中得到应用。据报道，在醋酸甲酯合成中，伊士曼化学品公司（Eastman Chemical）采用反应蒸馏技术可使设备数由 28 减为 3，能耗大幅度减少。但是，反应蒸馏不适用于在气相下进行的反应，这时应采用其他方法，如反应吸附、膜反应器等。例如合成甲基叔丁基醚（MTBE）也可采用叔丁醇（TBA）与甲醇（MeOH）在气相下进行，该反应是一个可逆反应，随着反应所生成水分的增多，反应速率将会越来越慢。Salomón 等设计了一种膜反应器，其结构如图 1-4 所示。催化剂 Amberlyst TM 15 装填于管壁为分子筛膜的反应管中，水分可透过管壁从而被外层环隙中的吹扫氮气快速带走。

2. 反应器的微尺度化

在微型设备中进行化学品的制造，是反应工程在近年来所得的一项新成就，对于快速、强放热反应十分有效。第一届以微型反应器为主题的国际会议 International Conference on Microreaction Technology（IMRET）于 1997 年在德国法兰克福召开，自 2006 年起每两年召开一次。微反应器的研究也促成了专业性杂志 *Lab on a Chip* 于 2001 年创刊。微型反应器一般由直径 0.5mm 以下的微通道组成，比表面积高达 $4000\sim20000m^{-1}$，而搅拌釜只有 $4\sim40m^{-1}$，远超列管反应器的 $100\sim400m^{-1}$，也比一体式反应器的 $1500\sim4000m^{-1}$ 高出数

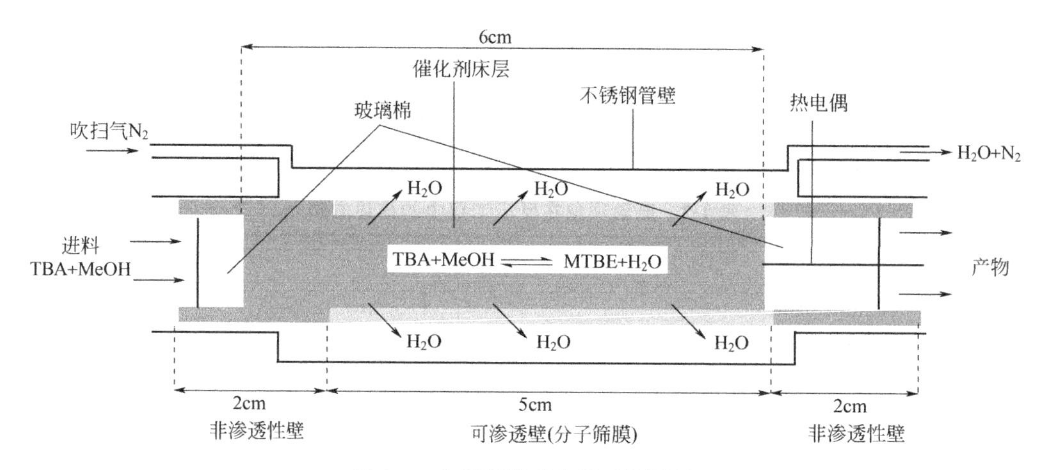

图 1-4 分子筛膜反应器工作原理

倍。微型反应器具有扩散距离短而利于传质，比表面积大而利于移热，反应器藏量小而安全性高的优点。其缺点是产量较小，一般不超过 500t/a。另外，管道容易被堵塞，管壁难清洗。

微型反应器的放大原则不再是传统反应器的体积放大“scale-up”，而是个数的增加，称之为“scale-out”。如果将 10～100 根直径为 0.1～0.4mm 的平行微通道作为一组，每根通道的液体流速为 0.1～10μL/s，每组年产量预计为 0.3～3t，将 100 组微通道组装起来成为一台微型反应器，年产量就可达到 30～300t。

微型反应器内的多相传质过程也是十分独特的，可将其用于不混溶两相之间的传质与反应。当水相和油相从 T 型结构入口管被泵连续注入微通道时，会出现油相与水相的分段流动，如图 1-5(a) 所示。由于管内流体处于层流状态，管壁处流体因受到壁面摩擦而流动很慢，管中心处则与流体前进速度相同，于是出现了内部环流，如图 1-5(b) 所示。内部环流的出现，使得传质机理由完全依靠扩散，变为两相界面区依靠扩散、液滴内部依靠对流流动的方式，因此，传质速率大大提高。Burns 与 Ramshaw 在微通道反应器中，进行了以水相中 NaOH 脱除煤油相中醋酸的酸碱中和快速反应实验，发现在液体流速为 28mm/s 时只需 1.6s 就可脱除 62%的醋酸，而在流速为 5mm/s 时则需要 3s，该例充分说明液滴内部环流流动的重要性。

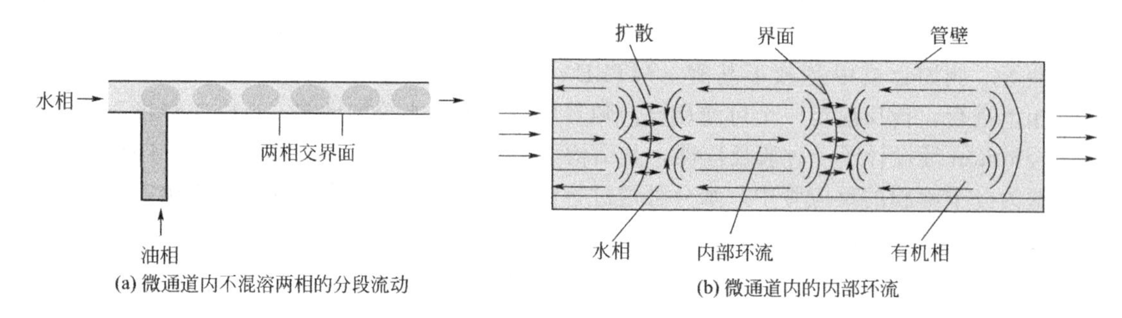

图 1-5 微通道内水相与有机相之间的传质过程

1.3.2 模型的多尺度化

美国化工界在 1988 年纪念其百年化工教学的讨论会上，普遍提出 Bird、Stewart 和

Lightfoot 所著 *Transport Phenomena* (John Wiley & Sons，1958) 的内涵限于宏观现象，指出要延伸。1996 年在第十四届国际化学反应工程会议上，Lerou 和 Ng 作了题为“Chemical Reaction Engineering: A Multiscale Approach to A Mutiobjective Task”的报告，他们从 DuPont（杜邦）公司的实际问题出发，认为当今反应工程应当进行多目标研究。首先应当考虑的是过程和产品的安全性，例如低毒农药。其次需要考虑的是产品的环境兼容性，例如以氟代烷烃取代氟利昂，以减少对臭氧层的破坏。接下去需要考虑的是尽量减少废弃物产生、投资最小化、能耗最小、可操作性和可调控性。要满足以上要求，需采用多尺度思维进行化工设计，要将工厂、反应器、流体力学与传递、催化剂、反应过程、分子与电子作用机理这些几何尺度与时间尺度相差迥异的体系进行总体考虑，将工厂设计、计算流体力学、催化剂设计、分子模拟、计算化学进行交叉，其相互关系如图 1-6 所示。

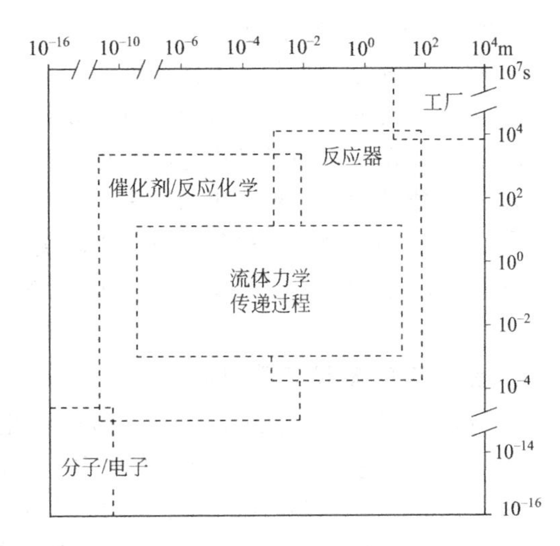

图 1-6　化工过程所覆盖的时间与空间尺度

具体来说，反应工程所涉及的现象可以归纳为四种过程和六种尺度：流动，传递，分相和反应过程；分子，纳微米，单元（颗粒、液滴、气泡），聚团，设备，工厂尺度。只有充分考虑和了解不同尺度的过程，才能在设备规模下实现所要求的物理或化学变化。

如果我们需要控制某一尺度的现象，一般需要在另一尺度寻找可操作的手段。这样我们不仅要了解现象所处的时间尺度和空间尺度的坐标，还要了解有关的子现象的尺度，以及在这些子尺度下所需进行的工作和跨子尺度之间所需进行的工作。例如，化学反应是原子/分子尺度的现象，但在生产中控制化学反应，需要从反应器内的流动等宏观现象中寻找办法。跨尺度操作是难题，分析跨尺度问题往往需要纳入跨学科或跨技术的手段。每种应用有其特殊的主尺度，但在解决问题时要配合其他有关的子尺度，进行综合考虑。对不同应用，尺度的组合不会一样。这就对传统的“三传一反”提出了新的要求，为此，*Chemical Engineering Science* 于 2011 年 10 月第 19 期出版专辑“Multiscale Simulation”，集中研讨多尺度的模型化和计算问题。

过程工程中的多数问题都属复杂系统的范畴，而复杂系统最主要的特征就是具有“变化着的结构”，分析具有结构的系统可以有以下 3 种方法：

① 简单平均：将具有结构的系统作为无结构系统处理，仅考虑系统的平均参数。

② 多尺度分析：根据系统的结构特征，分析不同尺度内的各种现象及其相互关系。

③ 离散化模拟：分析结构的微观细节，实现对系统内所有现象的完整描述。

这 3 种方法中，离散化模拟方法是最根本的途径。但由于计算和测量技术的限制，目前还难以实现。简单平均法无法考虑系统的结构特征，显然很难有深入的进展。当前最适用的为多尺度分析方法，由于它能反映复杂系统最重要的结构特征，是一种简单而又有效的描述途径。当然实施多尺度分析方法的最大困难还在于建立形成结构的极值条件。而对不同系统而言，业已证明，不存在普适的极值条件。尽管如此，目前已有一些多尺度分析方面见效的实例。

多尺度分析法可归纳为：

① 将总过程分解为若干不同尺度的子过程；

② 在不同尺度下对各子过程进行研究；

③ 进一步研究不同子过程之间的相互联系；

④ 通过物理化学过程分析归纳出系统产生多尺度结构的控制机理；

⑤ 综合这些不同子过程的研究，来解决总过程的问题。

下面以流化床模型化和催化剂设计为例，说明多尺度分析方法在化工实际问题中的应用。

1. 流化床的多尺度模型化方法

20 世纪 60 年代，与 Davidson 气泡模型几乎在同时期，国际上开始尝试利用流体力学方法建立两相流理论。此时的研究方法多关注颗粒运动的统计行为，将大量颗粒的运动与分子运动相类比，进而将粒径、密度相仿的大量离散固体颗粒视为具有连续密度和速度分布的拟流体，将拟流体相与气相作为两个流体相一起建立质量和动量守恒方程，就得到现在文献中经常提及的所谓双流体模型。双流体模型并未考虑流态化中各种典型的介尺度结构（如气泡、颗粒聚团等）与守恒规律的耦合影响，这与传统化学工程当中的流态化模型不同。因此，双流体模型在封闭由于拟流体化带来的固相应力和气固相间作用力时（主要是曳力），多采用平均化的处理办法。

事实上，在气固两相流态化中，固体颗粒并不是均匀分布于流体中，而是颗粒和流体分别聚集形成颗粒密集的密相和流体富集的稀相，即形成两相结构。在这种结构中，颗粒与流体之间的相互作用在稀、密两相中差别很大，并存在两相之间的相互作用。如从小（颗粒尺度）到大（设备尺度）逐渐增大观察或测量的范围（或尺度），我们可以依次看到：①单颗粒尺度时，只观察到单颗粒与流体的作用，这是颗粒流体系统中最基本的现象；②如逐渐增大观察尺度，假如还未涉及稀相和密相的界面，观察到的只不过是颗粒数目的增加，相互作用并无实质性的变化。然而，当观察尺度增加到颗粒团簇尺度时，颗粒流体之间的作用则发生实质性的变化——由密相过渡到稀相或由稀相过渡到密相，并涉及到密相和稀相之间的界面作用。这一实质性变化表明了一个新尺度的出现。如果继续增大观察范围，在某一范围内又只是团聚物数目的增加，但当尺度增加到设备尺度时，除了颗粒和流体的作用外，又增加了整个系统与其边界的作用，又出现一个新尺度。显然，如果用平均方法，这种颗粒-流体在不同尺度的相互作用的差别就将被掩盖，无法描述。

因此，多尺度分析是必要的。事实上，尽管有无数颗粒存在，但这些颗粒大都在特征尺度上成群运动，只要选好特征尺度，它们的行为就可用几个尺度来描述，因此可以简化分析而又不引起大的失真。能量最小多尺度（Energy-Minimization Multi-Scale，EMMS）模型就是遵循了这样的思路而被提出来的，EMMS 模型采取三个步骤来简化所分析的系统，见图 1-7。

（1）分尺度简化

多尺度结构中涉及各种各样复杂的过程，同一尺度下会有多种过程的耦合，不同尺度下也往往会有不同的过程发生。然而，每一分尺度的结构及其内部发生的过程都要比原始结构和总过程简单，复杂系统可以看作由不同尺度的相对简单的结构复合而成。因此，首先对总系统进行分尺度研究，可使认识过程简化，并部分实现不同过程的解耦。比如，聚式流态化中的稀、密两相结构是一种典型的多尺度有序结构，在稀相和密相中分别存在单颗粒尺度（微尺度）的颗粒流体相互作用，并且两相中这种作用截然不同——稀相中的微尺度作用由

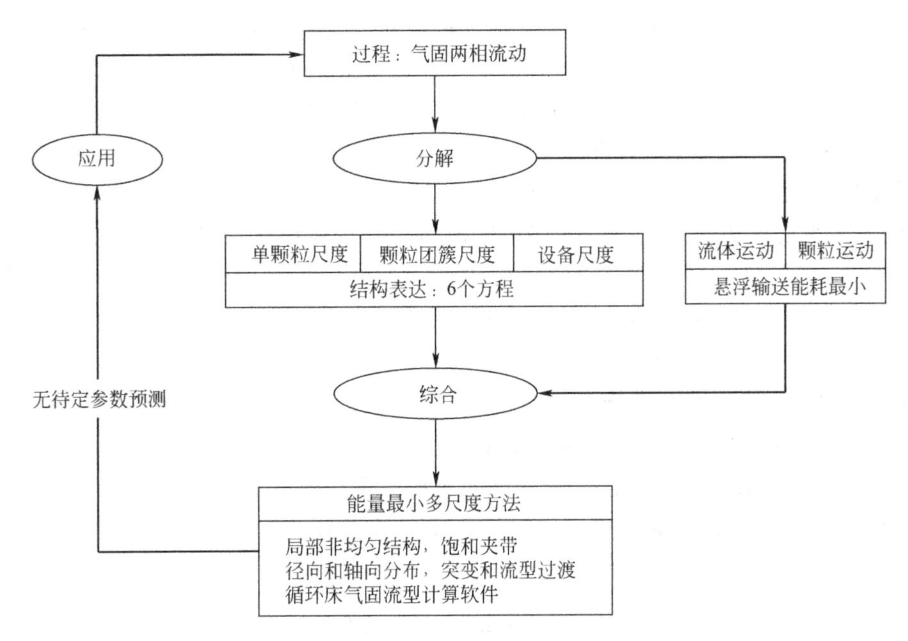

图 1-7　基于 EMMS 方法的流化床多尺度模型化步骤

流体控制，而密相中的微尺度作用由颗粒控制。两相之间存在颗粒聚团尺度（介尺度）的相互作用，即稀相与聚团的作用，这种作用受两相之间的相互协调所控制，设备尺度（宏尺度）作用则发生在两相结构与边界之间。进行三尺度分解后，原来高度非均匀的结构被分解为均匀的稀相、密相和相互作用相，分别描述十分简单。

（2）子过程分析

复杂系统的另一特征是多种过程耦合，直接对总过程进行分析，无法认识其内在机理。只有先认识各子过程，才能归纳出总过程的规律。分尺度分析为认识子过程提供了方便，往往在每一尺度上和不同尺度的耦联中都伴随一特征子过程。因此，分尺度简化是子过程分析的基础。比如，流态化中的颗粒尺度作用主要以悬浮和输送过程为主，聚团尺度的作用则导致大量的能量耗散和无规则的运动。

（3）多尺度综合

在上述两个步骤的基础上，进一步分析不同尺度下的各种子过程的相互量化关系，并与已知条件关联，构成描述复杂系统的综合模型。多尺度综合是最困难和关键的一步，必须澄清不同尺度相互作用和耦合的原则和条件。比如，气固流态化中多尺度作用的耦合原则是单位质量颗粒耗散能量最大或悬浮输送能耗最小。一方面，微尺度作用中的悬浮和输送过程要求悬浮输送能耗最小；另一方面，为维持这一多尺度结构，必然伴有耗散能量最大。一般而言，多尺度系统都有多值性问题，因此综合的关键是要找到控制系统的稳定性条件。

基于多尺度思想，可将循环床中的煤燃烧分为隔绝空气干馏和半焦燃烧两个步骤，以解决脱硫和脱硝的矛盾。即原煤供入干馏区，脱硫剂加入半焦燃烧区，用分离器返回的含有一定脱硫剂的高温灰来加热原煤。原煤干馏过程中释放的含硫气体被脱硫剂捕捉，干馏产生的半焦进入燃烧区下部脱硫区，半焦燃烧生成的 NO_x（$x=1$，2）与干馏产生的还原气体在燃烧区上部反应而脱硝。在设备尺度下通过解耦燃烧（即干馏和半焦燃烧分解），创造氧化脱硫和还原脱硝的最佳分区条件；在结构尺度下利用流态化稀、密两相交替出现的属性，使聚团内部为还原气氛，外部为氧化气氛，进一步促进脱硫脱硝过程，从而使分子尺度下由干馏产生的还原性气体还原 NO_x 的反应在有限空间内最大限度地进行。

利用多尺度方法还可说明循环流化床中传质特征数 *Sh* 用 *Re* 关联时不同文献间的差异问题。EMMS 模型由于定义了介尺度结构参数，可以很好地捕捉到相同 *Re* 下 *Sh* 变化的规律，说明文献中采用的平均化处理方法是造成不同关联式差异的根源。以臭氧分解为例，对“平均化流动＋平均化传质”“EMMS 多尺度流动＋平均化传质”以及“流动、传质全部是 EMMS 多尺度计算”的三种方法进行比较，模拟结果显示传统的平均化的 CFD 模拟方法将大大地高估实际反应速率，而基于 EMMS 的一整套多尺度 CFD 方法可以准确预测实际反应过程，充分显示出多尺度传质的必要性。

2. 催化剂设计的多尺度方法

催化材料如 ZSM-5 和八面沸石的孔径介于 0.5～0.8nm，虽然有高活性，但扩散能力很差，反应容易受到扩散的制约，达不到应有的速率。催化剂颗粒如果粒径较大且活性较高，其 Thiele 模数通常较大，效率因子通常较低，反应效果较差。催化剂设计者可从以下三个尺度，寻找解决问题的途径，见表 1-3。

表 1-3　催化剂的多尺度性质

类别	代表性尺度	典型催化剂	典型尺寸
微观尺度	分子筛孔道	ZSM-5 八面沸石 MCM-41	0.5nm 0.7nm 4nm
介观尺度	分子筛晶体	ZSM-5，Y	1μm
宏观尺度	催化剂颗粒	催化裂化催化剂 固定床催化剂	80μm 3000μm

① 微观尺度法：采用某些方法，例如用钙或稀土离子与骨架钠离子进行交换，提高分子筛孔尺寸。

② 介观尺度法：将两种材料混合在一起获得相互补偿的性质。例如，可将分子筛与一种高扩散系数的无定型硅酸铝进行复合，来解决因分子筛晶体具有高的 Thiele 模数而难以使大分子物质通过的问题，一种有效的方法是通过化学侵入法在晶体内部合成高扩散系数材料，例如 MCM-41。

③ 宏观尺度法：本意上是通过降低催化剂粒度来实现，但在实际中催化剂粒度不能太小，可采用将催化材料进行非均匀分布的方法，例如可根据反应类型不同使其富集于颗粒表面或者内部，形成蛋壳型或蛋黄型分布。

由催化活性材料和促进扩散的添加剂材料所形成的复合催化剂所具有的介尺度结构对催化剂扩散系数和反应活性具有重要影响。最重要的一点是添加剂材料能够形成连续性网络，并且活性材料不会聚集在一起，而是高度分散在添加剂网络中。对于均匀分布型催化剂，催化剂的扩散系数与效率因子与添加剂含量的关系如图 1-8 所示。图 1-8 是在 Thiele 模数为 10，添加剂与活性成分扩散系数之比为 100∶1 的条件下通过计算获得的。结果表明，催化剂扩散系数随添加剂含量增加而线性增大，但效率因子存在一个最大值，说明添加剂过少不足以提高扩散系数，但添加剂过多又会减少活性成分含量，这两种情况均不利于反应。

以下将以 ZSM-5 分子筛为例，说明介尺度方法对催化剂设计的指导作用。

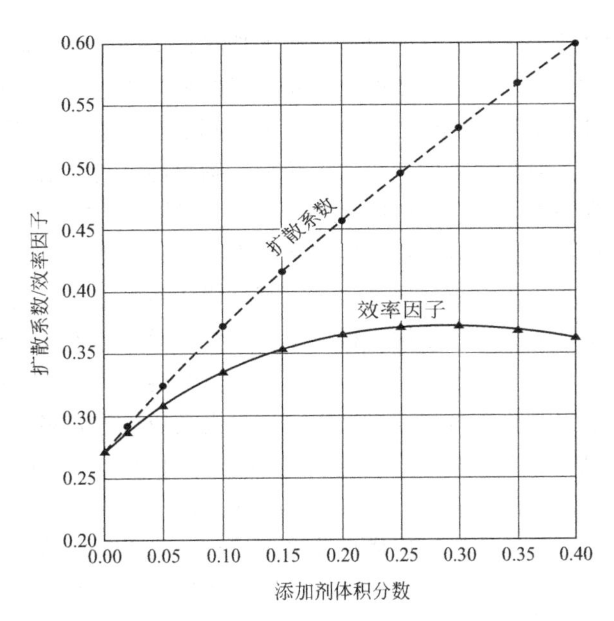

图 1-8 介尺度结构复合材料催化剂的扩散系数与效率因子与添加剂含量的关系

ZSM-5 分子筛不仅具有良好的吸附分离性能、离子交换性能和择形催化性能，还具有可调变的酸性、良好的热稳定性和水热稳定性，被广泛应用于石油化工、现代煤化工、精细化工和环境保护等多个领域，是重要的工业应用沸石之一。为解决传统微孔分子筛存在的孔道内扩散阻力较大的问题，近年来人们开展了大量的研究工作制备多级孔分子筛。由于其兼具微孔分子筛可调变的酸性、良好的水热稳定性和介孔材料优异的传质扩散性能，受到极大关注。目前，制备多级孔 ZSM-5 分子筛主要包括两种方法，即后处理法和模板法。前者通过对 ZSM-5 分子筛进行酸、碱和水热处理等方法引入介孔，后者则是在分子筛合成过程中加入介孔模板来形成介孔，根据介孔模板种类的不同又可分为硬模板法和软模板法。与传统微孔分子筛相比，多级孔 ZSM-5 分子筛在诸多催化反应中表现出明显的优势。

后处理法是通过酸或碱性试剂以及水热处理等方法对分子筛的骨架原子进行选择性脱除从而引入一定量晶内介孔的方法。对于 ZSM-5 分子筛而言，主要采用脱硅处理法，即利用碱性试剂选择性脱除 ZSM-5 分子筛的骨架硅原子来引入晶内介孔结构。一般碱处理引入的晶内介孔为无序介孔，孔径分布较宽，并且不可避免地会改变分子筛的骨架组成从而影响沸石的酸性。为了提高晶内介孔的有序度，可引入阳离子表面活性剂或小分子有机胺等辅助试剂，形成孔径分布较窄的介孔分子筛。将碱处理和水热处理或者酸处理相结合，能够有效地调控介孔的形成并调变分子筛的酸性。除此之外，利用氟化物如 HF-NH_4F 溶液处理 ZSM-5 分子筛，能够非选择性地脱除骨架中的 Si 和 Al，从而在引入介孔结构的同时不改变分子筛的酸性。总的来看，后处理法方法操作简便、成本低廉，易于工业放大，但也存在分子筛相对结晶度和收率下降，介孔结构不规整等问题。尽管如此，该方法还是获得很多应用。

例如，采用无机碱对不同硅铝比的 ZSM-5 分子筛进行处理，其重油裂化性能与未处理样品相比，碱处理后的分子筛催化剂可得到更高的轻质烯烃产量。通过无机碱处理方法制备多级孔 ZSM-5 分子筛，异丙苯扩散系数可比未处理样品提高 2～3 个数量级，并大大降低吸附活化能。虽然 B 酸的强酸中心量有所减少，但多级孔 ZSM-5 分子筛的异丙苯裂解反应转化率仍是未处理样品的 2 倍。采用有机碱脱硅处理制备的多级孔 ZSM-5 分子筛可获得比未处理和无机碱处理的分子筛更好的苯与乙烯液相烷基化反应性能，乙苯的产率与（V_{micro}/V_{pore}）×（S_{meso}/S_{BET}）的值线性相关，有机碱处理的多级孔 ZSM-5 分子筛具有较多介孔且微孔损失较少，因而显示出更好的催化性能。邻二甲苯异构化生成对二甲苯是典型的利用 ZSM-5 分子筛进行择形催化的反应。将经过碱处理的 ZSM-5 分子筛用于该反应，邻二甲苯的转化率可升高，但对二甲苯的选择性下降，并且催化剂失活也比较快。这是由于分子筛碱处理后，一方面形成的介孔减少了扩散限制，另一方面残留在外表面的无定形铝又导致了其他非择型异构反应的发生。如果将碱处理后的分子筛再经过酸洗处理除去外表面的无定形铝，其对二甲苯的产率比传统分子筛提高了约 2 倍，并且可降低催化剂的失活速率。以碱处理制备的多级孔 ZSM-5 分子筛用于己烯的芳构化和异构化反应，可在提高己烯反应活性的同时，改善反应的稳定性，降低裂化反应性能。

模板法是通过向微孔分子筛合成体系中加入介孔模板，在晶化过程中形成微孔结构的同时形成晶内介孔结构。根据介孔模板刚柔性的不同，该方法又可分为硬模板法和软模板法。硬模板法是通过向合成体系中加入不与凝胶反应的固体模板，微孔分子筛在模板外表面或者孔道内晶化，再经过焙烧等方法除去模板后得到多级孔分子筛，所得的介孔结构与固体模板的结构和性质相关。碳材料是目前使用最多的硬模板。2000 年，Jacobsen 等首次将 12nm 左右的纳米炭黑粒子分散到合成 ZSM-5 分子筛的初始凝胶中，晶化完成后炭黑粒子被包埋在分子筛晶体内，焙烧将其除去得到介孔孔径分布较宽（5～50nm）的多级孔 ZSM-5 分子筛。但该方法引入的空穴状介孔连通性较差，不符合添加剂是连续相的介尺度结构原则，从而影响了介孔在改善扩散方面的作用。为了提高介孔的有序度，CMK 型有序介孔碳材料被用来合成多级孔 ZSM-5 分子筛。这是一类新型的非硅基介孔材料，具有巨大的比表面积（可高达 $2500m^2/g$）和孔体积（可高达 $2.25cm^3/g$）。Cho 等采用干凝胶合成法，以孔径为 10nm 的 CMK 型介孔碳为模板成功制备了含有序介孔的 ZSM-5 分子筛，而孔径为 4nm 的 CMK-3 由于孔道无法容纳分子筛纳米晶而发生解体，分子筛因此无法复制 CMK-3 的规整结构。与介孔碳相比，碳气凝胶具有较大的孔径和较厚的孔壁，结构更为稳定，更适合作为多级孔分子筛的介孔模板。例如，以孔径约 23nm、孔壁约 10nm 的碳气凝胶（由酚醛树脂凝胶碳化制得）为模板可制备具有规整孔道结构、介孔孔径约 11nm 的多级孔 ZSM-5 分子筛。以碳模板法制备的多级孔 ZSM-5 分子筛用于石脑油催化裂化反应，虽然其反应活性与传统分子筛相当，但产物中丙烯和乙烯的收率明显提高。通过硬模板法制备的含有晶内介孔的 ZSM-5 分子筛，其在苯和乙烯烷基化反应中也表现出比传统分子筛更好的活性和选择性。

软模板法是通过加入表面活性剂、有机硅烷以及高分子聚合物等与硅源或者铝源发生作用，充当介孔模板的合成方法。与硬模板法相比，软模板结构和尺寸灵活可调，且更容易在合成体系中分散均匀，合成过程简单。近年来，软模板法制备多级孔分子筛的研究取得了突破性的进展。表面活性剂十六烷基三甲基溴化铵（CTAB）和三嵌段共聚物 P123 等表面活性剂是用来合成介孔分子筛的常用介孔模板剂，起初人们将其与微孔模板剂共同用于多级孔分子筛的导向合成，但是由于两种模板剂之间存在竞争，常造成微孔分子筛相与介孔相的相分离。针对这一问题，研究者对以传统表面活性剂为介孔模板剂的合成方法进行了改进，通过采用纳米组装，利用具有微孔分子筛初级和次级结构单元的纳米晶与表面活性剂胶束模板进行自组装来制备多级孔分子筛。

以嵌段共聚物为介孔模板通过蒸汽辅助晶化法合成的多级孔 ZSM-5 分子筛，具有更大的外表面积和更短的扩散通道，不仅显示出比传统分子筛更好的催化活性，并且显著提高了抗失活性能。在 1,3,5-三异丙基苯（TIPB）的裂化反应中，催化剂经 30 次再生后，多级孔分子筛的 TIPB 转化率仍保持约 100%，而传统分子筛由最初的 71.4%下降至 50%左右。以硅烷聚合物为模板合成的介孔孔径分别为 2.2nm 和 5.2nm 的多级孔 ZSM-5

分子筛在减压馏分油（VGO）的催化裂化反应中性能明显优于传统分子筛。在剂油比为 1.0 时，VGO 的转化率可由 32%提高至 48%，汽油产率由 12%提高至 19%，丙烯和丁烯的选择性也有所提高，并且有效抑制了焦炭的生成。采用有机硅烷为软模板合成的多级孔 ZSM-5 分子筛在苯和苯甲醇的苄基化反应中活性远高于传统分子筛，其反应表观速率常数可提高 23 倍，并且催化剂在经过 3 个周期的使用之后仍能保持初始活性。利用 2，6-二甲基吡啶与吡啶在分子筛上吸附量的比值进行 B 酸位的评价，发现其具有较多可接触活性位。

费-托合成是多级孔催化剂的重要应用领域。费-托合成可以将煤、天然气和生物质等碳基资源经合成气（$CO+H_2$）转化为烃类产物，是代替石油生产清洁燃料和化学品的有效途径之一。以 ZSM-5 微孔分子筛为催化剂载体时，其较强的酸中心可以使轻质烯烃低聚，长链烃裂解，烃骨架异构化以及芳构化，可有效提高催化剂对汽油和柴油段产物的选择性。但 ZSM-5 存在较强的酸中心，且微孔孔道存在传质扩散限制，导致催化剂活性较低、容易失活，且烃类的过度裂解也使 CH_4 选择性较高。在 ZSM-5 中引入介孔结构，可调节其在催化反应中的传质扩散能力和酸性，提高特定产物的选择性。虽然利用酸、碱处理分子筛可得到多级孔分子筛，制备的催化剂也能有效提高催化性能，但是会降低分子筛载体的结晶度，影响催化剂的稳定性，采用软模板法无疑是一条值得探索的途径。研究表明，以正硅酸四乙酯为硅源，硝酸铝为铝源，四丙基氢氧化铵为微孔模板剂，水蒸气辅助转晶（SAC）合成的多级孔 ZSM-5 分子筛为载体制备的钴基费-托合成催化剂，与大颗粒 ZSM-5 分子筛和商业 ZSM-5 载体对比，多级孔 ZSM-5 具有更小的晶粒粒径（约为 180nm），存在大量的晶间介孔。这种介孔结构在费-托合成反应中能有效提高活性金属的分散度和产物的传质扩散能力，大的外比表面积能够暴露更多 ZSM-5 分子筛上的酸性位点，从而提高催化剂的催化活性，降低 CH_4 选择性，并有效提高 C_{5-20} 产物的选择性，如表 1-4 所示。

表 1-4　多级孔 ZSM-5 分子筛在费-托合成中的应用效果

催化剂	CO 转化率 x/%	选择性 S_{mol}/%			
		CH_4	C_{2-4}	C_{5-20}	C_{20+}
15%Co-ZSM-5-C	12.7	20.5	11.3	54.2	14.0
15%Co-ZSM-5-H	18.6	18.4	11.7	59.1	10.8
15%Co-ZSM-5-S	28.6	11.2	9.6	68.9	10.3

1.4　化学反应工程学发展展望

化学反应工程学的使命是进行物质转化，而物质转化过程通常涉及三个层次：材料、反应器和系统。它们分别处于工艺创新、过程开发和系统集成阶段。尽管三个层次研究的内容和对象截然不同，并形成不同的分支学科，但却都具有多尺度特征。材料层次包括分子/原子、分子/原子聚集体和宏观材料（如颗粒、薄膜等）；反应器层次包括单颗粒（或气泡、液滴）、颗粒聚团和单元设备；系统层次则由单元设备、工厂和生态环境构成。物质转化过程三个层次的多尺度特征如图 1-9 所示。

2012 年，国家自然科学基金委员会正式启动重大研究计划“多相反应中的介尺度机制

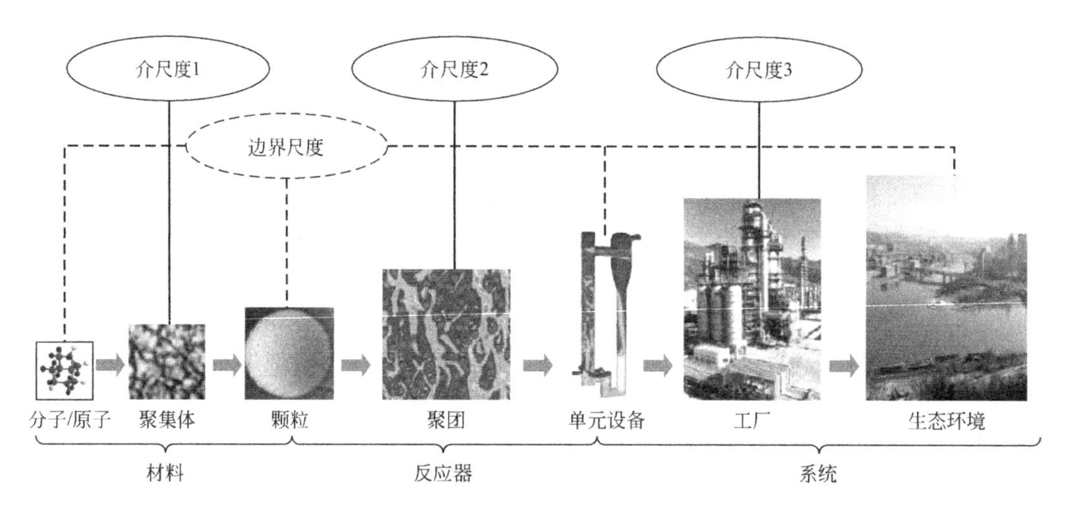

图 1-9 物质转化过程三个层次的多尺度特征

及调控”。该计划以化学反应工程学中材料和反应器两个层次的介尺度问题为对象，希望通过对这两个层次上的各种介尺度问题的研究，归纳共性规律，探索介尺度科学，并解决工程技术难题。为了聚焦有限目标，该重大研究计划限定了解决材料和反应器层次的两个介尺度问题及其两个层次在颗粒尺度的关联，即以下三个科学问题。

① 介于分子/原子和宏观材料之间的物相或表界面结构——介尺度 1，作为优化反应工艺的核心问题。在此问题中，物质向反应发生的位置传递的速率和相互之间反应的速率决定了生成物及其表界面的结构，从而影响其功能。传统的温度、浓度、pH 值等参数的调控，由于无法实现传递和反应速率的独立控制，因而难以找到结构演化的规律。这一问题包括两个方面：一是何为介尺度结构形成的机制，二是该介尺度结构对材料或表面界面反应和传递性能的影响。问题的核心是要认识化学反应和物质传递如何耦合。

② 介于颗粒（气泡、液滴）与反应器之间非均匀结构的形成规律及其对传质性能的影响——介尺度 2，作为化工过程放大和优化的关键技术。反应器内部的非均匀结构对物质传递和反应性能影响十分显著，传统的网格内平均和粗粒化的处理方法难以反映结构的影响，因而预测性能很差。量化各种反应器中的非均匀动态结构是当前化学工程的重要命题，核心是如何建立结构的稳定性条件，实现定量预测，并量化这些结构变化对传质性能影响的规律，从而实现反应器的量化设计、调控和放大。问题的核心是要认识非均匀结构如何影响物质的运动，又如何影响物质的传递。

③ 物质的流动、传递和反应过程的耦合，作为化学反应工程学的核心问题。传统的基于平均粗粒化处理的方法，由于忽视了两个介尺度结构的影响，因而无法实现这一耦合。而基于微观现象的离散方法，由于计算量巨大，无法达到工业规模的应用。介尺度结构规律的认识是解决这一问题的简单而实用的途径。事实上，介尺度 1 和介尺度 2 问题的解决，将为实现流动、传递和反应的关联创造条件。对材料层次的介尺度结构的认识将揭示化学反应和物质传递共同对材料和表界面结构发生影响的规律；而对反应器层次的介尺度结构的认识将揭示流动如何影响传递过程；两者在颗粒尺度的集成，才能将反应器层次的流动对物质传递的影响传递到材料层次，也才能考虑在材料层次物质传递如何影响反应过程。只有这样才可能实现流动、传递和反应的耦合，促使虚拟过程研发模式的实现。

习 题

1-1 为什么说单元操作概念无法用于反应器的开发及放大？

1-2 比较微通道中的新型传质过程与传统的鼓泡式气液接触，在原理上有何不同？效果上有何差异？试通过甲醇与水的蒸馏分离为例加以说明。

1-3 举例说明如何通过溶剂的介质效应进行化学反应过程的强化。

1-4 举例说明如何通过界面效应进行化学反应过程的强化。

1-5 以填料型气液反应器为例，说明如何将多尺度方法用于反应器研究，可取得什么样的结果。

1-6 举例说明能量最小多尺度（EMMS）方法在多相反应器模拟中的应用，并与传统方法相比较。

参 考 文 献

[1] Bird R B, Stewart W E, Lightfoot E N. Notes on Transport Phenomena [M]. New York: John Wiley & Sons, 1958.

[2] Burns J R, Ramshaw C. The Intensification of Rapid Reactions in Multiphase Systems Using Slug Flow in Capillaries [J]. *Lab on a Chip*, 2001, 1 (1), 10-15.

[3] Cho H S, Ryoo R. Synthesis of Ordered Mesoporous MFI Zeolite Using CMK Carbon Templates [J]. *Micro Mes Mater*, 2012, 151: 107-112.

[4] Christensen C H, Johannsen K, Schmidt I, et al. Catalytic Benzene Alkylation over Mesoporous Zeolite Single Crystals: Improving Activity and Selectivity with a New Family of Porous Materials [J]. *J Am Chem Soc*, 2003, 125 (44): 13370-13371.

[5] Doku G N, Verboom W, Reinhoudt D N, et al. On-microchip Multiphase Chemistry——A Review of Microreactor Design Principles and Reagent Contacting Modes [J]. *Tetrahedron*, 2005, 61 (11): 2733-2742.

[6] Fernandez C, Stan I, Gilson J P, et al. Hierarchical ZSM-5 Zeolites in Shape-Selective Xylene Isomerization: Role of Mesoporosity and Acid Site Speciation [J]. *Chem-Eur J*, 2010, 16 (21): 6224-6233.

[7] Jacobsen C J H, Madsen C, Houzvicka J, et al. Mesoporous Zeolite Single Crystals [J]. *J Am Chem Soc*, 2000, 122 (29): 7116-7117.

[8] Lerou J J, Ng K M. Chemical Reaction Engineering: A Multiscale Approach to a Mutiobjective Task [J]. *Chem Eng Sci*, 1996, 51 (10): 1595-1614.

[9] Levenspiel O. The Coming-of-Age of Chemical Reaction Engineering [J]. *Chem Eng Sci*, 1980, 35 (9): 1821-1839.

[10] Levenspiel O. Chemical Reaction Engineering [J]. *Ind Eng Chem Res*, 1999, 38 (11), 4140-4143.

[11] Li J H, Kwauk M. Particle - Fluid Two-Phase Flow: The Energy-Minimization Multi-Scale Method [M]. Beijing: Metallurgical Industry Press, 1994.

[12] Li Y N, Liu S L, Zhang Z K, et al. Aromatization and Isomerization of 1-hexene over Alkali-Treated HZSM-5 Zeolites: Improved Reaction Stability [J]. *Appl Catal A Gen*, 2008, 338 (1/2): 100-113.

[13] Park D H, Kim S S, Wang H, et al. Selective Petroleum Refining over a Zeolite Catalyst with Small Intracrystal Mesopores [J]. *Angew Chem Int Ed*, 2009, 48 (41): 7645-7648.

[14] Parker T J. Editorial. The Industrial Chemist and His Journal [J]. *Ind Eng Chem*, 1909, 1 (1): 1-2.

[15] Pérez-Ramírez J, Verboekend D, Bonilla A, et al. Zeolite Catalysts with Tunable Hierarchy Factor by Pore-Growth Moderators [J]. *Adv Funct Mater*, 2009, 19 (24): 3972-3979.

[16] Salomón M A, Coronas J, Menéndez M, et al. Synthesis of MTBE in Zeolite Membrane Reactors [J]. *Appl Catal A Gen*, 2000, 200 (1): 201-210.

[17] Siddiqui M A B, Aitani A M, Saeed M R, et al. Enhancing the Production of Light Olefins by Catalytic Cracking of

FCC Naphtha over Mesoporous ZSM-5 Catalyst [J]. *Top Catal*, 2010, 53 (S19/20): 1387-1393.

[18] Smith J M. Chemical Engineering Kinetics [M]. 3rd ed. New York: McGraw-Hill, 1981.

[19] Sun Y Y, Prins R. Friedel-Crafts Alkylations over Hierarchical Zeolite Catalysts [J]. *Appl Catal A Gen*, 2008, 336 (1/2): 11-16.

[20] Tao Y S, Kanoh H, Kaneko K. ZSM-5 Monolith of Uniform Mesoporous Channels [J]. *J Am Chem Soc*, 2003, 125 (20): 6044-6045.

[21] Wei J. Catalyst Designs to Enhance Diffusivity and Performance-I: Concepts and Analysis [J]. *Chem Eng Sci*, 2011, 66 (19): 4382-4388.

[22] Xue Z T, Zhang T, Ma J H, et al. Accessibility and Catalysis of Acidic Sites in Hierarchical ZSM-5 Prepared by Silanization [J]. *Micro Mes Mater*, 2012, 151: 271-276.

[23] Zhao L, Gao J S, Xu C M, et al. Alkali-Treatment of ZSM-5 Zeolites with Different SiO_2/Al_2O_3 Ratios and Light Olefin Production by Heavy Oil Cracking [J]. *Fuel Pro Technol*, 2011, 92 (3): 414-420.

[24] Zhao L, Shen B, Gao J S, et al. Investigation on the Mechanism of Diffusion in Mesopore Structured ZSM-5 and Improved Heavy Oil Conversion [J]. *J Catal*, 2008, 258 (1): 228-234.

[25] Zhou J, Hua Z L, Liu Z C, et al. Direct Synthetic Strategy of Mesoporous ZSM-5 Zeolites by Using Conventional Block Copolymer Templates and the Improved Catalytic Properties [J]. *ACS Catal*, 2011, 1 (4): 287-291.

[26] 郭慕孙，李静海. 三传一反多尺度 [J]. 自然科学进展，2000 (12): 24-28.

[27] 贾志谦. 化学工程漫谈 [M]. 北京：化学工业出版社，2015.

[28] 金萌，黄小东，谷耀恒，等. 氯醇化法环氧丙烷生产工艺控制要点 [J]. 氯碱工业，2013，49 (6): 31-32，39.

[29] 李静海，胡英，袁权. 探索介尺度科学：从新角度审视老问题 [J]. 中国科学：化学，2014，44: 277-281.

[30] 王维，洪坤，鲁波娜，等. 流态化模拟：基于介尺度结构的多尺度 CFD [J]. 化工学报，2013，64 (1): 95-106.

[31] 文雄，张煜华，刘成超，等. 多级孔 ZSM-5 负载的钴催化剂的费-托合成催化性能 [J]. 燃料化学学报，2017，45 (8): 950-955.

[32] 郑步梅，方向晨，郭蓉，等. 多级孔 ZSM-5 分子筛的制备及其在炼油领域中的应用 [J]. 分子催化，2017，31 (5): 486-500.

第2章

复杂化学反应体系的定量表征

工业反应过程的开发和反应器的设计、操作及控制均是以正确把握所研究的特定反应体系的基本特征为基础的。化学工程师应根据反应特征，通过正确选择反应器的型式、结构尺寸、操作条件和控制方案，力求在反应器内形成一种比较适宜的浓度分布和温度分布，使反应器的运行尽可能达到安全、高效、低耗的目标。

一个反应体系的主要特征至少包括以下三个方面：

① 化学计量学——研究反应过程中发生的反应情况，是简单反应还是复杂反应，对同时发生多个反应的复杂反应，研究这些反应之间的相互关系，是并联的还是串联的，以及每一个反应中各组分变化量之间的相互关系。

② 化学热力学——研究反应过程中的能量转化和反应体系的平衡性质。反应过程中最常见的能量转化是化学能和热能之间的相互转化，即反应的热效应，反应是放热的还是吸热的，反应热效应的大小对反应器的选型和操作条件的选择都有重要影响。在电化学反应过程中还会遇到化学能和电能之间的相互转化。反应体系的平衡性质包括化学平衡和相平衡，反映了过程所能达到的极限状态，合理选择反应器的型式和操作条件使平衡向有利方向移动是反应过程开发中需要考虑的一个重要问题。

③ 反应动力学——研究反应进行的速率以及温度、浓度等因素对反应速率的影响。反应速率不仅是决定反应器尺寸的主要因素，在存在副反应的过程中，反应的选择性亦由主副反应速率的相对大小决定。在非均相反应过程中，相间传质和传热将会改变反应实际进行场所的浓度和温度，从而影响反应的速率和选择性，也需进行考察。

利用文献和手册中的资料和数据，有时即可对反应体系的化学计量学特征和化学热力学特征进行初步分析。即使在文献和手册中不能查到有关数据，也可用各种基团贡献法进行估算。因此，如需要，在反应过程开发之初就应进行这种分析，以及时把握反应体系的某些重要特征，例如反应是否可逆，反应热效应的大小等。

本章将从上述三个方面来探讨化学反应体系的特征以及进行工程分析的方法。

2.1 反应体系的化学计量学分析

在化学反应过程中，反应物系中各组分量的变化必定服从一定的化学计量关系。这不仅是进行反应器物料衡算的基础，而且对确定反应器的进料配比、产物组成，以至工艺流程的安排，可能都具有重要意义。

例如，以煤（或焦炭）为原料制造甲醇时，需先用水蒸气和氧气使煤气化，制得合成气。通过化学计量学分析可知，在无剩余反应物和热平衡的条件下，随进料配比的不同，合成气中氢气摩尔分数的变化范围为 31.4%（CO_2摩尔分数为零）～60.9%（CO 摩尔分数为零）。而甲醇合成反应的化学计量学分析则要求合成气中 H_2 与 CO 和 CO_2摩尔分数之比应满足

$$\frac{x_{H_2}}{x_{CO}+1.5x_{CO_2}}=2\sim2.05$$

由上述两个反应过程的化学计量学分析可知，以煤为原料制造甲醇时，气化所得的合成气中 CO、CO_2必定是过量的。因此，在这一生产过程中，必须设置脱碳（CO_2）工序。

对只存在单一反应的体系，化学计量学分析可直接应用倍比定律。而对存在多个反应的体系，问题要复杂得多，必须借助下面介绍的以线性代数为基础的方法。

2.1.1 化学计量方程

化学计量方程表示化学反应过程中各组分消耗或生成量之间的比例关系。如二氧化硫氧化反应的化学计量方程为

$$SO_2+\frac{1}{2}O_2 = SO_3$$

表示转化 1mol 的 SO_2，生成 1mol 的 SO_3，消耗 0.5mol 的 O_2。

对于一般情况，设在一个反应体系中，存在 n 个反应组分 A_1，A_2，…，A_n，它们之间进行一个化学反应，根据质量衡算原理，反应物消失的质量必定等于反应产物生成的质量，其化学计量方程可用如下通式表示。

$$\nu_1 A_1+\nu_2 A_2+\cdots+\nu_n A_n=0 \tag{2-1}$$

或

$$\sum_{i=1}^{n}\nu_i A_i=0 \tag{2-2}$$

式中，ν_i 为组分 A_i 的化学计量系数，对于反应物 ν_i 取负值，对于反应产物 ν_i 取正值。例如，二氧化硫氧化反应，若令 $A_1=SO_2$、$A_2=O_2$、$A_3=SO_3$，则其化学计量方程可改写为

$$A_3-A_1-0.5A_2=0$$

当反应体系中发生多个反应时，对每一个反应都可写出其化学计量方程。设在上述包含 n 个组分的反应体系中共存在 m 个化学反应，其化学计量方程可写成

$$\sum_{i=1}^{n}\nu_{ji} A_i=0 \quad j=1,2,\cdots,m \tag{2-3}$$

式中，ν_{ji} 为第 j 个反应中组分 A_i 的化学计量系数。式(2-3) 即相当于

$$\begin{aligned}
&\nu_{11}A_1+\nu_{12}A_2+\cdots+\nu_{1n}A_n=0\\
&\nu_{21}A_1+\nu_{22}A_2+\cdots+\nu_{2n}A_n=0\\
&\cdots\\
&\nu_{m1}A_1+\nu_{m2}A_2+\cdots+\nu_{mn}A_n=0
\end{aligned} \tag{2-4}$$

或用矩阵形式表示

$$\boldsymbol{\nu A}=\begin{pmatrix}\nu_{11} & \nu_{12} & \cdots & \nu_{1n}\\ \nu_{21} & \nu_{22} & \cdots & \nu_{2n}\\ \vdots & \vdots & & \vdots\\ \nu_{m1} & \nu_{m2} & \cdots & \nu_{mn}\end{pmatrix}\begin{pmatrix}A_1\\ A_2\\ \vdots\\ A_n\end{pmatrix}=0 \tag{2-5}$$

式中，$\boldsymbol{\nu}$ 称为化学计量系数矩阵；$\boldsymbol{A}$ 为组分向量。

2.1.2　独立反应和独立反应数

在一个存在多个反应的复杂反应体系中，常常会发现其中某些反应的化学计量方程可以由其他反应的化学计量方程的线性组合得到，即这些反应在化学计量学上并不都是独立的。例如，碳的燃烧过程中会发生以下反应

$$C+\frac{1}{2}O_2 = CO$$

$$C+O_2 = CO_2$$

$$CO+\frac{1}{2}O_2 = CO_2$$

显然，第一个反应与第三个反应相加即可得到第二个反应，因此这三个反应并不都是独立的。但若从这三个反应中剔除一个反应，例如剔除第三个反应，则剩下的两个反应中的任一个都不能由另一个反应的线性组合得到，即它们是互相独立的。

在 m 个同时发生的反应中，若每一个反应的计量方程都不能由其他反应的计量方程的线性组合得到，则称这 m 个反应是相互独立的。m 个同时发生的反应相互独立的一般判别准则可以叙述为：若不可能找到一组不同时为零的 λ_j，使得

$$\sum_{j=1}^{m}\lambda_j\nu_{ij}=0 \qquad (i=1,2,\cdots,n) \tag{2-6}$$

成立，则这些反应 $\sum_{i=1}^{n}\nu_{ji}A_i=0(j=1,2,\cdots,m)$ 被称为是互相独立的。在一个反应体系中，互相独立的反应的最大个数称为该反应体系的独立反应数。

当仅关心反应体系的初始状态（如反应器进口状态）和终了状态（如反应器出口状态），而不关心过程进行的具体历程和速率时，利用独立反应和独立反应数的概念，往往可使反应体系的物料衡算和能量衡算大为简化。但独立反应概念的意义仅限于化学计量学上，未选作独立反应的反应并不是不存在的，当考察反应过程进行的速率时，必须考虑所有实际发生的反应，而不仅仅是独立反应。

对碳的燃烧这样比较简单的反应体系，凭直觉不难知道其独立反应数为2。但对反应组分和化学反应数目均较多的复杂体系，很难凭直觉确定独立反应数，而必须借助下面介绍的数学方法。

1. 化学计量系数矩阵法

这种方法适用于根据化学知识能够写出各反应组分间可能存在的反应的化学计量式，即化学计量系数矩阵已知的情况。若令化学计量系数矩阵中的第 j 个行向量为 $\boldsymbol{\nu}_j$，式(2-6) 即可改写为

$$\sum_{j=1}^{m}\lambda_j\boldsymbol{\nu}_j=0 \tag{2-7}$$

因此独立反应数也就是化学计量系数矩阵中独立的行向量数。由线性代数知识可知，矩阵中独立行向量（或列向量）数即为矩阵的秩。所以，一个反应体系的独立反应数即为它的化学计量系数矩阵的秩。对反应体系的化学计量系数矩阵进行初等变换，确定其秩，即可确定该反应体系的独立反应数，并选择一组独立反应。

例 2-1 氨氧化过程中可发生下列反应

$$4NH_3+5O_2 = 4NO+6H_2O$$
$$4NH_3+3O_2 = 2N_2+6H_2O$$
$$4NH_3+6NO = 5N_2+6H_2O$$
$$2NO+O_2 = 2NO_2$$
$$2NO = N_2+O_2$$
$$N_2+2O_2 = 2NO_2$$

请用化学计量系数矩阵法确定该反应体系的独立反应数，并写出一组独立反应。

解： 写出上述反应体系的化学计量系数矩阵，然后进行初等变换，确定其秩

$$\begin{array}{c} \begin{matrix} NH_3 & O_2 & NO & H_2O & N_2 & NO_2 \end{matrix} \\ \begin{pmatrix} -4 & -5 & 4 & 6 & 0 & 0 \\ -4 & -3 & 0 & 6 & 2 & 0 \\ -4 & 0 & -6 & 6 & 5 & 0 \\ 0 & -1 & -2 & 0 & 0 & 2 \\ 0 & 1 & -2 & 0 & 1 & 0 \\ 0 & -2 & 0 & 0 & -1 & 2 \end{pmatrix} \end{array} \Rightarrow \begin{pmatrix} -4 & -5 & 4 & 6 & 0 & 0 \\ 0 & -2 & 4 & 0 & -2 & 0 \\ 0 & 5 & -10 & 0 & 5 & 0 \\ 0 & -1 & -2 & 0 & 0 & 2 \\ 0 & 1 & -2 & 0 & 1 & 0 \\ 0 & -2 & 0 & 0 & -1 & 2 \end{pmatrix} \Rightarrow$$

$$\begin{pmatrix} -4 & -5 & 4 & 6 & 0 & 0 \\ 0 & -1 & 2 & 0 & -1 & 0 \\ 0 & 1 & -2 & 0 & 1 & 0 \\ 0 & -1 & -2 & 0 & 0 & 2 \\ 0 & 1 & -2 & 0 & 1 & 0 \\ 0 & -2 & 0 & 0 & -1 & 2 \end{pmatrix} \Rightarrow \begin{pmatrix} -4 & -5 & 4 & 6 & 0 & 0 \\ 0 & 1 & -2 & 0 & 1 & 0 \\ 0 & 0 & 0 & 0 & 0 & 0 \\ 0 & -1 & -2 & 0 & 0 & 2 \\ 0 & 0 & 0 & 0 & 0 & 0 \\ 0 & 0 & 0 & 0 & 0 & 0 \end{pmatrix}$$

可见，化学计量系数矩阵的秩为 3，即独立反应数为 3，一组独立反应为

$$4NH_3+5O_2 = 4NO+6H_2O$$
$$2NO = N_2+O_2$$
$$2NO+O_2 = 2NO_2$$

2. 原子矩阵法

这种方法可用于反应体系中存在哪些反应以及这些反应的化学计量方程是什么均不清楚，而只知道反应体系中存在哪些组分的场合。原子矩阵法的理论基础是：在反应过程中，虽然各元素的原子可以重新组合，但每一种元素的原子数目在反应前后是不变的。

设反应体系中含有 n 个反应组分 A_1，A_2，…，A_n，这些组分共包含 l 种元素。令 β_{ki} 为组分 A_i 中第 k 种元素的原子数，N_{i0} 为反应前组分 A_i 的物质的量，则反应前第 k 种元素原子的物质的量 b_{k0} 为

$$b_{k0}=\sum_{i=1}^{n}\beta_{ki}N_{i0} \qquad (k=1,2,\cdots,l) \tag{2-8}$$

若反应后组分 A_i 的物质的量为 N_i，则反应后第 k 种元素的原子物质的量为

$$b_k=\sum_{i=1}^{n}\beta_{ki}N_i \qquad (k=1,2,\cdots,l) \tag{2-9}$$

因为 $b_k=b_{k0}$，所以式(2-8) 减去式(2-9) 可得

$$\sum_{i=1}^{n}\beta_{ki}\Delta N_i=0 \qquad (k=1,2,\cdots,l) \tag{2-10}$$

式(2-10) 为含 n 个未知量和 l 个方程的线性方程组，可写成如下矩阵形式

$$\begin{pmatrix}\beta_{11} & \beta_{12} & \cdots & \beta_{1n}\\ \beta_{21} & \beta_{22} & \cdots & \beta_{2n}\\ \vdots & \vdots & & \vdots\\ \beta_{l1} & \beta_{l2} & \cdots & \beta_{ln}\end{pmatrix}\begin{pmatrix}\Delta N_1\\ \Delta N_2\\ \vdots\\ \Delta N_n\end{pmatrix}=\boldsymbol{\beta}\Delta\boldsymbol{N}=0 \tag{2-11}$$

矩阵 $\boldsymbol{\beta}$ 称为原子矩阵。由线性代数的知识可知，如果原子矩阵的秩等于 R_β，则方程组(2-10) 中有 R_β 个线性独立的方程，因此方程组(2-10) 中独立变量的数目为 R_β，即在该反应体系中只要 R_β 个组分的反应量 ΔN_i 被确定后，其余 $n-R_\beta$ 个组分的反应量可随即确定。方程组(2-10) 中的非独立变量数也就是反应体系的关键组分数。因为每个独立反应均可确定一个关键组分，所以关键组分数和独立反应数相等，均为 $n-R_\beta$。因此，通过对原子矩阵进行初等变换确定其秩，即可确定反应体系的独立反应数，并写出一组独立反应。

例 2-2 以甲烷为原料通过变换反应制造合成气时，反应体系中包含下列组分：CO_2、H_2O、H_2、CO、CH_4、C、C_2H_6。用原子矩阵法确定该反应体系的独立反应数，并写出一组独立反应。

解： 写出该反应体系的原子矩阵并进行初等变换

$$\begin{matrix} & \begin{matrix}CH_4 & H_2O & C & H_2 & CO & CO_2 & C_2H_6\end{matrix}\\ \begin{pmatrix}C\\H\\O\end{pmatrix} & \begin{pmatrix}1 & 0 & 1 & 0 & 1 & 1 & 2\\ 4 & 2 & 0 & 2 & 0 & 0 & 6\\ 0 & 1 & 0 & 0 & 1 & 2 & 0\end{pmatrix}\end{matrix}\Rightarrow\begin{pmatrix}1 & 0 & 1 & 0 & 1 & 1 & 2\\ 0 & 2 & -4 & 2 & -4 & -4 & -2\\ 0 & 1 & 0 & 0 & 1 & 2 & 0\end{pmatrix}$$

$$\Rightarrow\begin{pmatrix}1 & 0 & 1 & 0 & 1 & 1 & 2\\ 0 & 1 & -2 & 1 & -2 & -2 & -1\\ 0 & 1 & 0 & 0 & 1 & 2 & 0\end{pmatrix}\Rightarrow\begin{pmatrix}1 & 0 & 1 & 0 & 1 & 1 & 2\\ 0 & 1 & -2 & 1 & -2 & -2 & -1\\ 0 & 0 & 2 & -1 & 3 & 4 & 1\end{pmatrix}$$

$$\Rightarrow\begin{pmatrix}1 & 0 & 1 & 0 & 1 & 1 & 2\\ 0 & 1 & -2 & 1 & -2 & -2 & -1\\ 0 & 0 & 1 & -\frac{1}{2} & \frac{3}{2} & 2 & \frac{1}{2}\end{pmatrix}\Rightarrow\begin{pmatrix}1 & 0 & 0 & \frac{1}{2} & -\frac{1}{2} & -1 & \frac{3}{2}\\ 0 & 1 & 0 & 0 & 1 & 2 & 0\\ 0 & 0 & 1 & -\frac{1}{2} & \frac{3}{2} & 2 & \frac{1}{2}\end{pmatrix}$$

因此，原子矩阵的秩为 3，而反应组分数为 7，故独立反应数为 4。

选择 H_2、CO、CO_2、C_2H_6 为关键组分，则各独立反应的计量系数向量可分别写为

$$\begin{aligned}\boldsymbol{\nu}_1&=(\nu_{11}\quad \nu_{21}\quad \nu_{31}\quad 1\quad 0\quad 0\quad 0)^{\mathrm{T}}\\ \boldsymbol{\nu}_2&=(\nu_{12}\quad \nu_{22}\quad \nu_{32}\quad 0\quad 1\quad 0\quad 0)^{\mathrm{T}}\\ \boldsymbol{\nu}_3&=(\nu_{13}\quad \nu_{23}\quad \nu_{33}\quad 0\quad 0\quad 1\quad 0)^{\mathrm{T}}\\ \boldsymbol{\nu}_4&=(\nu_{14}\quad \nu_{24}\quad \nu_{34}\quad 0\quad 0\quad 0\quad 1)^{\mathrm{T}}\end{aligned}$$

根据原子衡算原理有

$$\begin{pmatrix}1 & 0 & 0 & \frac{1}{2} & -\frac{1}{2} & -1 & \frac{3}{2}\\ 0 & 1 & 0 & 0 & 1 & 2 & 0\\ 0 & 0 & 1 & -\frac{1}{2} & \frac{3}{2} & 2 & \frac{1}{2}\end{pmatrix}\begin{pmatrix}\nu_{11} & \nu_{12} & \nu_{13} & \nu_{14}\\ \nu_{21} & \nu_{22} & \nu_{23} & \nu_{24}\\ \nu_{31} & \nu_{32} & \nu_{33} & \nu_{34}\\ 1 & 0 & 0 & 0\\ 0 & 1 & 0 & 0\\ 0 & 0 & 1 & 0\\ 0 & 0 & 0 & 1\end{pmatrix}=0$$

H_2　CO　CO_2　C_2H_6

自上述方程可解得

$$\nu_{11}=-0.5 \quad \nu_{21}=0 \quad \nu_{31}=0.5$$
$$\nu_{12}=0.5 \quad \nu_{22}=-1 \quad \nu_{32}=-1.5$$
$$\nu_{13}=1 \quad \nu_{23}=-2 \quad \nu_{33}=-2$$
$$\nu_{14}=-1.5 \quad \nu_{24}=0 \quad \nu_{34}=-0.5$$

于是，可写出一组独立反应为

$$CH_4 = C+2H_2$$
$$3C+2H_2O = CH_4+2CO$$
$$2C+2H_2O = CH_4+CO_2$$
$$3CH_4+C = 2C_2H_6$$

关于原子矩阵法还有两点需加说明。

① 在上例中组分数为7，元素数为3，独立反应数似乎可由组分数和元素数之差确定。对大多数反应体系，确实可以采用这种简单的方法确定独立反应数，但并不是所有反应体系都可采用这种简单的方法。对异构化反应采用这种简单的方法就会导致结论错误。例如，丁烯的异构化反应

1-丁烯

顺-2-丁烯 ⇌ 反-2-丁烯

组分数为3，元素数为2，若用组分数和元素数之差确定独立反应数，就会得出独立反应数为1的错误结论；而若写出该反应体系的原子矩阵，很容易看出其秩为1，因而独立反应数应为2。所以由组分数和原子矩阵之秩来确定独立反应数，才是普遍适用的方法。

② 对一个反应体系，独立反应数和关键组分数是确定的，但选择哪些反应作为独立反应，哪些组分作为关键组分则并不是唯一的。需要注意的是，在选择关键组分时应使独立组分所包含的元素数不少于R_β，否则会造成方程组(2-10) 存在无穷多组解。这是因为原子矩阵的秩为R_β表示有R_β个独立的原子衡算方程，每个方程均代表一种元素的原子衡算。如果独立组分中包含的元素个数少于R_β个，则独立的原子衡算方程数必小于R_β，会导致部分原子衡算方程有无穷多组解，部分原子衡算方程为矛盾方程。例如，对例2-2其原子矩阵的秩为3，可写出C、H、O三元素的原子衡算方程为

$$\Delta N_{CH_4}+\Delta N_C+\Delta N_{CO}+\Delta N_{CO_2}+2\Delta N_{C_2H_6}=0 \tag{1}$$

$$4\Delta N_{CH_4}+2\Delta N_{H_2O}+2\Delta N_{H_2}+6\Delta N_{C_2H_6}=0 \tag{2}$$

$$\Delta N_{H_2O}+\Delta N_{CO}+2\Delta N_{CO_2}=0 \tag{3}$$

当选择H_2、CO、CO_2、C_2H_6为关键组分时，独立组分为CH_4、C、H_2O，其中包含C、H、O三种元素，当关键组分H_2、CO、CO_2、C_2H_6的反应量确定后，可由方程(1)、方程(2)、方程(3) 确定独立组分CH_4、C、H_2O的反应量。但若选H_2、CO、CO_2、H_2O为关键组分，独立组分为CH_4、C、C_2H_6，其中只包含C、H两种元素，当确定关键组分H_2、CO、CO_2、H_2O的反应量后，方程(3) 中三组分的反应量均已确定，可能成为矛盾方程，方程(1)、方程(2) 中则有三个未知量，将有无穷多组解。

2.2 反应体系的化学平衡分析

化学反应体系的热力学分析主要包括两方面：①化学反应过程中的能量转换，最常遇到

的为化学能和热能的相互转换，即反应的热效应；②化学平衡分析。化学反应常伴有释放或吸收一定的热量，这对反应器的选型和设计往往具有重要影响。对于放热反应体系，在反应器设计中，除了考虑热平衡的要求外，还要考虑反应器的热稳定性和参数灵敏性等问题。这些问题的分析不仅与反应热效应的大小有关，还与反应速率随温度变化的程度（即反应活化能的大小）和反应器的传热条件有关。所以，关于反应热效应对反应器选型和设计的影响，将在后续章节中深入讨论。

2.2.1　化学平衡分析的意义

化学平衡状态是反应过程的一种极限，在这种状态下，反应体系的表观反应速率为零，体系的温度、压力和组成等状态变量均不随时间变化。严格来说，任何实际体系都只能以某种程度趋近这种平衡状态，而永远不能达到它。即便如此，反应过程开发中，化学平衡分析对认识反应过程的特征仍然具有重要意义。

① 借助化学平衡分析判断反应机理。化学平衡是可逆反应的极限状态，因此在可逆反应中产物浓度不可能超过其平衡浓度，据此可判别实际反应过程中可逆反应进行的方向。在石脑油水蒸气裂解反应中，产物中有甲烷生成。甲烷是由裂解反应生成的，还是由甲烷化反应（$CO+3H_2 \longrightarrow CH_4+H_2O$）生成的呢？如果是前者，催化剂具有较高的甲烷转化活性是有利的；而如果是后者，甲烷转化活性高的催化剂将导致 CO 和 H_2的损失，判断此反应过程中甲烷的生成途径对过程的优化具有重要意义。Briger 和 Wyrwas 通过化学平衡计算证明石脑油水蒸气裂解反应产物中甲烷浓度高于其平衡浓度，从而断定甲烷是由裂解产生，而不是由 CO 和 H_2甲烷化反应生成的。

② 判别反应过程的控制因素是动力学的还是热力学的。图 2-1 为某反应体系转化率随时间的变化。曲线 A 表示没有催化剂时转化率随时间的变化，可见当反应时间为 t_1 时，其转化率仅约为 25%。由于转化率和反应速率均较低，研制了一种催化剂以提高反应速率。曲线 B 则表示使用催化剂后转化率随时间的变化，可见当反应时间为 t_1 时，其转化率为 45%。研究者认为转化率仍偏低，试图寻找一种活性更高的催化剂。虽竭尽所能，但收效甚微。后经化学平衡计算才知道，在所研究的反应条件下，该体系的平衡转化率为 50%。因此，在未使用催化剂，转化率仅为 25%时，距平衡转化率尚远，动力学是过程的控制因素，研制一种催化剂以提高反应速率是值得的。但当转化率提高到 45%时，已相当接近平衡转化率，过程的控制因素已转变为热力学，这时试图寻找一种活性更高的催化剂以进一步提高

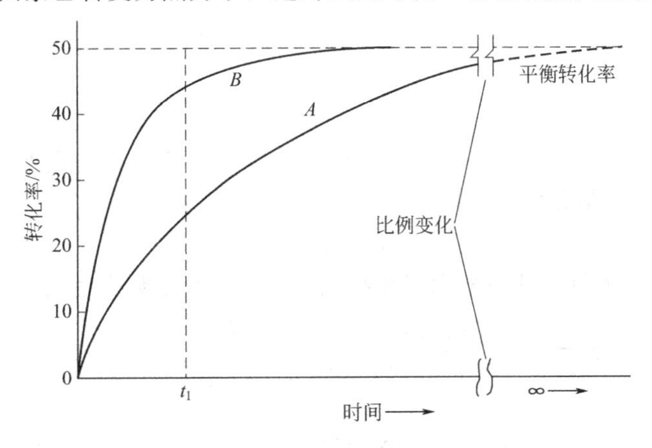

图 2-1　某反应体系转化率和时间的关系

转化率就是徒劳的了。

③ 对某些快速反应体系，例如高温下的烃类水蒸气变换反应，由于反应温度和催化剂活性均很高，反应器的出口状态将十分接近化学平衡。对这类反应系统，以化学平衡状态作为反应器出口状态已可满足工程计算的精度要求。所以，在 ProⅡ、Aspen Plus 等化工流程模拟系统中都包含一个平衡反应器模块，以适应这种需要。

④ 分析体系的平衡转化率和达到化学平衡时的产物分布与反应条件（温度、压力、组成）之间的关系，为确定反应器的结构和工艺条件提供重要依据。进行这种分析的理论基础是物理化学中的 Le Chatelier 原理：当反应条件改变时，化学平衡将向企图抵消这种改变的方向移动。例如，SO_2的接触氧化是一个可逆放热反应，其平衡转化率随温度升高而降低。在反应初期离平衡尚远时，动力学是过程的控制因素，因此可采用较高的反应温度，以提高反应速率；而在反应后期转化率较高时，过程的控制因素将转变为热力学，则应采用较低的反应温度，以达到较高的转化率。

2.2.2 单一反应体系的化学平衡分析

对反应

$$aA+bB = cC+dD$$

化学平衡常数可用处于化学平衡状态时反应物和产物的活度来定义，即

$$K=\frac{a_C^c a_D^d}{a_A^a a_B^b} \tag{2-12}$$

各组分活度可表示为其逸度与标准态逸度之比

$$a_i=\frac{f_i}{f_i^{\ominus}} \tag{2-13}$$

对气相反应体系，因为各组分的标准态逸度均为 0.10133MPa（1atm），所以其化学平衡常数可表示为

$$K=\frac{f_C^c f_D^d}{f_A^a f_B^b} \tag{2-14}$$

当体系服从理想气体定律时，各组分逸度等于其分压，上式又可表示为

$$K=\frac{p_C^c p_D^d}{p_A^a p_B^b} \tag{2-15}$$

式中，p_i（i=A、B、C、D）为各组分的分压，对理想气体混合物其值等于总压 p_t 与组分摩尔分数的乘积，即

$$p_i=p_t y_i \tag{2-16}$$

当体系不服从理想气体定律，但可视为理想溶液时，各组分的逸度可表示为相同温度、压力下纯组分逸度与摩尔分数的乘积

$$f_i=f_i^* y_i \tag{2-17}$$

将此式代入式(2-14) 可得以纯组分逸度和组成表示的平衡常数表达式

$$K=\frac{(f_C^*)^c(f_D^*)^d}{(f_A^*)^a(f_B^*)^b}\times\frac{y_C^c y_D^d}{y_A^a y_B^b}=\frac{(f_C^*)^c(f_D^*)^d}{(f_A^*)^a(f_B^*)^b}K_y \tag{2-18}$$

而

$$K_y=\frac{y_C^c y_D^d}{y_A^a y_B^b} \tag{2-19}$$

对气相反应体系，有时也使用以压力表示的平衡常数 K_p，其定义为

$$K_p=\frac{(p_t y_C)^c (p_t y_D)^d}{(p_t y_A)^a (p_t y_B)^b}=K_y p_t^{(c+d)-(a+b)} \tag{2-20}$$

显然，对理想气体混合物有 $K=K_p$，而对非理想气体混合物两者并不相等。

化学平衡常数可直接由实验测定，但更常用的方法是利用热力学数据计算求取。由热力学第二定律可知，化学反应总是向自由能减少的方向自发进行的。因此，对上述反应体系有

$$\Delta G=\sum \nu_i \mu_i=(c\mu_C+d\mu_D)-(a\mu_A+b\mu_B)\leqslant 0 \tag{2-21}$$

式中，μ_i 为各组分的化学势。

组分的化学势可用逸度表示

$$\mu_i=\mu_i^{\ominus}+RT\ln f_i \tag{2-22}$$

式中，$\mu_i^{\ominus}$ 为标准状态下纯物质的化学势，即该物质在标准状态下的摩尔生成自由能；R 为摩尔气体常数；T 为热力学温度。将式(2-22) 代入式(2-21) 得

$$\Delta G=(c\mu_C^{\ominus}+d\mu_D^{\ominus}-a\mu_A^{\ominus}-b\mu_B^{\ominus})+RT\ln\frac{f_C^c f_D^d}{f_A^a f_B^b}=\Delta G^{\ominus}+RT\ln\frac{f_C^c f_D^d}{f_A^a f_B^b} \tag{2-23}$$

当体系达到化学平衡状态时，体系的自由能最小，$\Delta G=0$。由式(2-14) 可得

$$\Delta G^{\ominus}=-RT\ln K \tag{2-24}$$

各种物质在25℃下的标准生成自由能可从热力学数据手册上查取，在数据缺乏时也可进行估算。因此，利用式(2-24) 可以计算25℃时的化学平衡常数。其他温度下的化学平衡常数则可根据25℃时的平衡常数利用 Van't Hoff 方程求取，该方程的微分形式为

$$\frac{\mathrm{d}(\ln K)}{\mathrm{d}T}=\frac{\Delta H}{RT^2} \tag{2-25}$$

式中，ΔH 为反应热。由式(2-25) 可见，对放热反应体系，ΔH 为负值，K 将随温度的升高而减小。因此，对这类反应要达到较高的转化率必须在反应过程中移去反应热，保持较低的反应温度，SO_2 氧化即为这类反应的一个例子。而对吸热反应体系，ΔH 为正值，K 将随温度的下降而减小。因此，对这类反应要达到较高的转化率必须在反应过程中补充热量，保持较高的反应温度，乙苯脱氢即为这类反应的一个例子。

通过理论计算求得化学平衡常数 K 后，即可利用式(2-19) 求取达到平衡时反应体系的组成和平衡转化率。并可用此法分析反应条件对平衡转化率的影响，再结合反应动力学的研究结果，为确定反应过程的工艺条件和设计反应器提供依据。

例 2-3　乙苯脱氢制取苯乙烯

$$C_6H_5-C_2H_5 \rightleftharpoons C_6H_5-C_2H_3+H_2$$

是一个分子数增加的可逆吸热反应。为降低组分分压，维持反应温度，工业反应器中用大量水蒸气对反应物系进行稀释。进料中水蒸气和乙苯的质量比称为水烃比，是反应器的一个重要工艺参数。已知该反应的化学平衡常数和温度的关系可用下式表示

$$\ln K_p=19.67-0.1537\times10^5/T-0.5223\ln T$$

试通过计算分析反应器操作压力、水烃比、反应温度对乙苯平衡转化率的影响。

解： 设水烃比为 R，则进料中蒸汽和乙苯的摩尔比 $\alpha=\dfrac{106\times R}{18}$。

以1mol乙苯为基准，当达到化学平衡状态时，其转化率为 x_e，可得平衡时各组分的物质的量

乙苯	$1-x_e$
水	α
苯乙烯	x_e
氢	x_e
	$\sum=\alpha+1+x_e$

设反应器的操作压力为 p_t，于是有

$$p_e=p_t\frac{1-x_e}{\alpha+1+x_e}$$

$$p_s=p_H=p_t\frac{x_e}{\alpha+1+x_e}$$

根据 K_p 的定义有

$$K_p=\frac{p_t^2\dfrac{x_e^2}{(\alpha+1+x_e)^2}}{p_t\dfrac{1-x_e}{\alpha+1+x_e}}=\frac{p_t x_e^2}{(1-x_e)(\alpha+1+x_e)}$$

整理后得一元二次方程

$$\left(\frac{p_t}{K_p}+1\right)x_e^2+\alpha x_e-(\alpha+1)=0$$

上述方程有物理意义的根为

$$x_e=\frac{-\alpha+\sqrt{\alpha^2+4\left(\dfrac{p_t}{K_p}+1\right)(\alpha+1)}}{2\left(\dfrac{p_t}{K_p}+1\right)}$$

现利用上式计算反应温度从 525～600℃，操作压力为 0.1MPa（1atm)、0.05MPa (0.5atm)，水烃比为 1.5、2.0、2.5 时乙苯的平衡转化率。在上述温度范围内，若干温度下的化学平衡常数可由关联式计算。

T/℃	525	550	575	600
$K_p\times10^2$/MPa	0.4539	0.8113	1.385	2.299

操作压力为 0.1MPa 和 0.05MPa 下，不同反应温度和水烃比时的平衡转化率分别列于如下两表。

$p_t=0.1$MPa（绝压）

R	平衡转化率/%			
	525℃	550℃	575℃	600℃
1.5($\alpha=8.83$)	49.12	58.92	68.12	76.17
2.0($\alpha=11.77$)	53.37	63.22	72.15	79.66
2.5($\alpha=14.72$)	56.83	68.36	75.21	82.24

$p_t=0.05\text{MPa}$（绝压）

R	平衡转化率/%			
	525℃	550℃	575℃	600℃
1.5(α=8.83)	61.09	70.73	78.86	85.22
2.0(α=11.77)	65.36	74.61	82.10	87.73
2.5(α=14.72)	68.69	77.53	84.46	89.51

由上述计算可知，乙苯的平衡转化率随操作压力的降低、反应温度和水烃比的提高而增加。特别是操作压力和反应温度对平衡转化率的影响更为敏感。但由动力学研究可知，反应温度过高会导致苯乙烯选择性下降。采用负压操作有可能在较低温度和较小水烃比（这有利于降低能耗）下达到较高转化率。以上的分析就是 20 世纪 70 年代以来广泛采用的负压法乙苯脱氢过程的热力学基础。

2.2.3　复杂反应体系的化学平衡计算

由前面所述可知，化学平衡状态可从两个不同的角度表述：一个是当达到化学平衡状态时，体系的自由能最小；另一个是在化学平衡状态下，体系中各组分的分率将服从一定的关系。与此相对应，对存在多个反应的复杂反应体系有两类求解化学平衡问题的方法。一类是在满足化学计量方程确定的物料衡算的前提下，求解化学平衡方程，称为平衡常数法。另一类是在满足原子衡算的前提下，用最优化方法求解物系自由能达到最小时的组成，称为最小自由能法。下面将分别介绍这两类求解方法。

1. 平衡常数法

反应体系的化学平衡计算可看成一类特殊的物料衡算问题，即体系的终了状态是化学平衡状态时的物料衡算问题。前已述及，在对复杂反应体系进行物料衡算时，已知一组独立反应中各关键组分的反应量后，即可根据化学计量关系求得其余组分的反应量。因此，在求解复杂反应体系的化学平衡问题时，首先应该通过化学计量学分析确定一组独立反应和相应的关键组分，然后利用体系的终了状态是化学平衡状态这一约束条件确定关键组分的反应量和体系的化学平衡组成。

例 2-4　甲烷水蒸气转化制合成气可用下列两个独立反应描述反应过程中组成的变化

$$CH_4+H_2O=\!=\!=3H_2+CO \tag{1}$$

$$CO+H_2O=\!=\!=H_2+CO_2 \tag{2}$$

已知 1000K 时，上述两个反应的化学平衡常数分别为 0.26722MPa^2 和 1.368。计算在 1000K、1.2MPa、水蒸气/甲烷进料摩尔比为 6 的条件下该反应体系的化学平衡组成。

解： 以 1mol 甲烷为基准，设达到化学平衡时反应（1）的反应进度为 ξ_1（单位为 mol）甲烷，反应（2）的反应进度为 ξ_2（单位为 mol）水蒸气，根据化学计量方程可写出化学平衡时各组分的物质的量

CH_4(M)	$1-\xi_1$
H_2O(W)	$6-\xi_1-\xi_2$
H_2(H)	$3\xi_1+\xi_2$
CO	$\xi_1-\xi_2$
CO_2	ξ_2
总物质的量(n_t)	$7+2\xi_1$

于是，可得化学平衡方程为

$$\frac{n_H^3 n_{CO} p_t^2}{n_M n_W n_t^2}=\frac{(3\xi_1+\xi_2)^3(\xi_1-\xi_2)\times 1.2^2}{(1-\xi_1)(6-\xi_1-\xi_2)(7+2\xi_1)^2}=0.26722$$

$$\frac{n_H n_{CO_2}}{n_{CO} n_W}=\frac{(3\xi_1+\xi_2)\xi_2}{(\xi_1-\xi_2)(6-\xi_1-\xi_2)}=1.368$$

用 Newton-Raphson 法迭代求解这两个方程即可求得反应（1）和反应（2）的反应进度。在假定迭代变量的初值时，只要满足物理上的约束条件，$0<\xi_1<1$，$\xi_1>\xi_2$，计算都能收敛，得到

$$\xi_1=0.8581\text{mol},\quad \xi_2=0.5709\text{mol}$$

化学平衡时各组分的摩尔分数为

CH_4	1.63%
H_2O	52.44%
H_2	36.09%
CO	3.29%
CO_2	6.55%

2. 最小自由能法

当独立反应数目很大时，平衡常数法需联立求解多个非线性方程，计算工作量很大，这时以采用最小自由能法为宜。

设反应体系中共有 n 个组分，体系的自由能为

$$G=\sum_{i=1}^{n} N_i\mu_i \tag{2-26}$$

最小自由能法即在满足各元素原子衡算

$$\sum_{i=1}^{n}\beta_{ki}N_i-b_{k0}=0 \qquad (k=1,2,\cdots,l) \tag{2-27}$$

的前提下，求体系自由能为最小时的组成。最常用的最优化算法是拉格朗日乘子法，由式(2-26) 和式(2-27) 构成拉格朗日函数

$$F=G+\sum_{k=1}^{l}\lambda_k\left(\sum_{i=1}^{n}\beta_{ki}N_i-b_{k0}\right) \tag{2-28}$$

计算拉格朗日函数对各组分物质的量的导数，并令其为零

$$\left(\frac{\partial F}{\partial N_i}\right)_{P,T,N_j}=\left(\frac{\partial G}{\partial N_i}\right)_{P,T,N_j}+\sum_{k=1}^{l}\lambda_k\beta_{ki}=0 \tag{2-29}$$

上式右端第一项为化学势 μ_i，对于气相体系（此时标准态为 0.1MPa 下的理想气体），μ_i 与逸度 f_i 有如下关系

$$\left(\frac{\partial G}{\partial N_i}\right)_{P,T,N_j}=\mu_i=G_i^{\ominus}+RT\ln f_i \tag{2-30}$$

式中，$G_i^{\ominus}$ 为纯组分的标准自由能，将式(2-30) 代入式(2-29) 得

$$G_i^{\ominus}+RT\ln f_i+\sum_{k=1}^{l}\lambda_k\beta_{ki}=0 \tag{2-31}$$

如果反应混合物为理想气体，则 f_i 可表示为

$$f_i = p_t y_i = p_t \frac{N_i}{\sum_{i=1}^{n} N_i} \tag{2-32}$$

将式(2-32) 代入式(2-31) 得

$$G_i^{\ominus} + RT\ln\left[p_t \frac{N_i}{\sum_{i=1}^{n} N_i}\right] + \sum_{k=1}^{l} \lambda_k \beta_{ki} = 0 \tag{2-33}$$

式(2-33) 和式(2-27) 组成包含 $n+1$ 个未知变量的方程组，可联立求解得到各组分的物质的量 N_i （$i=1,2,\cdots,n$） 和拉格朗日乘子 λ_k （$k=1,2,\cdots,l$）。

例 2-5　在 1000K、0.1MPa 条件下进行甲烷水蒸气转化制合成气的反应，甲烷、水蒸气进料摩尔比为 2∶3，用最小自由能法计算此反应条件下体系的平衡组成。

在此反应条件下各组分的标准自由能分别为

$$G_{CH_4}^{\ominus} = 19.3\text{kJ/mol}$$
$$G_{H_2O}^{\ominus} = -192.6\text{kJ/mol}$$
$$G_{CO}^{\ominus} = -200.6\text{kJ/mol}$$
$$G_{CO_2}^{\ominus} = -395.9\text{kJ/mol}$$

单质 H_2 标准自由能为零。

解： 令组分 CH_4、H_2O、CO、CO_2、H_2 编号分别为 1、2、3、4、5，参照式(2-33) 写出下列 5 个方程

CH_4　$$19.3\times1000 + RT\ln\left[\frac{N_1}{\sum_{i=1}^{5} N_i}\right] + \lambda_C + 4\lambda_H = 0$$

H_2O　$$-192.6\times1000 + RT\ln\left[\frac{N_2}{\sum_{i=1}^{5} N_i}\right] + 2\lambda_H + \lambda_O = 0$$

CO　$$-200.6\times1000 + RT\ln\left[\frac{N_3}{\sum_{i=1}^{5} N_i}\right] + \lambda_C + \lambda_O = 0$$

CO_2　$$-395.9\times1000 + RT\ln\left[\frac{N_4}{\sum_{i=1}^{5} N_i}\right] + \lambda_C + 2\lambda_O = 0$$

H_2　$$RT\ln\left[\frac{N_5}{\sum_{i=1}^{5} N_i}\right] + 2\lambda_H = 0$$

以 2mol CH_4 为基准时，三种元素的原子衡算方程为

C $N_1+N_3+N_4=2$

H $4N_1+2N_2+2N_5=14$

O $N_2+N_3+2N_4=3$

$RT=8314\text{J/mol}$，联立求解以上8个方程得到各组分的物质的量

$$N_1=0.1722\text{mol}$$
$$N_2=0.8611\text{mol}$$
$$N_3=1.5172\text{mol}$$
$$N_4=0.3107\text{mol}$$
$$N_5=5.7934\text{mol}$$

$$\sum_{i=1}^{5}N_i=8.6546\text{mol}$$

以及 $\lambda_C=6626$，$\lambda_H=1671$，$\lambda_O=208681$。

于是，平衡组成为

$y_1=1.99\%$，$y_2=9.95\%$，$y_3=17.53\%$，$y_4=3.59\%$，$y_5=66.94\%$。

2.3 反应动力学及其数学描述

反应动力学的任务是研究化学反应的速率以及浓度、温度、催化剂等因素对反应速率的影响。反应速率和选择性是化学反应体系的两个重要的动力学特征。速率决定反应器的尺寸，选择性则决定产品的原料单耗。

对于简单反应不存在选择性问题。而对于复杂反应，由选择性决定的原料单耗在经济上的重要性通常远大于反应器的设备投资。但是，由于选择性取决于主副反应速率的相对大小，因此选择性问题归根到底仍是一个速率问题。

反应速率（对催化反应则在催化剂选定后）是由反应实际进行场所的浓度和温度决定的。例如，在气固相催化反应过程中，反应实际上只在固体催化剂表面进行，因此反应速率仅由催化剂表面的温度和浓度决定。由于气相主体和催化剂表面之间存在传递阻力，气相主体和催化剂表面之间往往会存在一定的浓度差和温度差，从而对反应速率和选择性造成一定的影响。本节所论仅限于不存在相际传递阻力时反应速率和浓度、温度之间的关系。

反应动力学传统上属于物理化学的范围，但为了满足工程实践的需要，化学工程师在这方面也进行了大量的研究工作。一般来说，化学家着重研究的是反应机理，力图根据基元反应或表面化学的理论计算来预测整个反应的动力学规律。化学工程师则主要通过实验测定，研究工业反应器操作范围内反应速率和反应条件之间的定量关系，以满足反应过程开发和反应器设计的需要。

由于90%以上的反应是在催化剂作用下进行的，因此，本章着重对表面催化反应加以介绍。

2.3.1 表面催化反应概念的形成

Masel 在其专著中对催化反应发展的主要历史性事件进行了概括性总结，这对于了解表

面反应概念的形成过程很有帮助。最早关于表面反应的研究可追溯到1775年和1790年Priestley的研究。他发现乙醇可以在热的铜表面分解成焦油与气体，但是Priestley并没有继续他的这项研究。1796年van Mamm分析了乙醇分解过程的产物，发现包含水、氢气与碳。这项工作可以说是催化脱氢领域的开创性研究。

表面反应的重要进展是在20年之后出现的。1817年Davy发现热的铂网置于煤矿环境中会自发地发出白光，但是没有火焰的产生。在那个时期，煤矿经常发生爆炸，因为照明用的蜡烛会点燃煤矿中的瓦斯气体。铂丝会在没有火焰的情况下发光，并且铂丝接触明火的时候会熄灭火焰。据此，他设计了一种用于煤矿的安全照明灯。这种灯类似于标准的油灯，但是它带有一个铂丝阻焰器来防止爆炸。这种灯很快地投入生产，保障了矿工的生命安全。在Davy的工作进行之前，化学主要还是上层社会的消遣。从那以后，人们开始重视化学的研究和应用。

1824年Henry第一次对Davy灯的化学反应作了定量分析，认为主要反应是

$$H_2+\frac{1}{2}O_2 \longrightarrow H_2O,\ CO+\frac{1}{2}O_2 \longrightarrow CO_2$$

他还发现在细微的铂粉上反应更易于进行。1823年Dobereiner、Dulong与Thenard发现铂丝促进化学反应的能力随着铂丝网的表面积与孔隙率的增加而增加。Faraday于1834年指出当裸露的铂置于少量的油脂中，油脂会占据铂的表面，进而影响反应的进行。这项研究表明非均相催化反应是受催化剂孔隙内的行为控制的。接下来的80年普遍接受了这个观点。19世纪30年代人们重点研究了铂是如何促进化学反应的。Faraday认为是一种电场力将反应物气体吸在铂的表面，而这种电场力有利于反应。另外，1836年Berzelius进行了大量的铂表面反应实验，他认为铂的作用比简单的电场力要微妙得多，它与物质间的密切作用不无关系，只是以另一种新的形式表现出来。Berzelius同时还采用了一个新的术语“catalysis”。Phillips公司在1831年取得SO_2催化氧化制取硫酸的专利。19世纪后期出现了大量关于催化过程的专利。在理论方面，最重要的是Van't Hoff、Ostwald与Sabatier在19世纪末期与20世纪初期的研究工作，他们因此都获得了诺贝尔奖。Van't Hoff与Ostwald指出催化剂的最主要作用是改变化学反应的速率。Van't Hoff分别测量了稳态与非稳态下催化剂表面进行的反应速率，发现反应速率随着催化剂量或者催化剂表面积的增加而增加。Ostwald指出催化剂仅影响化学反应速率而不改变反应的平衡。Van't Hoff与Ostwald一起表达了这个观点。Van't Hoff在1901年获得第一个诺贝尔化学奖，Ostwald在1909年也获得了诺贝尔化学奖。

下一个重要进展来自于Sabatier的研究工作。Sabatier注意到Berzelius、Ostwald、Van't Hoff等认为催化作用的发生是因为反应物被吸附到多孔催化剂的空隙中，压缩到足够高的浓度，从而发生反应。虽然Van't Hoff指出气体压力的增加会加快反应速率，但是Sabatier发现反应只会在特定的金属表面发生，并且若金属与反应物间的作用太强（如压缩气体浓度过大），并不会发生化学反应。因此Sabatier认为反应物气体在催化剂孔隙内的浓缩这一观点不足以解释催化现象。Sabatier认为在催化过程中反应物在催化剂表面形成了一种临时的不稳定化合物，是这些不稳定中间产物的生成与分解引起了催化作用。虽然Climemt与Desomes在1806年，即一百多年前就提出了类似的观点，但是都被人们忽略了。Sabatier的建议最初也遭到了很多批评，因为这种不稳定中间产物的想法对于19世纪末期大多数有影响力的化学家而言是不可信的。然而，Sabatier的理论解释了大量的催化反应数据，因此他的学术观点获得认可。Sabatier同时指出不稳定中间产物与现在我们称作的

化学吸附态有关。Sabatier 因为这项研究在 1912 年获得诺贝尔化学奖。在那之后不久，催化过程开始应用于工业。最重要的贡献是 Haber 发现的合成氨催化剂。Haber 因为这项发现于 1918 年获得诺贝尔化学奖。

在 1912 年之前，一直都没有出现催化反应速率的通用表达式，但是在 1912 年至 1918 年之间，出现了大量关于催化反应速率表达式的文章。Langmuir 建立了一个催化表面化学反应的一般模型，他提出气体被吸附在固体表面特定位置上的概念。这一观点被当时的表面化学家广泛接受，并且沿用至今。Langmuir 于 1932 年获得诺贝尔化学奖。此后，在 1938 年至 1955 年之间，关于表面反应领域再没出现过诺贝尔奖。但是这段时期工业催化过程呈现爆炸性增长。工业研究者们系统地研究了气体与各种金属表面之间的相互作用，并试图将他们的测量结果与已知的金属性质相关联。表面反应速率随着表面结构改变而改变的理论也是在 1925 年至 1955 年之间建立的。在 1918 年 Langmuir 的研究中，他将反应处理成在催化剂表面均匀地发生。但此后不久，1925 年 Pease、Stewart 与 Taylor 发现当往催化剂中加入毒物时，反应速率的降低远远大于吸附速率的降低。这一发现使 Taylor 认为表面反应仅发生在催化剂表面特定的位置上，他把这种特定位置称为“活性位”。从此以后，活性位理论被大大扩展。现在我们谈论反应都会使用“结构敏感反应”与“结构不敏感反应”这一术语，因为表面反应速率随着表面结构变化而改变的观点一直沿用至今。

2.3.2 表面催化反应动力学方程

双曲线型方程是表面催化反应动力学方程的特征。它是由 Hinshelwood 研究气固相催化反应动力学时，根据 Langmuir 的均匀表面吸附理论导出来的，其后 Hougen 和 Watson 用此模型成功地处理了许多气固相催化反应，使它成为一种广泛应用的方法。因此，双曲线型动力学方程又被称为 Langmuir-Hinshelwood-Hougen-Watson（L-H-H-W）方程。

双曲线型反应动力学模型的基本假定是：

① 催化剂的所有活性中心的动力学性质和热力学性质都是均一的，吸附分子间除了对活性中心的竞争外，不存在其他相互作用。

② 吸附、反应、脱附三个步骤中有一个步骤是速率控制步骤，其余步骤被认为处于平衡状态。

③ 方程中的所有参数都根据反应的实验数据确定，不独立进行吸附常数的测定。

④ 对表面反应的详细机理不作任何假设。

现以反应 $A+B \rightleftharpoons R+S$ 为例，导出当吸附组分间的表面反应为速率控制步骤时的双曲线型反应动力学方程。

若以 σ 表示催化剂上的一个活性中心，则上述反应的机理可设想如下：

反应物的吸附

$$A+\sigma \rightleftharpoons A\sigma$$

$$B+\sigma \rightleftharpoons B\sigma$$

表面反应

$$A\sigma+B\sigma \rightleftharpoons R\sigma+S\sigma$$

反应产物的脱附

$$R\sigma \rightleftharpoons R+\sigma$$

$$S\sigma \rightleftharpoons S+\sigma$$

若以 C_A、C_B、C_R、C_S 分别代表催化剂活性中心上各组分的吸附分率，正反应速率正比于组分 A、B 的吸附分率，逆反应速率正比于组分 R、S 的吸附分率，则净反应速率可表示为

$$-r_A=k_fC_AC_B-k_rC_RC_S=k_f(C_AC_B-C_RC_S/K) \tag{2-34}$$

式中，k_f 为正反应速率常数；k_r 为逆反应速率常数；K 为化学平衡常数，$K=\frac{k_f}{k_r}$。

因为各组分的吸附、脱附均达到平衡，所以各组分的吸附分率可根据 Langmuir 均匀表面吸附理论导出。各组分的吸附速率与未占据的活性中心分率和该组分的气相分压成正比

$$r_{Ma}=k_{Ma}p_M(1-\sum C_M) \qquad (M=A,B,R,S) \tag{2-35}$$

各组分的脱附速率与该组分的吸附分率成正比

$$r_{Md}=k_{Md}C_M \qquad (M=A,B,R,S) \tag{2-36}$$

达到吸附平衡时，$r_{Ma}=r_{Md}$，故有

$$k_{Ma}p_M(1-\sum C_M)=k_{Md}C_M \qquad (M=A,B,R,S) \tag{2-37}$$

由上式不难导出

$$C_M=\frac{K_Mp_M}{1+\sum(K_Mp_M)} \qquad (M=A,B,R,S) \tag{2-38}$$

式中，K_M 为组分 M 的吸附平衡常数；p_M 为组分 M 的气相分压。

将式(2-38) 代入式(2-34) 得

$$-r_A=\frac{k_f(K_AK_Bp_Ap_B-K_RK_Sp_Rp_S/K)}{(1+K_Ap_A+K_Bp_B+K_Rp_R+K_Sp_S)^2} \tag{2-39}$$

若假设组分 A 的吸附为速率控制步骤，用类似方法可导出速率方程为

$$-r_A=\frac{k_{Ma}\left(p_A-\frac{p_Rp_S}{Kp_B}\right)}{1+\frac{K_Ap_Rp_S}{Kp_B}+K_Bp_B+K_Rp_R+K_Sp_S} \tag{2-40}$$

由式(2-39) 和式(2-40) 不难看出，双曲线型动力学方程的一般形式为

$$r=\frac{k(\text{推动力项})}{(\text{吸附项})^n} \tag{2-41}$$

推动力项表示对化学平衡状态的偏离，当反应速率为零时，此项即还原为化学平衡式。吸附项以组分分压和吸附平衡常数的乘积表示各组分对活性中心竞争所产生的影响。吸附项中应包括所有吸附量不能忽略的组分。如果有某种不参与反应的惰性组分 I 被活性中心吸附，则式(2-39) 或式(2-40) 的吸附项中还应增加一项 K_Ip_I，这种方法可用于处理催化剂暂时中毒问题。

吸附项幂指数 n 通常对单分子反应为 1，对双分子反应为 2。如果反应计量式的一边是单分子反应，另一边是双分子反应，则当假设一种产物不吸附时 $n=1$，而当两者都吸附且假设单分子反应一边的反应物必须同相邻的一个空位活性中心起作用时 $n=2$。Yang（杨光华）和 Hougen，对单分子反应和双分子反应导出了不同速率控制步骤的双曲线型动力学方程。这些方程的推动力项、吸附项和指数 n 分别列于表 2-1～表 2-3。利用这些表很容易写出不同机理、不同速率控制步骤的气固相催化反应的双曲线型动力学方程。

表 2-1 双曲线型动力学方程中的推动力项

反应机理	$A \rightleftharpoons R$	$A \rightleftharpoons R+S$	$A+B \rightleftharpoons R$	$A+B \rightleftharpoons R+S$
A 的吸附控制	$p_A-\frac{p_R}{K}$	$p_A-\frac{p_R p_S}{K}$	$p_A-\frac{p_R}{Kp_B}$	$p_A-\frac{p_R p_S}{Kp_B}$
B 的吸附控制	0	0	$p_B-\frac{p_R}{Kp_A}$	$p_B-\frac{p_R p_S}{Kp_A}$
R 的脱附控制	$p_A-\frac{p_R}{K}$	$\frac{p_A}{p_S}-\frac{p_R}{K}$	$p_A p_B-\frac{p_R}{K}$	$\frac{p_A p_B}{p_S}-\frac{p_R}{K}$
表面反应控制	$p_A-\frac{p_R}{K}$	$p_A-\frac{p_R p_S}{K}$	$p_A p_B-\frac{p_R}{K}$	$p_A p_B-\frac{p_R p_S}{K}$
A 的碰撞控制（A 未被吸附）	0	0	$p_A p_B-\frac{p_R}{K}$	$p_A p_B-\frac{p_R p_S}{K}$
均相反应控制	$p_A-\frac{p_R}{K}$	$p_A-\frac{p_R p_S}{K}$	$p_A p_B-\frac{p_R}{K}$	$p_A p_B-\frac{p_R p_S}{K}$

表 2-2 双曲线型动力学方程中的吸附项 $[1+K_A p_A+K_B p_B+K_R p_R+K_S p_S+K_I p_I]^n$ 的替代式

替代条件	$A \rightleftharpoons R$	$A \rightleftharpoons R+S$	$A+B \rightleftharpoons R$	$A+B \rightleftharpoons R+S$
A 的吸附控制时 $K_A p_A$ 的替换	$\frac{K_A p_R}{K}$	$\frac{K_A p_R p_S}{K}$	$\frac{K_A p_R}{Kp_B}$	$\frac{K_A p_R p_S}{Kp_B}$
B 的吸附控制时 $K_B p_B$ 的替换	0	0	$\frac{K_B p_R}{Kp_A}$	$\frac{K_B p_R p_S}{Kp_A}$
R 的吸附控制时 $K_R p_R$ 的替换	$KK_R p_A$	$KK_R \frac{p_A}{p_S}$	$KK_R p_A p_B$	$\frac{KK_R p_A p_B}{p_S}$
A 的吸附控制，A 又发生解离时 $K_A p_A$ 的替换	$\sqrt{\frac{K_A p_R}{K}}$	$\sqrt{\frac{K_A p_R p_S}{K}}$	$\sqrt{\frac{K_A p_R}{Kp_B}}$	$\sqrt{\frac{K_A p_R p_S}{Kp_B}}$
A 达到平衡吸附，A 又发生解离时 $K_A p_A$ 的替换	$\sqrt{K_A p_A}$	$\sqrt{K_A p_A}$	$\sqrt{K_A p_A}$	$\sqrt{K_A p_A}$
A 不被吸附时 $K_A p_A$ 的替换（对其他不吸附分子相同）	0	0	0	0

表 2-3 双曲线型动力学方程中吸附项的指数

A 吸附控制，但不解离	$n=1$
R 脱附控制	$n=1$
A 吸附控制，且发生解离	$n=2$
反应 $A+B \rightleftharpoons R$，A 碰撞控制，不解离	$n=1$
反应 $A+B \rightleftharpoons R+S$，A 碰撞控制，不解离	$n=2$
均相反应	$n=0$

续表

表面反应控制				
反应特性	A $\rightleftharpoons$ R	A $\rightleftharpoons$ R+S	A+B $\rightleftharpoons$ R	A+B $\rightleftharpoons$ R+S
A 不解离	1	2	2	2
A 解离	2	2	3	3
A 解离(B 未吸附)	2	2	2	2
A 不解离(B 未吸附)	1	2	1	2

2.3.3　两类反应动力学方程的评价

幂律型与双曲线型动力学模型都具有很强的拟合实验数据的能力，都可用于非均相催化反应体系。对气固相催化反应过程，幂律型动力学方程可由捷姆金（Jemkin）的非均匀表面吸附理论导出，但更常见的是将它作为一种纯经验的关联式去拟合反应动力学的实验数据。虽然在这种情况中幂律型动力学方程不能提供关于反应机理的任何信息，但因为这种方程形式简单、参数数目少，通常也能足够精确地拟合实验数据，所以在非均相反应过程开发和工业反应器设计中还是得到了广泛的应用。

在数学形式上，幂律型模型可以看成是双曲线型模型的一种简化，当双曲线型模型分母中各吸附项的数值（$K_A p_A$、$K_B p_B$）远小于 1 而可忽略时，双曲线型模型即可简化为幂律型模型。就应用角度而言，这两种动力学方程各有优缺点。幂律型模型形式简单，反应组分浓度和反应温度对反应速率的影响直观，模型参数的数目一般较双曲线型模型少，实验数据处理和参数估值都比较容易。但是，如果反应产物对反应起抑制作用，反应产物的浓度将出现在反应动力学方程中

$$-r_A = k\frac{C_A^{\alpha} C_B^{\beta}}{C_R^{\gamma} C_S^{\delta}} \tag{2-42}$$

当反应开始时反应产物的浓度为零，反应速率将趋于无穷大。显然，这是不符合事实的，而用双曲线型模型将上式改写为

$$-r_A = k\frac{C_A^{\alpha} C_B^{\beta}}{1+K' C_R^{\gamma} C_S^{\delta}} \tag{2-43}$$

即可避免上述难题。

另外，在双分子反应中，如果某一组分会在催化剂表面产生强吸附，导致在不同浓度区间里，该组分浓度对反应速率有相反的影响，幂律型模型无法反映系统的这种特点，而必须采用双曲线型模型。CO 在铂催化剂上的氧化反应是这类反应的一个重要例子。由于 CO 会在铂催化剂表面产生强吸附，当 CO 浓度较低时反应速率随 CO 浓度的增加而增加，当 CO 浓度超过某临界值（温度为 200～370℃ 时，其分压大于 270Pa）后，由于绝大部分活性中心被 CO 占领，反应速率反而随 CO 浓度的增加而减小。CO 在铂催化剂上的氧化反应速率和 CO 浓度的关系，如图 2-2 所示。

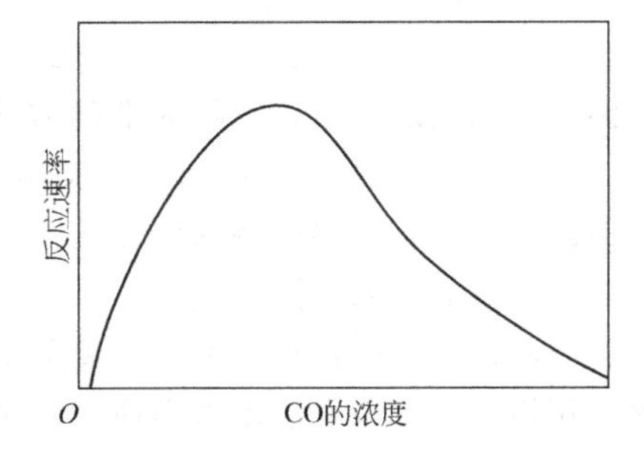

图 2-2　铂催化剂上 CO 氧化反应速率和 CO 浓度的关系

Voltz 等利用 Langmuir 吸附动力学导出铂催化剂上 CO 的氧化速率，表示为

$$-r_{CO}=\frac{kC_{CO}}{(1+K_{CO}C_{CO})^2} \tag{2-44}$$

当 C_{CO} 很小，$1 \gg K_{CO}C_{CO}$ 时，$r=kC_{CO}$，表现出一级反应的特点；当 C_{CO} 很大，$1 \ll K_{CO}C_{CO}$ 时，$r=\frac{k'}{C_{CO}}$ $\left(k'=\frac{k}{K_{CO}^2}\right)$，表现出负一级反应的特点。

虽然，双曲线型模型具有比幂律型模型更强的拟合实验数据的能力，但是，不论 Hinshelwood，还是 Hougen 和 Watson 都不认为他们提出的方程式有重大的理论意义。他们强调模型方程中的吸附常数不能靠单独测定吸附性质来确定，而必须和反应速率常数一起由反应动力学实验确定。这说明模型方程中的吸附平衡常数并不是真正的吸附平衡常数，模型假设的反应机理和实际反应机理也会有相当的距离。

化学反应的机理通常是十分复杂的。一些看起来相当简单的反应的机理至今也没有完全搞清。因此，不论是双曲线型模型还是幂律型模型，都只是可以用来拟合反应动力学实验数据的一种函数形式。由于这两种方程在数学上的适应性极强，对同一组实验数据可同时用这两种方程拟合的例子也是屡见不鲜。从这个意义上讲，目前工程上应用的绝大多数动力学模型都不是机理模型，在原实验范围之外进行大幅度的外推都是有风险的。

2.4 反应动力学的实验研究方法

虽然，化学家一直致力于通过理论计算确定化学反应的机理和速率，但对于大多数反应体系，这类理论计算所能达到的准确程度尚不能满足工业反应过程开发和反应器设计的要求。所以，实验研究仍是认识反应过程动力学特征的主要途径。反应工程在其发展过程中已形成了一整套动力学实验测定和数据处理的方法。

2.4.1 反应动力学实验研究的决策

建立一类可靠的、能用于工业反应器设计的反应动力学模型至今仍是一项十分困难的任务。究其原因主要有以下几点。

① 测量误差的影响。不论是组成分析还是温度测量都不可避免地带有误差，而反应速率对浓度、温度的变化又很敏感，往往难以保证实验测得的反应速率就是仪器指示的浓度、温度条件下的反应速率。

② 流动、传热、传质等传递过程的干扰。在实验反应器中往往会存在流动的不均匀性（如固定床反应器可能存在短路和死区）和由于反应相内外的传热、传质造成的微元尺度上的温度、浓度的分布，消除或准确估计这些传递因素对反应速率的影响往往是相当困难的。

③ 实验结果的代表性问题。实验室反应器通常都是很小的，例如用于研究气固相催化反应的实验室反应器中装的催化剂往往只有几克，甚至不足一克，如何保证由这么少量的催化剂所得到的结果，能够代表用于工业反应器的几吨甚至几十吨催化剂的性能呢?

因此，在反应过程开发中，要不要进行以建立反应动力学模型为目的的动力学研究，应该采用何种形式来表达动力学研究的结果是一个需全面考虑，然后作出慎重决策的问题。下面几个方面是必须考虑的。

① 在目前的技术条件（实验反应器、分析仪器、计算能力等）下，有无可能建立一类

具有实际应用价值的反应动力学模型。如果能够获得一类可靠的动力学模型，在反应器的开发中无疑会成为一个强有力的工具，但应该指出动力学模型并不是反应器开发的必要条件。在化学工业发展的历史中，在没有动力学模型的条件下开发成功的反应器不乏其例。究其原因无非一是不可能，二是没必要。例如，重质油的流化催化裂化在 1942 年就实现了工业化，但由于这是一个涉及成千上万个组分和反应的复杂反应过程，在当时和之后相当长的一段时间内都不知道应该如何去描述这样一个反应过程。直至 20 世纪 60 年代末，某些先驱者提出了集总动力学的概念，催化裂化过程反应动力学的研究才逐步开展起来，而此时工业流化催化裂化装置已运转了四分之一个世纪了。今天的技术条件当然不是几十年前所能比的，但对某些或者反应本身非常复杂，或者传递过程对反应的影响非常复杂的反应过程，要建立一类可靠的、能用于工业反应器设计的反应动力学模型依然有难以逾越的难度，这时另辟蹊径才是一种明智的选择。

② 分析过程的控制因素是动力学因素，还是热力学因素或传递过程因素。如果过程的控制因素不是动力学因素，花费大量的精力去研究反应动力学，多半是不必要的，甚至可能是南辕北辙。氯醇法是生产环氧丙烷的主要方法之一，同另外两种方法（共氧化法和直接氧化法）相比，具有生产工艺成熟、生产负荷弹性大、选择性好的优点，仍是我国目前生产环氧丙烷的主要方法。其生产工艺的第一步反应是丙烯和氯气在水溶液中生成氯丙醇的氯醇化反应，该反应实际上由溶氯和氯醇化两步组成。氯气首先溶于水中生成次氯酸

$$Cl_2 + H_2O = HClO + HCl$$

然后，次氯酸和丙烯反应生成氯丙醇

$$HClO + C_3H_6 = CH_3CHOHCH_2Cl$$

该反应的主要副反应有

$$C_3H_6 + Cl_2 = C_3H_6Cl_2$$

$$CH_3CHOHCH_2Cl + C_3H_6 + Cl_2 = (C_3H_6Cl)_2O(\text{二氯异丙基醚}) + HCl$$

20 世纪 80 年代初，我国环氧丙烷生产企业氯醇化反应的收率（以丙烯为基准）普遍只有 86%左右，而当时的世界先进水平为 93%左右。谢声礼、陈敏恒等接受某企业的委托，研究提高氯醇化反应收率的途径。他们通过分析文献资料、工业反应器操作数据，并经实验室研究证实：影响氯醇化反应收率的主要因素是氯醇化反应器中游离氯气的数量，即问题虽然发生在氯醇化反应器中，原因却应该到溶氯器中去找。研究发现溶氯是一个快速反应过程，由反应工程知识可知，对快速气液反应，过程的控制因素是相际传质，而不是化学反应。因此，解决问题的途径不是仔细研究溶氯和（或）氯醇化反应的动力学，而是如何增强相际传质。当时该企业溶氯器采用鼓泡塔，而鼓泡塔是一种适用于慢反应的持液量大、相界面积小的气液反应器，用于溶氯显然是不合适的。于是他们把溶氯器改为相界面积大的填料塔，在实验室反应器中，氯醇化反应收率达到了 94%，在中试装置和工业生产装置中，氯醇化反应收率也分别达到了 93.5%和 93%，达到了国际先进水平。

③ 有无可能通过实验找到放大判据。化学反应过程开发的核心问题是灵敏度分析，即确定影响反应结果的主要因素，并在反应器放大过程中使这些主要因素的偏差和波动控制在允许范围内。进行灵敏度分析有两种方法：数学模拟法和实验鉴别法。当能够获得可靠的反应器数学模型（包括反应动力学模型和反应器传递模型）时，当然可以考虑采用数学模拟法。而当建立可靠的反应器数学模型有困难，或实验鉴别法更简便时，则不必拘泥于数学模拟法一条途径。陈敏恒、袁渭康等在进行丁烯氧化脱氢制丁二烯的过程开发时，利用该反应过程将采用固定床绝热反应器，而这种反应器的反应结果将完全由反应器进口条件决定的特

点，通过实验研究确证在反应器进口原料气配比（物质的量之比）为 C_4H_8 ∶ O_2 ∶ H_2O=1∶(0.6～0.65)∶(12～16)，进口温度为300℃，进口气速为0.52kg/(m^2·s)的条件下可保证实现丁烯转化率大于60%，丁二烯选择性大于93%的开发目标，在放大过程中需解决的唯一问题是如何保证大型反应器中的气流均布。他们通过大型冷模试验解决了这一问题，成功实现了从小试直接放大到万吨规模的生产装置，在工业装置中全面达到了实验室研究的指标。

总之，作为一个成熟的化学工程师和反应工程研究者，在接受一项反应过程的开发任务后，不应不管过程的特点，就一头扎入既耗时、又费钱的反应动力学模型的研究中，而应通过仔细分析文献资料、工业装置操作数据（如果能得到）和必要的预实验结果，对是否需要并有可能进行反应动力学模型研究作慎重的决策，这往往是关系到反应过程开发成败和效率高低的重要决策。

2.4.2 反应动力学实验研究结果的表达方式

反应动力学实验研究结果通常以反应动力学模型的方式来表达。按照对反应动力学规律认识程度的差异，反应动力学模型可分为三类：机理型动力学模型、半经验型动力学模型、经验型动力学模型。不应简单地以为认识程度最深刻的机理模型就是最好的模型，应善于根据所研究的反应过程的复杂程度和应用目的，对采用或建立哪一类反应动力学模型作出适宜的抉择。

1. 机理型动力学模型

绝大多数化学反应并不是按照化学反应计量方程所表示的那样一步完成的，而是要经过生成中间产物（如自由基、碳正离子）的许多步骤才能完成。机理性动力学研究即根据测定的动力学数据和物理化学的观察研究，来确定完成整个反应过程的一系列简单步骤——基元反应及其速率控制步骤。在如此确定的反应机理的基础上建立的反应动力学模型称为机理型动力学模型。将机理型动力学模型和描述反应器中各种物理传递过程的模型相结合，可以外推到较宽的范围去模拟，预测反应器的行为。即使这种模型可能具有较大的应用价值，但建立这样一个模型需要花费很长的时间和大量的人力、物力也是显而易见的。实际上，即使对一些相当简单的反应，在进行了长期的研究后，其详细机理和相应的速率方程仍未完全弄清。因此，对大多数工业反应过程，这种研究方法是不现实的，特别是对新过程的开发，为了进行竞争必须缩短开发周期，进行长时间的动力学研究更是不适宜的。但是，某些现有的工艺过程，特别是那些反应不太复杂、生产规模又大的过程可能会从支持动力学基础研究中获益。因为动力学基础研究可指导改进装置的操作。而对这些大型生产装置，即使产率上有很小的提高也能带来可观的经济效益。合成氨的生产就是这样的一个例子，对变换反应和氨合成反应都进行了广泛的机理研究。另外需提及的是，准备进行机理研究的反应过程所采用的反应器型式最好是传递过程比较简单的，如绝热固定床反应器、搅拌釜式反应器等。对传递过程比较复杂的反应器，如换热式固定床反应器、流化床反应器，由于反应器传递模型中将包含许多不确定因素，应用机理型动力学模型预测的反应结果的可靠性也必然降低。

2. 半经验型动力学模型

这种模型根据有关反应系统的化学知识，假定一系列化学反应，写出其化学计量方程。计量式中的反应物和生成物一般是若干种分子，但对某些复杂反应系统，也可能是虚拟的集总组分，所假设的反应必须足以描述反应系统的主要特征，如主要反应产物的分布。然后按照标准形式(幂律型或双曲线型）写出每个反应的速率方程。再根据等温（或不等温）的实验数据，估计模型参数。这类模型具有一定的外推能力，但外推的范围不如机理模型大，结果也不如机理模型可靠。这是工业反应过程开发中最常用的一种动力学模型，因为它所需要的时间和费用比前一种方法少得多，所建立的模型已可以满足工业反应器设计的需要。

在化学反应工程发展过程中，已形成了一整套实验测定和数据处理方法，以进行这种半经验的动力学研究。在进行机理的或半经验的反应动力学研究时，通常应尽可能排除传递过程对化学反应的干扰，已有多种实验反应器可满足这种要求。

3. 经验型动力学模型

这种模型是根据在与工业反应器结构相似的模试反应器（或中试反应器）中进行的反应条件对反应结果影响的研究，将所得结果用简单的代数方程（如多项式）或图表表达，用于指导工业反应器的设计。例如，对采用绝热固定床反应器的工业反应过程，在实验室研究中也采用绝热反应器，因为绝热反应器的反应结果完全由进口条件（进口组成、温度、流量等）确定，所以只需测定不同进口条件下反应的转化率和选择性，并将结果关联成代数方程，即可用于工业反应器的设计计算。对采用列管式固定床反应器的工业反应过程，可采用单管反应器进行动力学研究。单管反应器的管径和管长均设计成和工业列管反应器的反应管相同。在这种条件下，反应结果将由进口条件和冷却（或加热）介质温度确定。研究不同操作条件下的反应结果，即可得到反应器的可操作区，掌握不同操作条件下反应结果变化的规律。

这种方法的优点是避免了为建立机理的或半经验的反应动力学模型将面临的种种困难，而且其结果可以直接应用于反应器的放大设计。在适当的条件下，应用这种方法往往可以收到事半功倍的效果。但是，在采用这种方法进行动力学研究时，影响反应结果的不仅有动力学因素，而且有反应器中的所有传递因素。因此，当采用这种方法时，反应器的选型必须已经确定，而对列管式反应器来说，反应管的直径和长度也必须确定。此外，因为这种方法所提供的操作条件和反应结果之间的关系，完全没有涉及过程的机理，所以只能内插使用，不宜进行外推。

2.4.3　实验反应器

已经设计出多种多样结构精巧的动力学实验反应器，可以在严格控制的操作条件（温度、流量等）下，研究化学反应的规律。从方法论的角度看，其主要类型有：积分反应器、微分反应器、无梯度循环反应器、脉冲反应器、瞬态响应反应器。

在选择实验室反应器时，通常需要考虑以下因素：①取样和分析简便；②等温性（或绝热性）好；③流型接近平推流或全混流；④停留时间能精确确定；⑤实验数据容易处理；⑥结构简单、造价低。一种实验反应器很难同时满足这六个条件，所以需要根据研究目的和反应过程的特征进行权衡和选择。

1. 积分反应器

积分反应器和微分反应器这两个概念的差别仅仅在方法论的意义上，而不意味着两者在结构上一定有原则性的区别。

常用的积分反应器有间歇搅拌釜式反应器和连续流动管式反应器。连续流动积分反应器是指经过反应器后反应物系的组成发生了显著的变化。

积分反应器通常在等温条件下进行操作。对管式反应器，可以通过多种手段使之形成足够长的等温段，如可在反应管外按一定方式缠绕电热丝，也可将反应管浸没在流化砂浴中。

用间歇搅拌釜式反应器进行实验时，可通过按时取样分析获得反应物系组成随时间变化的数据。用流动管式反应器进行实验时，则可在不同反应物流量（即不同反应空时）下测定反应器出口组成，得到反应器出口组成或转化率与反应空时的关系。积分反应器不能直接测得反应速率。

当反应热效应较大时，在流动管式积分反应器中要维持等温条件往往相当困难。维持等温可以采用的措施有：①采用直径较小的反应管，但当催化剂粒径和反应管径之比$\frac{d_p}{d_t}$在$\left(\frac{1}{10}\sim\frac{1}{6}\right)$时，可能产生严重的沟流；②采用较低的床高，但可能导致较大的返混而偏离平推流模型；③用惰性固体稀释催化剂。

2. 微分反应器

实验室微分反应器通常为连续流动管式反应器。与管式积分反应器相比，两者结构上并无原则性的差别。微分反应器指反应器中的浓度差和温度差足够小，在允许视作反应器内只存在单一浓度和单一温度的条件下，测定反应速率与浓度的关系。

微分反应器内各处反应速率接近相等，即

$$-r_A=\frac{q_V}{V_R}(C_{A0}-C_{Af}) \tag{2-45}$$

式中，$-r_A$是浓度为$\frac{C_{A0}+C_{Af}}{2}$时的反应速率。

为了求得不同浓度下的反应速率，需配制不同浓度的进料，一般可采用两种方法：①在进入微分反应器前将反应物和产物（或惰性组分）按比例混合；②设置一个预反应器，使部分物料经预转化再与其余物料混合，然后进入微分反应器。

采用微分反应器面临的最大困难是浓度分析的精度。因为微分反应器进出口浓度差很小，所以进出料组成分析的微小误差，就可能造成其差值相当大的误差，从而使计算的反应量产生相当大的误差。因此，采用微分反应器的先决条件是有足够精确的分析方法。

3. 无梯度循环反应器

配料用的产物若直接由反应器出口返回，微分反应器就成为外循环反应器。在外循环反应器中，反应器的进料为新鲜进料（流量为q_V，浓度为C_{A0}）和循环物料（流量为Rq_V，浓度为C_{Af}）的混合物[流量为$(R+1)q_V$，浓度为C_{A1}]。当循环比R足够大（$R=20\sim25$）时，反应器的单程转化率很低，反应器进口浓度C_{A1}和出口浓度C_{Af}十分接近，反应器内不存在浓度梯度。外循环反应器的反应速率则可通过分析新鲜进料浓度C_{A0}和反应器出口浓度C_{Af}，通过式(2-45）计算。由于物料循环使累计转化率较高，C_{A0}和C_{Af}有较大的差值，因此对组成分析没有过分苛刻的要求。由此可见，循环反应器综合了积分反应器和微分反应器两者的优点，摒弃了它们的主要缺点，既能直接获得单一浓度、单一温度下的反应速率，又没有难以解决的组成分析问题，不失为一种比较理想的进行反应动力学研究的工具。

但是，外循环反应器也存在一些缺点：为使反应器达到定常操作状态所需时间较长；外循环系统的自由体积较大，对同时存在均相反应的非均相催化反应系统会造成较大的误差；对循环泵的一些特殊要求，如不能污染反应物料（没有润滑剂泄漏），不易满足；特别对高温、高压下操作的反应系统，更难适用。

为了克服外循环反应器的缺点，又发明了内循环反应器。内循环反应器是在各种搅拌装置的驱动下，反应物料在反应器内部高速循环流动，使反应器内达到浓度和温度的均一。文献中常提到的无梯度反应器，通常指这类反应器。当然，前面介绍的外循环反应器也可称为外循环无梯度反应器。

自 20 世纪 60 年代以来，已经发明了各种各样结构各异的内循环反应器，有的已作为商品进入市场。但就固体催化剂所处的状态而言，内循环反应器可分为两类：一类固体催化剂处于运动状态；另一类则处于静止状态。

图 2-3(a) 为固体催化剂处于运动状态的转筐式内循环反应器。这种反应器于 1964 年由 Carberry 首先提出，因此也称为 Carberry 型无梯度反应器。催化剂装在多孔筛网制成的筐内，催化剂筐随搅拌轴一起旋转。搅拌轴上下均设有搅拌桨叶，使反应物料充分混合，并消除流体和固体催化剂之间的外扩散阻力。

转筐式内循环反应器虽然出现较早，却没有被普遍采用。因为当催化剂筐处在要求的高转速下时，各小筐内催化剂装填方式和密度的微小差异，可能造成相当严重的动平衡问题，导致搅拌轴轴承很快被损坏，与此同时，催化剂颗粒也可能因受到巨大的挤压力而破碎。另外，当用于高压反应体系时，由于气体混合物黏度增大，可能导致气体跟随转筐转动，使气固相间传质、传热速率降低。

图 2-3(b) 为一种固体催化剂静止的内循环反应器。这种反应器由 Berty 于 1974 年首先提出，因此也称为 Berty 型无梯度反应器。反应器下部装有一个涡轮搅拌器，高速旋转时，涡轮中心产生负压，通过中心管吸入气体，而由涡轮外沿排出，自下而上通过环形催化剂床层，再进入中心管。涡轮搅拌器可以产生相当大的气体流速，这有利于降低气体和固体催化剂之间的传热传质阻力。固定催化剂床层还有一个好处，便于将热电偶插入催化剂床层，可直接测量床层温度。

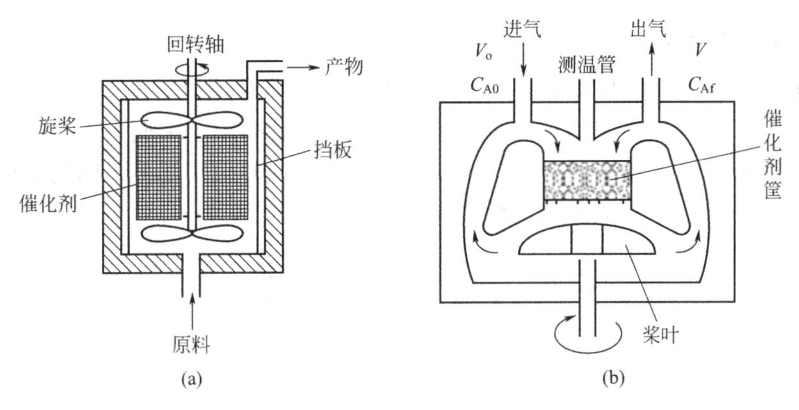

图 2-3　内循环无梯度反应器

4. 脉冲反应器

脉冲反应器实际上是一种特殊的微分反应器，催化剂的装量通常仅为 0.01～1g，所以只要反应热效应不是特别大，不难做到等温操作。反应器直接与气相色谱仪相连接，反应物以脉冲方式输入反应器，因此脉冲反应器是处于非定常状态下进行操作。脉冲反应器能对反应物与催化剂的相互作用作快速观察，反应物用量少。但由于脉冲反应器的操作是非定常态的，反应器中反应物的浓度不仅是位置的函数，而且是时间的函数，因此实验结果的定量处理将涉及微分方程的求解，脉冲输入的定量描述，往往也要借助专门的实验测定。另外，在脉冲反应器中，反应物和催化剂表面间不一定能达到吸附平衡。如果催化剂的吸附状态会影响反应结果，特别是反应的选择性，脉冲反应器的实验结果和定态操作的反应器可能有差异。

5. 瞬态响应反应器

瞬态响应反应器是通过对定态连续流动反应器施加一扰动，观察达到新的定态过程中反应器的行为来提供有助于阐明反应机理和各基元反应步骤速率的信息。所施加的扰动可以是进料浓度、温度、压力和流率的变化，但对气固相催化反应而言，最常用的是浓度扰动。

瞬态响应反应器应满足以下要求。

① 反应器提供的瞬态响应数据应易于解释和分析。气固相催化反应的机理通常是很复杂的，所以用于数据分析的数学处理希望尽可能简单，以免复杂的数学处理掩盖了本征反应的细节。为满足这一要求，瞬态响应反应器通常采用微分管式反应器或内循环无梯度反应器。对这些反应器，其瞬态行为可用常微分方程描述，而不必借助偏微分方程。

② 反应器应配置一套能对反应器的操作施加函数形式精确描述的扰动装置。常用扰动的函数形式有矩形方波、正弦波和锯齿波。

③ 反应器应配备适当的分析手段，以便精确地、最好是连续地分析反应器的出口物流，记录所有需要的组分的浓度变化。常用的分析手段有电子自旋共振、核磁共振、红外光谱、紫外光谱等。

气固相催化反应过程通常由反应物吸附、表面反应、产物脱附等串联步骤组成。在定态条件下，这些步骤的速率是相等的，因此在定态的动力学研究中，很难获得速率控制步骤的直接证据，而瞬态响应反应器则能够提供有关反应机理的更确切、更可靠的信息。在催化研究中，应用瞬态响应法已有半个多世纪的历史，自 20 世纪 60 年代后期以来，这种方法也被日益广泛地用于工程动力学的研究。

6. 实验反应器的比较

表 2-4 根据前面提出的对实验反应器的六项要求，综合评价了上面介绍的各种反应器。可见，没有一种反应器能全面满足反应动力学研究的各种要求。因此，在对一个新的反应系统或一种新的催化剂进行系统的动力学研究时，常需要同时采用几种不同的实验反应器，并把它们的结果进行比较，才能得到比较可靠的动力学数据。

表 2-4 实验反应器性能比较

反应器型式	取样和分析	等温性（或绝热性）	停留时间	流型	数据处理	建造难易
间歇搅拌釜	F	G	G	G	F	G
等温积分搅拌器	G	F～G	G	G	F	G
绝热积分搅拌器	G	F～G	G	G	P	G
微分反应器	P～F	G	F	G	G	G
外循环反应器	G	G	G	G	G	F
内循环反应器	F～G	G	G	G	G	F
脉冲反应器	G	G	P	G	P	G
瞬态响应反应器	G	G	G	G	P	F

注：G＝好（Good），F＝尚好（Fair），P＝差（Poor）。

2.4.4 实验的规划和设计

动力学研究是反应过程开发工作的一个组成部分，对实验研究进行规划和设计的目的是用最小的实验工作量提供能满足反应器工程设计所需的动力学数据。实验设计的内容应包括：反应动力学研究方法的选择，即采用机理型、半经验型还是经验型动力学模型；实验反应器型式的选择；实验操作条件的范围和实验布点的确定；实验精度要求的分析以及实验数据处理方法的选择。

从方法论的角度看，动力学实验研究一般应区分为预实验和系统实验两个阶段。预实验的目的是对反应体系有一个定性的（最多是半定量的），但是全面的认识。例如是否存在副反应？副反应以并联为主，还是以串联为主？主副反应中哪一个对浓度更敏感（反应级数的相对高低）？哪一个对温度更敏感（活化能的相对大小）？以及反应热效应的强弱，反应速率的快慢等。

在预实验过程中应对实验结果不断进行分析，如果有某些需要进一步研究才能作出判断的问题，则应安排专门的析因实验或鉴别试验。由此可见，预实验的安排必然具有序贯的性质，不可能事先制订完备的实验计划。

在完成预实验转入系统实验之前，应对所有实验结果进行周密的分析和深入的思考。在此基础上，根据需要和可能制订完备的系统实验计划。

正交设计是在系统实验阶段常用的一种实验布点方法。按正交设计安排实验，与网格法相比，可以大幅度地减少实验次数。例如，当考察的因子数为 4，每个因子取 3 个不同的数值时，用网格法需进行 81（即 3^4）次实验，而用正交设计法只需进行 9 次实验。

但在正交设计时所考察的因子数以及各因子的水平是根据预实验的结果确定的。如果在预实验阶段未能充分揭示影响反应结果的所有因子以及正确确定各因子的考察范围，按正交设计安排的实验仍可能无法揭示反应体系的全部动力学特性。

应该充分发挥计算机事前模拟在制订系统实验计划中的作用。对一些复杂反应体系，如存在众多组分和众多反应的反应网络以及催化剂迅速失活的反应体系，仅凭经验很难制订出合理的实验方案。这时，可根据假设的动力学模型，在计算机上对各种可供选择的实验方案进行事前模拟，以判断各种方案实验工作量的大小、数据处理的难易，然后作出抉择。还可利用计算机事先模拟对影响反应结果的各种因素进行灵敏度分析，这有助于确定合适的实验范围和实验精度。

2.4.5 实验数据处理

利用实验反应器测得的动力学数据建立反应动力学模型一般要经过模型筛选、实验数据拟合和模型的显著性检验三个步骤。这三个步骤并不是截然分开的，而往往是交叉进行的。

1. 模型筛选

对一个反应过程，往往可以根据反应机理的不同假设提出若干种不同的反应动力学模型。模型筛选就是从中挑选出合适的模型，一般可从以下几方面着手。

① 模型应能反映反应结果的变化规律。例如，在绝热式固定床积分反应器中研究乙苯脱氢反应动力学时，实验发现在实验范围内乙苯转化率是随着水烃比（水蒸气和乙苯的质量比）的增加而增加的。所以，对模拟计算表明在实验范围内乙苯转化率将随水烃比增加而减少的模型，都应排除。

② 通过参数估计得到的模型参数应具有物理意义。例如，双曲线型模型中的吸附常数应为正值，吸附常数出现负值的模型就应淘汰，又如反应活化能也应为正值，反应活化能出现负值的模型也应淘汰。

③ 模型对实验数据的符合程度，一般以模型计算值和实验值的残差平方和作为衡量指标，残差平方和越小的模型越好。

在实际工作中，也可能遇到这样的情况：一个以上的模型都符合前述的前两条标准，残差平方和也很接近。这时要对这些模型进行鉴别就必须安排新的实验。当然，如果只是在实验范围内内插应用实验结果，也可从这些模型中选择一个和实验结果拟合得比较好的。

2. 实验数据拟合

为进行工业反应器的设计，往往需要通过数据拟合将实验室反应器中取得的数据表示为动力学方程。这不仅涉及方程形式的选择，还包括方程中所含参数数值的确定。

对采用幂律型模型的单一反应体系，可以用线性化的方法来达到上述目的。不同级数反应的动力学方程的微分形式和积分形式如表 2-5 所示。

表 2-5 单一反应的动力学方程

反应	级数	动力学方程	积分形式
$A \longrightarrow B$	零级	$-\frac{dC_A}{dt}=k$	$C_A=C_{A0}-kt$
$A \longrightarrow B$	一级	$-\frac{dC_A}{dt}=kC_A$	$C_A=C_{A0}e^{-kt}$
$A \longrightarrow B$	二级	$-\frac{dC_A}{dt}=kC_A^2$	$C_A=\frac{C_{A0}}{1+ktC_{A0}}$

在微分反应器中可直接得到反应速率和浓度的关系，将反应速率和浓度的某种函数 $-r_A=f(C_A)$ 进行标绘，根据它们之间是否具有线性关系可判断反应的级数，根据直线的斜率可确定反应速率常数。在积分反应器中只能得到浓度和时间的关系，通过数值微分或作图才能获得反应速率和浓度的关系，然后用微分反应器的数据处理方法确定反应级数和反应速率常数；或者将浓度和时间的某种函数形式作图，根据它们之间是否具有线性关系判断反应的级数，再根据直线的斜率确定反应速率常数。

例 2-6 在一间歇反应器里研究三甲胺和溴丙烷的反应动力学。

$$N(CH_3)_3+CH_3CH_2CH_2Br \longrightarrow (CH_3)_3(CH_2CH_2CH_2)NBr$$

当反应温度为 139.4℃，三甲胺和溴丙烷的初浓度均为 0.1mol/L 时，不同反应时间的转化率为

t/min	13	34	59	120
x/%	11.2	25.7	36.7	55.2

请根据上述数据，分别用积分法和微分法判别该反应应采用一级反应还是二级反应的动力学方程，并确定反应速率常数的数值。

解：(1) 积分法

根据转化率的定义

$$x_A=\frac{C_{A0}-C_A}{C_{A0}}$$

有
$$C_A = C_{A0}(1-x_A)$$
可得反应时间为 13min 时三甲胺的浓度为
$$C_A = 0.1\times(1-0.112) = 0.0888\text{mol/L}$$

利用一级反应和二级反应动力学方程的积分式，求得这一时间间隔内的反应速率常数

对一级反应
$$k_1 = \frac{1}{t}\ln\left(\frac{C_{A0}}{C_A}\right) = \frac{1}{13\times60}\ln\frac{0.1}{0.0888} = 1.523\times10^{-4}\text{s}^{-1}$$

对二级反应
$$k_2 = \frac{1}{t}\left(\frac{1}{C_A}-\frac{1}{C_{A0}}\right) = \frac{1}{13\times60}\times\left(\frac{1}{0.0888}-\frac{1}{0.1}\right) = 1.617\times10^{-3}\text{L/(mol}\cdot\text{s)}$$

用类似的方法可求得其余时间间隔的反应速率常数，如下所示。

t/s	$k_1\times10^4/\text{s}^{-1}$	$k_2\times10^3/(\text{L}\cdot\text{mol}^{-1}\cdot\text{s}^{-1})$
780	1.523	1.617
2040	1.456	1.696
3540	1.292	1.638
7200	1.115	1.711

可见一级反应的速率常数随反应时间的增长表现出逐渐减小的趋势；而二级反应的速率常数随反应时间的增长并无固定的变化趋势，其数值也比较接近。因此二级反应动力学方程能更好地解释上述实验数据。

图 2-4 为按一级反应和二级反应动力学方程积分形式标绘的实验结果，也证实了二级反应能更好地拟合实验数据。

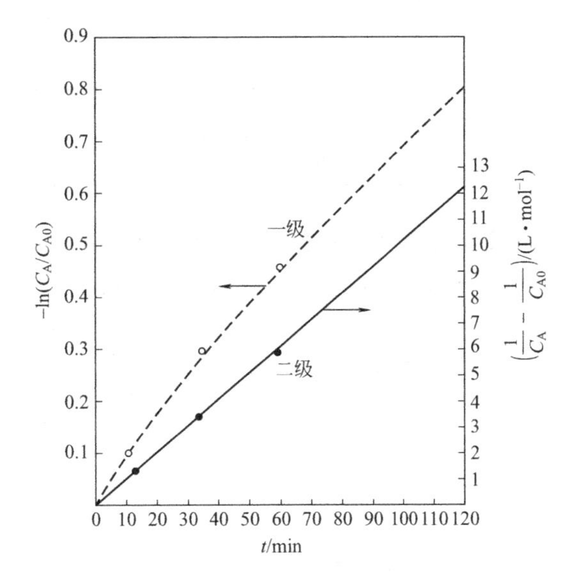

图 2-4　实验结果的积分形式标绘

二级反应直线的斜率
$$k_2 = \frac{12.2}{120} = 0.1017\text{L/(mol}\cdot\text{min)}$$
$$= 1.694\times10^{-3}\text{L/(mol}\cdot\text{s)}$$

(2) 微分法

根据化学计量关系，产物浓度 C_P 可由转化率计算
$$C_P = C_{A0}x_A$$

C_P 对反应时间的标绘，如图 2-5 所示。

因为反应速率
$$r = -\frac{dC_A}{dt} = \frac{dC_P}{dt}$$
所以，图 2-5 曲线上每一点的斜率即为该浓度下的反应速率，不同浓度下的反应速率如表 2-6所示。

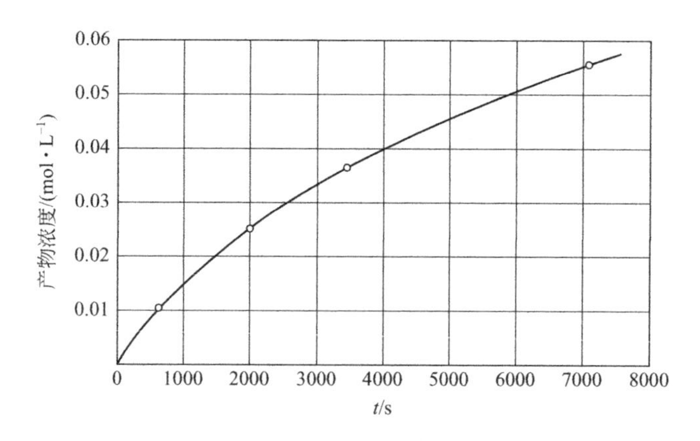

图 2-5 产物浓度与反应时间的关系

表 2-6 浓度和速率的关系

浓度		$r=\frac{dC_P}{dt}$ /(mol·L⁻¹·s⁻¹)
C_P/(mol·L⁻¹)	C_A/(mol·L⁻¹)	
0.0	0.10	1.58×10^{-5}
0.01	0.09	1.38×10^{-5}
0.02	0.08	1.14×10^{-5}
0.03	0.07	0.79×10^{-5}
0.04	0.06	0.64×10^{-5}
0.05	0.05	0.45×10^{-5}

确定反应级数的一种比较简便的方法是以速率方程的对数形式标绘反应速率和浓度的关系。对于一级反应，速率方程的对数形式为

$$\lg r=\lg k_1+\lg C_A$$

对于二级反应则有

$$\lg r=\lg k_2+\lg C_A^2=\lg k_2+2\lg C_A$$

可见，对于一级反应，标绘所得直线的斜率应为1；对于二级反应，其斜率应为2。将表2-6中的数据标绘于图2-6，可见其斜率接近2，如图2-6中实线所示，该直线的方程为

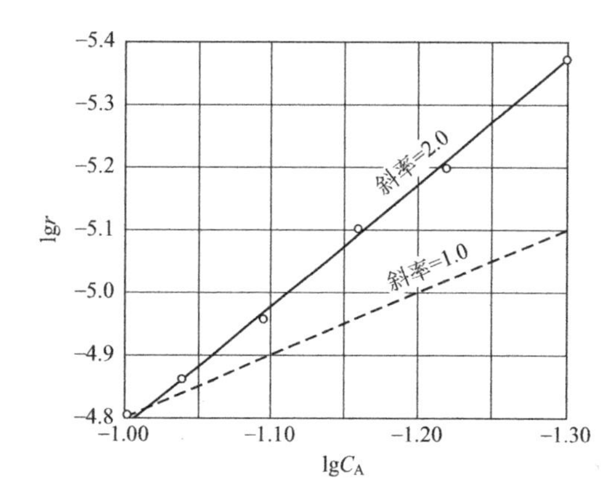

图 2-6 浓度与反应速率的关系

$$\lg r=-2.76+2.0\lg C_A$$

即
$$\lg k_2=-2.76$$

$$k_2=1.74\times10^{-3}\text{L/(mol·s)}$$

此值和积分法的结果相当接近。

对复杂反应体系，或采用双曲线型动力学方程时，上述线性化方法往往不能奏效，这时需采用在数理统计基础上发展起来的参数估值方法来进行数据拟合。

模型参数估值是在模型方程的形式确定后，寻找一组能使模型计算值和实测值达到最佳拟合的模型参数。因此，从本质上讲，参数估值是一种最优化问题。当用微分反应器进行动力学测定时，因为可以直接获得反应速率数据，所需解决的参数估值问题为代数模型的参数估值。当用积分反应器进行动力学实验时，因为实验测得的是一定反应条件下反应器出口的转化率或组成，除非反应速率方程可解析积分，或通过作图法或数值微分法将转化率或组成数据转化为反应速率数据，所需解决的参数估值问题为微分模型的参数估值。

无论是代数模型的参数估值，还是微分模型的参数估值，一般均以模型计算值和实测值的残差平方和作为最优化的目标函数。对多响应问题，即有几项指标需同时拟合的问题，在计算目标函数时，可根据各项指标的重要性对不同指标的残差平方和采用不同的权因子。

以残差平方和为目标函数的最优化方法统称为最小二乘法。虽然，各种通用的最优化方法均可用于参数估值问题，但无论是代数模型的参数估值，还是微分模型的参数估值，均在通用的最优化方法的基础上，结合最小二乘问题的特殊性，开发了一些专门的算法，如 Levenberg-Marquardt 法、Gauss-Newton 法等。对参数估值算法的要求主要有两个，一是收敛的稳定性好，二是收敛速度快。但一种算法往往不能同时满足这两个要求。因此，常采用把不同算法结合起来的做法，即先用一种收敛稳定性较好的算法求得一组较好的参数初值，再用一种收敛速度快的算法求得参数的收敛值。

在参数估值中也会遇到和模型筛选中提到过的类似问题：一组以上不同的参数所达到的拟合优度无明显差异。这时也将面临两种选择：①安排进一步的实验，对这几组参数进行鉴别；②根据拟合优度和参数的物理意义选择一组参数，在实验范围内内插使用获得的动力学模型。

3. 模型的显著性检验

模型的显著性检验是利用数理统计的方法，对模型表达实验数据的能力作出判断。常用的统计检验方法有方差分析和残差分析。

方差分析是从整体上对模型的适用性作出判断。模型和实验结果的偏差来自两个方面，一是实验本身的误差，二是模型的欠缺。

实验误差一般可通过重复实验确定，即在相同的实验条件下重复进行测定。各次测定值和平均测定值之差的平方和，称为误差平方和。残差平方和与误差平方和之差反映了模型的欠缺，称为欠缺平方和。适用的模型应符合

$$\frac{\text{欠缺平方和}}{\text{误差平方和}} < F \tag{2-46}$$

上式中 F 可根据实验点数、参数个数和选定的置信度由 F 分布表查出。

残差分析是通过将残差对有关自变量（如温度、分压）作图，并观察其间是否存在相关关系，来发现模型的局部缺陷。由于实验误差是随机的，因此如果模型适用，当以残差为纵坐标，自变量为横坐标进行标绘时，残差应散布于横坐标两边，如图 2-7(a) 所示。当残差分布不符合图 2-7(a) 时，说明模型存在缺陷，图 2-7(b)～(d) 为几种可能遇到的模型存在缺陷时的残差分布。图 2-7(c) 预示模型中缺少一个自变量的线性项，而图 2-7(d) 则预示模型中缺少一个自变量的二次项。

2.4.6 序贯实验设计

在进行模型筛选和参数估计时可能遇到几种模型或几组参数都能拟合实验数据的情况。出现这种情况往往与实验布点不当有关。如果模型化的目的仅仅是为了确定一定输入下系统

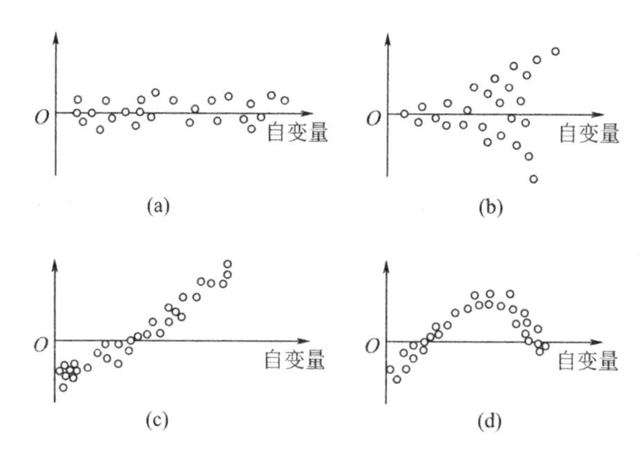

图 2-7　由残差对自变量的标绘判别模型缺陷

的响应，则从这些模型或参数中选择一种（组）也无不可。但若模型化的目的是阐明过程的机理，则有必要安排后续实验对这些模型或参数进行进一步的鉴别。

不难想象在不同实验条件下进行的实验对模型筛选或参数估计提供的信息量是不同的。在数理统计和信息论基础上提出的序贯实验设计方法已用于反应动力学研究。序贯设计突破了实验设计、实验测定、数据处理顺序进行的传统模式。其基本思想是充分利用先前实验提供的信息来确定后续实验的条件（如浓度、温度、空速等），使后续实验能提供最大信息量，从而大大减少实验工作量。当采用序贯实验设计时，实验设计、实验测定、数据处理这三个步骤将是交叉进行的。

1. 模型鉴别的序贯实验设计

Hunter 和 Reiner 提出可用散度最大准则进行模型鉴别的序贯实验设计。对单响应模型，两个竞争模型的散度可定义为

$$D=[\hat{y}_1(x)-\hat{y}_2(x)]^2 \tag{2-47}$$

式中，$\hat{y}_1$ 和 $\hat{y}_2$ 分别为自变量等于 x 时两个模型的 y 的估算值。当存在 m 个竞争模型时，上述散度的定义可推广为

$$D=\sum_{k=1}^{m}\sum_{l=k+1}^{m}[\hat{y}_k(x)-\hat{y}_l(x)]^2 \tag{2-48}$$

散度最大准则要求在使 D 为最大的 x 处进行实验。这在物理上是不难理解的。例如，存在两个竞争模型

$$y_1=a_1x+b$$

和

$$y_2=a_2x$$

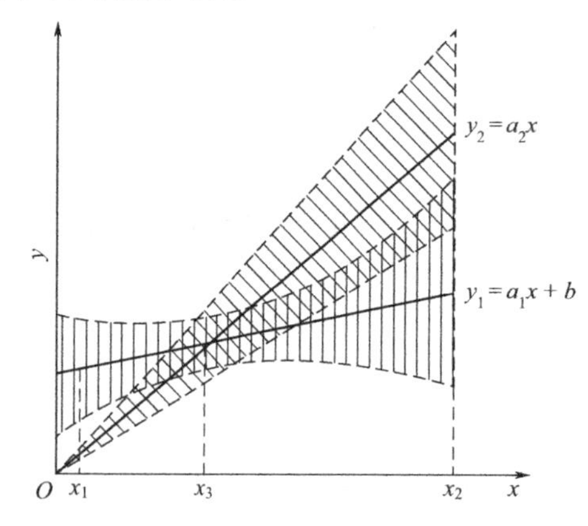

图 2-8　两个线性模型之间的判别

由图 2-8 可见，若将实验安排在点 x_3 处是不能区分这两个模型的，根据散度最大准则，显然实验点应安排在 x_1 或 x_2 处。

但实验总会存在一定的误差，图 2-8 中的阴影部分表示两个模型在一定置信度下的误差范围。可见在 x_2 处两个模型的区别已被误差搞模糊了，因此，为了鉴别这两个模型，实验点应安排在 x_1 处。Box 和 Hill 由信息论导出了考虑实验误差时两个竞争模型之间散度的表达式

$$D_n = P_{1,n-1}P_{2,n-1}\left\{\frac{(\sigma_2^2-\sigma_1^2)^2}{(\sigma^2+\sigma_1^2)(\sigma^2+\sigma_2^2)}+[\hat{y}_1(x)-\hat{y}_2(x)]\times\left(\frac{1}{\sigma^2+\sigma_1^2}+\frac{1}{\sigma^2+\sigma_2^2}\right)\right\} \tag{2-49}$$

式中，σ^2 为 y 的实测值的方差；σ_1^2 和 σ_2^2 为一定置信度下两个模型估算值的方差；$P_{1,n-1}$ 和 $P_{2,n-1}$ 分别为完成前 $n-1$ 次实验后模型 1 和模型 2 的概率。

在序贯实验过程中，需不断对每一个竞争模型的适定性进行判断，逐一剔除不适定的模型。当精确知道实验误差的方差时，可通过同质性检验判定模型的适定性。

2. 参数估计的序贯实验设计

经实验判别或根据经验选出一适定的模型后，往往还需对该模型的参数进行更精确的估计。由于实验测定值是一种随机变量，因此由它求得的模型参数也是随机变量，仅仅知道模型参数的估计值是不够的，还需了解该估计值的可靠性和精确性。通常采用置信概率表示估计值的可靠性，用置信区间表示估计值的精确性。在一定置信概率下，置信区间的体积越小表示参数估计值的精确性越高。

Box 和 Lucas 开发了一种序贯实验设计方法以缩小估算值的置信体积，减少参数估算值的不确定性。对模型

$$y_j = f(x_j, K) \tag{2-50}$$

y_j 对某参数 k_i 的偏导数为

$$[D_j]_i = \frac{\partial y_j}{\partial k_i} = \frac{\partial f(x_j, K)}{\partial k_i} \tag{2-51}$$

称为敏感性系数。上两式中下标 j 表示实验编号。对单响应模型，当所有实验测定值 y_j 互相独立，且其误差的方差相同时，在完成 n 次实验后，确定第 $n+1$ 次实验条件的参数估计的序贯实验设计式为

$$\max\Delta = \max\left|\sum_{j=1}^{n+1} D_j^{\mathrm{T}} D_j\right| \tag{2-52}$$

式中，Δ 为 x_{n+1} 的非线性函数。利用最优化方法确定上式为最大时的 x_{n+1}，即第 $n+1$ 次实验的条件。

习　题

2-1　用化学计量系数矩阵法确定下列反应系统有多少个独立反应，并写出一组独立反应。

$$2C_2H_4 + O_2 \rightleftharpoons 2C_2H_4O$$

$$C_2H_4 + 3O_2 \rightleftharpoons 2CO_2 + 2H_2O$$

$$2C_2H_4O + 5O_2 \rightleftharpoons 4CO_2 + 4H_2O$$

2-2　用原子矩阵法确定下列反应系统的独立反应数，并写出一组独立反应。

(1) NH_3、O_2、NO、NO_2、H_2O

(2) CO、CO_2、H_2、H_2O、CH_3OH、CH_3OCH_3

(3) H_2S、O_2、SO_2、H_2O、S

2-3　苯和乙烯在分子筛催化剂上进行气相烷基化反应，研究表明，发生的主要反应有

$$C_6H_6 + C_2H_4 \rightleftharpoons C_6H_5C_2H_5$$
$$C_6H_5C_2H_5 + C_2H_4 \rightleftharpoons C_6H_4(C_2H_5)_2$$
$$C_6H_4(C_2H_5)_2 + C_6H_6 \rightleftharpoons 2C_6H_5C_2H_5$$
$$C_6H_5C_2H_5 \rightleftharpoons C_6H_4(CH_3)_2$$

已知某绝热固定床中试反应器，每小时乙烯进料量为22.5kg，苯进料量为255kg，反应产物经精馏分离，未反应的乙烯作为尾气排放，对贮槽中的液相产品分析表明，每小时苯的出料量为224kg，乙苯出料量为37.2kg，二乙苯出料量为5.9kg。请计算乙烯的转化率，以及乙烯生成乙苯、二乙苯的选择性。

2-4　在乙烯生产中，通常用乙炔选择性加氢来提高乙烯的纯度，这一过程可用下列三个反应来描述。

$$C_2H_2 + H_2 \rightleftharpoons C_2H_4 \qquad \Delta H = -174468\text{kJ/kmol}\ C_2H_2$$
$$C_2H_4 + H_2 \rightleftharpoons C_2H_6 \qquad \Delta H = -137042\text{kJ/kmol}\ C_2H_4$$
$$6C_2H_2 + 3H_2 \rightleftharpoons C_{12}H_{18} \qquad \Delta H = -225941\text{kJ/kmol}\ C_2H_2$$

现欲在一实验室绝热固定床反应器中研究上述反应过程，已知反应器进料组成（摩尔分数）为C_2H_2 0.56%、H_2 0.7%、C_2H_4 98.74%，进口温度为50℃，操作压力为2.0MPa，出口产品分析表明C_2H_2已完全转化，H_2摩尔分数为0.07%，C_2H_6摩尔分数0.1%，出口温度为70℃，试判断此反应器的绝热状况是否良好。反应气体的定压比热容可视为常数$c_p = 46.8\text{kJ/(kmol}\cdot℃)$。

2-5　对习题2-3的反应系统，计算苯和乙烯进料摩尔比为7∶1，反应温度为400℃，反应压力为1.7MPa时的化学平衡组成。

25℃时，有关组分的标准自由能和标准生成热数据已由手册中查得。

物料/g	标准自由能 /(J·mol⁻¹)	标准生成热 /(J·mol⁻¹)
苯	129660	82927
乙苯	130570	29790
二乙苯	140100	−20370
二甲苯	121270	18030

2-6　反应A⟶B为n级不可逆反应。已知在300K时使反应物A的转化率达20%需15.4min，在350K时达到同样的转化率只需3.6min，求该反应的活化能。

2-7　对气固相催化反应A+B⟶C，作图说明下列情形中初始反应速率（转化率为零）随总压的变化。

(1) 机理为催化剂上吸附的A分子和B分子发生反应，表面反应为控制步骤；

(2) 机理同上，但组分A的吸附为控制步骤；

(3) 机理同上，但组分C的脱附为控制步骤。

在所有情形中均假定两种反应物摩尔分数相等。

2-8　在$CuCl_2\cdot KCl\cdot SnCl_2/SiO_2$催化剂上HCl和$O_2$发生如下反应

$$2HCl + \frac{1}{2}O_2 \rightleftharpoons Cl_2 + H_2O$$

该反应的动力学方程为

$$-r_{HCl}=\frac{k(C_{HCl}C_{O_2}^{0.25}-C_{Cl_2}^{0.5}C_{H_2O}^{0.5}/K)}{(1+K_1C_{HCl}+K_2C_{Cl_2})^2}$$

在 350℃和 0.1MPa 下，以 HCl 和空气为原料（不含 Cl_2 和 H_2O）于微分反应器中进行实验，得到如下数据

$r\times10^6/(mol\cdot s^{-1}\cdot g^{-1})$	10.5	11.2	10.3	13.2	12.8	15.2	15.3	15.7
$C_{HCl}\times10^6/(mol\cdot cm^{-3})$	0.24	0.27	0.33	0.44	0.45	0.68	0.78	0.89

试求动力学常数 k 和 K_1。

2-9　在 250℃及 0.3MPa（绝压）下进行丙酮气相热裂解反应，反应方程式为

$$CH_3COCH_3 \longrightarrow CH_2=C=O+CH_4$$

反应在一个管式反应器中进行，反应器长 86cm，内径为 3.3cm，在不同流量下得到转化率数据如下

$q_m/(g\cdot h^{-1})$	130.0	50.0	21.0	10.8
$x/\%$	5.0	13.0	24.0	35.0

试求速率方程。

参 考 文 献

[1] Berty J M. Reactor for Vapor-Phase Catalytic Studies [J] . *Chem Eng Prog*, 1974, 70 (5): 78-84.

[2] Box G E P, Hunter J S. Multi-Factor Experimental Designs for Exploring Response Surfaces [J] . *The Annals of Mathematical Statistics*, 1957, 28 (1): 195-241.

[3] Box G E P, Hill W J. Discrimination Among Mechanistic Models [J] . *Technometrics*, 1967, 9 (1): 57-71.

[4] Briger G W, Wyrwas W. Steam Reforming of Liquid Hydrocarbons [J] . *Chem Proc Eng*, 1967, 48 (9): 101-107.

[5] Carberry J J. Designing Laboratory Catalytic Reactors [J] . *Ind Eng Chem*, 1964, 56 (11): 39-46.

[6] Daubert T E, Danner R P. Physical and Thermodynamics Properties of Pure Chemicals [M] . New York: Hemisphere, 1989.

[7] Froment G F. Model Discrimination and Parameter Estimation in Heterogeneous Catalysis [J] . *AIChE J*, 1975, 21: 1041-1057.

[8] Gautam R, Seider W D. Computation of Phase and Chemical Equilibrium Part Ⅰ. Local and Constrained Minima in Gibbs Free Energy [J] . *AIChE J*, 1979, 25 (6): 991-999.

[9] Hougen O A, Watson K M. Chemical Process Principles Part 3: Kinetic and Catalysis [M] . New York: John Wiley & Sons, 1947.

[10] Hunter W G, Mezaki R. An Experimental Design Strategy for Distinguishing among Rival Mechanistic Models an Application to The Catalytic Hydrogenation of Propylene [J] . *Can J Chem Eng*, 1967, 45 (4): 247-249.

[11] Kobayashi H, Kobayashi M. Transient Response Method in Heterogeneous Catalysis [J] . *Cat Rev Sci Eng*, 1974, 10 (1): 139-176.

[12] Marquardt D W. An Algorithm for Least Square Estimation of Nonlinear Parameters [J] . *J Soc Indust Appl Math*, 1963, 11 (2): 431-441.

[13] Masel R I. Chemical Kinetics and Catalysis [M] . New York: John Wiley & Sons, 2001.

[14] Masel R I. Principles of Adsorption and Reaction on Solid Surfaces [M] . New York: John Wiley & Sons, 1996.

[15] Pernicone N. Catalysis at The Nanoscale Level [J] . *Cattech*, 2003, 7 (6): 196-204.

[16] Poling B, Prausnitz J M, O'Connell J P. The Properties of Gases and Liquids [M] . 5th ed. New York: McGraw-Hill, 2001.

[17] Reid R C, Prausnitz J M, Sherwood T K. The Properties of Gases and Liquids [M]. New York: McGraw-Hill, 1977.

[18] Voltz S E, Morgan C R, Liederman D, et al. Kinetic Study of Carbon Monoxide and Propylene Oxidation on Platinum Catalysts [J]. *Ind Eng Chem Prod Res Dev*, 1973, 12 (4): 294-301.

[19] Weekman J W. Laboratory Reactors and Their Limitations [J]. *AIChE J*, 1974, 20 (5): 833-840.

[20] Wei J. A Stoichiometric Analysis of Coal Gasification [J]. *Ind Eng Chem Proc Des Dev*, 1979, 18 (3): 554-558.

[21] Yang K H (杨光华), Hougen O A. Determination of Mechanism of Catalyzed Gaseous Reactions [J]. *Chem Eng Prog*, 1950, 46: 146-157.

[22] 陈敏恒，袁渭康. 工业反应过程的开发方法 [M]. 北京：化学工业出版社，1985.

[23] 刁杰，王金福，王志良，等. 甲醇合成反应热力学分析及实验研究 [J]. 化学反应工程与工艺，2001，17 (1)：10-15.

[24] 房鼎业，姚佩芳，朱炳辰. 甲醇生产技术及进展 [M]. 上海：华东化工学院出版社，1990.

[25] 拉塞 H F. 化学反应器设计 第一卷 原理与方法 [M]. 华东石油学院，北京化工研究院，上海化工设计院译. 北京：化学工业出版社，1982.

[26] 马沛生，宫艳玲，夏淑倩，等. 甲醇合成乙酸的化学平衡和反应热的计算 [J]. 石油化工，2001，30 (2)：100-102.

[27] 谢声礼，陈敏恒. 工业反应过程的开发方法Ⅴ. 丙烯氯醇化过程的开发 [J]. 石油化工，1994，23 (4)：247-252.

[28] 袁渭康，戴迎春，陈敏恒. 工业反应过程的开发方法Ⅳ. 丁烯氧化脱氢反应器的开发 [J]. 石油化工，1994，23 (4)：242-247.

[29] 朱炳辰. 化学反应工程 [M]. 第2版. 北京：化学工业出版社，1998.

[30] 朱开宏，毛信军，翁惠新，等. 催化裂化集总动力学模型的研究Ⅱ. 实验方案的事前模拟 [J]. 石油学报（石油加工），1985，1 (3)：47-55.

[31] 朱中南，戴迎春. 化工数据处理与实验设计 [M]. 北京：烃加工出版社，1989.

第3章

理想均相反应器分析

均相反应器的特征是在反应器内只存在一种相态，反应物不形成聚集体，不存在主体相和分散相，反应物可达到分子尺度的均匀混合。均相反应器的特征是单一相态，而不考虑在反应器内是否存在局部尺度上的组成和温度的差异，因而，均相反应器内可存在质量传递和热量传递，例如管式反应器沿管长存在温度和浓度分布，同时存在轴向扩散。

本章将讨论三种理想的均相反应器，即：

① 理想间歇反应器；

② 平推流反应器；

③ 全混流反应器。

这三类反应器是在分析实际反应器流型的基础上，经过简化而获得的，可以看成实际反应器流型的几种极限情况。实际反应器的流型通常比较复杂，难以进行数学描述，而其反应结果则往往介于不同的理想反应器之间。因此，可以利用理想反应器的反应结果预测实际反应器中反应结果改善或恶化的限度，这对确定反应器的选型将会大有助益。此外，在某些情况下，实际反应器的操作状况可以十分接近某种理想反应器。这时可利用理想反应器的计算结果，估算实际反应器的反应结果。

3.1 理想间歇反应器

3.1.1 间歇反应器的物料衡算和能量衡算方程

图3-1所示的间歇搅拌釜是最常见的间歇反应器。反应物料按一定配比一次加入反应器内，开动搅拌装置。当搅拌足够强烈，反应物料黏度较小，反应速率不是太快时，在任一瞬时反应器内各处物料的组成和温度均为一致，即任一处的组成和温度皆可作为整个反应器状态的代表，此谓理想间歇反应器。通常这种反应器配有夹套（或蛇管），可提供或移走热量，控制反应温度。经过一定反应时间，反应达到要求的转化率后，将物料排出反应器，完成一个操作周期。

间歇反应器主要适应生产反应时间较长的产品，如某些难以实现连续化的发酵、聚合反应。间歇反应器还有操作灵活，易于适应不同操作条件和产品品种的优点，适用于小批量、多品种的染料、医药等精细化工产品的生产。间歇反应器的缺点是装料、卸料等辅助操作要耗费一定的时间，产品质量不易稳定。

间歇反应器的操作是非定态的，釜内物料的组成和温度随反应进程而改变。用于描述反

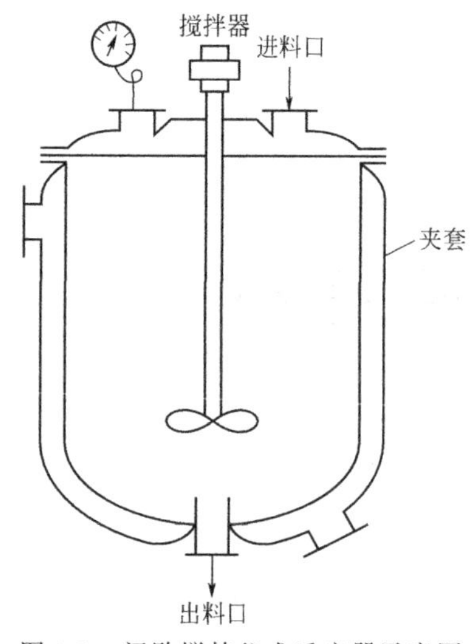

图 3-1 间歇搅拌釜式反应器示意图

应进程的模型必须包含浓度变化和温度变化。又由于两者的耦合关系，这些方程必须联立求解。对简单反应

$$A \longrightarrow B + (-\Delta H)$$

可列出如下物料衡算和能量衡算方程

$$-\frac{dC_A}{dt}=C_{A0}\frac{dx_A}{dt}=-r_A(C_A,T) \tag{3-1}$$

$$mc_p\frac{dT}{dt}=V_R(-\Delta H)[-r_A(C_A,T)]+UA_R(T_C-T) \tag{3-2}$$

相应初始条件为

$$C_A(0)=C_{A0},\quad T(0)=T_0$$

式中，C_A 为反应物 A 的浓度；C_{A0} 为其初始浓度；x_A 为 A 的转化率；m 为反应物料总质量；c_p 为反应物定压比热容；V_R 为反应器容积；U 为总传热系数；A_R 为传热面积；T_C 为冷却（或加热）介质温度。

令量纲为一浓度 $f=\frac{C_A}{C_{A0}}$，量纲为一温度 $\theta=\frac{T}{T_0}$，量纲为一反应时间 $\zeta=\frac{t}{\tau}$（τ 为总反应时间），量纲为一冷却介质温度 $\theta_C=\frac{T_C}{T_0}$，量纲为一活化能 $\varepsilon=\frac{E}{RT_0}$，当采用幂律型动力学模型时，式(3-1) 和式(3-2) 可改写为如下形式

$$-\frac{C_{A0}}{\tau}\times\frac{df}{d\zeta}=k_0\exp\left(-\frac{\varepsilon}{\theta}\right)f^nC_{A0}^n \tag{3-3}$$

$$\frac{mc_pT_0}{\tau}\times\frac{d\theta}{d\zeta}=V_R(-\Delta H)k_0\exp\left(-\frac{\varepsilon}{\theta}\right)f^nC_{A0}^n+UA_RT_0(\theta_C-\theta) \tag{3-4}$$

将式(3-3) 两边乘以$\frac{\tau}{C_{A0}}$，式(3-4) 两边乘以$\frac{\tau}{mc_pT_0}$，并经适当整理，得

$$-\frac{df}{d\zeta}=\frac{\tau}{1/[k_0\exp(-\varepsilon)C_{A0}^{n-1}]}\exp\left(\varepsilon-\frac{\varepsilon}{\theta}\right)f^n \tag{3-5}$$

$$\frac{d\theta}{d\zeta}=\frac{\tau}{1/[k_0\exp(-\varepsilon)C_{A0}^{n-1}]}\times\frac{(-\Delta H)V_RC_{A0}}{mc_pT_0}\exp\left(\varepsilon-\frac{\varepsilon}{\theta}\right)f^n+\frac{UA_R\tau}{mc_p}(\theta_C-\theta) \tag{3-6}$$

式中，$\frac{\tau}{1/[k_0\exp(-\varepsilon)C_{A0}^{n-1}]}=\frac{\tau}{t_r}$，称为 Damköhler 第一特征数 Da_{I}，其物理意义是总反应时间和特征反应时间之比。已知 Da_{I} 的数值和反应级数，即可确定等温条件下间歇反应器中反应进行的程度。Da_{I} 数值大表示反应速率快或总反应时间长，可达到较高的转化率。

$\frac{(-\Delta H)V_RC_{A0}}{mc_pT_0}=\frac{\Delta T_{ad}}{T_0}$，称为量纲为一绝热温升 β，其物理意义是绝热温升与初始温度 T_0 之比，绝热温升 ΔT_{ad}则为反应物全部反应所释放的热量用以加热反应物系自身所达到的温升。

$\frac{UA_R\tau}{mc_p}$为传热特征数 N，其物理意义是反应器传热能力和反应物料比热容之比。

于是，式(3-5) 和式(3-6) 可改写为量纲为一形式

$$-\frac{\mathrm{d}f}{\mathrm{d}\zeta}=Da_{\mathrm{I}}\exp\left[\varepsilon\left(1-\frac{1}{\theta}\right)\right]f^{n} \tag{3-7}$$

$$\frac{\mathrm{d}\theta}{\mathrm{d}\zeta}=\beta Da_{\mathrm{I}}\exp\left[\varepsilon\left(1-\frac{1}{\theta}\right)\right]f^{n}+N(\theta_{\mathrm{C}}-\theta) \tag{3-8}$$

初始条件　　$f(0)=1,\quad \theta(0)=1$

此即为量纲为一的间歇反应器的基本方程。

将方程量纲为一的主要目的是：①通过组合量纲为一参数以减少方程中参变量数，在分析各参变量对反应器性能的影响时，便于将分析结果普遍化；②每一个量纲为一参数都是两个量的互比值，具有明确的物理意义，能更直接地根据其数值的大小判断对过程的影响。

就一般情况而言，间歇反应器的计算需联立求解式(3-1)和式(3-2)或式(3-7)和式(3-8)，在数学上属于常微分方程的初值问题。但在某些情况下，可利用问题的特殊性，使问题的求解得到简化。现介绍两种可简化的情况。

① 反应温度恒定或为反应时间的已知函数 $T(0)$。此时物料衡算方程式(3-1)可单独求解，即

$$\frac{\mathrm{d}x_{\mathrm{A}}}{\mathrm{d}t}=-\frac{1}{C_{\mathrm{A0}}}r_{\mathrm{A}}[x_{\mathrm{A}},T(t)] \tag{3-9}$$

在积分求得转化率和反应时间的关系后，再由式(3-2)求得不同时间的传热量

$$Q(t)=mc_{p}\frac{\mathrm{d}T(t)}{\mathrm{d}t}-(-\Delta H)V_{\mathrm{R}}C_{\mathrm{A0}}\frac{\mathrm{d}x_{\mathrm{A}}}{\mathrm{d}t} \tag{3-10}$$

当反应温度恒定时，式(3-9)可简化为

$$t=-C_{\mathrm{A0}}\int_{0}^{x_{\mathrm{A}}}\frac{\mathrm{d}x_{\mathrm{A}}}{r_{\mathrm{A}}x_{\mathrm{A}}}=\int_{C_{\mathrm{A0}}}^{C_{\mathrm{A}}}\frac{\mathrm{d}C_{\mathrm{A}}}{r_{\mathrm{A}}C_{\mathrm{A}}} \tag{3-11}$$

当采用幂律型动力学方程，将上式积分可求得不同级数反应的转化率或残余浓度计算式，如表 3-1 所示。表 3-1 中列出的两种计算式是为了适应工程计算上的两种不同要求。一是要求达到规定的转化率，即着眼于反应物料的利用率或减轻后续分离工序的负荷，此时用转化率式比较方便。另一是要求达到规定的残余浓度，这完全是为了适应后处理工序的要求，如减少难分离组分的含量，此时用残余浓度式比较方便。

② 传热量恒定，此时可由式(3-1)和式(3-2)得到

$$mc_{p}(T-T_{0})-(-\Delta H)V_{\mathrm{R}}C_{\mathrm{A0}}(x_{\mathrm{A}}-x_{\mathrm{A0}})=Qt \tag{3-12}$$

即

$$T=T(x_{\mathrm{A}},t) \tag{3-13}$$

将式(3-13)代入物料衡算方程式(3-1)，则有

$$C_{\mathrm{A0}}\frac{\mathrm{d}x_{\mathrm{A}}}{\mathrm{d}t}=-r_{\mathrm{A}}[x_{\mathrm{A}},T(x_{\mathrm{A}},t)] \tag{3-14}$$

对上式积分可求得达到一定转化率所需的操作时间。当需要时，可根据求得的 $x_{\mathrm{A}}(t)$ 求取反应温度随时间的变化。

当传热量为零，反应器绝热操作时，式(3-12)可简化为

$$T-T_{0}=\frac{V_{\mathrm{R}}C_{\mathrm{A0}}(-\Delta H)}{mc_{p}}(x_{\mathrm{A}}-x_{\mathrm{A0}})=\Delta T_{\mathrm{ad}}(x_{\mathrm{A}}-x_{\mathrm{A0}}) \tag{3-15}$$

上式表明在绝热条件下，反应物系温度和转化率之间存在一一对应的关系。当初始转化率为零时，则有

$$T=T_{0}+\Delta T_{\mathrm{ad}}x_{\mathrm{A}} \tag{3-16}$$

表 3-1 间歇反应器中不同级数反应的反应物残余浓度和转化率计算公式

反应级数	反应速率式	残余浓度式	转化率式
零级	$-r_A=-\frac{dC_A}{dt}=k$	$t=(C_{A0}-C_A)/k$ $C_A=C_{A0}-kt$	$t=\frac{C_{A0}x_A}{k}$ $x_A=\frac{kt}{C_{A0}}$
一级	$-r_A=-\frac{dC_A}{dt}=kC_A$	$t=\frac{1}{k}\ln\frac{C_{A0}}{C_A}$ $C_A=C_{A0}e^{-kt}$	$t=\frac{1}{k}\ln\frac{1}{1-x_A}$ $x_A=1-e^{-kt}$
二级	$-r_A=-\frac{dC_A}{dt}=kC_A^2$	$t=\frac{1}{k}\left(\frac{1}{C_A}-\frac{1}{C_{A0}}\right)$ $C_A=\frac{C_{A0}}{1+C_{A0}kt}$	$t=\frac{1}{kC_{A0}}\left(\frac{x_A}{1-x_A}\right)$ $x_A=\frac{C_{A0}kt}{1+C_{A0}kt}$
	$-r_A=-\frac{dC_A}{dt}=kC_AC_B$ $\frac{C_{B0}}{C_{A0}}=m$	$t=\frac{1}{(m-1)C_{A0}k}$ $\times\ln\left[\frac{(m-1)C_{A0}+C_A}{mC_A}\right]$	$t=\frac{1}{(m-1)C_{A0}k}$ $\times\ln\left[\frac{m-x_A}{m(1-x_A)}\right]$
n 级	$-r_A=-\frac{dC_A}{dt}=kC_A^n$	$t=\frac{C_A^{1-n}-C_{A0}^{1-n}}{k(n-1)}$	$t=\frac{(1-x_A)^{1-n}-1}{k(n-1)C_{A0}^{n-1}}$

3.1.2 末期动力学和配料比的影响

由表 3-1 可知，对正级数反应，反应速率将随反应物浓度的降低而减小，即在反应前期，反应物浓度较大时反应速率大；在反应后期，反应物浓度减小，反应速率也将减小。反应级数越高，转化率越高，后期反应速率减小得越多。这说明当要求高转化率或低残余浓度时，大部分反应时间将花费在反应末期。因此，为使计算的反应时间比较精确，重要的是保证末期动力学的准确可靠。为对上述概念有更深刻的印象，请看下面两个例题。

例 3-1 在一间歇搅拌釜中蔗糖按下式水解生成葡萄糖和果糖

$$C_{12}H_{22}O_{11}+H_2O\xrightarrow{H^+}C_6H_{12}O_6(\text{葡萄糖})+C_6H_{12}O_6(\text{果糖})$$

当水显著过量时，可按一级反应处理，即$-r_A=kC_A$，在催化剂 HCl 浓度为 0.1kmol/m^3，反应温度 48℃ 时，速率常数 $k=0.0193\text{min}^{-1}$。设蔗糖的初始浓度为 (a) 0.1kmol/m^3，(b) 0.5kmol/m^3 时，试计算：

(1) 对溶液 (a) 和 (b)，为使转化率达到 30%、50%、70%、90%、99%所需的反应时间各为多少？

(2) 对溶液 (a) 和 (b)，为使蔗糖残余浓度分别达到 0.05kmol/m^3、0.01kmol/m^3、0.001kmol/m^3 所需的反应时间各为多少？

解：(1) 由表 3-1 可知，对一级反应，达到规定转化率所需的反应时间为

$$t=\frac{1}{k}\ln\frac{1}{1-x_A}$$

与反应物初始浓度无关。所以，对 (a) 和 (b) 两种溶液，达到上述各转化率所需的反应时

间均如下表所列。

x/%	30	50	70	90	99
t/min	18.5	35.9	62.4	119.3	238.6

（2）由表3-1可知，对一级反应，当初始浓度为C_{A0}时，达到残余浓度C_A所需的反应时间为

$$t=\frac{1}{k}\ln\frac{C_{A0}}{C_A}$$

对（a）和（b）两种溶液，达到题示各残余浓度所需的反应时间如下表所列。

C_A/(kmol/m^3)	t/min	
	C_{A0}=0.1kmol/m^3	C_{A0}=0.5kmol/m^3
0.05	35.9	119.3
0.01	119.3	202.7
0.001	238.6	322.0

由上述计算结果（1）可知，当转化率由30%提高到90%时，转化率每提高20%所增加的反应时间越来越多，而转化率由90%提高到99%所需的反应时间和转化率从0增加到90%所需的时间相等。

而计算结果（2）表明，虽然（b）和（a）相比，初始浓度提高了4倍，但达到相同残余浓度所增加的反应时间恒小于4倍，而且残余浓度越低，初始浓度增加的影响也越小，残余浓度为0.001kmol/m^{3}时，初始浓度提高4倍增加的反应时间还不到50%。

例3-2　经研究乙酸和丁醇的酯化反应

$$CH_3COOH+C_4H_9OH \longrightarrow CH_3COOC_4H_9+H_2O$$

当丁醇过量时，可视为对乙酸浓度为二级的反应，其反应速率为

$$-r_A=kC_A^2$$

当反应温度为100℃，催化剂硫酸的质量分数为0.032%时，反应速率常数

$$k=17.4\text{cm}^3/(\text{mol}\cdot\text{min})$$

当丁醇与乙酸的摩尔比为（a）5，（b）10时，试计算在一个间歇搅拌釜式反应器中

（1）对反应混合物（a）和（b），为使转化率达到30%、50%、70%、90%所需的反应时间各为多少？

（2）对反应混合物（a）和（b），为使乙酸的残余浓度达到10^{-4}mol/cm^3，所需反应时间各为多少？

因为丁醇大大过量，反应混合物的密度可视为恒定，等于0.75g/cm^3。

解：丁醇和乙酸分子量分别为74和60，所以反应混合物（a）和（b）中乙酸的浓度分别为

$$(C_{A0})_a=\frac{0.75}{5\times74+60}=1.74\times10^{-3}\text{mol/cm}^3$$

$$(C_{A0})_b=\frac{0.75}{10\times74+60}=9.38\times10^{-4}\text{mol/cm}^3$$

（1）由表 3-1 可知，对二级反应，达到规定转化率所需的反应时间为

$$t=\frac{1}{kC_{A0}}\left(\frac{x_A}{1-x_A}\right)$$

对（a）和（b）两种反应混合物，达到上述各转化率所需的反应时间如下表所列

$x/\%$	t/min	
	(a)	(b)
30	14.16	26.26
50	33.03	61.27
70	76.96	142.76
90	297.27	551.43

（2）由表 3-1 可知，对二级反应，当初始浓度为 C_{A0} 时，达到残余浓度 C_A 所需的反应时间为

$$t=\frac{1}{k}\left(\frac{1}{C_A}-\frac{1}{C_{A0}}\right)$$

对（a）和（b）两种反应混合物，残余浓度达到 $10^{-4}\mathrm{mol/cm^3}$ 所需的反应时间分别为

$$t_a=\frac{1}{17.4}\times\left(\frac{1}{10^{-4}}-\frac{1}{1.74\times10^{-3}}\right)=541.7\mathrm{min}$$

$$t_b=\frac{1}{17.4}\times\left(\frac{1}{10^{-4}}-\frac{1}{9.38\times10^{-4}}\right)=513.4\mathrm{min}$$

由计算结果（1）可知：①当转化率由 30%提高到 90%时，转化率每提高 20%所增加的反应时间逐渐增多，而且反应时间延长的幅度比一级反应更大；②为达到规定转化率所需的反应时间和反应物初始浓度 C_{A0} 成反比。

由计算结果（2）可知，当要求的残余浓度很低，即 $C_A \ll C_{A0}$ 时，$\frac{1}{C_{A0}} \ll \frac{1}{C_A}$，初始浓度对达到规定残余浓度所需反应时间的影响很小。

对反应 $A+B \longrightarrow P+S$，其动力学方程为

$$-r_A=kC_AC_B$$

在工业上，为了使价格较高的或在后续工序中较难分离的组分 A 的残余浓度尽可能低，也为了缩短反应时间，常采用使反应物 B 过量的操作方法。定义配料比

$$m=\frac{C_{B0}}{C_{A0}} \tag{3-17}$$

于是，反应过程中组分 B 的浓度为

$$C_B=C_{B0}-(C_{A0}-C_A)=C_A+(m-1)C_{A0} \tag{3-18}$$

代入动力学方程

$$-r_A=-\frac{\mathrm{d}C_A}{\mathrm{d}t}=kC_A[C_A+(m-1)C_{A0}] \tag{3-19}$$

将此式积分可得

$$C_{A0}kt=\frac{1}{m-1}\ln\left[\frac{(m-1)C_{A0}+C_A}{mC_A}\right]=\frac{1}{m-1}\ln\left[\frac{m-x_A}{m(1-x_A)}\right] \tag{3-20}$$

或写成

$$C_{B0}kt=\frac{m}{m-1}\ln\left[\frac{m-x_A}{m(1-x_A)}\right] \quad (3\text{-}21)$$

以量纲为一反应时间 $C_{B0}kt$ 为纵坐标，转化率 x_A 为横坐标，配料比 m 为参变量，将式(3-21) 标绘为图 3-2。由图 3-2 可知，配料比的影响特别表现在 A 的转化率较高时，即反应末期。

当配料比 m 很大，即组分 B 大大过量时，B 在反应中的消耗可以忽略，则上述动力学方程可写为

$$-r_A=kC_{B0}C_A=k'C_A$$

此时，该二级反应可视同一级反应。即使 m 不是很大，在反应末期也可能发生这种反应级数的转变。例如，当 C_{A0} = 1mol/L，C_{B0} = 1.3mol/L 时，在反应初期，A 和 B 浓度接近，表现出二级反应的特征；而当 A 的转化率为 0.9 时，C_{A0}＝0.1mol/L，C_{B0}＝0.4mol/L，此时配料比为 4，组分 B 大大过量，其动力学特征接近一级反应。

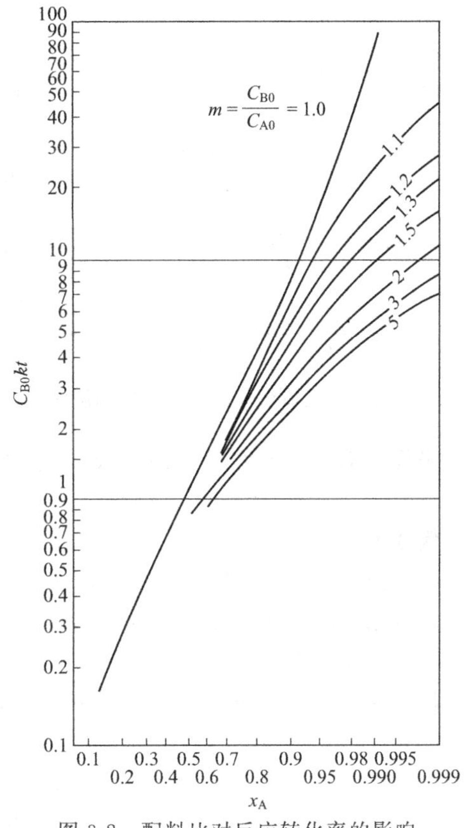

图 3-2　配料比对反应转化率的影响

3.1.3　间歇反应器的最优反应时间

间歇反应器的优化有两个可能的目标：①获得最高单位反应容积产量；②获得最高的收率。前一个目标是着眼于节省设备投资，后一个目标则着眼于降低原料消耗或（和）能耗。优化的主要手段是反应时间的优化和温度序列的优化。因为间歇反应器中的状态变化和平推流反应器中的状态变化相似，所以温度序列的优化留在下一节讨论平推流反应器时讲述。

对简单反应，因为没有副产物生成，优化时只需考虑第一个目标。在一定操作条件下，间歇反应器中反应物的转化率或产物的数量将随反应时间的延长而增加，但随着反应时间延长，反应物浓度越来越低，反应速率越来越小，单位时间的反应量不一定增加。另一方面，若反应时间很短，虽然反应速率较大，但由于产物总的生成量小，辅助操作又要花费一定的时间，单位时间的反应量也不一定高。所以，必然存在一个使单位时间的反应量最大的最优反应时间。

设反应时间为 t 时产物浓度为 C_p，辅助操作时间为 t_0，则单位时间的产物生成量为

$$q_{np}=\frac{C_pV_R}{t+t_0} \quad (3\text{-}22)$$

对上式求导

$$\frac{dq_{np}}{dt}=\frac{V_R\left[(t+t_0)\frac{dC_p}{dt}-C_p\right]}{(t+t_0)^2} \quad (3\text{-}23)$$

当 $\frac{dq_{np}}{dt}=0$ 时，q_{np} 将取得最大值，于是，由式(3-23) 可得单位时间反应量最大的条件为

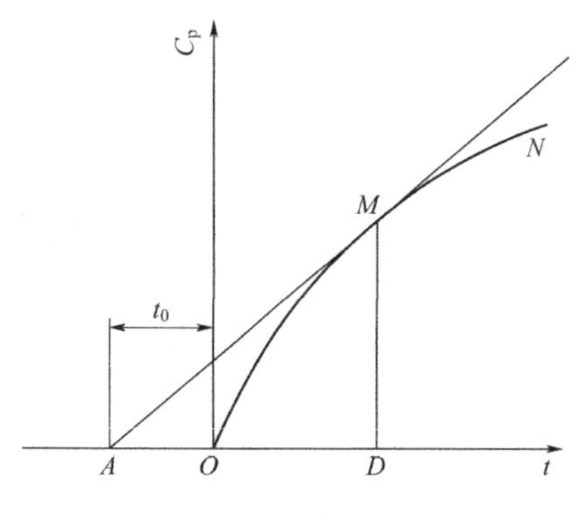

图 3-3 间歇反应器最优反应时间的图解法

$$\frac{dC_p}{dt}=\frac{C_p}{t+t_0} \tag{3-24}$$

根据式(3-24)，只要知道 C_p 和 t 的关系，即可用解析法或图解法求得最优反应时间。在采用图解法时，可先由实验测定或动力学方程计算得到反应时间 t 和反应产物浓度 C_p 的关系，然后，以 C_p 为纵坐标，t 为横坐标，将 C_p-t 的关系标绘如图 3-3 中的曲线 OMN 所示。再由点（$-t_0$，0）对曲线 OMN 作切线 AM，其斜率 $\frac{dC_p}{dt}=\frac{MD}{AD}$，而 MD 等于 C_p，AD 等于 $t+t_0$，正好满足式(3-24)。所以，切点 M 的横坐标所对应的 t 值即为最优反应时间，纵坐标对应的 C_p 则为最优反应时间时的产物浓度。

例 3-3 欲用一间歇反应器由乙酸和丁醇生产乙酸丁酯，原料中丁醇和乙酸的摩尔比为 5：1，反应温度为 100℃，催化剂硫酸的质量分数为 0.032%。若要求乙酸丁酯的生产流量为 100kg/h，两批反应之间装、卸料等辅助操作时间为 30min。请问为完成上述生产任务，反应器的最小容积为多少？

解： 由例题 3-2 知，在上述条件下，反应速率

$$-r_A=kC_A^2$$

$$k=17.4\text{cm}^3/(\text{mol}\cdot\text{min})$$

$$C_{A0}=0.00174\text{mol/cm}^3$$

乙酸丁酯的分子量为 116，所以要求的生产流量为

$$q_{np}=\frac{100\times10^3}{116\times60}=14.37\text{mol/min}$$

由表 3-1 可知，对二级反应，转化率和反应时间关系为

$$x_A=\frac{C_{A0}kt}{1+C_{A0}kt}$$

根据化学计量关系可知乙酸丁酯浓度和反应时间关系为

$$C_p=C_{A0}x_A=\frac{C_{A0}^2kt}{1+C_{A0}kt}$$

$$\frac{dC_p}{dt}=\frac{C_{A0}^2k(1+C_{A0}kt)-C_{A0}^3k^2t}{(1+C_{A0}kt)^2}=\frac{C_{A0}^2k}{(1+C_{A0}kt)^2}$$

$$\frac{C_p}{t+t_0}=\frac{C_{A0}^2kt}{(1+C_{A0}kt)(t+t_0)}$$

令上两式相等可得

$$\frac{t}{t+t_0}=\frac{1}{1+C_{A0}kt}$$

化简得

$$t^2=\frac{t_0}{C_{A0}k}$$

$$t=\sqrt{\frac{t_0}{C_{A0}k}}=\sqrt{\frac{30}{0.00174\times17.4}}=31.5\text{min}$$

此时乙酸丁酯浓度为

$$C_p=\frac{0.00174^2\times 17.4\times 31.5}{1+0.00174\times 17.4\times 31.5}=8.49\times 10^{-4}\text{mol/cm}^3$$

于是反应器容积为

$$V_R=\frac{q_{np}(t+t_0)}{C_p}=\frac{14.37\times(30+31.5)}{8.49\times 10^{-4}}=1.04\times 10^6\text{cm}^3=1.04\text{m}^3$$

此即为完成题述生产任务所需的反应器最小容积。

3.2　理想连续流动反应器

与间歇反应器相比，连续流动反应器将遇到一个新问题：不同时刻进入反应器的物料之间的混合，即返混。两种理想化的连续流动反应器——平推流反应器和全混流反应器，分别代表了返混量为零和返混量为无穷大这两种极限情况。某些工业反应器的实际流型和理想流动反应器十分接近，理想流动反应器的计算方法可以用于这些反应器的设计计算和操作分析。本节主要介绍这两种反应器的数学模型及其求解方法，关于返混对反应结果影响的全面分析将在第4章讨论。

3.2.1　平推流反应器

平推流反应器也称为活塞流反应器、理想管式反应器、理想排挤反应器，是一种理想化的返混量为零的流动反应器，其特点是反应器径向具有严格均匀的流速和流体性状（压力、温度、组成），轴向不存在任何形式的返混。长径比较大的管式反应器的流动状况十分接近平推流反应器。

1. 平推流反应器的物料衡算和能量衡算方程

如图3-4所示，在平推流反应器内沿轴向取一长度为 dz 的微元，对该微元进行物料衡算和能量衡算（和动量衡算），即可得到平推流反应器的基本设计方程。

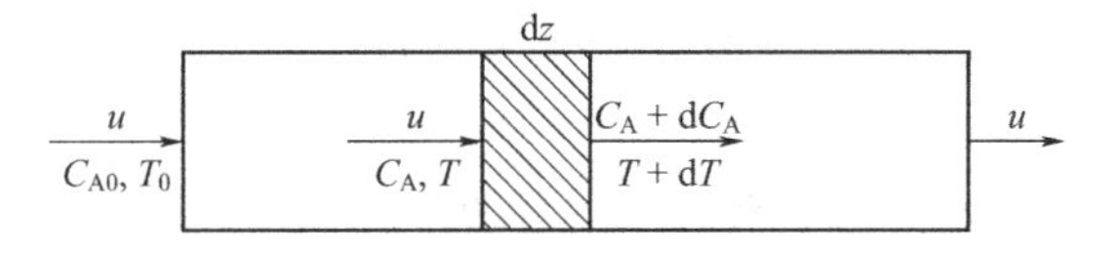

图3-4　平推流反应器物料衡算和能量衡算示意图

物料衡算方程

$$-u\frac{dC_A}{dz}=k_0e^{-\frac{E}{RT}}C_A^n \tag{3-25}$$

能量衡算方程

$$u\rho c_p\frac{dT}{dz}=k_0e^{-\frac{E}{RT}}C_A^n(-\Delta H)+\frac{4U}{d_t}(T_c-T) \tag{3-26}$$

式中，u 为反应物流线速度；z 为反应器轴向距离；ρ 为物料密度；d_t 为反应管直径。求解这一问题的初始条件为

$$C_A(0)=C_{A0},\quad T(0)=T_0$$

将上述方程处理为量纲为一，可得和间歇反应器的基本方程式(3-7)和式(3-8)形式上

类似的量纲为一方程

$$-\frac{\mathrm{d}f}{\mathrm{d}\xi}=Da_{\mathrm{I}}\exp\left[\varepsilon\left(1-\frac{1}{\theta}\right)\right]f^{n} \tag{3-27}$$

$$\frac{\mathrm{d}\theta}{\mathrm{d}\xi}=\beta Da_{\mathrm{I}}\exp\left[\varepsilon\left(1-\frac{1}{\theta}\right)\right]f^{n}+N(\theta_{\mathrm{c}}-\theta) \tag{3-28}$$

初始条件为

$$f(0)=1,\quad \theta(0)=1$$

唯一的差别是间歇反应器的自变量 ξ 为量纲为一时间，平推流反应器的自变量 ξ 为量纲为一距离，$\xi=\frac{z}{L}$（L 为反应器长度）。这两种反应器基本方程的求解均属常微分方程的初值问题。常微分方程初值问题的求解方法将在第 7 章中讲述。

当反应器绝热操作时，则有 $N=0$，这时有

$$\frac{\mathrm{d}\theta}{\mathrm{d}\xi}=-\beta\frac{\mathrm{d}f}{\mathrm{d}\xi}$$

表示 θ 和 f 之间的确定关系。对放热反应，$\beta>0$，则有 $1<\theta(\xi)<1+\beta$；对吸热反应，$\beta<0$，则有 $1+\beta<\theta(\xi)<1$。这种关系同样适用于间歇反应器，其差别仅是自变量不同。

与间歇反应器的计算相似，在一般情况下平推流反应器的计算需联立求解式(3-25) 和式(3-26)。而在等温条件和绝热条件下，式(3-25) 和式(3-26) 的求解可以简化。间歇反应器通常用于液相反应，反应过程中物料体积的变化通常可以忽略，而平推流管式反应器既可用于液相反应，也可用于气相反应。对气相反应，由于反应前后分子数的变化和物料温度的变化，会引起物料体积的显著变化，在求解式(3-25) 和式(3-26) 时必须予以考虑。

当反应热小到可忽略不计（如异构化反应），或者反应器壁保持等温且和反应物流间的传热足够有效时，反应器可看作等温。这时式(3-25) 中的反应速率常数恒定，对式(3-25) 进行积分即可求得反应器出口转化率或各组分浓度。

当反应器壁能有效地绝热时，即垂直于流动方向上的热损失可以忽略，转化率和反应物流温度间将有如式(3-15) 所示的简单关系。将式 (3-25) 中的 T 用式(3-15) 代替，通过数值积分或图解积分也可求出反应器出口转化率或各组分浓度。

例 3-4 磷化氢的分解反应按如下化学计量方程进行

$$4PH_3 \rightleftharpoons P_4+6H_2$$

该反应为一级不可逆吸热反应，反应动力学方程为

$$-r_{PH_3}=kC_{PH_3}$$

速率常数与温度的关系如下式所示

$$\lg k=-\frac{18963}{T}+2\lg T+12.130$$

式中，k 的单位为 s^{-1}；T 的单位为 K。

现拟在操作压力为常压的平推流管式反应器中分解磷化氢生产磷，磷化氢进料流量为 16kg/h，进口温度为 680℃，在此温度下磷为蒸气。试计算：

(1) 反应温度维持在恒温 680℃，容积为 $1m^3$ 的管式反应器所能达到的转化率；

(2) 进口温度为 680℃，同样的反应器绝热操作时能达到的转化率。

在所考察的范围内反应热 $(-\Delta H)=-23700$kJ/kmol，反应混合物定压比热容为 50kJ/(kmol·K)。

解：(1) 680℃时的反应速率常数

$$\lg k=-\frac{18963}{680+273}+2\lg(680+273)+12.130=-1.8$$

$$k=0.0155\mathrm{s}^{-1}$$

进口条件下反应物流体积流量

$$q_V=\frac{16000}{34}\times\frac{680+273}{273}\times\frac{22.4}{3600}=10.2\mathrm{L/s}=1.02\times10^{-2}\mathrm{m^3/s}$$

以 1mol PH_3 为基准，当转化率为 x 时，各组分的物质的量为

PH_3	$1-x$
P_4	$\frac{1}{4}x$
H_2	$\frac{6}{4}x$

$$\sum=1+\frac{3}{4}x$$

所以，转化率为 x 时，PH_3 的浓度为

$$C_{PH_3}=\frac{1-x}{1+0.75x}C_{PH_3,0}$$

代入物料衡算方程有

$$k\left(\frac{1-x}{1+0.75x}\right)C_{PH_3,0}\mathrm{d}V_R=q_V C_{PH_3,0}\mathrm{d}x$$

移项积分可得

$$\frac{kV_R}{q_V}=\int_0^x\frac{\mathrm{d}x}{\dfrac{1-x}{1+0.75x}}=-1.75\ln(1-x)-0.75x=\frac{0.0155\times1}{1.02\times10^{-2}}=1.52$$

试差求得 $x=68.7\%$。

(2) 该反应体系的绝热温升为

$$\Delta T_{ad}=\frac{-23700}{50}=-474℃$$

故反应物系温度和转化率之间有如下关系

$$T=T_0+\Delta T_{ad}x=953-474x$$

反应速率常数和转化率之间有如下关系

$$k=10^{-\frac{18963}{953-474x}+2\lg(953-474x)+12.130}$$

代入物料衡算方程，整理后可得

$$\frac{V_R}{q_V}=\frac{1}{1.02\times10^{-2}}=98$$

$$=\int_0^x\frac{\mathrm{d}x}{10^{-\frac{18963}{953-474x}+2\lg(953-474x)+12.130}\left(\dfrac{1-x}{1+0.75x}\right)}$$

$$=\int_0^x f(x)\mathrm{d}x$$

对上式进行数值积分，如下表所列

x	$f(x)$	$\sum[f(x)+f(x-0.02)]\frac{\Delta x}{2}$
0	64.52	
0.02	108.11	1.73
0.04	183.18	4.64
0.06	311.55	9.59
0.08	538.17	18.09
0.10	939.73	32.87
0.12	1659.3	58.86
0.13	2207.4	78.19
0.14	2858.1	103.51

内插求得转化率 $x=13.7\%$。

2. 最优反应温度和最优反应温度序列

除等温反应器外，前面讨论都认为反应器中不同位置的反应温度是通过求解物料衡算和能量衡算方程确定的。在反应器设计中，还会遇到另一类问题，为了使反应器的性能达到最优，应该采用怎样的反应温度或温度序列。

对单一反应，反应器性能最优也就是为达到规定转化率所需的反应器体积最小。对不可逆反应，因为反应速率随反应温度升高而增大，所以最优温度也就是反应体系能承受的最高温度。

对可逆反应 $A \rightleftharpoons B$，反应速率可用下式计算

$$-r_A=(k_1+k_2)C_{A0}(x_{Ae}-x_A) \tag{3-29}$$

式中，x_{Ae}为平衡转化率；k_1、k_2 分别为正反应和逆反应的速率常数。对吸热反应，k_1、k_2 和 x_{Ae}均随温度升高而增大，因此反应速率也随温度升高而增大。所以，对可逆吸热反应，最优温度也是反应体系能承受的最高温度。

对可逆放热反应，k_1、k_2 随温度升高而增大，而 x_{Ae}随温度升高而减小，因此对每一转化率均存在一个使反应速率为最大的最优反应温度。最优反应温度应满足如下条件

$$\frac{\partial(-r_A)}{\partial T}=0 \tag{3-30}$$

若 $t=0$ 时，$C_R=0$，式(3-29) 可改写为

$$-r_A=k_{10}e^{-E_1/RT}C_{A0}(1-x_A)-k_{20}e^{-E_2/RT}C_{A0}x_A \tag{3-31}$$

利用式(3-30) 可求得最优反应温度为

$$T_{opt}=\left\{\left(\frac{-R}{E_1-E_2}\right)\ln\left[\left(\frac{k_{20}E_2}{k_{10}E_1}\right)\left(\frac{x_A}{1-x_A}\right)\right]\right\}^{-1}=\left[-\frac{1}{B_1}\ln(B_2B_3)\right]^{-1} \tag{3-32}$$

其中 $$B_1=\frac{E_1-E_2}{R},\quad B_2=\frac{k_{20}E_2}{k_{10}E_1},\quad B_3=\frac{x_A}{1-x_A}$$

对其他类型的可逆反应，B_1 和 B_2 与上述表达式相同，B_3 则随反应类型而异，如下所列

反应类型	B_3
$A \rightleftharpoons R+S$	$\frac{C_{A0}x_A^2}{1-x_A}$
$A+B \rightleftharpoons R$	$\frac{x_A}{C_{A0}(1-x_A)(m+1-x_A)}$
$A+B \rightleftharpoons R+S$	$\frac{x_A^2}{(1-x_A)(m+1-x_A)}$

若由式(3-32) 求得的最优反应温度高于反应体系的最高允许温度，则应以最高允许温度作为最优反应温度。

例 3-5　有一级可逆反应 $A \rightleftharpoons B$，正反应和逆反应速率常数分别为

$$k_1=0.02e^{-\frac{3524}{T}}(s^{-1})$$

$$k_2=0.25e^{-\frac{5534}{T}}(s^{-1})$$

该反应系统的最高允许温度为600℃。已知组分A的进料流量为0.01kmol/s，进料浓度为1.0kmol/m^3。请计算：

(1) 处于最优温度分布时，为使转化率达到60%所需的平推流反应器的体积；

(2) 在600℃下等温操作时，转化率达到60%所需的平推流反应器的体积。反应物流密度随温度的变化可忽略。

解：(1) 由式(3-32) 可知，不同转化率下的最优反应温度可用下式计算

$$T_{opt}=\left\{\left(\frac{-R}{E_1-E_2}\right)\ln\left[\left(\frac{k_{20}E_2}{k_{10}E_1}\right)\left(\frac{x_A}{1-x_A}\right)\right]\right\}^{-1}$$

$$=\frac{5534-3524}{\ln\left(\frac{0.25\times5534}{0.02\times3524}\times\frac{x_A}{1-x_A}\right)}=\frac{2010}{\ln\left(19.6\times\frac{x_A}{1-x_A}\right)}$$

最优反应温度下的反应速率可用式(3-31) 计算，计算结果如下表前两列所示。可见，当转化率小于33%时，最优温度均高于600℃，因此，在转化率小于33%时，反应温度应保持在600℃，然后采用渐降的温度序列（如图3-5所示），直至转化率达60%。

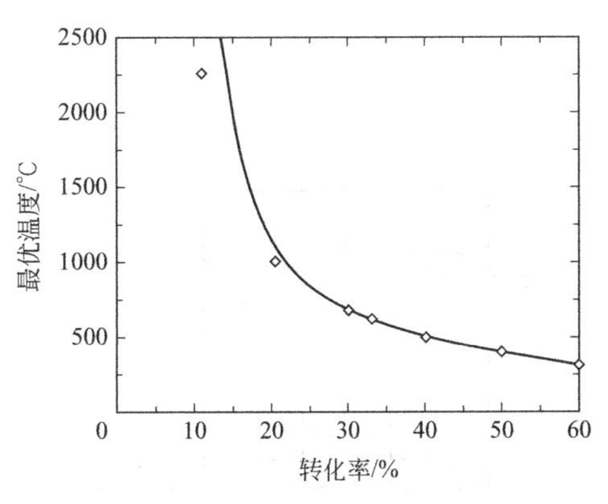

图3-5　可逆放热反应的转化率与最优温度间的关系

转化率/%	最优温度/℃	最大反应速率/[kmol/(m^3·s^1)]	600℃时的反应速率/[kmol/(m^3·s^1)]
0		3.53×10^{-3}	3.53×10^{-3}
10	2260	2.74×10^{-3}	2.74×10^{-3}
20	980	1.94×10^{-3}	1.94×10^{-3}
30	665	1.15×10^{-3}	1.15×10^{-3}
33	600	0.91×10^{-3}	0.91×10^{-3}
40	505	0.88×10^{-3}	0.35×10^{-3}
44			0
50	399	0.20×10^{-3}	
60	319	0.077×10^{-3}	

利用上表第三列的数据，采用梯形积分法进行以下数值计算

$$V_R = q_V C_{A0}\int_0^{0.6}\frac{dx_A}{(-r_A)}$$

$$\approx 0.01\times\left(\frac{0.1}{3.135\times10^{-3}}+\frac{0.1}{2.34\times10^{-3}}+\frac{0.1}{1.545\times10^{-3}}+\frac{0.1}{1.015\times10^{-3}}+\frac{0.1}{0.54\times10^{-3}}+\frac{0.1}{0.1385\times10^{-3}}\right)$$

$$=11.45\text{m}^3$$

(2) 当反应器在600℃下等温操作时，由上表可见当转化率为44%时已达化学平衡，所以不论反应器体积为多大，都不可能达到60%的转化率。

当存在串联副反应或（和）平行副反应时，除考虑反应速率外，还应考虑目的产物的选择性。当以目的产物产率最大为目标时，若干常见反应模式的适宜温度序列如表3-2所示。

表3-2 若干常见反应模式的适宜温度序列

反应模式	反应特性	温度序列
$A+B \underset{2}{\overset{1}{\rightleftharpoons}} R$，$A+B \xrightarrow{3} S$	$E_3>E_1, E_2>E_1$	渐降(初始温度不宜过高)
	$E_3>E_1>E_2$	渐升
	$E_2>E_1>E_3$	渐降(高初始温度)
$A+B \xrightarrow{1} R \xrightarrow{2} S$	$E_2>E_1$	渐降
	$E_1>E_2$	高温,短停留时间
$A+B \xrightarrow{1} R$，$A+B \xrightarrow{2} S$	$E_2>E_1$	低温
	$E_1>E_2$	高温
$A+B \xrightarrow{1} Q \xrightarrow{3} R$，$A+B \xrightarrow{2} S_1$，$Q \xrightarrow{4} S_2$	$E_1>E_2, E_3>E_4$	高温
	$E_1<E_2, E_3<E_4$	低温
	$E_1<E_2, E_3>E_4$	渐升
	$E_1>E_2, E_3<E_4$	渐降

3.2.2 全混流反应器

全混流反应器也称为理想混合反应器、理想连续搅拌釜式反应器，是一种返混为无限大的理想化的流动反应器，其特点是物料进入反应器的瞬间即与反应器内的原有物料完全混合，反应器内物料的组成和温度处处相等，且等于反应器出口处物料的组成和温度。工业上，搅拌良好的连续搅拌釜式反应器，当流体黏度不大，反应不是很快，停留时间比混合时间大得多时，可近似看作全混流反应器。连续搅拌釜式反应器与全混流假定的偏离，通常比管式反应器与平推流反应器的偏离小得多。

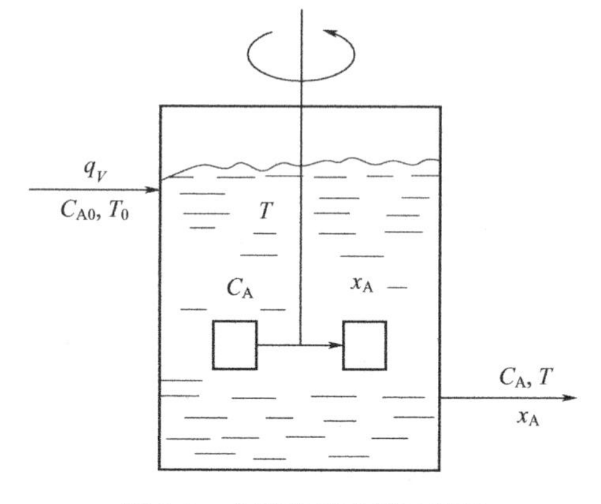

图3-6 全混流反应器示意图

在如图 3-6 所示的全混流反应器中，设进料体积流量为 q_V，进料浓度和温度分别为 C_{A0} 和 T_0。出料浓度和温度分别为 C_A 和 T，反应器体积为 V_R，反应器传热面积为 A_R，冷却（或加热）介质温度为 T_c。在定态条件下，反应器的物料衡算方程和能量衡算方程为

$$q_V(C_{A0}-C_A)-V_R k(T)C_A^n=0 \tag{3-33}$$

和

$$q_V\rho c_p(T_0-T)+(-\Delta H)V_R k(T)C_A^n+UA_R(T_c-T)=0 \tag{3-34}$$

引入量纲为一参数

$$f=\frac{C_A}{C_{A0}},\quad \theta=\frac{T}{T_0},\quad \theta_c=\frac{T_c}{T_0},\quad \varepsilon=\frac{E}{RT_0}$$

上述方程可写成如下量纲为一形式

$$1-f=Da_{\mathrm{I}}\exp\left[\varepsilon\left(1-\frac{1}{\theta}\right)\right]f^n \tag{3-35}$$

和

$$-(1-\theta)=\beta Da_{\mathrm{I}}\exp\left[\varepsilon\left(1-\frac{1}{\theta}\right)\right]f^n+N(\theta_c-\theta) \tag{3-36}$$

式中，$Da_{\mathrm{I}}=\dfrac{\tau}{t_r}=\dfrac{V_R/q_V}{(1/k)T_0C_A^{n-1}}$为平均停留时间和特征反应时间之比。

由式(3-33) 可求得等温条件下全混流反应器中不同级数反应的反应物残余浓度和转化率计算式，如表 3-3 所示。

表 3-3　全混流反应器中不同级数反应的反应物残余浓度和转化率计算公式

反应级数	残余浓度式	转化率式
零级	$C_A=C_{A0}-k\tau$	$x_A=\dfrac{k\tau}{C_{A0}}$
一级	$C_A=\dfrac{C_{A0}}{1+k\tau}$	$x_A=\dfrac{k\tau}{1+k\tau}$
二级	$C_A=\dfrac{\sqrt{1+4C_{A0}k\tau}-1}{2k\tau}$	$\dfrac{x_A}{(1-x_A)^2}=C_{A0}k\tau$
n 级	$k\tau=\dfrac{C_{A0}-C_A}{C_A^n}$	$\dfrac{x_A}{(1-x_A)^n}=C_{A0}^{n-1}k\tau$

由式(3-33) 和式(3-34) 可知，全混流反应器的基本方程为一组代数方程。由于方程中包含的变量数多于方程数，因此必须规定一部分变量，方程组才有确定解。变量规定方式随着计算目的的不同而不同。全混流反应器的计算通常可分为以下几类。

① 设计型计算。这类计算是为了设计一种能完成规定生产任务的反应器，即在已知进料流量、浓度、温度的前提下，计算在一定反应温度下为达到一定的出口浓度（或转化率）所需的反应器体积、传热面积和冷却介质温度。

在这类计算中，因为反应温度和出口浓度均已规定，所以基本方程式(3-33) 和式(3-34) 均为线性方程，且可由式(3-33) 直接求得 V_R，将 V_R 值代入式(3-34)，再规定 A_R 和 T_c 两参数中的一个，即可求得另一个。

但在求解设计型问题时往往会涉及某些参数的选择，如反应温度、冷却介质温度（或传热面积）的选择，不同的选择代表了不同的设计方案，这属于参数优化问题。

② 分析型计算。这类问题是对一种已有的反应器（即反应器体积、传热面积已定）计

算在一定进料流量、浓度、温度和冷却（或加热）介质温度下反应器出口的浓度和温度。可通过这类计算分析进料流量、组成、温度和冷却介质温度等参数的变化对出口转化率和出口温度的影响。这也是一类优化问题，通常称为反应器的操作模拟分析。

在这类计算中，因为反应温度（即反应器出口温度）和出口浓度未知，基本方程是一组非线性代数方程，必须通过迭代计算联立求解。通用的求解过程是：先假设一个反应温度 T，计算该反应温度下的反应速率常数，然后由式(3-33) 求得反应器出口浓度 C_A，再把 C_A 代入式(3-34) 求得反应温度的新值 T^*，如果 T^* 和 T 足够接近，则计算结束，否则以 T^* 作为反应温度新的假设值，重复上述计算过程。

③ 操作型计算。这类问题是对已有的反应器，计算为达到一定的转化率或产量应采用的操作条件，如进料流量、组成、温度和冷却（或加热）介质温度。当进料流量、组成、温度已规定时（不同的规定代表不同的操作方案），可先由式(3-33) 求得能达到要求的转化率（或出口浓度）的反应速率常数，然后确定所需的反应温度，再把此温度代入式(3-34) 求得冷却（或加热）介质温度。

例 3-6 纯组分 A 以 $4.2\times10^{-6}\text{m}^3/\text{s}$ 的流量进入一个全混流反应器，反应器体积 $V_R=0.378\text{m}^3$，进料温度为 20℃。全混流反应器后串联一个平推流反应器，两反应器均为绝热操作。反应为 $A \longrightarrow B$，是一级反应，已知：$k=7.25\times10^{10}e^{-14570/T}\text{s}^{-1}$，$\Delta H=-346.9\text{J/g}$，$c_p=2.09\text{J/(g·K)}$。若要求总转化率为 97%，请计算平推流反应器的体积。

解： 要计算平推流反应器的体积，需先求得全混流反应器的出口温度和转化率，这属于分析型计算。因为反应器为绝热操作，所以反应温度和转化率有如下关系

$$T=T_0+\frac{-\Delta H}{c_p}x_A=293+\frac{346.9}{2.09}x_A=293+166x_A$$

反应器的平均停留时间为

$$\tau=\frac{V_R}{q_V}=\frac{0.378}{4.2\times10^{-6}}=9\times10^4\text{s}$$

对一级反应，由全混流反应器的物料衡算方程可推导得

$$x_A=1-\frac{1}{1+k(T)\tau}$$

将 $k=7.25\times10^{10}\exp\left(-\frac{14570}{293+166x_A}\right)$ 代入上式得

$$x_A=1-\frac{1}{1+7.25\times10^{10}\exp\left(-\frac{14570}{293+166x_A}\right)\times9\times10^4}$$

试差解得 $x_A=0.7$，所以全混流反应器出口温度为 $293+166\times0.7=409.2\text{K}$。

平推流反应器的计算属设计型问题，为简便起见，将平推流反应器分为三段，每一段按等温反应器计算。

第一段转化率为 0.7～0.79，平均反应温度为

$$T_1=\frac{409.2+293+166\times0.79}{2}=416.7\text{K}$$

此温度下的反应速率常数为

$$k_1=7.25\times10^{10}\exp\left(-\frac{14570}{416.7}\right)=4.73\times10^{-5}\text{s}^{-1}$$

第一段反应器体积为

$$V_{R1}=\frac{q_V}{k_1}\ln\frac{1-x_{A10}}{1-x_{A1}}=\frac{4.2\times10^{-6}}{4.73\times10^{-5}}\ln\frac{1-0.7}{1-0.79}=0.032\text{m}^3$$

第二段转化率为 0.79～0.88，平均反应温度为

$$T_2=\frac{424.1+293+166\times0.88}{2}=431.6\text{K}$$

此温度下的反应速率常数为

$$k_2=7.25\times10^{10}\exp\left(-\frac{14570}{431.6}\right)=1.58\times10^{-4}\text{s}^{-1}$$

第二段反应器体积为

$$V_{R2}=\frac{q_V}{k_2}\ln\frac{1-x_{A1}}{1-x_{A2}}=\frac{4.2\times10^{-6}}{1.58\times10^{-4}}\ln\frac{1-0.79}{1-0.88}=0.015\text{m}^3$$

第三段转化率为 0.88～0.97，平均反应温度为

$$T_3=\frac{439.1+293+166\times0.97}{2}=446.6\text{K}$$

此温度下的反应速率常数为

$$k_3=7.25\times10^{10}\exp\left(-\frac{14570}{446.6}\right)=4.92\times10^{-4}\text{s}^{-1}$$

第三段反应器体积为

$$V_{R3}=\frac{q_V}{k_3}\ln\frac{1-x_{A2}}{1-x_{A3}}=\frac{4.2\times10^{-6}}{4.92\times10^{-4}}\ln\frac{1-0.88}{1-0.97}=0.012\text{m}^3$$

所以平推流反应器体积为

$$V_R=V_{R1}+V_{R2}+V_{R3}=0.032+0.015+0.012=0.059\text{m}^3$$

3.3 全混流反应器的热稳定性

3.3.1 热稳定性的基本概念

反应器的热稳定性是放热反应系统所特有的一种行为，其起因是反应过程的非线性性质，具体表现在反应速率对反应温度的非线性依赖关系。

在反应器中进行放热反应时，反应器要保持定常态，就必须不断移走反应放出的热量。移走热量一般通过两条途径：①反应物料温度升高，带走一部分或全部反应热；②设置换热面，用冷却介质带走热量。

考虑在全混流反应器中进行一个简单放热反应 A ⟶ B。按反应 Arrhenius 方程，单位反应容积的放热量 Q_g 和反应温度 T 之间有如图 3-7 中曲线 1 所示的非线性关系。但实际上，Q_g 并不会随 T 的升高而完全呈指数曲线增高。Q_g 将有一个极限，即反应物 A 耗尽时所能放出的热量。因而放热曲线的形状将如曲线 2 所示，曲线 2 的渐近线即为这一 Q_g 的极限值。曲线 1 和曲线 2 都表现出系统的非线性性质。

系统的移热量为 Q_r，由传热系数和反应系统单位容积的传热面积决定，即 $Q_r=UA_R(T-T_c)$，A_R 为单位反应容积的传热面积。Q_r-T 之间为直线关系，如图 3-7 中直线 3 所示。UA_R 为直线 3 的斜率。系统可操作除满足热平衡条件 $Q_g=Q_r$ 外，还需满足热稳定

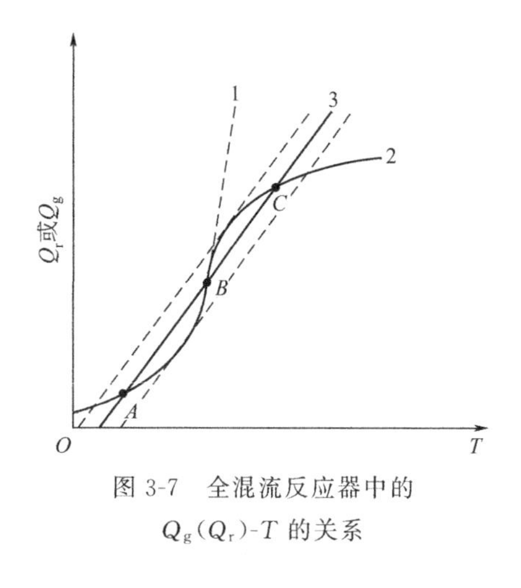

图 3-7 全混流反应器中的 $Q_g(Q_r)$-T 的关系

条件。后者是指系统对于小扰动（如温度扰动）的自衡能力。十分明显，图 3-7 中点 A、B、C 均满足热平衡条件。但只有点 A、C 满足热稳定条件，即对于小的温度（或浓度）扰动有足够的自衡能力。自衡是偏离定态点时系统自身的调节能力，如在 C 点的正温度扰动，会使 $Q_r > Q_g$，从而使温度降低，在扰动消失后系统恢复至 C 点。在 C 点出现的负扰动，会使 $Q_g > Q_r$，从而使温度升高。A 点同样有自衡能力。故 A 和 C 点是稳定的操作点，不用调节器即可实现在小扰动下的自衡操作，称为系统稳定。B 点则没有这种能力，不能满足热稳定条件，是不稳定的操作点。A 点和 C 点同时满足热平衡和热稳定条件，B 点只满足热平衡条件，不满足热稳定条件。

对于同样的 UA_R、同样的冷却介质温度 T_c 和其他操作条件，可能有三种不同的操作状态 A、B 和 C，表明此系统存在多重定常态，简称多态。任何系统的多态数必为奇数。

究竟出现哪一种状态，是由反应系统的初始状态（或历史条件）决定的。系统的不稳定性质显然使反应器的操作出现一些新的问题。在 B 点操作的反应器，任何负扰动都会使操作点移向 A 点，任何正扰动都会使操作点移向 C 点。

为了避免不稳定性，使反应器只呈单一定态，可以采取两个方案：①增大 UA_R，同时提高 T_c，使直线 3 与曲线 2 只存在一个交点，即要求直线 3 的斜率大于曲线 2 的最大斜率，$UA_R > \left(\frac{dQ_g}{dT}\right)_{max}$；②提高或降低 T_c，使之避开图 3-7 中虚线所示的多态区。但是第二种方法必使反应器或在高温态操作，或在低温态操作，缺乏对反应温度的选择余地。因而在工业实际中，为了能有效地控制反应温度，通常采用较大的传热面积（传热系数的提高往往受多种因素的限制）和较高的冷却介质温度。

对放热反应系统还有一个容易和稳定性混淆的问题，即参数灵敏性问题。参数灵敏性问题是指反应器的某一操作参数发生一持久的微小变动后，反应器操作状态变化的大小。如果某操作参数发生一微小变化后，反应器的状态变化很小，则称反应器的操作对该参数是不灵敏的；反之，如果某操作参数的微小变化会引起反应器状态的很大变化，则称反应器的操作对该参数是灵敏的。热稳定性是对小扰动的自衡能力而言的；参数灵敏性则是对条件变化后的响应程度而言的。一般来说，全混流反应器中的参数灵敏性问题远不如管式反应器中的严重，其原因是返混使各种分布趋于平坦。因此，当温度控制是过程的关键因素时，常采用全混流反应器。

3.3.2 全混流反应器热稳定性的定态分析

对热稳定性问题的全面理解必须借助于动态分析，但定态分析也能提供该问题的一些重要特征，又比较容易理解，故先予以介绍。

在定态下操作的全混流反应器，其反应温度是由整个反应器的物料衡算和热量衡算决定的。当反应器中进行一级不可逆反应 A ⟶ B 时，物料衡算方程为

$$q_V(C_{A0} - C_A) = V_R k C_A$$

或
$$C_A=\frac{C_{A0}}{1+k\tau} \tag{3-37}$$

热量衡算方程为

$$q_V\rho c_p(T-T_0)+UA_R(T-T_c)=(-\Delta H)V_RkC_A$$

或
$$(T-T_0)+\frac{UA_R}{q_V\rho c_p}(T-T_c)=\frac{-\Delta H}{\rho c_p}k\tau C_A \tag{3-38}$$

将式(3-37) 代入式(3-38)，并令

$$N=\frac{UA_R}{q_V\rho c_p},\quad \Delta T_{ad}=\frac{(-\Delta H)C_{A0}}{\rho c_p}$$

则式(3-38) 可改写为

$$(T-T_0)+N(T-T_c)=\Delta T_{ad}\frac{k\tau}{1+k\tau} \tag{3-39}$$

式(3-39) 左边相当于反应器的移热量 Q_r，其中第一项表示物系温度升高带走的热量，第二项表示间壁传热带走的热量，右边相当于反应器的放热量 Q_g。反应过程达到定态的必要条件就是移热量等于放热量，即 $Q_r=Q_g$。

由

$$Q_r=(T-T_0)+N(T-T_c)=(1+N)T-(T_0+NT_c) \tag{3-40}$$

可知，移热量与反应温度 T 有斜率为 $1+N$ 的直线关系，其截距为 $-(T_0+NT_c)$。当反应物流进口温度等于冷却介质温度，即 $T_0=T_c$ 时，若 $Q_r=0$，则有 $T=T_0$，说明这时移热线在 T 轴上的截距为 T_0。

令 $Q_r=0$ 可得到移热线在 T 轴上的截距 $T=(T_0+NT_c)/(1+N)$。若流量无穷大，则 $N=0$，故 $T=T_0$。若流量 $q_V=0$，则 $N\to\infty$，得到 $T=T_c$。由于一般 $T_0>T_c$，所以增大流量将使移热线在 T 轴上的截距增大。

图 3-8 为进料流量一定时不同进料温度或冷却介质温度下的移热线。图 3-8 中各直线互相平行，无论降低进料温度或冷却介质温度，移热线均向左移动。

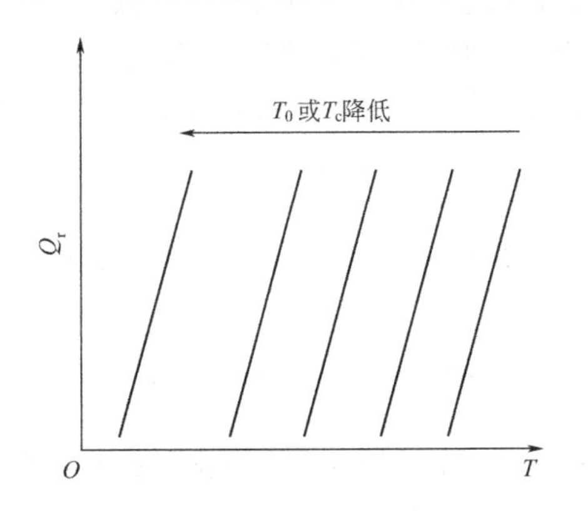

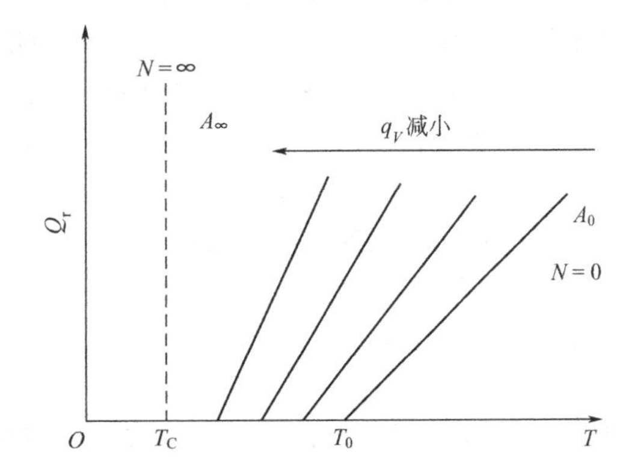

图 3-8　不同进料温度及冷却介质温度时的移热线

图 3-9　不同进料流量时的移热线

图 3-9 为不同进料流量的移热线。当进料流量为无限大或传热面积为零时（相当于绝热条件），$N=0$，这时移热线斜率为 1，这是移热线斜率的最小值，如图 3-9 中的直线 A_0。当进料流量为零或传热面积为无限大时，$N=\infty$，移热线与 Q_r 轴平行，反应物料的温度等于冷却介质的温度，如图 3-9 中的 A_∞ 线。显然，所有其他流量下的移热线都位于 A_0 线和 A_∞ 线之间，而且不难证明，所有移热线交于点 $T=T_c$，$Q_r=T_c-T_0$。

由式(3-39) 知放热量为

$$Q_g = \Delta T_{ad} \frac{k\tau}{1+k\tau} = \Delta T_{ad} \frac{k_0 \exp\left(-\frac{E}{RT}\right)\tau}{1+k_0 \exp\left(-\frac{E}{RT}\right)\tau} \tag{3-41}$$

当 τ 一定时，若 T 很小，则有 $k\tau \ll 1$，这时 Q_g 线为指数曲线；若 T 很大，则有 $k\tau \gg 1$，$Q_g = \Delta T_{ad}$，Q_g 线为平行于 T 轴的直线。所以 Q_g 为 S 形曲线。当停留时间 τ 不同时，则停留时间越长，一定温度下的放热量 Q_g 越大，但随着反应温度的提高，不同停留时间下的 Q_g 都趋近于 ΔT_{ad}，如图 3-10 所示。Q_r 线与 Q_g 线的交点为定态点。

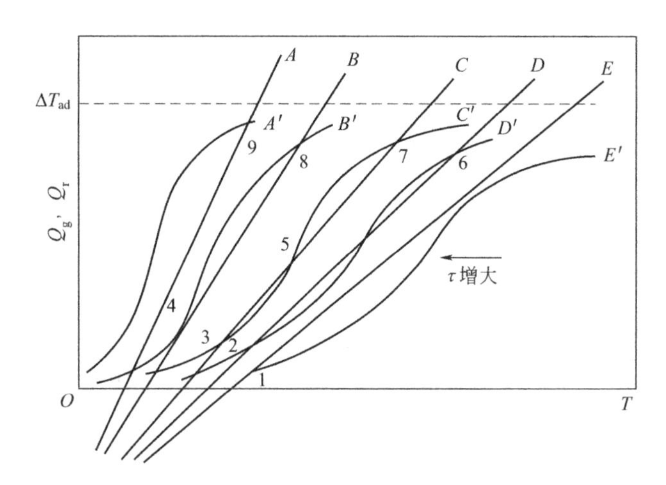

图 3-10 不同停留时间下的放热曲线和移热曲线

由图 3-10 可知，对简单反应，定态点数最多为 3，最少为 1。当定态点数大于 1 时，如图中直线 C 和 S 形曲线 C'有三个交点，表示在相同的操作条件下，反应器可能处于不同的操作状态：可能在高温、高转化率下操作（点 7）；也可能在低温、低转化率下操作（点 3）。

如上所述，图 3-10 中的 3、5、7 三点均为定态点，但其稳定性却是不同的。点 3 和点 7 是稳定的定态点，操作状态处于这两点的反应器受到微小扰动后，将偏离原定态点，但扰动消失后，反应器会自动回复到原定态点。例如，反应器操作点为点 7，某种扰动使冷却介质温度升高，移热线将向右移动，反应温度也将沿 S 形曲线上升，但扰动消失后，移热线回到原位置，这时由于移热速率大于放热速率，反应温度将逐渐下降，最后操作状态仍回复到点 7。但定态点 5 则是不稳定的，当在点 5 操作的反应器受到扰动而偏离点 5 时，扰动消失后，反应器不能自动回复到原定态点 5，反应器的状态将视扰动为正或负上移至上定态点 7，或下移至下定态点 3。

由图 3-10 不难看出，在定态点 3、5、7，移热线斜率和放热线斜率分别有如下关系

$$\left(\frac{dQ_g}{dT}\right)_3 < \left(\frac{dQ_r}{dT}\right)_3, \quad \left(\frac{dQ_g}{dT}\right)_7 < \left(\frac{dQ_r}{dT}\right)_7, \quad \left(\frac{dQ_g}{dT}\right)_5 > \left(\frac{dQ_r}{dT}\right)_5$$

由此可见，移热线斜率大于放热线斜率是定态稳定的必要条件，称为斜率条件，即

$$\left(\frac{dQ_r}{dT}\right)_s > \left(\frac{dQ_g}{dT}\right)_s \tag{3-42}$$

关于斜率条件的含义可作如下分析：当反应温度因某种扰动而发生微小变化 ΔT 时，移热量和放热量的变化可近似表示为

$$Q_{r}=(Q_{r})_{s}+\left(\frac{dQ_{r}}{dT}\right)_{s}\Delta T$$

$$Q_{g}=(Q_{g})_{s}+\left(\frac{dQ_{g}}{dT}\right)_{s}\Delta T$$

上两式中的下标 s 表示定态点，故有 $(Q_{r})_{s}=(Q_{g})_{s}$。由式(3-40) 和式(3-41) 可得

$$\frac{dQ_{r}}{dT}=1+N$$

$$\frac{dQ_{g}}{dT}=\Delta T_{ad}\frac{E}{RT^{2}}\times\frac{k_{0}e^{-\frac{E}{RT}}\tau}{(1+k_{0}e^{-\frac{E}{RT}}\tau)^{2}}$$

所以，$\frac{dQ_{r}}{dT}$恒大于 0，对放热反应$\frac{dQ_{g}}{dT}$也大于 0。于是，当$\left(\frac{dQ_{r}}{dT}\right)_{s}>\left(\frac{dQ_{g}}{dT}\right)_{s}$时，就有

$\Delta T>0$ 时，$Q_{r}>Q_{g}$，反应温度会自行下降；

$\Delta T<0$ 时，$Q_{r}<Q_{g}$，反应温度会自行上升。

因此，该定态点是稳定的。

反之，如果$\left(\frac{dQ_{r}}{dT}\right)_{s}<\left(\frac{dQ_{g}}{dT}\right)_{s}$时，则有

$\Delta T>0$ 时，$Q_{g}>Q_{r}$，反应温度将不断上升；

$\Delta T<0$ 时，$Q_{g}<Q_{r}$，反应温度将不断下降。

因此，该定态点是不稳定的。

关于多重定态的另一个使人感兴趣的现象是在操作条件连续变化时，反应器的操作状态可能发生突变。

当停留时间 τ 保持不变时，进口温度 T_{0} 的变化不会改变 Q_{g} 线的形状和位置，而且不同 T_{0} 的移热线都具有相同的斜率，只是随着 T_{0} 的上升，移热线将自左向右平移，如图 3-11所示。

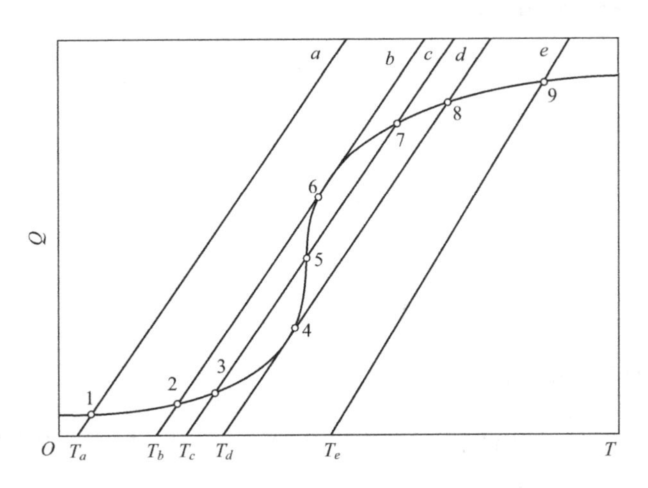

图 3-11　进口温度变化时操作状态的变化

当进口温度为 T_{a} 时，移热线与放热线相交于点 1，是该操作条件下唯一的定态点。如果逐渐提高进口温度，反应温度将沿 S 形曲线的下半支逐渐升高，当进口温度大于 T_{b} 时，反应器进入多态区，例如当进口温度为 T_{c} 时，将有 3、5、7 三个定态点。但如果进口温度是慢慢提高的，反应器的实际操作点仍在 S 形曲线的下部，即点 3，这种状况将一直维持到

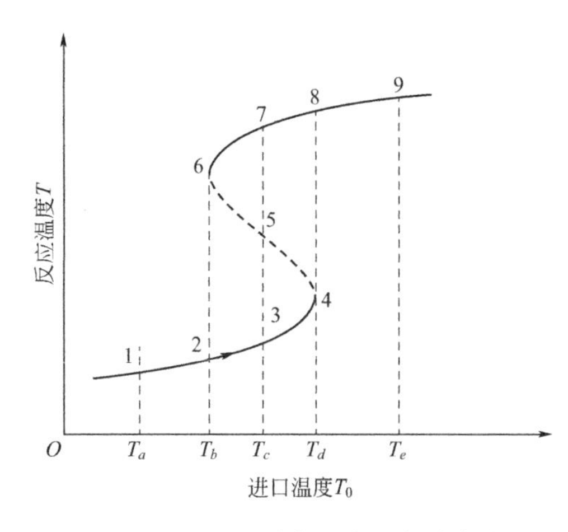

图 3-12 进口温度与反应温度的关系

进口温度等于 T_d。但是，只要进口温度略微超过 T_d，这种渐变过程就中止了，反应器的状态将突跃到位于S形曲线上半支的点 8，此即所谓着火现象。这时，如进口温度继续提高至 T_e，反应温度将逐渐升高至点 9。当进口温度从 T_c 逐渐下降到 T_b 时，反应温度将沿S形曲线的上半支逐渐下降至点 6，进口温度的进一步下降，则会使反应温度从点 6 突然下跌至点 2，此即所谓熄火现象。进口温度若继续下降，则反应温度将沿S形曲线的下半支缓慢下降。

图 3-12 将上述进口温度和反应温度之间的关系进行了标绘。可见，反应温度随进口温度的变化存在两个突变点，即着火温度 T_d 和熄火温度 T_b。着火温度和熄火温度是不相等的，当进口温度在两者之间时，反应器存在多个定态点。在上述温度曲线中存在一回路，这种滞后现象是多态的一个重要特征。

3.3.3 全混流反应器热稳定性的动态分析

在上节中已指出，定态点的移热线斜率大于放热线斜率是全混流反应器定态稳定的必要条件，但这尚不是全混流热稳定性的充分条件。利用斜率条件可以解释受扰动后反应器的状态与原定态点的偏离单调增加的不稳定性，但尚不能解释在某些条件下反应器的操作状态出现振荡的不稳定性。因此，为了全面理解全混流反应器的热稳定性，尚需运用动态分析方法考察受扰动后，反应器的操作状态与原定态点的偏离随时间的变化。

全混流反应器的动态物料衡算式为

$$V_R \frac{dC_A}{dt}=q_V(C_{A0}-C_A)-V_R(-r_A) \tag{3-43}$$

或用转化率 x_A 表示为

$$-V_R C_{A0}\frac{dx_A}{dt}=q_V C_{A0}x_A-V_R(-r_A) \tag{3-44}$$

整理后可得

$$\tau\frac{dx_A}{dt}=-x_A+\frac{\tau(-r_A)}{C_{A0}} \tag{3-45}$$

全混流反应器的动态能量衡算式为

$$V_R\rho c_p\frac{dT}{dt}=q_V\rho c_p(T_0-T)+V_R(-\Delta H)(-r_A)+Q(T) \tag{3-46}$$

式中，$Q(T)$ 为换热项，若令

$$Q_H(T)=-\frac{Q(T)}{q_V\rho c_p}$$

经整理后，式(3-46) 可改写为

$$\tau\frac{dT}{dt}=T_0-T+\frac{\tau\Delta T_{ad}(-r_A)}{C_{A0}}-Q_H(T) \tag{3-47}$$

求取上述微分方程式(3-45)和式(3-47)的解析解是不可能的，但可通过在定态点附近将方程组线性化，来分析定态点的稳定性。设反应器受一小扰动而偏离定态点，转化率和反应温度的偏离分别为

$$x = x_A - x_{As}, \quad y = T - T_s$$

式中，下标s表示定态点。

定态物料衡算方程和能量衡算方程可写为

$$-x_{As} + \frac{\tau(-r_A)_s}{C_{A0}} = 0 \tag{3-48}$$

和

$$T_0 - T_s + \frac{\tau \Delta T_{ad}(-r_A)_s}{C_{A0}} - Q_H(T_s) = 0 \tag{3-49}$$

将式(3-45)减去式(3-48)，式(3-47)减去式(3-49)得

$$\tau \frac{dx}{dt} = -x + \frac{\tau}{C_{A0}}[(-r_A) - (-r_A)_s] \tag{3-50}$$

$$\tau \frac{dy}{dt} = -y + \frac{\tau \Delta T_{ad}}{C_{A0}}[(-r_A) - (-r_A)_s] - [Q_H(T) - Q_H(T_s)] \tag{3-51}$$

在定态点邻近对 $(-r_A)$ 和 $Q_H(T)$ 实行Taylor展开，忽略二阶以上各项，可得

$$(-r_A) = (-r_A)_s + \frac{\partial(-r_A)_s}{\partial x_A}x + \frac{\partial(-r_A)_s}{\partial T}y$$

$$Q_H(T) = Q_H(T_s) + \left(\frac{dQ_H}{dT}\right)y$$

将此两式代入式(3-50)和式(3-51)得

$$\tau \frac{dx}{dt} = -\left[1 - \frac{\tau}{C_{A0}} \times \frac{\partial(-r_A)_s}{\partial x}\right]x + \frac{\tau}{C_{A0}} \times \frac{\partial(-r_A)_s}{\partial T}y \tag{3-52}$$

$$\tau \frac{dy}{dt} = \frac{\tau \Delta T_{ad}}{C_{A0}} \times \frac{\partial(-r_A)_s}{\partial x_A}x - \left[1 - \frac{\tau \Delta T_{ad}}{C_{A0}} \times \frac{\partial(-r_A)_s}{\partial x_A} + \left(\frac{dQ_H}{dT}\right)_s\right]y \tag{3-53}$$

令式(3-52)右边两项的系数分别为 a_{11} 和 a_{12}，式(3-53)右边两项的系数分别为 a_{21} 和 a_{22}，再令

$$\mathbf{A} = \begin{pmatrix} a_{11} & a_{12} \\ a_{21} & a_{22} \end{pmatrix}$$

则式(3-52)和式(3-53)可写成

$$\tau \frac{d}{dt}\begin{pmatrix} x \\ y \end{pmatrix} = \mathbf{A}\begin{pmatrix} x \\ y \end{pmatrix} \tag{3-54}$$

这是一个线性常微分方程组，其解由指数项 $e^{\lambda_i t/\tau}$ 组成，λ_i 可由如下特征方程求得

$$\lambda^2 + a_1\lambda + a_2 = 0 \tag{3-55}$$

式中

$$\lambda_1 + \lambda_2 = (\mathrm{tr}\mathbf{A}) = a_1 = a_{11} + a_{22} \tag{3-56}$$

$$\lambda_1 \times \lambda_2 = \det\mathbf{A} = a_2 = a_{11}a_{22} - a_{12}a_{21} \tag{3-57}$$

式(3-55)的根为

$$\lambda = \frac{1}{2}\left(-a_1 \pm \sqrt{a_1^2 - 4a_2}\right) \tag{3-58}$$

由一元二次方程根的性质知道必有

$$\lambda_1+\lambda_2=-a_1$$
$$\lambda_1\times\lambda_2=a_2$$

当 λ_1、λ_2 都是实根时，方程式(3-54) 的解为

$$x=C_1\mathrm{e}^{\lambda_1 t/\tau}+C_2\mathrm{e}^{\lambda_2 t/\tau}$$
$$y=C_3\mathrm{e}^{\lambda_1 t/\tau}+C_4\mathrm{e}^{\lambda_2 t/\tau} \tag{3-59}$$

这时，随时间增长扰动的变化如图 3-13 所示。当 λ_1、λ_2 均小于 0 时，随着时间增长，扰动 x、y 都将趋近于 0，如图中曲线 A、B、C 所示，也就是说，在这种情况下，定态是稳定的。当 λ_1、λ_2 中有一个大于 0 时，扰动将随时间增长而不断扩大，如图中曲线 E、F 所示，也就是说，在这种情况下，定态是不稳定的。由此可知，此时定态稳定的充分必要条件是 $a_1>0$ 和 $a_2>0$。

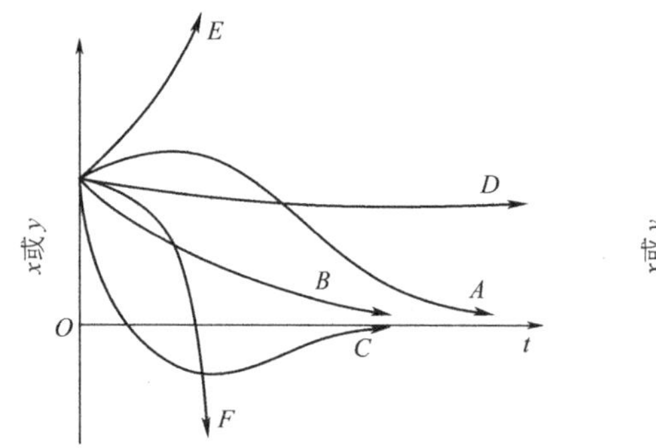

图 3-13 特征根为实根时扰动随时间的变化

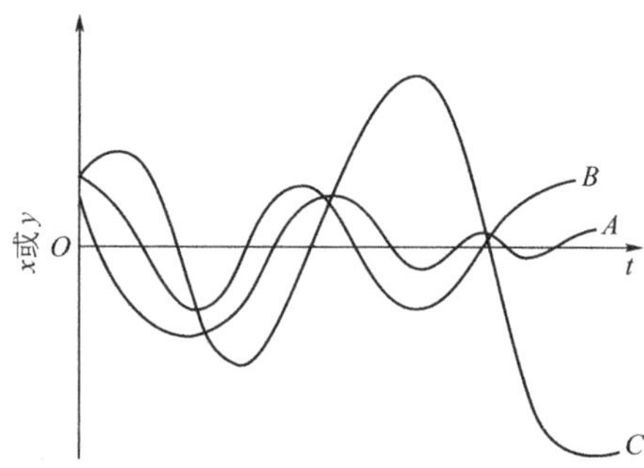

图 3-14 特征根为复根时扰动随时间的变化

当 λ_1、λ_2 是共轭复根时，例如 $\lambda_1=a+b\mathrm{i}$，$\lambda_2=a-b\mathrm{i}$，方程式(3-54) 的解为

$$x=\mathrm{e}^{at/\tau}\left[C_1\cos\left(\frac{bt}{\tau}\right)+C_2\sin\left(\frac{bt}{\tau}\right)\right]$$
$$y=\mathrm{e}^{at/\tau}\left[C_3\cos\left(\frac{bt}{\tau}\right)+C_4\sin\left(\frac{bt}{\tau}\right)\right] \tag{3-60}$$

这时，扰动随时间增长的变化如图 3-14 所示。当根的实部 a 小于 0 时，随时间增长，扰动呈衰减振荡。当时间趋于无穷大时，扰动将趋近于 0，如图 3-14 中的曲线 A。当根的实部 a 等于 0 时，扰动呈持续振荡，如图 3-14 中的曲线 B。当根的实部 a 大于 0 时，随时间增长，扰动的振幅将不断扩大，如图 3-14 中的曲线 C。显然，当 $a\geqslant 0$ 时定态是不稳定的。由此可知，此时定态稳定的充分必要条件也是 $a_1>0$ 和 $a_2>0$。

图 3-14 中最令人感兴趣的是发生持续振荡的曲线 B，在这种情况下组成-温度相平面上将出现极限环，如图 3-15(a) 所示。反应器在极限环以外的任何状态下开车时，将移向极限环。S 点则为一个不稳定的平衡点，反应器的状态一旦因扰动而偏离了它，就会沿螺旋曲线逐渐远离此点，最终与极限环重合。图 3-15 (b) 则表示反应器内反应物浓度随时间的振荡。

全混流反应器的持续振荡不仅为理论计算所揭示，也已发现了一些实际例子。Fortuin 等报道在全混流反应器中研究环氧丙醇的水合反应时发现了周期为几分钟的极限环，温度振幅约为±5K，浓度的波动则可达 30%。

$$\underset{\text{(环氧, O 桥连 }H_2C\text{ 与 }C\text{)}}{H_2C-\overset{H}{C}-CH_2OH}+H_2O\xrightarrow{H^+}\underset{OH\quad\ OH\quad\ OH}{H_2C-\overset{H}{C}-CH_2}$$

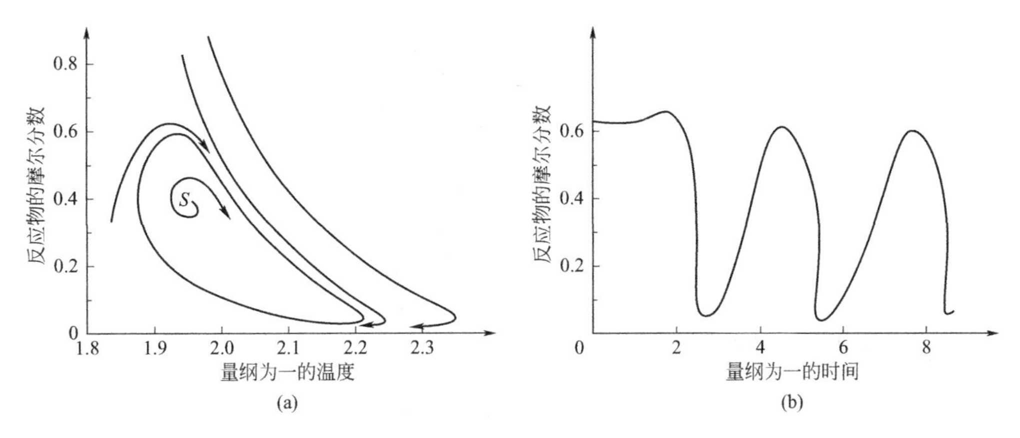

图 3-15　极限环和反应器的持续振荡

综上所述，不论特征根是实根还是复根，定态稳定的充分必要条件都是

$$a_1>0 \text{ 和 } a_2>0$$

即
$$\left[1-\frac{\tau}{C_{A0}}\times\frac{\partial(-r_A)_s}{\partial x_A}\right]+\left[1+\left(\frac{dQ_H}{dT}\right)_s\right]>\left[\frac{\tau\Delta T_{ad}}{C_{A0}}\times\frac{\partial(-r_A)_s}{\partial T}\right] \tag{3-61}$$

和
$$\left[1-\frac{\tau}{C_{A0}}\times\frac{\partial(-r_A)_s}{\partial x_A}\right]\left[1+\left(\frac{dQ_H}{dT}\right)_s\right]>\left[\frac{\tau\Delta T_{ad}}{C_{A0}}\times\frac{\partial(-r_A)_s}{\partial T}\right] \tag{3-62}$$

式(3-61) 为定态稳定性的动态条件，式(3-62) 则称为斜率条件。前者称为动态条件是因为这一条件只有在进行动态分析时才能发现，而且它是和系统的振荡特性相关的。后者称为斜率条件，则是因为如下面将要证明的，它和定态分析得到的稳定条件式(3-42) 是一致的。

定态热量衡算方程可写为

$$\frac{1}{\tau}[(T-T_0)+Q_H(T)]=\frac{\Delta T_{ad}}{C_{A0}}(-r_A)_s \tag{3-63}$$

令方程左边为 Q_r，方程右边为 Q_g，则可得

$$\frac{dQ_g}{dT}=\frac{d}{dT}\left\{\frac{\Delta T_{ad}}{C_{A0}}[-r(x_A,T)]\right\}$$

$$\frac{dQ_r}{dT}=\frac{d}{dT}\left[\frac{1}{\tau}(T-T_0)+\frac{1}{\tau}Q_H(T)\right]=\frac{1}{\tau}\left(1+\frac{dQ_H}{dT}\right)$$

根据全导数的定义，有

$$\frac{d(-r_A)}{dT}=\frac{\partial(-r_A)}{\partial x_A}\times\frac{dx_A}{dT}+\frac{\partial(-r_A)}{\partial T} \tag{3-64}$$

由定态物料衡算

$$x_A=\frac{\tau(-r_A)}{C_{A0}}$$

可得
$$\frac{dx_A}{dT}=\frac{\tau}{C_{A0}}\times\frac{d(-r_A)}{dT}$$

将上式代入式(3-64) 得

$$\frac{d(-r_A)}{dT}=\frac{\partial(-r_A)}{\partial x_A}\times\frac{\tau}{C_{A0}}\times\frac{d(-r_A)}{dT}+\frac{\partial(-r_A)}{\partial T}$$

于是有

$$\frac{\mathrm{d}(-r_A)}{\mathrm{d}T}=\frac{\dfrac{\partial(-r_A)}{\partial T}}{1-\dfrac{\tau}{C_{A0}}\times\dfrac{\partial(-r_A)}{\partial x_A}}$$

和

$$\frac{\mathrm{d}Q_g}{\mathrm{d}T}=\frac{\dfrac{\Delta T_{ad}}{C_{A0}}\times\dfrac{\partial(-r_A)}{\partial T}}{1-\dfrac{\tau}{C_{A0}}\times\dfrac{\partial(-r_A)}{\partial x_A}}$$

于是式(3-42) $\left(\dfrac{\mathrm{d}Q_r}{\mathrm{d}T}\right)>\left(\dfrac{\mathrm{d}Q_g}{\mathrm{d}T}\right)$写为

$$\frac{1}{\tau}\left(1+\frac{\mathrm{d}Q_H}{\mathrm{d}T}\right)>\frac{\dfrac{\Delta T_{ad}}{C_{A0}}\times\dfrac{\partial(-r_A)}{\partial T}}{1-\dfrac{\tau}{C_{A0}}\times\dfrac{\partial(-r_A)}{\partial x_A}}$$

移项后即为式(3-62)。

对绝热反应器，因为$\dfrac{\mathrm{d}Q_H}{\mathrm{d}T}=0$，这时斜率条件隐含着动态条件，于是斜率条件是定态稳定的充分必要条件。

例 3-7 在全混流反应器中进行反应 A ⟶ R，其速率方程为

$$-r_A=kC_A\,\mathrm{kmol/(m^3\cdot s)}$$

式中，$k=8\times10^{15}\mathrm{e}^{-\frac{16000}{T}}\mathrm{s^{-1}}$。

其余数据为

$$\Delta H=-200000\mathrm{kJ/kmol}$$
$$c_p=4000\mathrm{kJ/(m^3\cdot K)}$$
$$M_{WA}=M_{WR}=100\mathrm{kg/kmol}$$
$$C_{A0}=3\mathrm{kmol/m^3}$$

今设反应温度为 100℃，进料温度为 60℃，要求的产量为 0.4kg/s，试确定：

(1) 为达到出口转化率 70%所需的反应器容积；

(2) 为保证反应器满足热稳定条件，对传热有何要求？

解：(1) 转化率为 70%时反应器出口浓度

$$C_A=3\times(1-0.7)=0.9\mathrm{kmol/m^3}$$

$T=100℃=373\mathrm{K}$ 时，反应速率常数

$$k=8\times10^{15}\mathrm{e}^{-\frac{16000}{373}}=1.879\times10^{-3}\mathrm{s^{-1}}$$

在上述条件下，反应器内的反应速率为

$$-r_A=kC_A=1.879\times10^{-3}\times0.9=1.69\times10^{-3}\mathrm{kmol/(m^3\cdot s)}$$

要求的生产速率为

$$q_{nR}=\frac{0.4}{100}=4\times10^{-3}\mathrm{kmol/s}$$

于是，所需反应器容积为

$$V_R=\frac{q_{nR}}{(-r_A)}=\frac{4\times10^{-3}}{1.69\times10^{-3}}=2.37\mathrm{m^3}$$

(2) 对一级反应

$$-r_A=kC_{A0}(1-x_A)$$

$$\left.\frac{\partial(-r_A)}{\partial x_A}\right|_{x_A=0}=-kC_{A0}$$

$$\left.\frac{\partial(-r_A)}{\partial T}\right|_{x_A=0}=kC_{A0}(1-x_A)\frac{\partial\left(-\frac{E}{RT}\right)}{\partial T}$$

$$=k\frac{E}{RT^2}\times\frac{C_{A0}}{1+k\tau}$$

$$=\frac{E}{RT^2}\times\frac{kC_{A0}}{1+k\tau}$$

将$\frac{\partial(-r_A)}{\partial x_A}$和$\frac{\partial(-r_A)}{\partial T}$代入式(3-61)和式(3-62)可得全混流反应器中进行一级反应时热稳定性的斜率条件和动态条件

$$\frac{1}{\Delta T_{ad}}\left[(1+k\tau)+\left(1+\frac{UA_R}{q_V\rho c_p}\right)\right]>\frac{E}{RT^2}\times\frac{k\tau}{1+k\tau}$$

$$\frac{1}{\Delta T_{ad}}(1+k\tau)\left(1+\frac{UA_R}{q_V\rho c_p}\right)>\frac{E}{RT^2}\times\frac{k\tau}{1+k\tau}$$

$$\Delta T_{ad}=\frac{(-\Delta H)C_{A0}}{\rho c_p}=\frac{3\times200000}{4000}=150\text{K}$$

反应器的平均停留时间为

$$\tau=\frac{V_R}{q_V}=\frac{2.37}{4\times10^{-3}/(3\times0.7)}=1244\text{s}$$

$$\frac{E}{RT^2}\times\frac{k\tau}{1+k\tau}=\frac{16000}{373^2}\times\frac{1.897\times10^{-3}\times1.244\times10^3}{1+1.897\times10^{-3}\times1.244\times10^3}=0.08077\text{K}^{-1}$$

$$\frac{1+k\tau}{\Delta T_{ad}}=\frac{1+1.897\times10^{-3}\times1.244\times10^3}{150}=0.0224\text{K}^{-1}$$

要满足斜率条件必须有

$$1+\frac{UA_R}{q_V\rho c_p}>150\times(0.08077-0.0224)=8.76$$

要满足动态条件必须有

$$1+\frac{UA_R}{q_V\rho c_p}>\frac{0.08077}{0.0224}=3.61$$

因此，要保持定态稳定，必须有

$$\frac{UA_R}{q_V\rho c_p}>7.77$$

反应物流的体积流量为

$$q_V=\frac{4\times10^{-3}}{3\times0.7}=1.905\times10^{-3}\text{m}^3/\text{s}$$

于是有

$$UA_R>7.77\times1.905\times10^{-3}\times4000=59.2\text{kJ}/(\text{K}\cdot\text{s})$$

每秒钟反应放热量为

$$Q_g = q_V(-\Delta H)C_{A0}x_A = 1.905\times10^{-3}\times2\times10^5\times3\times0.7 = 800\text{kJ/s}$$

物料温升带走热量

$$Q_{r1} = q_V\rho c_p(T-T_0) = 1.905\times10^{-3}\times4000\times(100-60) = 304.8\text{kJ/s}$$

所以，为满足热稳定条件传热温差必须满足

$$\Delta T < \frac{Q_g - Q_{r1}}{UA_R} = \frac{800-304.8}{59.2} = 8.36\text{K}$$

于是，冷却介质温度应满足

$$t_c > 100 - 8.36 = 91.64℃$$

3.3.4 全混流反应器的开车

将动态物料衡算方程和能量衡算方程线性化的方法只适用于处理在定态点邻域内的微小扰动。当反应器的初始状态远离定态点时，就需用数值方法求解非线性微分方程式(3-45)和式(3-47)。此两式为需联立求解的自治型方程，即自变量以 dt 形式仅出现在等号左侧，状态变量 x_A 和 T 出现在等号两侧。对于这类方程，只要将两方程相除即可暂时地消去 t，从而得到 x_A 和 T 的变化轨迹。通常，这种轨迹以（x_A,T）相平面上的曲线表示，并以箭头表示 t 增加的方向。在（x_A,T）相平面上虽消去了时间概念，但却明显地反映了 x_A 和 T 两个状态变量的相应关系和变化途径。相平面图的特点是：①相平面上的所有轨迹除在临界点或平衡点外均不相交，这些轨迹分别表示向临界点逼近的途径；②临界点表示定常态，只有在 $t=\infty$ 时才能达到。图 3-16 和图 3-17 为两个相平面图。相平面图上的每一条曲线均表示从某种初始状态开始，反应器内的组成和温度随时间的变化历程，箭头表示进程。相平面图可为全混流反应器开车方案的选择提供有用的信息。

图 3-16 为只有一个定常态的全混流反应器的相平面图，虽然不论在什么条件下开车，最终都会到达该定态点，但用原料（低转化率）开车时，反应温度开始会急剧上升，很可能超出允许的温度范围，所以安全的开车方案应采用产物（高转化率）开车。

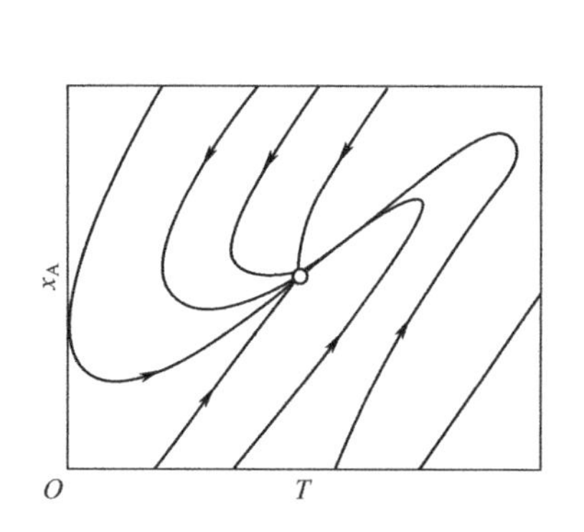

图 3-16 单定态点全混流反应器相平面图

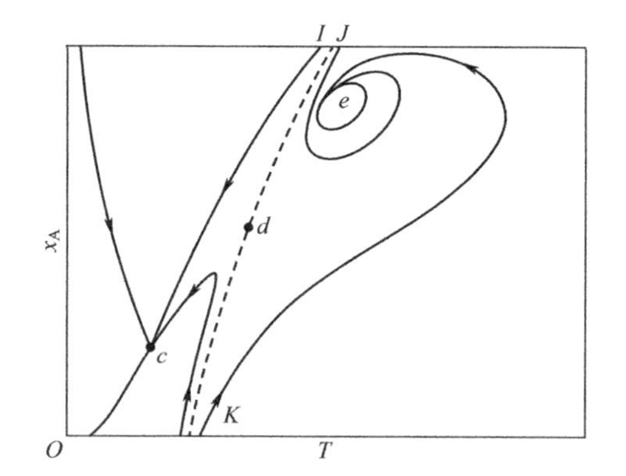

图 3-17 三定态点全混流反应器相平面图

图 3-17 为有三个定常态的全混流反应器相平面图。图中点 c、d、e 为定态点，其中 c、e 为稳定的定态点，d 为不稳定的定态点。整个相平面被过 d 点的虚线分成两个区域，当反应器的初始状态位于此虚线左边时，反应器最终将到达低转化率的稳定定态点 c；当反应器的初始状态位于虚线右边时，反应器最终将到达高转化率的稳定定态点 e。通常反应器的操作都希望获得高转化率，即应在 e 点操作。由图 3-17 可见，为达此目的，必须将反应物料

适当预热，使开车时反应器的温度达到虚线右边。这时又有两种可能：一种是反应器开车时慢慢加入原料，使反应物接近完全转化，即反应器的初始状态处于如图中点 J 所示的位置，虽然在正常进料后，反应温度最初会有所下降，但最终将到达定态点 e；另一种是从零转化率开车，如图中点 K 所示的状态，这时反应温度开始将急剧上升，然后再回到定态点 e。而如果开车时反应器的温度不够高，即使初始转化率很高，如图中点 I 所示的状态，反应器的转化率将不断下降，最后落到低转化率的定态点 c。可见，即使两种初始状态非常接近（但位于虚线的两侧）也可能导致完全不同的反应器最终状态。

习　题

3-1　在间歇反应器中由乙酸和乙醇生产乙酸乙酯，其反应式为

$$\underset{(A)}{CH_3COOH}+\underset{(B)}{C_2H_5OH}\rightleftharpoons\underset{(R)}{CH_3COOC_2H_5}+\underset{(S)}{H_2O}$$

要求的日产量为50000kg（即50t）。液相中反应速率由下式给出

$$-r_A=k\left(C_AC_B-\frac{C_RC_S}{K}\right)$$

100℃时

$$k=7.93\times10^{-6}\,\mathrm{m^3/(kmol\cdot s)},\quad K=2.93$$

料液中酸和醇的质量分数分别为23%和46%，酯浓度为零。酸的转化率控制在35%，物料密度基本上为常数，其值是1020kg/m^3，反应器每天按24h操作，每一生产周期中加料、出料等辅助时间总共为1h，试计算所需要的反应器体积。

3-2　恒温下在一间歇反应器中水解乙酸甲酯，其反应式为

$$CH_3COOCH_3+H_2O\rightleftharpoons CH_3OH+CH_3COOH$$

在氢离子存在下，正反应速率常数为0.000148L/(mol·min)，化学平衡常数为0.219。酯的初始浓度为1.151mol/L，水的初始浓度为48.76mol/L。计算：

(1) 酯的平衡转化率；

(2) 酯的转化率达82%所需的时间；

(3) 酯的转化率达82%时反应物系的组成。

3-3　一元有机酸酯水溶液在容积为6m^{3}的连续搅拌釜式反应器中与苛性钠水溶液进行水解反应。反应釜中装有浸没的冷却盘管以维持反应温度恒定在25℃。已知进入盘管的冷却水温度为15℃，而离开盘管的冷却水温度为20℃，反应器壁的热损失可忽略，试用下面的数据，估计所需的传热面积。

酯溶液的浓度、温度和流量分别为1.0kmol/m^3、25℃、0.025m^3/s；碱溶液的浓度、温度和流量分别为5.0kmol/m^3、20℃、0.01m^3/s。在25℃时的反应速率常数为0.11m^3/(kmol·s)，反应热为1.4×10^{7}J/kmol，在给定操作条件下的传热系数为2280W/(m^2·K)。

3-4　在一容积为 V_R 的间歇反应釜中，反应物A在溶剂中的浓度为2mol/L，A按一级反应转化为产物R。在持续4h的操作周期中，转化率为95%，其中3h进行反应，加料、卸料、清洗反应器等辅助操作耗时1h。现因R的市场需求增长，拟对装置进行扩建，使产量增加一倍，并改为连续操作，新增反应器和原反应器串联操作。请计算在总转化率不变的条件下，和原反应器相比新增反应器的容积应为多少？

3-5 某厂生产的产品中含有少量不希望的副产物A。在未处理的产物中A的浓度为1%，而产品规格要求A的浓度不大于0.04%。在实验室中研究了一种精制流程，将A转化为易于分离的挥发性组分。A的转化反应为一级反应，反应速率常数$k=5.1h^{-1}$。

(1) 当产物流量为$2m^3/h$时，为生产出合格产品，需用多大容积的全混流反应器？

(2) 开车时很快将物料充满反应器，然后将进出料流量保持在$1.8m^3/h$，问经过多长时间能获得合格产品？

(3) 若采用间歇式启动方案，经过多长时间能获得合格产品？

3-6 一级不可逆（液相）反应在一个全混流绝热反应器内进行。反应物料密度为$1.2g/cm^3$，定压比热容为3.762J/(g·℃)，体积流量为$200cm^3/s$，反应器容积为10L。反应速率常数

$$k=1.8\times10^5\exp(-6000/T)s^{-1}$$

式中，T是热力学温度。如果反应热$\Delta H=-192kJ/mol$，进料温度为20℃，进料浓度为4.0mol/L，求可能的最高反应温度和转化率。

3-7 在一个全混流反应器中进行可逆放热反应$A\rightleftharpoons B$，已知该反应的动力学方程为

$$-r_A=k\left(C_A-\frac{C_B}{K_p}\right)$$

其中

$$k=6.92\times10^{12}\exp(-10000/T)\min^{-1}$$

$$K_p=1.317\times10^{-3}\exp(2405/T)$$

设反应器的平均停留时间为30min，反应器进料为纯组分A，计算反应器可能达到的最高转化率。

3-8 在全混流反应器中进行如下可逆反应$A\rightleftharpoons B$。已知正、逆反应均为一级反应，正反应速率常数$k_1=8.83\times10^4\exp(-6290/T)s^{-1}$，逆反应速率常数$k_2=4.17\times10^{15}\exp(-14947/T)s^{-1}$。

反应器进料为纯A，试回答以下问题：

(1) 该反应是放热反应还是吸热反应？其标准反应热ΔH是多少？

(2) 若反应器的停留时间为480s，反应器能达到的最大转化率为多少？

(3) 若反应器为绝热操作，为达到最大转化率，反应物的进口温度应为多少？假定反应物料的定压比热容可视为常数，$c_p=1200J/(mol\cdot K)$。

3-9 内燃机排出的废气中含有1%（摩尔分数）CO，在排气管线上装一个后烧炉使CO进一步氧化，该后烧炉可视为一个理想混合的绝热反应器，有效容积为1L，因废气中空气过量，所以CO的燃烧可视为一级不可逆反应，反应速率常数为

$$k=1.5\times10^{10}\exp\left(-\frac{32800}{T}\right)s^{-1}$$

若排气流量为4L/min，排气温度为1000℃，试计算后烧炉出口温度和CO转化率。

已知CO的燃烧热$(-\Delta H)=2.83\times10^2kJ/mol$，空气的定压比热容$c_p=31.0J/(mol\cdot℃)$。

注：CO燃烧引起的总物质的量的变化可忽略，燃烧前后温度变化引起的体积变化应考虑。

3-10 在一管式反应器中进行丁烯脱氢制取丁二烯的反应。反应器在0.1MPa（表压）下操作，进料温度为920℃，进料流量为20kmol/h，进料组成为$C_4H_8:H_2O=1:1$。反应为一级不可逆反应，反应热为110kJ/mol，物料平均比热容为2.9kJ/(kg·K)。若要求的丁

烯转化率为20%，请分别计算在等温和绝热条件下的反应器体积，在等温条件下，实测的反应速率常数为

920℃　　$k=108.56\text{mol}/(\text{L}\cdot\text{MPa}\cdot\text{h})$

900℃　　$k=48.36\text{mol}/(\text{L}\cdot\text{MPa}\cdot\text{h})$

877℃　　$k=20.13\text{mol}/(\text{L}\cdot\text{MPa}\cdot\text{h})$

855℃　　$k=8.39\text{mol}/(\text{L}\cdot\text{MPa}\cdot\text{h})$

3-11　在一个有冷却夹套的全混流反应器中进行放热反应 $A \longrightarrow R$，当进料温度为 T_0，进料流量为 q_{V0} 时，转化率 $x_A=90\%$。现为提高产量，将进料流量提高至 $1.2q_{V0}$，结果表明能达到预期目的。但当将进料流量进一步提高至 $1.5q_{V0}$ 时，因反应器熄火，产量反而大为降低。

(1) 用 $Q_g(Q_r)$-T 图解释上述结果。

(2) 对进料流量为 $1.5q_{V0}$ 的情况，可采取什么措施使反应器仍保持高转化率。

3-12　在容积为 10m^3 的绝热连续搅拌釜式反应器中进行某反应，反应物进料浓度为 5kmol/m^3，进料流量为 $10^{-2}\text{m}^3/\text{s}$，反应为一级不可逆反应，$k=10^{13}\exp\left(-\dfrac{12000}{T}\right)\text{s}^{-1}$，$\Delta H=-2\times10^7\text{J/kmol}$，溶液密度 $\rho=850\text{kg/m}^3$，定压比热容 $c_p=2200\text{J/(kg}\cdot\text{K)}$，均可认为与温度、组成无关。

(1) 计算当进料温度分别为290K、300K、310K时的反应温度和转化率；

(2) 由于绝热层损坏，冬季的热损失可用下式计算

$$热损失=5000(T-280)\text{J/s}$$

若进料流量降至 $2\times10^{-3}\text{m}^3/\text{s}$，进料温度保持在310K，此时转化率为多少？

3-13　在一连续搅拌釜式反应器中 $Na_2S_2O_3$ 和 H_2O_2 进行反应。反应可逆，在绝热反应器中，其放热曲线和不同停留时间的移热曲线如右图所示。

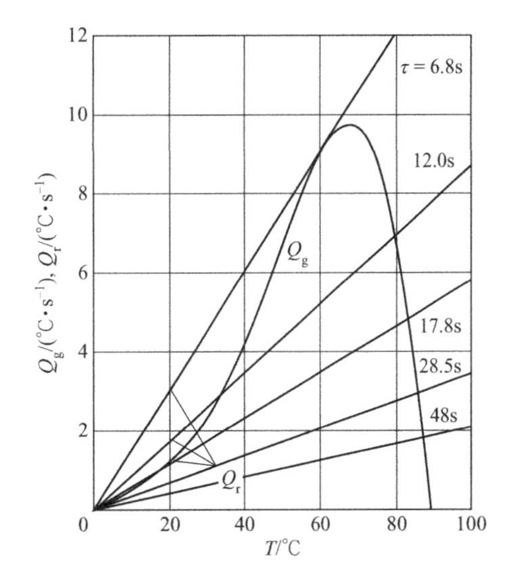

(1) 设反应器达定态操作后的停留时间 $\tau=12\text{s}$，试比较开车时 τ 很长，如30s，然后逐渐缩短，以及开车时 τ 很短，如2s，然后逐渐增加的操作状况有何不同；

(2) 设长停留时间启动的上述反应器，进料流量突然减小，使停留时间由12s增加到48s，请计算反应温度随时间的变化。

3-14　在一容积为 10m^3 的连续搅拌釜式反应器中进行一级反应 $A \longrightarrow P$。进料反应物浓度 $C_{A0}=5\text{kmol/m}^3$，温度 $T_0=310\text{K}$。反应热 $\Delta H=-2\times10^7\text{J/kmol}$，反应速率常数 $k=10^{13}\exp\left(-\dfrac{12000}{T}\right)\text{s}^{-1}$，溶液的密度 $\rho=850\text{kg/m}^3$，定压比热容 $c_p=2200\text{J/(kg}\cdot\text{K)}$，已知当进料流量 $q_V=10^{-2}\text{m}^3/\text{s}$ 时，出口转化率 $x=97.5\%$。试通过计算回答当进料流量增至 $2\times10^{-2}\text{m}^3/\text{s}$ 和 $8\times10^{-2}\text{m}^3/\text{s}$ 时，每小时产物P的产量将如何变化？并对计算结果进行分析。

参 考 文 献

[1] Amundson N R. The Mathematical Understanding of Chemical Engineering Systems [M] . Oxford: Pergamon, 1980.

[2] Aris R, Amundson N R. An Analysis of Chemical Reactor Stability and Control— Ⅰ : The Possibility of Local Control, with Perfect or Imperfect Control Mechanisms [J] . *Chem Eng Sci*, 1958, 7 (3): 121-131.

[3] Aris R. Introduction to the Analysis of Chemical Reactors [M] . New Jersey: Prentice-Hill, 1965.

[4] Fournier C D, Groves F R. Isothermal Temperatures for Reversible Reactions [J] . *Chem Eng*, 1970, 77 (3): 121.

[5] Hwang S, Smith R. Heterogeneous Catalytic Reactor Design with Optimum Temperature Profile Ⅰ : Application of Catalyst Dilution on Side-Stream Distribution [J] . *Chem Eng Sci*, 2004, 59 (20): 4229-4243.

[6] Kolios G, Gritsch A, Glockler B, et al. Novel Reactor Concepts for Thermally Efficient Methane Steam Reforming: Modeling and Simulation [J] . *Ind Eng Chem Res*, 2004, 43 (16): 4796-4808.

[7] Levenspiel O. Chemical Reaction Engineering [M] . 3rd ed. New York: John Wiley & Sons, 1999.

[8] Perlmutter D D. Stability of Chemical Reactor [M] . New Jersey: Prentice-Hill, 1972.

[9] Zamzam Z, Takahashi K, Morinaga S. Chaotic Mixing in a Vessel Agitated by Large Impeller [J] . *J Chem Eng Jpn*, 2009, 42 (11): 804-809.

[10] Zanfir M, Gavriilidis A. Catalytic Combustion Assisted Methane Steam Reforming in a Catalytic Plate Reactor [J] . *Chem Eng Sci*, 2003, 58 (17): 3947-3960.

第4章

化学反应器中的混合现象

混合是化学反应器中普遍存在的一种传递过程，混合的作用是使反应器中物料的组成和温度趋于均匀，不同的混合机理和混合程度对反应结果（转化率和选择性）往往具有重要的影响。

反应器中发生的混合现象是十分复杂的。即使现在计算机的能力已非常强大，计算流体力学等学科也取得了长足进展，要对反应器中的混合现象进行如实的描述和分析仍是不现实的。对实际过程进行简化，借助各种理想化的模型去分析混合对反应过程的影响依然是必要的。

4.1 宏观混合与微观混合

对连续流动反应器，研究反应器中的混合现象通常会涉及三方面的问题：

① 可用停留时间分布表征的反应器的宏观混合；

② 反应物系的聚集状态，即微观均一性；

③ 混合发生时间的迟早。

这是三个具有不同内涵，但又密切相关的问题。本节先对它们进行概括性的定性介绍。

宏观混合指利用机械的（如搅拌）或流体动力的（如射流）方法造成的反应器尺度的混合。对连续流动反应器，宏观混合即返混。在上一章中介绍的平推流反应器和全混流反应器分别代表了宏观混合为零和宏观混合为无穷大这两种理想化的极端情况。反应器的宏观混合程度可用物料的停留时间分布来表征，平推流反应器和全混流反应器分别具有严格划一的和很宽的（负指数函数）停留时间分布。停留时间分布可利用信号响应法实验测定。

需要指出的是，虽然具有确定混合机理的反应器将具有确定的停留时间分布，但具有确定的停留时间分布的反应器，其混合机理却可能不同。因为停留时间分布只提供了反应物料在反应器中停留了多长时间及其分布的信息，而没有提供物料在反应器中停留过程中具体经历的信息。只有对简单一级反应，能仅仅依靠停留时间分布的信息去预测反应器的转化率。一般而言，由停留时间分布表征的反应器的宏观混合程度对各类反应都有重要影响，特别是当反应转化率较高时。

反应物系的聚集状态指进入反应器的不同物料微团间进行的物质交换所能达到的程度以及在反应器微元尺度上所能达到的物料组成的均匀程度。

反应物系的聚集状态有两种极限。一种是不同物料微团间能进行充分的物质交换，从而在反应器微元尺度上能达到分子尺度的均匀，这类物系称为微观流体，如反应物系为气相或不很黏稠的互溶液相。

另一种是不同物料微团间完全不能进行物质交换，因而在反应器微元尺度上也会存在相当大的不均匀性，这类物系称为宏观流体，如气固相反应过程中的固相反应物。当然还有介于二者之间的中间状态，如气液相和不互溶液相间的反应体系。

除相态外，反应速率对决定物系的行为接近微观流体还是宏观流体也有影响。当反应速率较低，与物料停留时间和物料微团寿命相比，特征反应时间较长时，物系的行为将比较接近微观流体。反之，当反应速率较高，与物料停留时间和物料微团寿命相比，特征反应时间较短时，物系的行为将比较接近宏观流体。

混合发生时间的迟早是一个既与上述两个问题不同，但又与它们有密切联系的问题。混合发生时间的迟早有两层含义。

一层含义是后进入反应器的物料和先进入反应器的物料混合发生时间的迟早，这属于宏观混合的范畴。例如，一个全混流反应器和一个平推流反应器串联操作，可以有如图 4-1 所示的两种连接方式。当全混流反应器在前，平推流反应器在后时，反应物料一进入反应器就会与先进入反应器的物料发生混合。而当平推流反应器在前，全混流反应器在后时，要当反应物料进入全混流反应器后才会与先进入反应器的物料发生混合。当两种反应器的体积相等时，上述两种连接方式的停留时间分布是一样的，但除一级反应外，二者的反应结果将是不同的。图 4-2 为进行二级反应时，这两种连接方式反应结果的比较，可见平推流反应器在前的连接方式将达到较高的转化率。

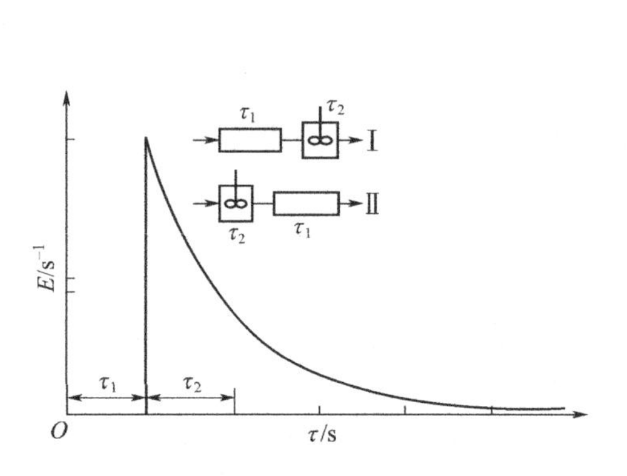

图 4-1 不同串联方式全混流和平推流反应器的停留时间分布密度函数

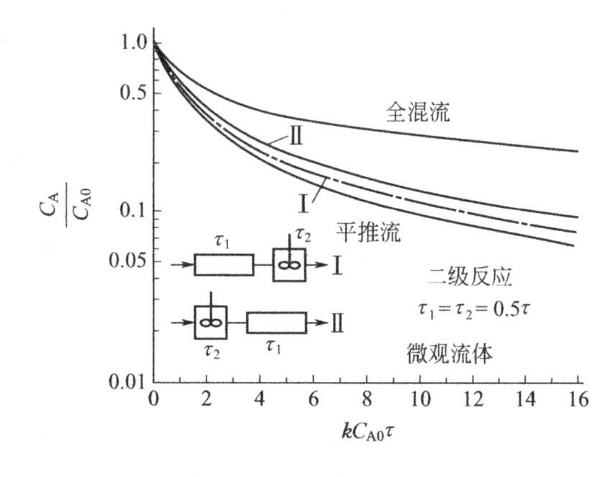

图 4-2 混合迟早对二级反应中反应物残余浓度的影响

另一层含义是同时进入反应器的两种反应物之间混合发生时间的迟早，即所谓预混合问题。当反应发生在两种或两种以上组分之间时，这些组分必须先混合，提供不同组分互相接触的机会，反应才能进行。预混合的速率既与反应物系的聚集状态有关，也与反应器的宏观混合状态有关。预混合对反应结果的重要性则取决于预混合速率与反应速率的相对大小。

反应物系的聚集状态和不同反应组分的预混合常被合称为反应器中的微观混合问题，这是化学反应工程领域内最复杂的问题之一。幸运的是，理想化的微观混合的极端情况对反应转化率和选择性影响的计算尚不困难，而且对大多数反应过程而言，微观混合对反应的影响远不及宏观混合。必须仔细考虑微观混合影响的实际反应过程主要是：

① 在黏稠液体中进行的非一级快速反应，如二级反应、自催化反应等；

② 聚合反应；

③ 在两种分别进料的反应物之间发生的快反应；

④ 在乳浊液中进行的凝并和再分散速率有限的非一级反应；

⑤ 沉淀反应；

⑥ 火焰等非等温气相反应。

在可预期的将来，要对上述各类过程进行精确的描述仍是不可能的，我们能做的仅仅是利用本章提供的各种极端情况下的计算方法去估计微观混合的利弊，然后作出适当的选择。

4.2　返混及其对反应的影响

返混指不同时间进入反应器的物料之间发生的混合，是连续流动反应器才具有的一种传递现象。如前所述，平推流反应器和全混流反应器分别代表返混为零和返混为无穷大这两种理想化的极端情况，因此，可通过这两种理想流动反应器的性能比较来考察返混的利弊。

4.2.1　理想流动反应器的比较

在平推流反应器和全混流反应器中反应物浓度变化的历程是不同的。在平推流反应器中，由进口到出口反应物浓度是逐渐降低的，如图 4-3(a) 中的曲线所示。因此，对所有正级数反应，在反应器的进口端具有较高的反应速率，随着反应物的消耗，反应速率逐渐下降。图 4-3(b) 中的曲线为反应物初始浓度和反应速率之比$\frac{C_{A0}}{(-r_A)}$对转化率 x_A 的标绘，曲线下的阴影面积则为达到规定出口转化率 x_{AP} 所需的停留时间，$\tau = C_{A0}\int_0^{x_{AP}} \frac{dx_A}{(-r_A)} = \int_0^{x_{AP}} \frac{dx_A}{kC_{A0}^{n-1}(1-x_A)^n}$。而在全混流反应器中，反应物的浓度处处相等，均等于平推流反应器的出口浓度，对应于图 4-3(a) 中的 P 点。可见，由于新鲜物料一进入反应器即和反应器中原有的物料混合，在全混流反应器中反应物的高浓度区域消失，反应器中任何位置的反应速率均等于平推流反应器出口处的反应速率，为达到规定转化率 x_{AP} 所需的停留时间，$\tau = \frac{C_{A0}x_{AP}}{(-r_A)} = \frac{x_{AP}}{kC_{A0}^{n-1}(1-x_{AP})^n}$，如图 4-3(b) 中带点的矩形的面积。可见，为达到相同的转化率，全混流反应器所需的停留时间（或反应器容积）比平推流反应器大得多。

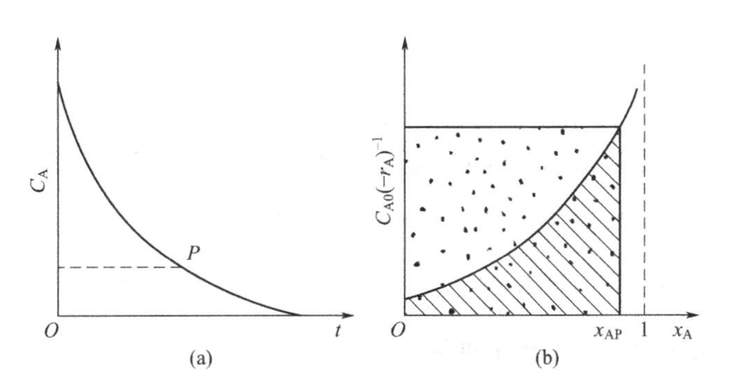

图 4-3　平推流反应器与全混流反应器的性能比较

图 4-4 标绘了不同级数的反应达到不同转化率时全混流反应器和平推流反应器所需容积

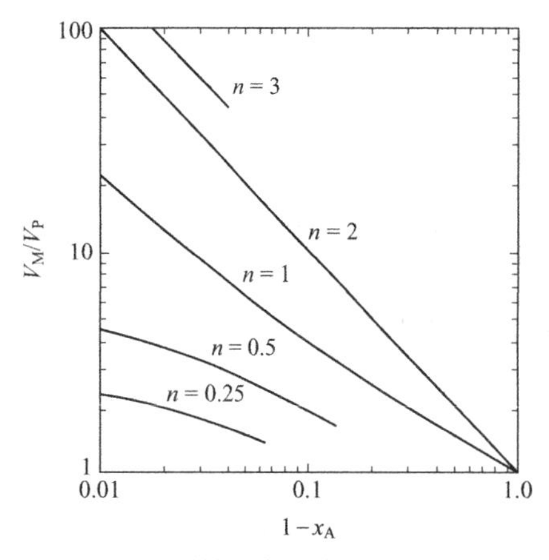

图 4-4 不同转化率时全混流反应器和平推流反应器的容积比较

的比值$\frac{V_M}{V_P}$。由图 4-4 可知，反应级数越低，转化率越低，这两种反应器的差别越小。而对于高反应级数，或在高转化率条件下，全混流反应器所需的容积比平推流反应器大得多。例如，对于二级反应，当转化率 x_A 为 99%时，全混流反应器所需的容积是平推流反应器的 100 倍。

上述结果表明，返混可能使单位反应器容积的生产能力严重降低。但尚需说明：①对反应产物具有催化作用的反应，即自催化反应，返混降低了反应物的浓度，但提高了反应产物即催化剂的浓度，因而可能使反应加速。对负级数反应，返混也能使反应加速。②上述讨论仅限于浓度效应，但返混不仅影响浓度分布，也影响温度分布。例如在绝热式全混流反应器中进行放热反应时，反应物料一进入反应器即和反应器内的物料完全混合，并达到反应器出口的温度。由于温度往往是比浓度更敏感的因素，因此在这种情况中，返混也可能加快反应速率。对简单反应，返混仅仅影响反应速率。而对复杂反应，返混对产物选择性的影响往往会成为更值得关注的问题。

对平行反应

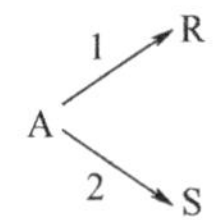

主反应和副反应的速率分别为

$$-r_{A1}=k_1C_A^{n_1}, \quad -r_{A2}=k_2C_A^{n_2}$$

反应的瞬时选择性为

$$S=\frac{k_1C_A^{n_1}}{k_1C_A^{n_1}+k_2C_A^{n_2}}=\frac{1}{1+\frac{k_2}{k_1}C_A^{n_2-n_1}} \tag{4-1}$$

可见，当主反应级数 n_1 高于副反应级数 n_2 时，反应物浓度 C_A 越高，瞬时选择性越高。因此，平推流反应器的选择性高于全混流反应器。当 n_2 大于 n_1 时，则相反。

对串联反应

$$A \xrightarrow{k_1} R \xrightarrow{k_2} S$$

当主、副反应均为一级反应时，目的产物 R 的生成速率为

$$r_R=k_1C_A-k_2C_R$$

由于全混流反应器中反应物浓度 C_A 低于平推流反应器，目的产物浓度 C_R 高于平推流反应器，因此全混流反应器的选择性总是低于平推流反应器。以$\frac{k_2}{k_1}$为参数，可将平推流反应器和全混流反应器中目的产物 R 的选择性和反应物 A 的转化率标绘成图 4-5。由图 4-5 可知，全混流反应器的选择性恒低于平推流反应器。当$\frac{k_2}{k_1}\gg1$ 时，两种反应器选择性的差别减小，但高转化率下，选择性会变得很差，因此，对这类反应系统，宜采用低转化率操作。当$\frac{k_2}{k_1}\ll1$ 时，在高转化率下仍能保持较高的选择性，但两种反应器选择性的差异较大，因此，

对这类反应，反应器的选型是重要的。

上面所讨论的返混对复杂反应选择性的影响仅限于浓度效应。由于返混不仅影响浓度分布，也影响温度分布，因此在分析返混对反应选择性的影响时，不仅要考虑浓度的影响，而且要考虑温度的影响。例如，在绝热反应器中进行一组放热的平行反应，由于返混，全混流反应器中的平均温度将高于平推流反应器，如果主反应活化能大于副反应活化能，从温度效应考察，返混将有利于改善反应的选择性。即使对串联反应，返混对选择性的影响也不一定是不利因素。例如，对一组放热串联反应，若主反应活化能大于副反应活化能，在全混流反应器中由于反应始终在高温下进行，有可能改善反应的选择性。

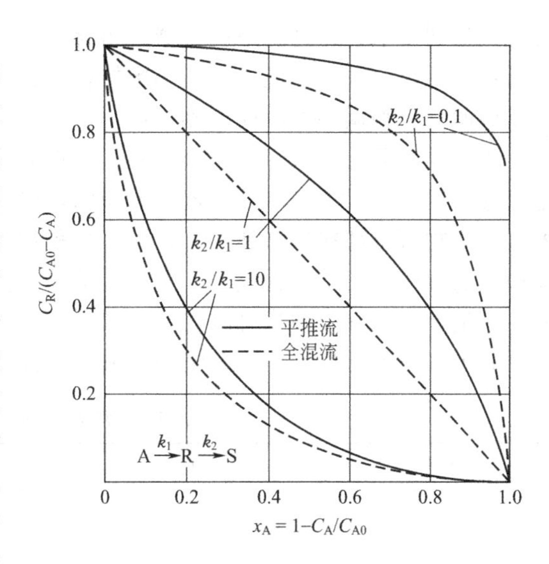

图 4-5　平推流反应器和全混流反应器中串联反应选择性的比较

综上所述，无论对反应速率还是对选择性，返混都既可能是一种有利的因素，也可能是一种不利的因素。因此，根据反应的特征，全面分析返混的利弊，是决定反应器选型和操作方式时必须考虑的一个重要因素。

4.2.2　理想反应器的组合和操作方式的选择

对某些反应过程，返混的利弊在反应的不同阶段可能是不同的。例如在前面提到过的自催化反应中，反应速率与转化率的关系如图 4-6(a) 所示。在反应初期，反应速率随转化率的增加而增大，在反应后期，反应速率随转化率的增加而减小，在中等转化率 x_{A1} 时，反应速率达到最大值。将 $\frac{C_{A0}}{(-r_A)}$-x_A 的关系标绘成图 4-6(b) 中的曲线。由图 4-6(b) 可知，如果要求的最终转化率小于或等于 x_{A1}，平推流反应器所需的停留时间为曲线下的阴影面积，全混流反应器所需的停留时间为虚线所示矩形的面积，显然，此时返混是有利的因素。如果要求的最终转化率远大于 x_{A1}，则矩形面积将大于曲线下的阴影面积，全混流反应器所需的停留时间将大于平推流反应器，返混成了有害的因素。此时最优的操作方案应将反应分两段进行，第一段采用全混流反应器，保持在转化率 x_{A1} 下操作；第二段采用平推流反应器，使

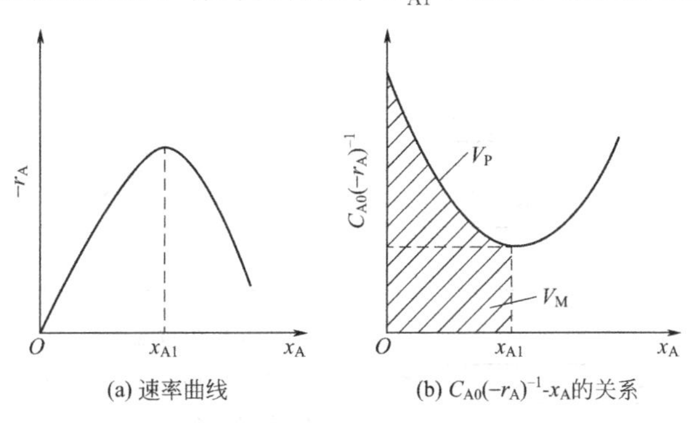

图 4-6　自催化反应速率与转化率的关系

转化率达到要求值，这就是反应器的组合。对上述问题也可以采用一个全混流反应器与一个分离装置的组合，全混流反应器仍维持在转化率 x_{A1} 下操作，其出口物流进入分离装置，使未反应的反应物循环返回反应器进口。

除了反应器的选型和适当组合外，加料方式也可用于调节反应器内的浓度，使它适合特定反应的要求。对于间歇反应器，反应物可以一次性加入，也可以分批加入。对于连续反应器，反应物可全部在进口处加入，也可分段加入。不论是间歇反应器的分批投料，还是连续反应器的分段加料都可使反应器内反应物浓度降低。因此，当主反应级数小于副反应级数时，分批加料和分段加料可改善反应的选择性。

若干工业上常见的反应器组合和操作方式如表 4-1 所示。

表 4-1 常见反应器组合和操作方式

组合和操作方式	图示	适用反应	效果
全混流反应器串联	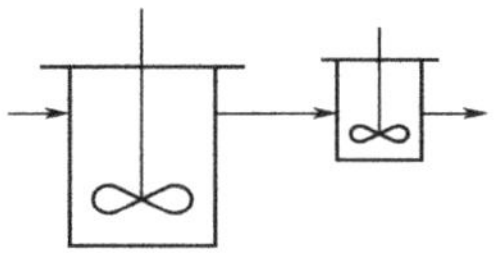	①主反应级数低于副反应级数的平行反应； ②反应级数小于 1 的简单反应	提高目的产物选择性； 提高反应器生产强度
	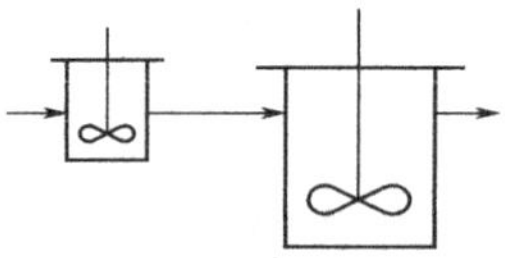	①主反应级数高于副反应级数的平行反应； ②反应级数大于 1 的简单反应	提高目的产物选择性； 提高反应器生产强度
全混流反应器+平推流反应器	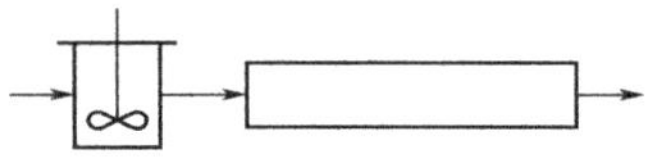	①自催化反应； ②平行-串联反应 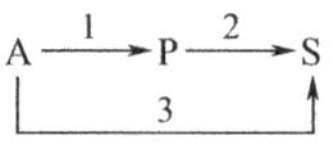 $A \xrightarrow{1} P \xrightarrow{2} S$，$A \xrightarrow{3} S$ $n_3 > n_1$	提高反应器生产强度； 提高目的产物选择性
分段（分批）进料反应器	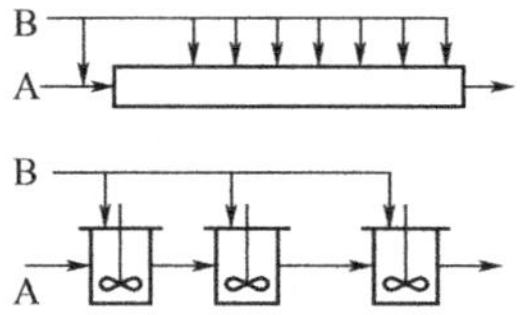	平行反应 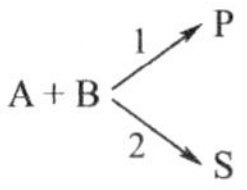 $A+B \xrightarrow{1} P$ $A+B \xrightarrow{2} S$ $n_{A1} > n_{A2}, n_{B1} < n_{B2}$	提高目的产物选择性
	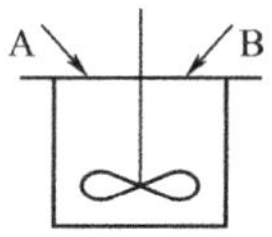	平行反应 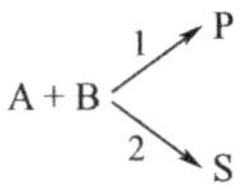 $A+B \xrightarrow{1} P$ $A+B \xrightarrow{2} S$ $n_{A1} < n_{A2}, n_{B1} < n_{B2}$	提高目的产物选择性
循环反应器	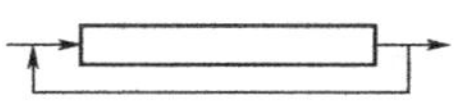	①自催化反应； ②副反应级数高于主反应级数的平行反应	提高反应器生产强度； 提高目的产物选择性

例 4-1　用某种酶 E 作为均相催化剂处理工业废水，使废水中的有害有机物 A 降解为无害化合物。在一定的酶浓度 C_E 下，在实验室全混流反应器中进行实验，获得如下结果

$C_{A0}/(\mathrm{mmol \cdot m^{-3}})$	2	5	6	6	11	14	16	24
$C_A/(\mathrm{mmol \cdot m^{-3}})$	0.5	3	1	2	6	10	8	4
τ/min	30	1	50	8	4	20	20	4

现需设计一套酶浓度为 C_E，处理能力为 $0.1\mathrm{m^3/min}$ 的废水处理装置，废水中有害有机物 A 的浓度 $C_{A0}=10\mathrm{mol/m^3}$，要求达到的转化率 $x_A=90\%$，试对下列三种方案进行比较。

(1) 管式反应器，其流型可视为平推流，判别出口物流是否需部分循环，如需循环，确定循环流的流量和反应器体积；

(2) 连续搅拌釜式反应器，其流型可视为全混流，确定单釜操作和两釜串联操作时反应器的体积；

(3) 全混流反应器后串联平推流反应器，计算采用这种方案时反应器最小体积。

解： 首先利用实验数据计算不同浓度下的反应速率，如表 4-2 第 4 行所列。

表 4-2　不同浓度下的反应速率

$C_{A0}/(\mathrm{mmol \cdot m^{-3}})$	2	5	6	6	11	14	16	24
$C_A/(\mathrm{mmol \cdot m^{-3}})$	0.5	3	1	2	6	10	8	4
τ/min	30	1	50	8	4	20	20	4
$(-r_A)=(C_{A0}-C_A)/\tau$ $/(\mathrm{mmol \cdot m^{-3} \cdot min^{-1}})$	0.05	2	0.1	0.5	1.25	0.2	0.4	5
$\dfrac{1}{(-r_A)}$ $/(\mathrm{m^3 \cdot min \cdot mmol^{-1}})$	20	0.5	10	2	0.8	5	2.5	0.2

由表 4-2 可知，反应速率并不随浓度增加而单调增加，将 $\dfrac{1}{(-r_A)}$ 对 C_A 作图，得如图 4-7中所示的 U 形曲线，在反应器设计中应考虑该反应过程可能具有自催化反应的特征。

方案 1　由 $\dfrac{1}{(-r_A)}$ C_A 的曲线可知在废水初始浓度为 $10\mathrm{mmol/m^3}$ 时，反应速率较低，采用循环操作降低反应器进口浓度可能有利。由图 4-7(a) 还可看出，反应器进口浓度应在 $4\sim10\mathrm{mmol/m^3}$ 之间，相当于循环比在 2～0 之间。在此范围内确定循环比时应考虑：①增加循环比，降低反应器进口浓度可减少达到要求的出口转化率所需的停留时间；②增加循环比将导致通过反应器的体积流量增加，即当停留时间相同时，反应器体积将增大。综合这两方面的因素，确定反应器进口浓度

$$C_{Ain}=6.6\mathrm{mmol/m^3}$$

此进口浓度对应的循环比为

$$R=\frac{10-6.6}{6.6-1}=0.607$$

在进口浓度 $C_{Ain}=6.6\mathrm{mmol/m^3}$ 时，使出口浓度降至 $1\mathrm{mmol/m^3}$ 所需的停留时间可通过图

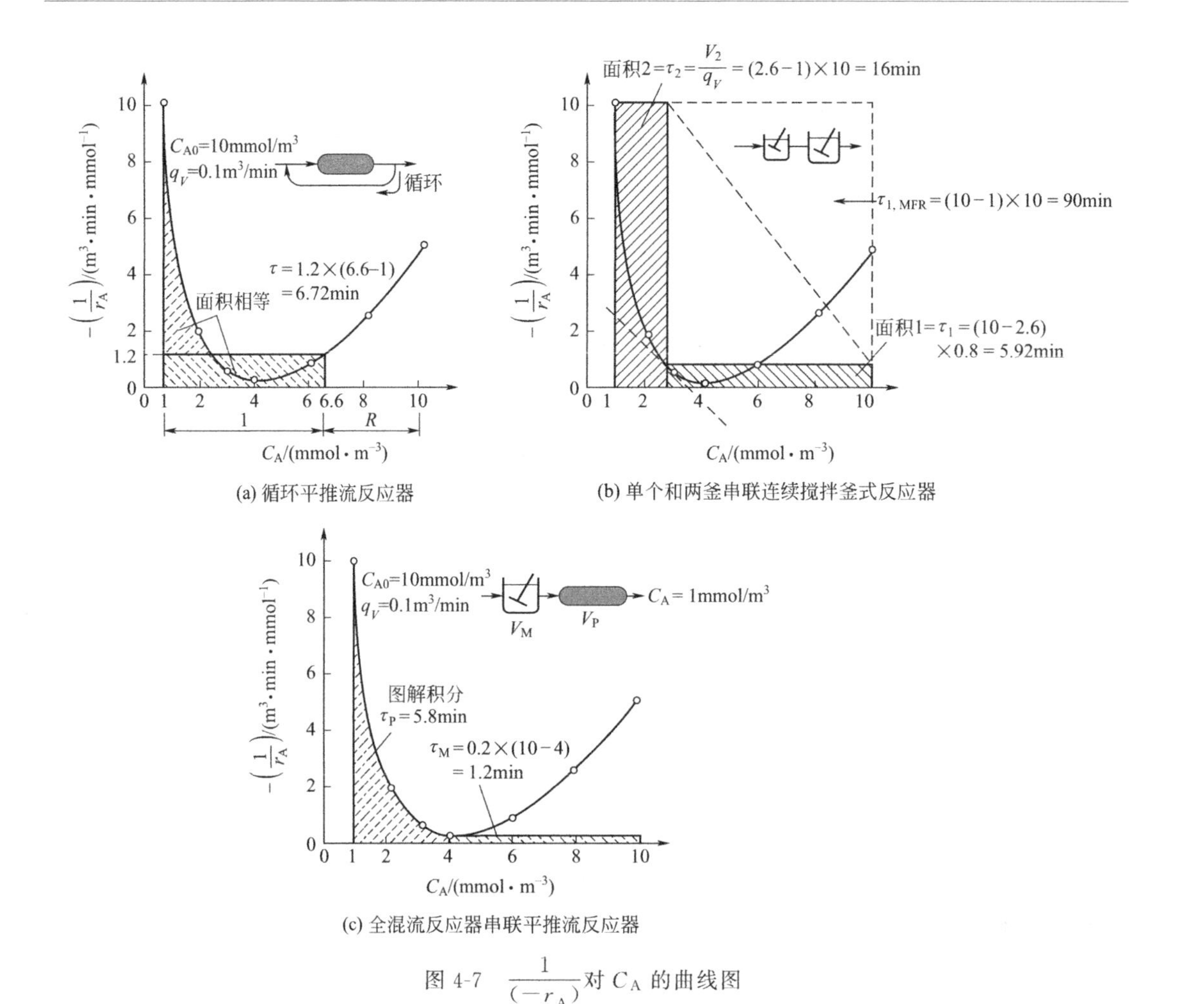

(a) 循环平推流反应器

(b) 单个和两釜串联连续搅拌釜式反应器

(c) 全混流反应器串联平推流反应器

图 4-7　$\frac{1}{(-r_A)}$对 C_A 的曲线图

解积分确定，由图 4-7(a) 可知

$$\tau=-\int_{C_{Ain}}^{C_{Aout}}\frac{dC_A}{(-r_A)}=\frac{1}{(-r_A)}(C_{Ain}-C_{Aout})=1.2\times(6.6-1.0)=6.72\text{min}$$

反应器总进料流量为

$$q_V=(1+R)q_{V0}=(1+0.607)\times0.1=0.1607\text{m}^3/\text{min}$$

所需反应器体积为

$$V_{RP}=q_V\tau=0.1607\times6.72=1.08\text{m}^3$$

方案 2　单个全混流反应器达到要求转化率所需停留时间为

$$\tau_{1,MFR}=\frac{C_{A0}-C_{Aout}}{(-r_A)}=(10-1)\times10=90\text{min}$$

所以所需反应器体积为

$$V_{RM1}=q_{V0}\tau_{1,MFR}=0.1\times90=9\text{m}^3$$

当两个全混流反应器串联操作时，要使反应器的总体积最小，即要寻找一个适宜的第一反应器的出口浓度，使图 4-7(b) 中两阴影矩形面积之和为最小。由图解法求得第一反应器的出口浓度应为 $C_{A1}=2.6\text{mmol/m}^3$。于是，可求得两反应器的停留时间分别为

$$\tau_1=\frac{C_{A0}-C_{A1}}{(-r_A)}=(10-2.6)\times0.8=5.92\text{min}$$

$$\tau_2=\frac{C_{A1}-C_{Aout}}{(-r_A)}=(2.6-1)\times10=16\text{min}$$

因此，所需反应器体积为

$$V_{RM2}=q_{V0}(\tau_1+\tau_2)=0.1\times(5.92+16)=2.192\text{m}^3$$

方案 3　当全混流反应器和平推流反应器串联操作时，为使反应器总体积最小，显然全混流反应器应在反应速率最大的浓度条件下操作，即全混流反应器的出口浓度应为 $C_{A1}=4\text{mmol/m}^3$。于是全混流反应器的停留时间为

$$\tau_1=\frac{C_{A0}-C_{A1}}{(-r_A)}=(10-4)\times0.2=1.2\text{min}$$

平推流反应器的停留时间由图解积分求得，$\tau_2=5.8\text{min}$。因此，反应器总体积为

$$V_{RMP}=q_{V0}(\tau_1+\tau_2)=0.1\times(1.2+5.8)=0.7\text{m}^3$$

由上述计算结果可知，不同方案所需反应器体积相差 10 倍以上。

4.3　非理想连续流动反应器

实际反应器的返混程度介于零和无穷大这两种极限状况之间。当其返混程度接近某一理想流动状态时，可用该理想流动状态的反应器模型近似计算反应器的性能。但当返混程度与理想流动状态偏离较大，或对计算精度要求较高时，就需考虑采用非理想连续流动反应器模型，以准确预测返混对反应结果的影响。轴向扩散模型和多级全混釜串联模型是两种常用的非理想连续流动反应器模型，下面分别进行讨论。

4.3.1　轴向扩散模型

轴向扩散模型适用于描述返混程度较小的非理想流动，它通过在平推流上叠加一有效传递来考虑由分子扩散、湍流和不均匀的速度分布等引起的轴向返混。有效传递的通量用类似 Fick 扩散定律和 Fourier 热传导定律的方式描述，传递通量与浓度梯度或温度梯度的比例常数分别称为轴向有效扩散系数 D_{ea} 和轴向有效导热系数 λ_{ea}。

定态条件下轴向扩散模型的物料衡算方程为

$$D_{ea}\frac{d^2C_A}{dz^2}-u\frac{dC_A}{dz}-kC_A^n=0 \tag{4-2}$$

能量衡算方程为

$$\lambda_{ea}\frac{d^2T}{dz^2}-u\rho c_p\frac{dT}{dz}+(-\Delta H)kC_A^n+\frac{4U}{d_t}(T_c-T)=0 \tag{4-3}$$

上述方程的边值条件为

$$z=0\ 处\qquad u(C_{A0}-C_A)=-D_{ea}\frac{dC_A}{dz},\quad u\rho c_p(T_0-T)=-\lambda_{ea}\frac{dT}{dz}$$

$$z=L\ 处\qquad \frac{dC_A}{dz}=\frac{dT}{dz}=0 \tag{4-4}$$

方程式(4-2) 和式(4-3) 也可写成量纲为一的形式

$$\frac{1}{Pe_m}\times\frac{d^2x_A}{d\xi^2}-\frac{dx_A}{d\xi}+Da_I\exp\left[\varepsilon\left(1-\frac{1}{\theta}\right)\right](1-x_A)^n=0 \tag{4-5}$$

$$\frac{1}{Pe_{\rm h}}\times\frac{{\rm d}^2\theta}{{\rm d}\xi^2}-\frac{{\rm d}\theta}{{\rm d}\xi}+\beta Da_{\rm I}\exp\left[\varepsilon\left(1-\frac{1}{\theta}\right)\right](1-x_{\rm A})^n+N(\theta_{\rm c}-\theta)=0 \tag{4-6}$$

其边值条件为

$\xi=0$ 处
$$x_{\rm A}-\frac{1}{Pe_{\rm m}}\times\frac{{\rm d}x_{\rm A}}{{\rm d}\xi}=0,\quad (1-\theta)+\frac{1}{Pe_{\rm h}}\times\frac{{\rm d}\theta}{{\rm d}\xi}=0$$

$\xi=1$ 处
$$\frac{{\rm d}x_{\rm A}}{{\rm d}\xi}=\frac{{\rm d}\theta}{{\rm d}\xi}=0 \tag{4-7}$$

上述各式中，$Pe_{\rm m}=\dfrac{uL}{D_{\rm ea}}$，称为传质 Péclet 数，其物理意义是轴向对流传质与轴向分散传质的相对大小，可将它改写为 $Pe_{\rm m}=\dfrac{\frac{L^2}{D_{\rm ea}}}{\frac{L}{u}}=\dfrac{t_{\rm D}}{\tau}$，为轴向分散时间 $t_{\rm D}$ 和平均停留时间 τ 的比值；$Pe_{\rm h}=\dfrac{u\rho c_pL}{\lambda_{\rm ea}}$，称为传热 Péclet 数，其物理意义是轴向对流传热与轴向有效导热的相对大小。

轴向扩散模型的求解属常微分方程的两点边值问题，一般需采用数值解法。当反应器为等温时，对一级反应，方程式(4-5) 可求得解析解

$$1-x_{\rm A}=\frac{4a\exp\left(\frac{Pe_{\rm m}}{2}\right)}{(1+a)^2\exp\left(\frac{aPe_{\rm m}}{2}\right)-(1-a)^2\exp\left(-\frac{aPe_{\rm m}}{2}\right)} \tag{4-8}$$

式中，$a=\sqrt{1+\dfrac{4Da_{\rm I}}{Pe_{\rm m}}}$。

以 $Pe_{\rm m}$ 为参数进行计算，可观察到随着 $Pe_{\rm m}$ 的减小，即轴向有效扩散系数 $D_{\rm ea}$的增大，转化率 $x_{\rm A}$ 逐渐减小。$Pe_{\rm m}=0(D_{\rm ea}=\infty)$ 相当于全混流反应器，$Pe_{\rm m}=\infty$ $(D_{\rm ea}=0)$ 相当于平推流反应器。

4.3.2 轴向扩散系数的实验测量

在进行轴向扩散系数测量时，会因为示踪剂的加入以及检测位置的不同而出现四种不同类型的测试系统，分别称为闭-闭式、开-开式、开-闭式和闭-开式。其中，闭-闭式和开-开式的特点如图 4-8 所示。

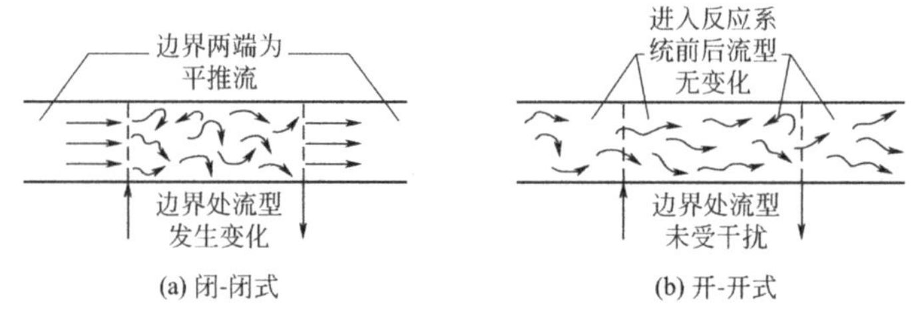

图 4-8 闭-闭式和开-开式轴向扩散系数实验测量系统示意图

假设流体在一无限长的管内以流量 q_V 流动，选择该管 $z=0$ 至 $z=L$ 部分进行实验，并设这部分管段的体积为 $V_{\rm R}$。由于测量区两端流型与测量区内部一致，因此，这是一种开-开

式检测方法。在 $t=0$ 时刻向管内的流体中迅速注射体积为 V 的单位浓度示踪剂。如果流动和混合在径向均一，则示踪剂将以 $u=q_V L/V_R$ 的平均速度往前流动，且在 t 时刻它的位置将变为 $z=ut$。在以上条件下，示踪剂的扩散方程可由下式表示

$$D_{ea}\frac{\partial^2 C}{\partial z^2}-u\frac{\partial C}{\partial z}=\frac{\partial C}{\partial t} \tag{4-9}$$

式中，D_{ea} 为轴向扩散系数；C 为 t 时刻示踪剂浓度。由式(4-9) 得 t 时刻 z 处示踪剂的浓度分布如下

$$C=\frac{VL}{2V_R\sqrt{\pi D_{ea}t}}e^{-(z-ut)^2/(4D_{ea}t)} \tag{4-10a}$$

则 $z=L$ 处的示踪剂浓度为

$$C(\theta)=\frac{1}{2\sqrt{\pi(D_{ea}/uL)}}\exp\left[-\frac{(1-\theta)^2}{4\left(\frac{D_{ea}}{uL}\right)}\right] \tag{4-10b}$$

式中，$\theta=t/\bar{t}$ 为量纲为一停留时间，$\bar{t}=V_R/V$ 为平均停留时间。当以式(4-10b) 中的 $C(\theta)$ 对 θ 作图，可得到一簇以 D_{ea}/uL 为参数的曲线，这就是示踪剂浓度分布函数曲线，见图 4-9。

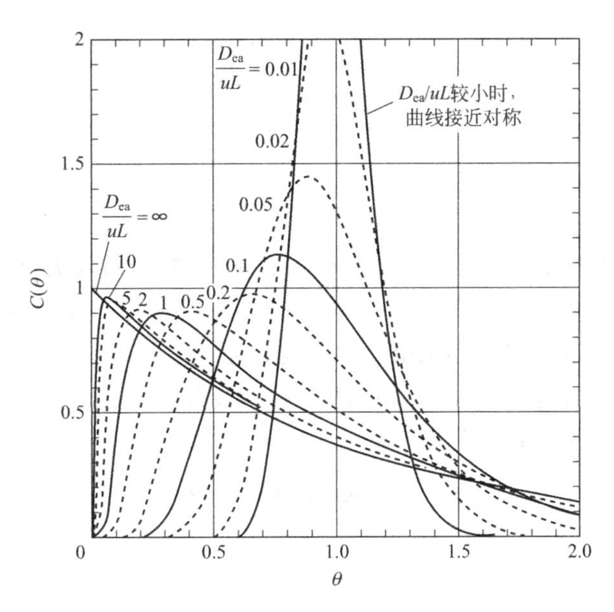

图 4-9　轴向扩散系数大小对反应器出口示踪剂浓度分布的影响

从图 4-9 可知随着 D_{ea}/uL 的增大，浓度分布函数曲线的非对称性相应增加，D_{ea}/uL 较小时接近于正态分布曲线。Levenspiel 和 Smith，Butt 采用不同方法进行了推导，得出脉冲响应曲线 $C(\theta)$ 的分布方差为

$$\sigma_\theta^2=2\left(\frac{D_{ea}}{uL}\right)+8\left(\frac{D_{ea}}{uL}\right)^2 \tag{4-11}$$

该式即为开-开式测试系统估算轴向扩散系数的表达式。

由于 $Pe=\frac{uL}{D_{ea}}$，因此，Pe 与 σ_θ^2 的关系为

$$\frac{1}{Pe}=\frac{1}{8}(\sqrt{8\sigma_\theta^2+1}-1) \tag{4-12}$$

如果 Pe 足够大，$(D_{ea}/uL)^2$ 可忽略不计，则式(4-11) 变为

$$\frac{1}{Pe}=\frac{1}{2}\sigma_\theta^2 \tag{4-13}$$

$$\sigma_\theta^2=\frac{\sigma_t^2}{\bar{t}^2},\quad \sigma_t^2=\frac{\sum t_i^2C_i}{\sum C_i}-\bar{t}^2 \tag{4-14}$$

对于闭-闭式系统，Pe 与 σ_θ^2 的关系为

$$\sigma_\theta^2=\frac{2}{Pe}-\frac{2}{Pe^2}(1-e^{-Pe}) \tag{4-15}$$

在实际操作中，示踪剂的脉冲加入是需要一定时间的，对理想化模型存在一定偏离，如图 4-10 所示。

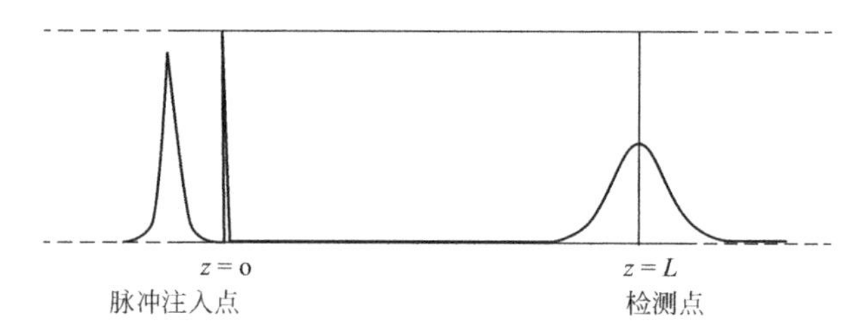

图 4-10 实际操作中示踪剂的脉冲注入曲线

针对这种情况，Aris 证明应将进出口停留时间分布方差相减得到实际方差，再以实际方差估算 Pe。

$$\Delta\sigma_\theta^2=\sigma_{\theta,\mathrm{out}}^2-\sigma_{\theta,\mathrm{in}}^2=\frac{2}{Pe} \tag{4-16}$$

例 4-2 设水以 0.36m/s 的速度流过一个直径为 2.85cm 的玻璃管。将一定体积（可充满 2.54cm 该玻璃管长度）的 1%$KMnO_4$ 溶液在瞬间加入，同时在距离该点 2.75m 处用与毫安表相连的发射式光电池检测 $KMnO_4$ 的浓度，见表 4-3。已知加入示踪剂 $KMnO_4$ 7.7s 后毫安表指示值显示浓度为 0.00555%的 $KMnO_4$ 溶液经过检测点。请根据停留时间分布数据推算玻璃管内液体流动的轴向扩散系数。

表 4-3 示踪剂浓度的检测结果

时间/s	0	2	4	6	8	10	12	14	16	18	20
$KMnO_4$浓度（仪表读数）	0	11	53	64	58	48	39	29	22	16	11
时间/s	22	24	26	28	30	32	34	36	38	40	42
$KMnO_4$浓度（仪表读数）	9	7	5	4	2	2	2	1	1	1	1

解： 实验数据如图 4-11 所示。

首先计算示踪剂的出口浓度分布曲线方差

$$\sigma_t^2=\frac{\sum t_i^2C_i}{\sum C_i}-\left(\frac{\sum t_iC_i}{\sum C_i}\right)^2=\frac{65392}{386}-\left(\frac{4252}{386}\right)^2=48\mathrm{s}^2$$

平均停留时间采用两种方法计算

① $\bar{t}_1=\dfrac{\sum t_i C_i}{\sum C_i}=\dfrac{4252}{386}=11.0\text{s}$

② $\bar{t}_2=\dfrac{L}{u}=\dfrac{2.75}{0.36}=7.64\text{s}$

量纲为一方差分别为

① $\sigma_{\theta 1}^2=\dfrac{\sigma_t^2}{\bar{t}_1^2}=0.40$，　② $\sigma_{\theta 2}^2=\dfrac{\sigma_t^2}{\bar{t}_2^2}=0.82$

由示踪剂出口浓度曲线形状可知停留时间分布密度偏离正态分布，即流动状态偏离平推流，因此 $[D_{ea}/(uL)]^2$ 大小不可忽略。由式(4-12)得

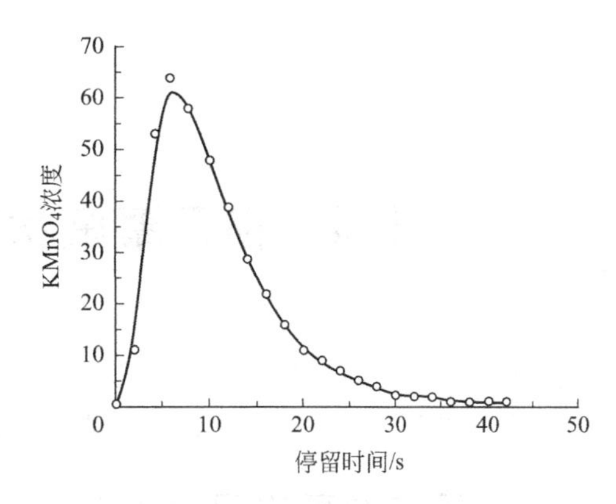

图 4-11　例 4-2 实验数据

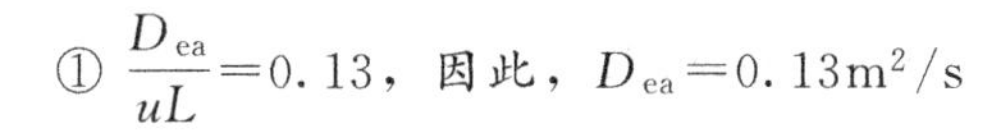

① $\dfrac{D_{ea}}{uL}=0.13$，因此，$D_{ea}=0.13\text{m}^2/\text{s}$

② $\dfrac{D_{ea}}{uL}=0.22$，因此，$D_{ea}=0.22\text{m}^2/\text{s}$

两种结果相差约 40%，但方法②的结果正确，避免了因取样间隔太宽带来较大误差的问题。

4.3.3　多级全混釜串联模型

多级全混釜串联模型是以细胞室的概念为基础的，它把反应器中的返混看成与 N_s 个等容的全混流反应器串联而级间无返混时所具有的返混程度等效。当然，这里串联反应器的级数 N_s 是虚拟的，为模型参数。这种模型适合描述返混程度较大的非理想流动反应器。

当采用多级全混釜串联模型进行反应器计算时，可对每一级全混釜写出如下物料衡算和能量衡算方程

$$q_V(C_{A,i-1}-C_{Ai})-\frac{V_R}{N_s}k(T)C_{Ai}^n=0 \qquad (i=1,2,\cdots,N_s) \tag{4-17}$$

$$q_V\rho c_p(T_{i-1}-T_i)+(-\Delta H)\left(\frac{V_R}{N_s}\right)k(T)C_{Ai}^n+U\left(\frac{A_R}{N_s}\right)(T_{ci}-T_i)=0 \qquad (i=1,2,\cdots,N_s) \tag{4-18}$$

式中，下标 i 表示全混釜的级号。上述方程亦可写成量纲为一的形式

$$(1-f_i)=\frac{Da_{\mathrm{I}}}{N_s}\exp\left[\varepsilon\left(1-\frac{1}{\theta_i}\right)\right]f_i^n \qquad (i=1,2,\cdots,N_s) \tag{4-19}$$

$$-(1-\theta_i)=\beta\frac{Da_{\mathrm{I}}}{N_s}\exp\left[\varepsilon\left(1-\frac{1}{\theta_i}\right)\right]f_i^n+\frac{N}{N_s}(\theta_{ci}-\theta_i) \qquad (i=1,2,\cdots,N_s) \tag{4-20}$$

多级全混釜串联模型的计算即联立求解上述 $2N_s$ 个代数方程，就一般情况而言，迭代计算是必不可少的。但对一级反应，当反应器为等温，且物料在反应过程中密度恒定时，由第 i 釜的物料衡算可得

$$\tau_i=\frac{C_{A,i-1}-C_{Ai}}{kC_{Ai}} \tag{4-21}$$

已知 $i-1$ 级的出口浓度后，利用上式可根据规定的 i 级出口浓度 C_{Ai} 计算该级的平均停留时间 τ_i，或根据 i 级的平均停留时间计算该级的出口浓度 C_{Ai}。利用式(4-21) 可导得

$$C_{AN_s}=\frac{C_{A0}}{\left(1+\frac{k\tau}{N_s}\right)^{N_s}} \tag{4-22}$$

4.4 物系聚集状态对化学反应的影响

前两节有关返混对化学反应的影响的讨论，是以物系处于微观均匀状态为前提的。本节将讨论反应物系的聚集状态，即其微观均一程度对反应结果的影响。

4.4.1 反应物系的混合状态

反应器中物料的混合程度通常可用调匀度来度量，调匀度的定义为

$$I=\frac{C_A}{\overline{C}_A}\qquad (当\ C_A\leqslant\overline{C}_A) \tag{4-23}$$

或

$$I=\frac{1-C_A}{1-\overline{C}_A}\qquad (当\ C_A>\overline{C}_A) \tag{4-24}$$

式中，$\overline{C}_A$ 为以摩尔分数或质量分数表示的组分 A 在反应器中的平均浓度；C_A 则为组分 A 在所取样品中的浓度。$I=1$ 表示混合均匀，$I=0$ 表示未发生任何混合。

显而易见，即使对集中参数系统，调匀度的数值亦可能因所取样品数量的不同而不同，取样规模较大时，调匀度有可能偏高，取样规模较小时，调匀度有可能偏低。特别对非均相系统，例如油和水的混合，在充分搅拌条件下，如取样规模较大，调匀度可能达到 1，而取样规模较小时，取得的样品可能全部为水或油，调匀度为零。只有当物系组成达到分子尺度的均匀时，调匀度的数值才不随取样规模的变化而变化，这时称物系已达到微观均匀。而物系的组成如果仅仅在取样规模较大时才是均匀的，我们就称该物系是宏观均匀的。不同的过程对混合尺度的要求也是不同的。在炼油厂的大型油罐中调配油料时，只要达到宏观均匀即可；而在两流体进行快速反应时，往往要求通过快速混合达到微观均匀。

根据混合发生的尺度，反应器中的混合现象被分为微观混合和宏观混合。微观混合指小尺度的湍流脉动将流体破碎成微团，微团间碰撞、合并和再分散，以及通过分子扩散使反应物系达到分子尺度均匀的过程。宏观混合则指大尺度（如设备尺度）的混合现象，如搅拌釜式反应器中，由于机械搅拌作用，反应物流发生设备尺度的环流，使物料在设备尺度上得到混合。

具有相同宏观混合状态的反应器，其微观混合状态可以完全不同。例如，对达到宏观均匀的全混流反应器，可以有如图 4-12 所示的三种不同的微观混合状态：①微观完全离析；②微观完全混合；③微观部分混合。图 4-12(a) 和图 4-12(b) 是两种极端状况，图 4-12(c) 则是介于这两种极端状况之间的不同程度的微观混合。

反应物系的微观混合机理和可能达到的聚集状态随物系相态的不同会有很大的差异。

存在固相反应物的反应体系，例如进行固相加工过程的流化床反应器，固相反应物的聚集状态为微观完全离析。虽然，固体颗粒的剧烈运动可以使它们达到充分的宏观混合，即在反应器内任何部位取出足够数量的固体颗粒，其平均反应程度将是均一的。但是，当考察的尺度缩小到单个颗粒时，则会发现它们的反应程度各不相同。这是由于固体颗粒具有不可凝

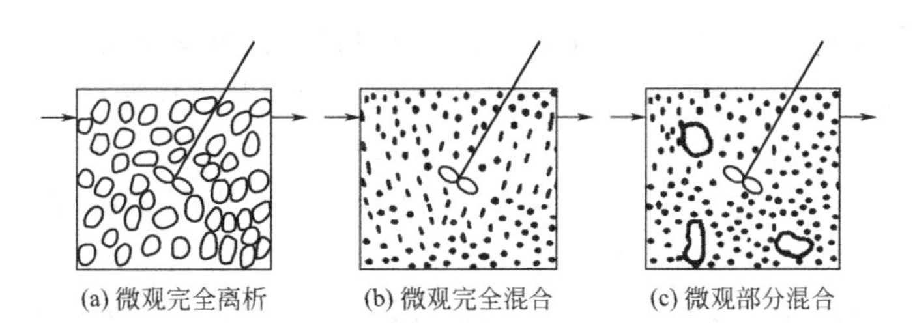

图 4-12 全混釜中可能的微观混合状态

并的特点，在不同颗粒之间不会发生任何混合。

气相和互溶液相反应体系可通过混合达到微观均匀，这类体系的聚集状态为微观完全混合。达到微观均匀的过程通常可分为两步：第一步借助主体流动和湍流脉动将流体分散成不同尺度的微团，这两者出于不同机理，但却是同时进行的；第二步是这些微团间的碰撞、凝并和分裂以及微团内的分子扩散。当然，只要经历的时间足够长，这类物系仅仅依靠分子扩散也能达到分子尺度的均匀，主体流动和湍流脉动的作用是大大缩短达到微观均匀所需的时间。但由湍流理论可知，剧烈的湍动也只能将流体破碎成 10～100μm 的微团，要达到分子尺度的均匀，分子扩散是必不可少的。

对两种不互溶的流体，例如在气液相反应或液液相反应系统中，宏观流动和湍流脉动将使一相破碎成液滴（或气泡）分散在另一相中，前者称为分散相，后者称为连续相。连续相的组成可借助主体流动、湍流脉动和分子扩散而达到微观均一。作为分散相的液滴（或气泡），一方面被连续相挟带而发生宏观混合，在剧烈搅拌时，可以达到宏观均匀，例如在通气搅拌釜中的气泡；另一方面则通过不同液滴（或气泡）之间的碰撞、合并和再分裂而发生微观混合，微观混合的程度则取决于碰撞、合并和再分裂的频率。

由上所述可知，反应物系的微观混合状态存在两种极限：一种是各微团间发生充分的混合而达到分子尺度的均匀，如两种互溶流体之间的混合；一种是各微团间完全不发生混合，如固体反应物间。在气液和液液相反应过程中发生的滴（泡）际混合则介于这两种极限情况之间。

4.4.2 聚集状态对简单反应转化率的影响

可用图 4-13 所示的简单例子来说明微观混合对反应速率的影响。

设在反应器中有体积相同而停留时间不同的两个流体微团，反应物浓度 C_A 分别为 5 和 1。如果这两个微团不发生碰撞、凝并和分裂，即完全没有发生微观混合，当反应为一级反应时，平均反应速率为 $r_A=\dfrac{5k+k}{2}=3k$；当反应为二级反应时，平均反应速率为 $r_A=\dfrac{k\times5^2+k\times1^2}{2}=13k$。如果这两个微团在瞬间完成了碰撞、凝并和分裂，新产生的两个微团浓度均匀，即达到了微观完全混合。对一级反应，平均反应速率为 $r_A=\dfrac{3k+3k}{2}=3k$；而对二级反应，平均反应速率为 $r_A=\dfrac{k\times3^2+k\times3^2}{2}=9k$。可见，对一级反应，微观混合对平均反应速率没有影响，但对二

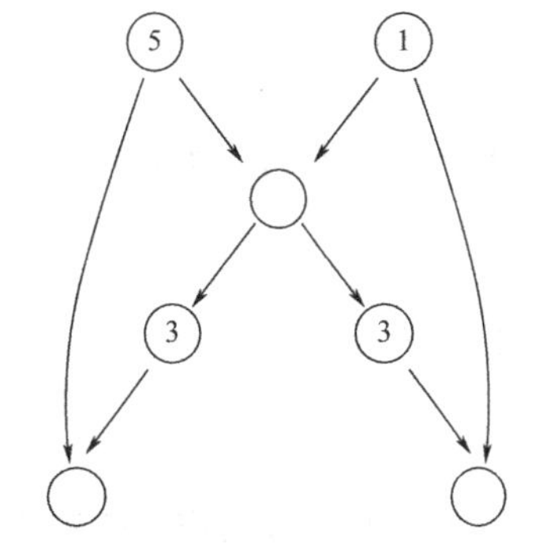

图 4-13 微观混合对反应速率的影响

级反应，微观混合将使平均反应速率减小。由此可以推论：当反应级数 $n>1$ 时，微观混合使平均反应速率减小；当反应级数 $n=1$ 时，微观混合对平均反应速率无影响；当反应级数 $n<1$ 时，微观混合使平均反应速率增大。对零级反应，虽然反应速率与组分浓度无关，但因为微观混合可以使反应物已耗尽的微团重新投入反应，所以微观混合也将使平均反应速率增大。

现将考察的范围扩大到整个反应器。在连续流动反应器中，当物料的聚集状态处于微观完全混合和微观完全离析这两种极限状态时，反应器的计算需采用不同的方法。对微观完全混合的物系，在进行物料衡算时可以整个反应器（如全混流反应器）或反应器的某一微元体（如平推流反应器）为考察对象，其中物料的浓度可以认为是均一的。第3章关于均相反应器的分析就是以此为基础，即在微观完全混合的假设下进行的。但对微观完全离析或部分离析的反应体系，这种方法不再适用。对于微观完全离析，一反应器微元体内不同物料微团的浓度可各不相同，且毫不相干。对于这类体系，必须把每一个物料微团看成一个微型的间歇反应器，这些间歇反应器经过一定停留时间后自反应器出口离开，反应器出口反应物的浓度为这些间歇反应器离开反应器时浓度的加权平均值，可表示为

$$\left\{\begin{array}{l}\text{出口流中}\\\text{反应物的}\\\text{平均浓度}\end{array}\right\}=\sum\left\{\begin{array}{l}\text{停留时间介于 } t\\\text{和 } t+\mathrm{d}t \text{ 的微}\\\text{团的反应物浓度}\end{array}\right\}\left\{\begin{array}{l}\text{出口流中停留时间}\\\text{介于 } t \text{ 和 } t+\mathrm{d}t \text{ 的微团}\\\text{所占的比例}\end{array}\right\} \tag{4-25}$$

等号右端的加和包括出口流中的全部流体微团，于是

$$\overline{C}_A=\int_0^{\infty}C_A(t)E(t)\mathrm{d}t \tag{4-26}$$

式中，每一微团的浓度 $C_A(t)$ 取决于该微团自进入反应器到离开反应器所停留的时间 t，其关系由下式给出

$$-\frac{\mathrm{d}C_A(t)}{\mathrm{d}t}=-r_A[C_A(t)] \tag{4-27}$$

其初始条件为

$$C_A(0)=C_{A0}$$

对进行一级反应的全混流反应器，当其聚集状态为微观完全混合时，如第3章所述，由整个反应器的物料衡算可得

$$C_A=\frac{C_{A0}}{1+k\tau}$$

式中，τ 为反应器的平均停留时间。

当其聚集状态为微观完全离析时，首先根据间歇反应器的物料衡算方程计算停留时间为 t 的微团的出口浓度

$$C_A=C_{A0}\mathrm{e}^{-kt}$$

而全混流反应器的停留时间分布密度函数为

$$E(t)=\frac{1}{\tau}\mathrm{e}^{-\frac{t}{\tau}} \tag{4-28}$$

将上述两式代入式(4-26) 得

$$\overline{C}_A=\int_0^{\infty}\frac{C_{A0}}{\tau}\mathrm{e}^{-(k+\frac{1}{\tau})t}\mathrm{d}t=\frac{C_{A0}}{1+k\tau} \tag{4-29}$$

可见，对一级反应，微观混合程度对全混流反应器出口剩余浓度没有影响，与前面的简单例子分析所得的结论一致。

但是，对二级反应，当物系聚集状态为微观完全混合时，全混流反应器的物料衡算方程为

$$q_V(C_{A0}-C_A)=V_R k C_A^2$$

反应器出口反应物的剩余浓度为

$$C_A=\frac{1}{2k\tau}(\sqrt{1+4k\tau C_{A0}}-1) \tag{4-30}$$

当物系聚集状态为微观完全离析时，利用间歇反应器的物料衡算方程计算停留时间为 t 的微团的出口浓度，得

$$C_A=\frac{C_{A0}}{1+ktC_{A0}}$$

将此式和全混流反应器的停留时间分布密度函数代入式(4-26) 得

$$\overline{C}_A=\frac{C_{A0}}{\tau}\int_0^{\infty}\frac{e^{-\frac{t}{\tau}}}{1+ktC_{A0}}dt \tag{4-31}$$

积分后得到微观完全离析时全混流反应器中进行二级反应时的出口浓度

$$\overline{C}_A=\frac{e^{\frac{1}{k\tau C_{A0}}}}{k\tau}E_1\left(\frac{1}{k\tau C_{A0}}\right) \tag{4-32}$$

和式(4-30) 相比，二者显然是不同的。

由此，我们可以得到一个重要的结论：对于一级反应（线性系统），微观混合程度对转化率没有影响；但是对于二级反应（非线性系统），微观混合程度的差异将会导致转化率的差异。也就是说，对线性（一级）反应系统，全混流反应器的转化率仅仅取决于物料在反应器中的停留时间，而与它们逗留期间的经历无关；而对非线性反应系统，转化率不仅和物料在反应器中停留了多长时间有关，还和它们在逗留期间遇到了什么有关。

停留时间分布仅仅涉及在反应器中停留时间不同的物料所占的比例，这属于宏观混合的范畴，它不能提供任何有关物料在反应器中遇到了什么的信息。而对某种给定的宏观混合状态，微观混合的两种极端状态——微观完全离析和微观完全混合都是有可能的。因此，对非一级反应系统，要全面描述反应器的性能，光知道宏观混合状态是不够的。

Kramers 和 Westerterp 计算了全混流反应器中进行各种不同级数的反应时微观混合处于两种极端情况下的转化率，其结果如图 4-14 所示。图中纵坐标为转化率，横坐标为量纲为一反应时间（平均停留时间和特征反应时间之比），由图 4-14 可知，对二级反应微观完全

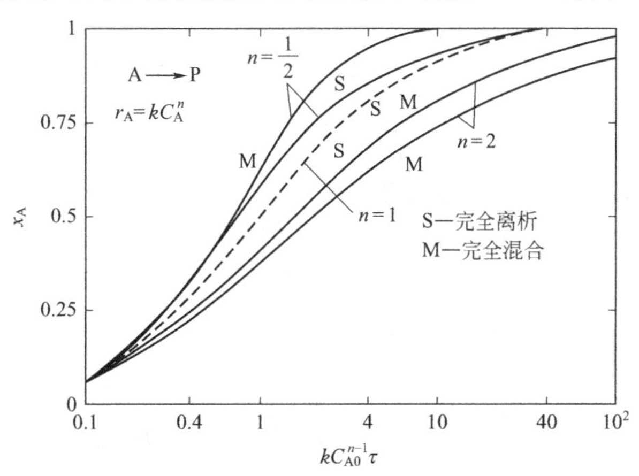

图 4-14　全混流反应器中微观完全离析和微观完全混合的转化率的比较

离析状态的转化率高于微观完全混合状态，对 0.5 级反应微观完全混合状态的转化率高于微观完全离析状态，但转化率最大差别只有 10%左右。

Hofmann 发表了一系列计算结果，提供了不同反应级数和不同停留时间分布下微观混合的两种极端情况的转化率。对二级反应，当 $kC_{A0}\tau=10$ 时，其结果如表 4-4 所示。

这些结果表明：微观完全离析和微观完全混合之间转化率的差值随停留时间分布的变窄而逐渐减小。对平推流反应器，微观混合程度的差别对转化率已没有影响。这是因为对于平推流反应器，即使存在微观混合，也只能是停留时间相同的物料之间的混合，故不影响反应的总结果。

表 4-4 不同返混程度时微观混合程度对二级反应转化率的影响

转化率/%	串联釜级数			
	1	2	3	∞
微观完全离析	79.8	86.0	87.8	90.9
微观完全混合	73.0	80.4	83.4	90.9
转化率差值	6.8	5.6	4.4	0

综上所述，对大多数情况来说，微观混合的两种极端状况造成的转化率的差别不超过 10%～20%。考虑到反应器中的实际情况是介于两种极端状况之间的，所以和宏观混合相比，微观混合对转化率的影响一般是有限的。此时，可用以下两种方法处理：①按与实际微观混合程度比较接近的极限情况处理；②按比较安全的极限情况处理，即对级数高于 1 的简单反应，按微观完全混合处理，对级数低于 1 的简单反应，按微观完全离析处理。

例 4-3 如果忽略分子扩散，管式层流反应器中的流动状态可视为微观完全离析，其停留时间分布密度函数为

$$E(t)=\begin{cases}0 & t<\dfrac{1}{2}\tau \\ \dfrac{1}{2}\times\dfrac{\tau^2}{t^3} & t\geqslant\dfrac{1}{2}\tau\end{cases}$$

现在上述反应器中进行一个二级反应 A ⟶ P。已知 $k=100\text{cm}^3/(\text{mol}\cdot\text{s})$，平均停留时间 $\tau=10\text{s}$，反应物的进料浓度为 10^{-3}mol/cm^3，计算该反应器的出口转化率，并和平推流反应器、全混流反应器（微观完全混合）进行比较。

解： 在间歇反应器中，二级反应的转化率和反应时间的关系为

$$x_A=1-\frac{1}{1+ktC_{A0}}=1-\frac{1}{1+0.1t}$$

所以，层流管式反应器出口的平均转化率为

$$\begin{aligned}x_A&=\int_{\frac{\tau}{2}}^{\infty}\left(1-\frac{1}{1+0.1t}\right)\frac{\tau^2}{2t^3}\text{d}t\\&=50\int_{\frac{\tau}{2}}^{\infty}\left(1-\frac{1}{1+0.1t}\right)\frac{\text{d}t}{t^3}\\&=50\left[\int_5^{\infty}\frac{\text{d}t}{t^3}-\int_5^{\infty}\frac{\text{d}t}{(1+0.1t)t^3}\right]\\&=50\left\{\left[-\frac{1}{2t^2}\right]_5^{\infty}-\left[\frac{0.2t-1}{2t^2}-0.01\ln\left(\frac{0.1t+1}{t}\right)\right]_5^{\infty}\right\}\end{aligned}$$

$$=1-0.551$$
$$=0.449$$

平推流反应器的转化率为

$$x_A=1-\frac{1}{1+k\tau C_{A0}}=1-\frac{1}{1+100\times 10\times 10^{-3}}=0.5$$

全混流反应器的转化率为

$$x_A=1-\frac{\sqrt{1+4k\tau C_{A0}}-1}{2k\tau C_{A0}}=1-\frac{\sqrt{5}-1}{2}=0.382$$

4.4.3　聚集状态对串联反应选择性的影响

对在全混流反应器中进行的复杂反应，体系的微观混合状态还将影响反应的选择性。如果串联副反应级数高于主反应，当体系聚集状态为微观完全混合时，在高转化率时，整个反应器中组分 A 为低浓度，有利于增加主产物 P 的产率，甚至在停留时间趋于无限大，组分 A 浓度趋于零时，可全部生成 P，只是在这种条件下，反应速率也将趋近于零。但当体系聚集状态为微观完全离析时，每一个反应物微团可视作一个间歇反应器，微团内组分 A 的浓度随反应进行而逐渐降低，在反应初期必有副产物 X 和 P 同时生成，由不同停留时间的微团组成的反应器出口流中必然包含两种产物。

如果 P 生成副产物 X 的反应是二级反应，即 $r_x=k_xC_P^2$，P 应尽可能保持低浓度，微观完全混合比微观完全离析更有利于做到这一点。因此，在转化率相同的条件下，微观完全混合的选择性优于微观完全离析。

但若主反应和串联副反应均为一级反应，体系的聚集状态对选择性没有影响，不论是微观完全混合还是微观完全离析，反应器出口 P 的平均浓度均为

$$\overline{C}_P=\frac{C_{A0}k_P\tau}{(1+k_P\tau)(1+k_x\tau)} \tag{4-33}$$

4.5　化学反应器的预混合问题

4.5.1　预混合对反应结果的影响

将未经混合的两种互溶流体分别通入反应器，必然会在反应器内某些区域富集，存在分子尺度上的不均匀性。如果在达到微观均匀的短暂时间内的反应量可忽略，则微观混合的影响可不予考虑，反应过程可按均相反应处理。如果在达到微观均匀前，反应已大量进行，微观混合（或称为预混合）将对反应结果产生重大影响，但关注的重点不是反应速率，而是产物的分布或（和）质量。当反应速率很快，或流体黏度很高，达到分子尺度的均匀所需的混合时间很长时，都可能发生这种情况。

现以反应物 A 和 B 在间歇反应器中进行的竞争串联反应为例，说明上述预混合问题可能对产物组成，即对反应的选择性产生的重要影响。

$$A+B\xrightarrow{k_1}R$$
$$R+B\xrightarrow{k_2}S$$

如果相对于微观混合，反应速率很慢，即在反应器内物料达到微观均匀前的反应量可以忽略，R 的最大产率仅取决于$\frac{k_2}{k_1}$

$$\frac{C_{R,\max}}{C_{A0}}=\left(\frac{k_1}{k_2}\right)^{k_2/(k_2-k_1)} \qquad \frac{k_2}{k_1}\neq 1 \tag{4-34}$$

$$\frac{C_{R,\max}}{C_{A0}}=\frac{1}{e}=0.368 \qquad \frac{k_2}{k_1}=1 \tag{4-35}$$

反应和微观混合的快慢可用特征反应时间 t_r 和特征扩散时间 t_D 来表征。特征扩散时间可用下式计算

$$t_D=2\left(\frac{\mu}{\varepsilon}\right)^{\frac{1}{2}}\operatorname{arcsinh}(0.05Sc) \tag{4-36}$$

式中，μ 为运动黏度，m^2/s；ε 为单位质量的能量耗散速率，W/kg；Sc 为 Schmidt 数。

当 $t_D \ll t_r$ 时，为慢反应过程，反应动力学为过程的控制因素。当 $t_D \gg t_r$ 时，为飞速反应过程，微观混合为过程的控制因素。当 $t_D \approx t_r$ 时，为快反应过程，反应动力学和微观混合的影响都不能忽略。

Paul 和 Treybal 简单地将反应物 B 注入装有反应物 A 的容器，通过实验测定了反应速率相当快的上述竞争串联反应过程中 R 的生成量。Ottino 利用拉伸、折叠、变薄和流体微团内部的扩散等概念对互溶流体组分 A 和 B 的微观混合过程进行了全面分析。这些研究可用于指导快速竞争串联反应过程的反应器选型和设计，以提高中间产物 R 的产率。总的原则是，应在反应显著进行前，在整个反应器中使 A 和 B 混合均匀。有助于达到此目的的主要措施有：

① 采用强有力的混合措施，尽可能扩大反应区；

② 尽量将 B 分散在 A 中，而不要使 A 分散在 B 中，必要时可使 A 过量；

③ 适当减慢反应速率。

4.5.2 反应过程开发中混合方式的选择

由前面各节所述可知，混合是影响反应器中浓度分布和温度分布的重要因素。在反应过程开发中，应根据所研究反应过程的特征，选择合适的混合程度和混合方式，以在反应器中形成对反应过程有利的浓度分布和温度分布。现以陈敏恒等进行的丁二烯和氯气生成二氯丁烯这一反应过程的开发为例，说明前述各项原理的应用。

丁二烯和氯气生成二氯丁烯是气相反应过程，除生成二氯丁烯外，还会生成多氯加成产物和取代产物。该反应无需催化剂，且在常温下就能很快地进行。开发之初，采用了如图 4-15(a) 所示的反应器，丁二烯和氯气经 Y 形管混合后进入玻璃反应管，管外绕有电热丝以调节温度。

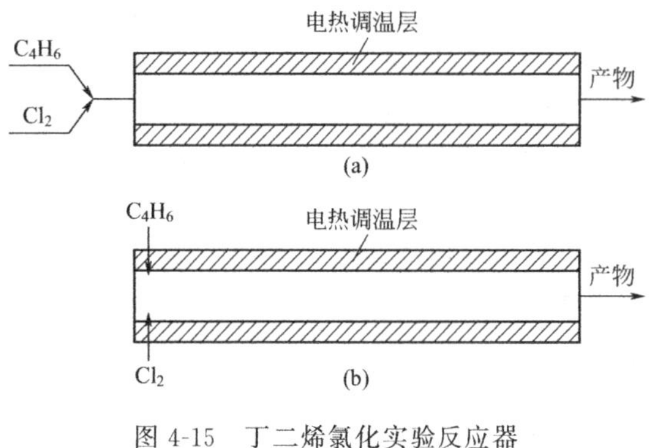

图 4-15 丁二烯氯化实验反应器

首先考察了温度对反应结果的影响，实验发现低温下反应氯代产物很多，随着反应温度升高，氯代产物逐渐减少，当反应温度超过 270℃ 时，氯代产物极少。这组实验说明，低温有利于

氯化反应，高温有利于加成反应。用反应工程的语言，就是加成反应的活化能比氯化反应大。通过这组实验，认识了反应的一个特征，反应要求在高温下进行，反应器内不应该存在低温区。

如何满足反应过程的上述要求呢？容易想到的办法是对原料气进行预热，然后进入反应器。但丁二烯在高温下容易自聚，将会造成预热器换热面污染，使预热器不能长期运转，因此预热方案不宜采用。

另一种办法是利用返混，使进入反应器的冷物料与反应器中的热物料快速混合，使冷物料的温度立即提高到270℃。由前文所述知道，当反应器流型为全混流时，反应器中温度处处相等，且等于出口温度。可以采用机械搅拌造成返混，但机械搅拌必然有轴封，如何保证在高温氯气介质中工作的轴封不泄漏，无疑是个很难对付的问题。造成返混的另一种办法是采用高速射流。通过计算知道，当射流速度为100m/s时，其卷吸量可达到进料气量的10倍左右，能使30℃的进料迅速提升到270℃。而100m/s的射流速度造成的流动阻力约为50kPa，工程上完全可以接受。返混在改变反应器中温度分布的同时，也将改变反应器中的浓度分布，即将使反应物的平均浓度下降，产物二氯丁烯的平均浓度上升。这种浓度变化是否会对反应带来不利影响呢？当然可以在实验室中制作一种能改变返混程度的小型反应器，通过实验研究来回答这一问题。但利用反应工程的知识，通过命题的转换，可对这一问题作出更为本质、更加深刻的回答。

在高温下氯化副反应已被抑制，影响反应选择性的将主要是多氯加成，多氯加成有两种可能的途径，一为平行副反应，二为串联副反应，如下所示。

$$\text{丁二烯} \xrightarrow{Cl_2} \text{二氯丁烯} \xrightarrow{Cl_2} \text{多氯化合物}$$

（丁二烯 $\xrightarrow{Cl_2}$ 多氯化合物）

在两种情况下，返混造成的浓度变化可能对反应选择性产生不利影响：①平行副反应的级数低于主反应；②存在串联副反应。通过平行副反应发生多氯加成时，意味着多个氯分子同时与丁二烯反应，对氯浓度必定比较敏感，即氯的反应级数比较高。因此，即使存在平行副反应，返混也不会对选择性造成不利影响。返混造成的浓度变化是否会对选择性产生不利影响的问题，就转换成了串联副反应是否存在的问题。于是，在上述实验反应装置中又进行了第二组实验，与第一组实验不同的仅仅是将反应器进料改成了二氯丁烯和氯气。实验结果发现，反应产物中有大量多氯化合物，二氯丁烯是很容易进一步氯化的，串联副反应的存在确证无疑。

至此开发工作处于两难境地，从温度效应考察，返混是有利因素，而从浓度效应考察，返混是不利因素，应该坚持返混方案还是放弃返混方案呢？要保证反应器内不存在低温区，除返混方案外，无其他途径可寻，因此唯一的出路是在坚持返混方案的同时，寻找抑制串联副反应的其他方法。

设主反应速率常数为 k_1，串联副反应速率常数为 k_2，各反应物的反应级数均为一级，于是选择性可表示为

$$S=\frac{k_1 C_{C_4H_6} C_{Cl_2} - k_2 C_{C_4H_6Cl_2} C_{Cl_2}}{k_1 C_{C_4H_6} C_{Cl_2}} = 1-\frac{k_2}{k_1}\times\frac{C_{C_4H_6Cl_2}}{C_{C_4H_6}} \tag{4-37}$$

上式表明提高丁二烯浓度，即在反应器进料中丁二烯过量可以抑制多氯化合物的生成。

于是，又进行第三组实验以证实上述判断。实验仍在上述玻璃管反应器中进行，只是反应器进料除氯气和二氯丁烯外，还含有一定量的丁二烯。实验结果令人鼓舞，在过量丁二烯

存在下，反应产物中几乎没有多氯化合物。

通过以上实验，工业反应器设计的一个完整方案似乎已经产生：反应器应采用喷射式全混流反应器，以确保反应器内不存在低温区；反应器进料中丁二烯应过量，以抑制多氯化合物的生成，过量比通过实验和热量衡算确定；丁二烯和氯气的摩尔比应为4∶1。

为证实上述方案确实可行，设计制造了一套喷射式中试反应器。但中试反应器开车后，却发生了意想不到的情况，开车后仅几小时即因喷嘴堵塞而被迫停车。将反应器拆开后，发现到处都是暗黑色的粉末，这是小试中从未出现过的现象。

对小试过程进行了仔细的回顾和分析，认为关于上述反应特征的认识没有错误，小试中唯一的疏漏是没有对微观混合的影响进行考察。虽然知道此反应过程为快反应，但却没有想到其速率可能已快到微观混合对反应结果有重大影响的程度。于是，将小试反应器的进料方式改成图4-15(b)所示的形式，氯气和丁二烯不经Y形管预混，而由两侧直接进入反应器，结果反应过程中确实有大量黑色粉末生成，说明预混合对反应有重大影响。

当预混合较差时，虽然从宏观上看丁二烯是过量的，但从微观上看，反应气流中存在大量氯气微团。由于丁二烯氯化反应速度很快，丁二烯向这些氯气微团扩散时随即发生反应。此时局部反应条件已不是丁二烯过量而是氯气大大过量，过量的氯能使丁二烯上的氢被氯剥夺和取代，成为碳链，从而使反应选择性严重恶化。可见，这类反应过程，影响选择性的主要因素已不是反应动力学，而是达到微观均匀的迟早。

这时才认识到喷嘴应有双重作用：一是预混合，二是返混。在中试反应器的设计中只考虑了返混的要求，而忽视了预混合的作用，才导致了开车失败。通过大量工作对喷嘴进行改进，终于解决了上述问题，实现了几千小时的连续运转。

上述案例充分体现了反应工程原理对开发工作的指导作用，值得深入体会。

4.6 混合对聚合反应器选型的影响

按形状的不同，聚合反应装置可分为釜式（连续或间歇）、塔式、管式以及特殊型式四种类型。聚合反应器的选型涉及许多因素，如聚合物系的黏度及其在聚合过程中的变化，反应的放热强度和对传热的要求，反应速率及要求的单体转化率和生产规模，等等。关于这一问题的全面讨论读者可参阅聚合反应工程方面的专著。本节仅从聚合物分子量分布的角度，就混合对聚合反应器选型的影响进行分析。

4.6.1 聚合反应的特点

按反应机理聚合反应可分为连锁聚合和逐步聚合两大类。

连锁聚合反应一般由链引发、链增长、链终止等基元反应组成，有时还存在链转移反应。链引发可通过引发剂（或催化剂）的分解，或由光、热、辐射等方法来实现。按照活性中心的不同，连锁聚合反应又可细分为自由基、离子、配位络合等类型。连锁聚合的特点是各基元反应的反应速率和活化能差别很大。如自由基聚合，链引发缓慢，而增长和终止极快，因此转化率随反应时间的延长不断增大，而不同反应时间生成的聚合物平均分子量差别不大。烯烃、共轭双烯和乙烯类单体的自由基聚合，苯乙烯或丁二烯在烷基锂存在下的阴离子聚合皆为连锁聚合反应。

逐步聚合反应的特点是由单体生成聚合物大分子的反应是逐步进行的，而每步反应的活化能及反应速率大致相同。反应初期，大部分单体很快转变为二聚体、三聚体等低聚物，随后低聚体之间再相互反应而得到高聚物，即单体转化率的增加是短时间的，而聚合物分子量则是逐步增加的。在聚合过程中会放出水、氨、氯化氢等小分子的缩聚反应，如乙二醇和对苯二甲酸生成聚对苯二甲酸乙二酯，己二酸和己二胺生成聚己二酰己二胺（尼龙 66），皆属逐步聚合反应。

聚合反应是一类特殊的复杂反应，其产物具有多分散性的特点。例如，自由基聚合通常包括以下基元反应

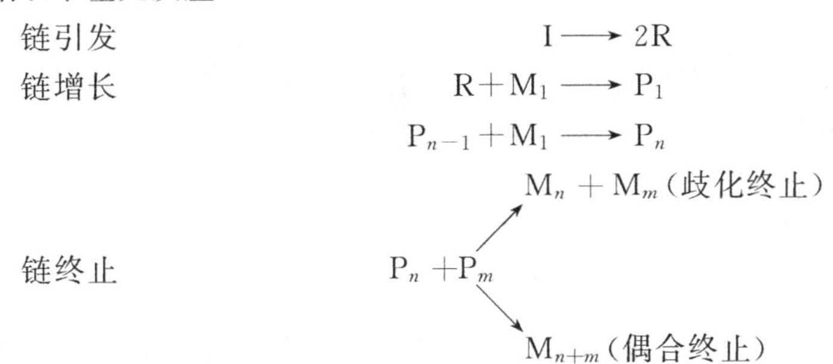

上述各式中，I 为引发剂，R 为引发剂分解生成的自由基，M_1 为单体分子，P_i 为聚合度为 i 的自由基，M_i 为聚合度为 i 的聚合物（死聚体）。因为链长增长到多少时发生终止，以及以什么方式发生终止都是随机的，所以聚合物必然是由结构单元相同，但所含的结构单元数（称为聚合度）不同的大分子组成的混合物。

聚合物的性能与它的平均分子量、分子量分布等结构参数有密切的关系。聚合物主要用做材料，为满足强度和加工性能等方面的要求，生产的聚合物必须具有一定的平均分子量和分子量分布。因此，聚合反应器除了应具有较大的反应速率，满足传热的要求外，还应使生产的聚合物具有要求的平均分子量和分子量分布，以满足产品的质量要求。反应器中的混合状况不仅对反应器的容积效率及产物收率有很大影响，而且对产物的分子量分布也有很大影响。下面分别就宏观混合（返混）和微观混合对分子量分布的影响进行介绍。

4.6.2　返混对聚合物分子量分布的影响

早在 20 世纪 40 年代已发现，在间歇反应器或平推流反应器中，与在全混流反应器中进行同一聚合反应，所得聚合物的分子量分布会有重大差异。当活性链的寿命较物料平均停留时间长时，间歇或平推流反应器的分子量分布比全混流反应器窄，如图 4-16(a) 所示。当活性链的寿命较物料在反应器中的平均停留时间短时（如自由基聚合），全混流反应器所得聚合物的分子量分布比间歇反应器或平推流反应器窄，如图 4-16(b) 所示。

出现上述情况的原因是：当聚合反应的机理确定后，有两个因素会影响分子量分布。一个是停留时间分布，停留时间分布越窄，则聚合度分布也越窄，在间歇反应器或平推流反应器中，物料具有严格划一的停留时间，而在全混流反应器中，物料则有很宽的停留时间分布。另一个是物料浓度变化的历程，反应器中物料浓度的变化越小，分子量分布越窄，在全混流反应器中物料浓度处处均一，且不随时间变化，在间歇或平推流反应器中，物料浓度将随时间或位置而变化。可见，上述两个因素对分子量分布的影响是互相对立的，哪一个因素起主导作用则取决于相对于物料平均停留时间，活性链寿命的长短。

当活性链寿命短时，在聚合过程中活性链不断产生，又不断终止。不同时刻产生的活性

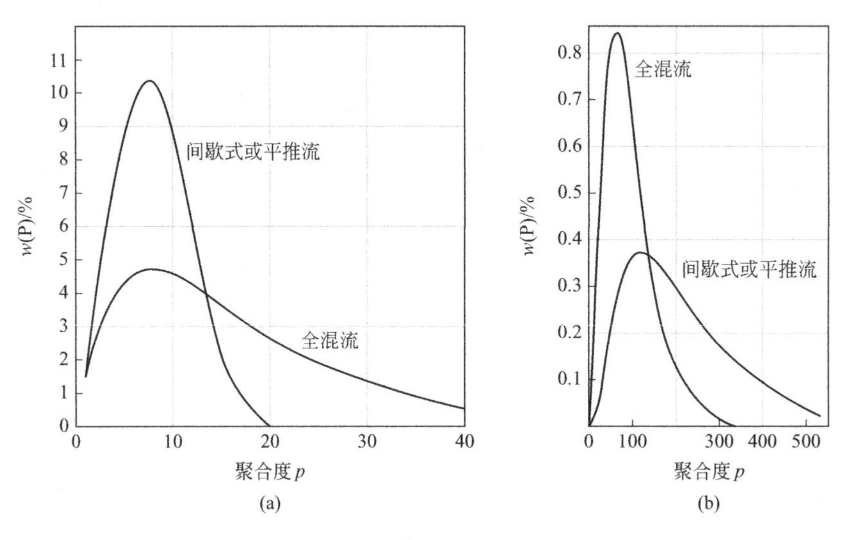

图 4-16　返混对聚合物分子量分布的影响

链所生成聚合物的分子量取决于该时刻的物料浓度。在全混流反应器中物料浓度均一，所以不同时刻生成的聚合物的分子量也比较接近。而在间歇反应器或平推流反应器中，物料浓度随时间或空间位置而变化，如活性链产生时物料浓度较高，生成聚合物的分子量较大，而活性链产生时若物料浓度较低，生成聚合物的分子量较小，因此将有较宽的分子量分布。这说明活性链寿命较短时，浓度变化历程是影响分子量分布的主要因素。

而当活性链寿命长时，在全混流反应器中活性链的停留时间极不一致，停留时间短的活性链在反应器中增长的长度也较短，停留时间长的活性链则能增长到较长的长度，所以生成的聚合物有较宽的分子量分布。在间歇反应器或平推流反应器中，物料的停留时间相同，所有活性链都有可能增长至一定长度，故聚合物的分子量分布窄。由此可见，活性链寿命长时，停留时间分布是影响分子量分布的主要因素。

4.6.3　微观混合对聚合物分子量分布的影响

工业上常用的聚合方法有本体聚合、溶液聚合、悬浮聚合和乳液聚合。在溶液聚合和本体聚合中，如不存在或不出现固相（催化剂、聚合物颗粒），则聚合过程为均相的。悬浮聚合、乳液聚合以及存在或出现固相的溶液聚合和本体聚合均为非均相聚合。

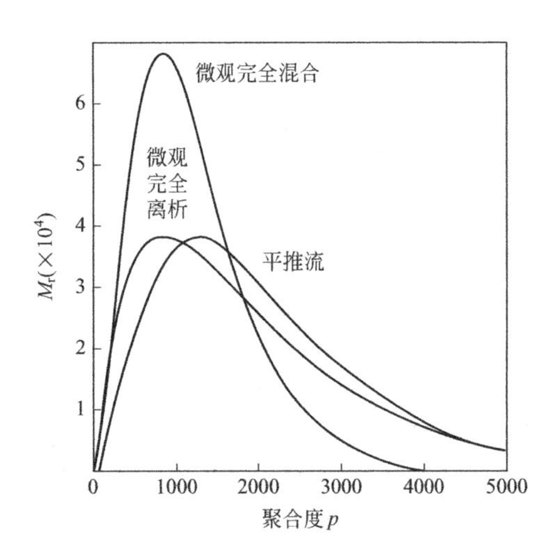

图 4-17　微观混合对聚合物分子量分布的影响

在均相聚合过程中，随着转化率的增大，物系的黏度会变得很大，很难达到微观均匀，而总会存在一定程度的离析。而离析的程度则取决于物系的性质和操作条件（如搅拌强度）。

在非均相聚合，如悬浮聚合中，单体、引发剂和聚合物共存于液滴中。在液滴变得坚实而不能凝并之前，由于搅拌的作用，会不断发生液滴的相互凝并和再粉碎。这种微观混合作用会使不同液滴的单体浓度趋于均匀。

上述微观混合作用对聚合物分子量分布的影响亦因活性链寿命的长短而异。在活性链寿命短时，微观完全离析的全混流反应器所得聚合物的分子量分布较微观完全混合的全混流反应器宽，而与间歇反应器或平推流反应器相似，只是平均分子量略低一些，如图4-17所示。在活性链寿命长时，微观完全离析全混流反应器所得聚合物的分子量分布比间歇反应器或平推流反应器宽，但比微观完全混合的全混流反应器窄。造成上述差异的原因也是停留时间分布和浓度变化历程所起的不同作用。

上面定性分析了宏观混合和微观混合对聚合物分子量分布的影响。在已知聚合反应动力学时，对于宏观混合和微观混合的各种极限情况，则可通过计算求得一定操作条件下聚合物的平均分子量和分子量分布，为确定反应器的合理选型提供依据。

例4-4　苯乙烯作为分散相在连续搅拌釜式反应器中进行乳液聚合。由所采用的反应条件下间歇反应器的实验结果得到以下纯经验的反应速率方程

$$r_A = kC_A^{1.5}$$

$$k = 2.5\times10^{-4}\text{s}^{-1}\left(\frac{\text{kmol}}{\text{m}^3}\right)^{-\frac{1}{2}}$$

间歇反应器的实验结果还提供了如下信息，聚合物的分子量分布相当窄，平均聚合度近似为

$$p(t) = 14.1\sqrt{t}$$

式中，t 为间歇反应器中的反应时间，s。

现要求每天生产10t聚苯乙烯，单体转化率为90%，请计算连续搅拌釜式反应器的容积、平均聚合度和聚合度分布。假定反应器中分散相完全离析，分散相进料为纯苯乙烯，其密度在反应过程中保持恒定 $\rho=832\text{kg/m}^3$，分散相在反应器中的体积分数为16.5%。

解：(1) 先导出间歇反应器中反应时间与转化率的关系

$$\frac{dC_A}{dt} = -kC_A^{1.5}$$

初始条件为

$$t=0,\quad C_A = C_{A0}$$

移项积分上述动力学方程

$$\int_{C_{A0}}^{C_A}\frac{dC_A}{C_A^{1.5}} = -\int_0^t k\,dt = -kt$$

$$\left[-2C_A^{-0.5}\right]_{C_{A0}}^{C_A} = -kt$$

$$C_A^{-0.5} - C_{A0}^{-0.5} = \frac{kt}{2}$$

$$\frac{C_A}{C_{A0}} = \left(\frac{2}{2+kt\sqrt{C_{A0}}}\right)^2$$

所以

$$x_A = 1-\left(\frac{2}{2+kt\sqrt{C_{A0}}}\right)^2$$

对微观完全离析的全混流反应器，出口物流的平均转化率可利用式(4-26)进行计算

$$\bar{x}_A = \int_0^\infty x_A(t)e^{-\frac{t}{\tau}}d\left(\frac{t}{\tau}\right) = \int_0^\infty\left[1-\left(\frac{2}{2+kt\sqrt{C_{A0}}}\right)^2\right]e^{-\frac{t}{\tau}}d\left(\frac{t}{\tau}\right)$$

$$= 1-\int_0^\infty\left(\frac{2}{2+kt\sqrt{C_{A0}}}\right)^2 e^{-\frac{t}{\tau}}d\left(\frac{t}{\tau}\right) = 1-\int_0^\infty\left(\frac{2}{2+k\tau\sqrt{C_{A0}}\ \dfrac{t}{\tau}}\right)^2 e^{-\frac{t}{\tau}}d\left(\frac{t}{\tau}\right)$$

当要求 $\overline{x}_A=0.9$ 时，可由上式求得

$$k\tau\sqrt{C_{A0}}=15.4$$

苯乙烯的分子量为 104，所以

$$C_{A0}=\frac{832}{104}=8\text{kmol/m}^3$$

于是

$$\tau=\frac{15.4}{2.5\times10^{-4}\times\sqrt{8}}=21779\text{s}\approx6\text{h}$$

要求聚苯乙烯生产能力为

$$10\text{t/d}=\frac{10000}{24\times3600}=0.116\text{kg/s}$$

所以

$$\frac{\rho V_R\times0.9}{21779}=0.116$$

于是，所需反应体积为

$$V_R=\frac{0.116\times21779}{832\times0.9}=3.37\text{m}^3$$

已知分散相体积分数为 0.165，所以反应器容积为

$$V_R=\frac{3.37}{0.165}=20.42\text{m}^3$$

（2）根据实验结果，停留时间为 t 的液滴离开反应器时的聚合度为

$$p(t)=14.1\sqrt{t}=14.1\sqrt{\tau}\sqrt{\frac{t}{\tau}}=2081\sqrt{\frac{t}{\tau}} \tag{A}$$

所以，平均聚合度为

$$\overline{p}=\int_0^{\infty}2081\sqrt{\frac{t}{\tau}}\,e^{-\frac{t}{\tau}}\,d\left(\frac{t}{\tau}\right)=2081\times\frac{\sqrt{\pi}}{2}=1844 \tag{B}$$

（3）平均聚合度也可用下式表示

$$\overline{p}=\int_0^{\infty}pf(p)\,dp$$

式中，$f(p)$ 为聚合度分布密度函数。由式(A) 可得

$$\frac{t}{\tau}=\left[\frac{p(t)}{2081}\right]^2$$

将上式代入式(B) 得

$$\overline{p}=\int_0^{\infty}\frac{2p^2}{2081^2}e^{-\left(\frac{p}{2081}\right)^2}\,dp$$

因此，聚合度分布密度函数为

$$f(p)=\frac{2p}{2081^2}e^{-\left(\frac{p}{2081}\right)^2}$$

而聚合度分布函数为

$$F(p)=\int_0^{p}f(p)\,dp=1-e^{-\left(\frac{p}{2081}\right)^2}$$

$f(p)$ 和 $F(p)$ 的标绘如图 4-18 所示。

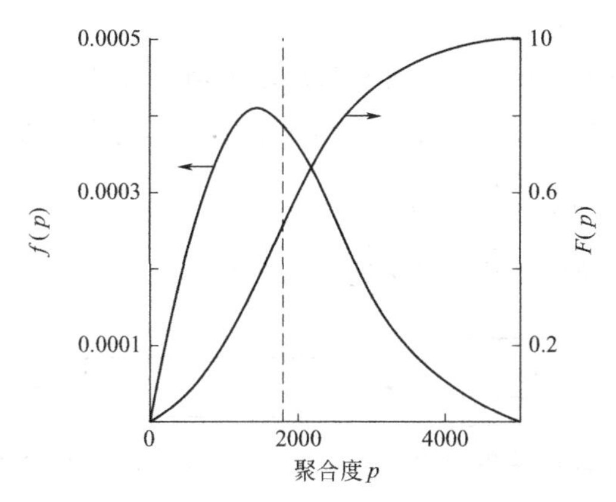

图4-18　例4-4的聚合度分布函数和分布密度函数

习　题

4-1　组分A同时发生下列两个反应：

(1) 异构化反应 A ⟶ P，为一级反应，反应速率常数

$$k_1=5.32\times10^{14}\exp\left(-\frac{12300}{T}\right)\text{min}^{-1}$$

(2) 二聚反应 2A ⟶ C，为二级反应，反应速率常数

$$k_2=2.23\times10^{12}\exp\left(-\frac{15100}{T}\right)\text{L/(mol·min)}$$

两反应均为放热反应，若要求达到的转化率为80%，试问为获得较高的产物B的收率，应选用全混流反应器还是平推流反应器。

4-2　现有自催化反应 A ⟶ R，其动力学方程为

$$(-r_A)=0.001C_AC_R\text{mol/(L·s)}$$

在一个由4个容积均为100L的全混流反应器组成的反应装置中，加工浓度 $C_{A0}=10\text{mol/L}$ 的进料，进料流量为1.5L/s，请推荐一种能达到最大转化率的反应器连接方式和进料方式。

4-3　在一个有效容积为6L的全混流反应器中进行如下液相反应

$$A+2B\rightleftharpoons R$$

反应动力学方程为

$$(-r_A)=k_1C_AC_B^2-k_2C_R\text{mol/(L·min)}$$

$$k_1=12.5\text{L}^2/(\text{mol}^2\cdot\text{min}),\ k_2=1.5\text{min}^{-1}$$

设有两股进料以相同体积流量进入反应器，一股进料含A 2.8mol/L，另一股进料含B 1.6mol/L。试求当要求限制组分的转化率为50%时，每股进料的流量应为多少？若此反应改在一相同容积的平推流反应器中进行，进料流量与上述全混流反应器相同，转化率将为多少？假定混合及反应过程中物料密度恒定。

4-4　在实验室间歇搅拌釜中研究液相一级反应 A ⟶ R，当反应时间为60min时，A的转化率为82%。利用此实验结果，按平推流模型设计了一种在相同温度下操作的管式中试反应器，其设计转化率为90%。中试反应器建成后用信号响应法测定了其停留时间分布，发现中试反应器有一定程度的返混，用多釜串联模型描述时，其返混程度相当于模型参数 $N_s=8$，用轴向扩散模型描述时，其返混程度相当于模型参数 $Pe_m=15.35$。请分别用这两

种模型预测中试反应器的实际转化率。

* **4-5**　在一个宏观全混、微观完全离析的连续流动反应器中进行一个零级反应，设进口浓度为 C_A，平均停留时间为 τ，请导出平均出口浓度 $\overline{C}_A$ 的表达式。

提示：积分公式 $\int x e^{ax} dx = \frac{e^{ax}}{a^2}(ax-1)$。

* **4-6**　在如下图所示的组合反应器中进行一个二级反应。

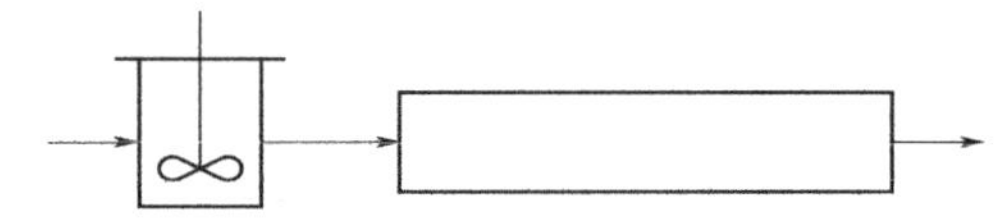

全混流反应器和平推流反应器容积相等，组合反应器的停留时间分布密度函数为

$$E(t)=\begin{cases}0 & \frac{t}{\tau}<\frac{1}{2} \\ \frac{2}{\tau}e^{1-\frac{2t}{\tau}} & \frac{t}{\tau}\geqslant\frac{1}{2}\end{cases}$$

反应物进口浓度 $C_{A0}=1\text{mol/L}$，反应速率常数 $k=1\text{L/(mol·min)}$，反应器平均停留时间 $\tau=2\text{min}$。物系聚集状态为微观完全离析，计算反应器出口浓度。

* **4-7**　如下图所示的组合反应器由许多平行的平推流反应器组成。

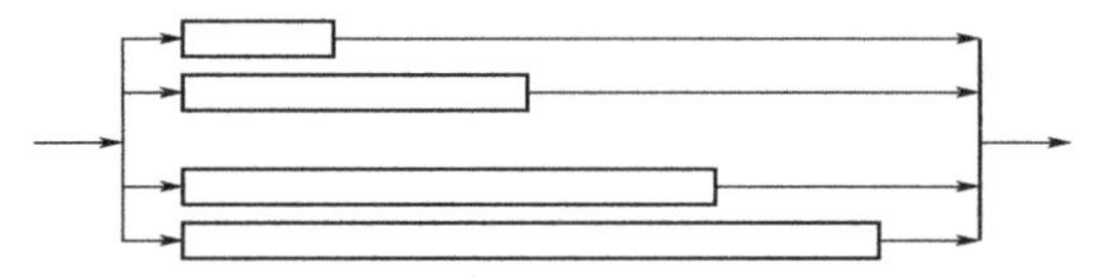

对一级反应，其中任一反应器的出口浓度为

$$\frac{C_A(L)}{C_{A0}}=\exp\left(-\frac{AkL}{q_V}\right)$$

式中，A 为反应器的横截面积；q_V 为反应物流体积流量。

(1) 如果各平推流反应器的长度服从 Γ 分布，即

$$f(L)=\left(\frac{\alpha+1}{\overline{L}}\right)^{\alpha+1}\frac{L^{\alpha}}{\Gamma(\alpha+1)}\exp\left[-(\alpha+1)\frac{L}{\overline{L}}\right]$$

式中，$\overline{L}=$平均长度$=\int_0^{\infty}Lf(L)dL$。

试证组合反应器出口平均浓度为

$$\frac{\overline{C}_A}{C_{A0}}=\int_0^{\infty}\frac{C_A(L)}{C_{A0}}f(L)dL=\left(1+\frac{\overline{L}}{\alpha+1}\times\frac{Ak}{q_V}\right)^{-(\alpha+1)}$$

(2) 对于 $\alpha=0$ 的特殊情况，$f(L)$ 成为指数分布，此时上式变为

$$\frac{\overline{C}_A}{C_{A0}}=\left(1+\frac{\overline{L}Ak}{q_V}\right)^{-1}$$

此即全混流反应器中进行一级反应的结果，试从反应器流动模型的观点来讨论这一结果。

参 考 文 献

[1] Baldyga J, Bourne J R. The Effect of Micromixing on Parallel Reactions [J]. *Chem Eng Sci*, 1990, 45 (4), 907-916.

[2] Butt J B. Reaction Kinetics and Reactor Design [M]. New Jersey: Prentice-Hall, 1980.

[3] Doulgerakis Z, Yianneskis M, Ducci A. On the Interaction of Trailing and Macro-Instability Vortices in a Stirred

Vessel-Enhanced Energy Levels and Improved Mixing Potential [J] . *Chem Eng Res Des*，2009，87 (4)：412-420.

[4] Hofmann H. Interaction of Fluid Flow and Chemical Kinetics in Homogeneous Reactions [C]//AIChE National Meeting，1963.

[5] Jakobsen H A. Chemical Reactor Modeling：Multiphase Reactive Flows [M] . Berlin：Springer，2008.

[6] Kling K，Mewes D. Two-Colour Laser Induced Fluorescence for the Quantication of Micro- and Macromixing in Stirred Vessels [J] . *Chem Eng Sci*，2004，59 (7)：1523-1528.

[7] Kramers H，Westerterp K R. Elements of Chemical Reactor Design and Operation [M] . New York：Academic Press，1963.

[8] Pakzad L，Einmozaffari F，Chan P K. Measuring Mixing Time in the Agitation of NonNewtonian Fluids through Electrical Resistance Tomography [J] . *Chem Eng Technol*，2008，31 (12)：1838-1845.

[9] Levenspiel O，Smith W K. Notes on the Diffusion Type Model for the Longitudinal Mixing of Fluids in Flow [J] . *Chem Eng Sci*，1957，6 (24)：227-233.

[10] Levenspiel O. Chemical Reaction Engineering [M] . 3rd ed. New York：John Wiley & Sons，1999.

[11] Ottino J M. Mixing and Chemical Reactions：a Tutorial [J] . *Chem Eng Sci*，1994，49 (24)：4005-4025.

[12] Paul E L，Treybal R E. Mixing and Product Distribution for a Liquid Phase，Second Order，Competive Consective Reaction [J] . *AIChE J*，1971，17：718-724.

[13] Reis N M，Vicente A A，Teixeira J A，et al. Residence Times and Mixing of a Novel Continuous Oscillatory Flow Screening Reactor [J] . *Chem Eng Sci*，2004，59 (22)：4967-4974.

[14] Westerterp K R，van Swaaij W P M，Beenackers A A C M. Chemical Reactor Design and Operation [M] . 2nd ed. New York：John Wiley & Sons，1991.

[15] 陈甘棠．聚合反应工程基础 [M] . 北京：中国石化出版社，1991.

[16] 陈敏恒，袁渭康．工业反应过程的开发方法 [M] . 北京：化学工业出版社，1985.

第5章

外部传递过程对非均相催化反应的影响

从本章开始将用六章的篇幅讨论工业上最重要的几类非均相反应过程和反应器。非均相反应过程又称多相反应过程，是指反应物系中存在两个或两个以上相的反应过程，包括气固相催化反应过程、气固相非催化反应过程、气液相反应过程、液液相反应过程、固固相反应过程和气液固三相反应过程等。

与均相反应过程相比，非均相反应过程的特征是在反应器内含有大量分子的聚集体，例如催化剂颗粒、气泡、液滴、液膜、固体反应物颗粒等，聚集体内部是反应实际发生的场所。例如，气固相催化反应中，反应在固体催化剂的活性中心上进行；气液相反应中，反应在液相中进行。发生反应的相称为反应相，以区别于非反应相。为使反应得以进行，非反应相中的反应物必须先传递到反应相的外表面（外部传质），然后再由反应相外表面向反应相内部传递（内部传质）。

外部传质和内部传质的一个重要差别是前者为单纯的传质过程，后者则为传质和反应同时进行的过程。由于化学反应均伴有一定的热效应，因此在质量传递的同时，在反应相内部和外部还存在相应的热量传递。对于放热反应，热量由反应相向非反应相传递；对于吸热反应，传热方向相反。

当化学反应较之传质过程十分缓慢，反应自身成为非均相反应过程的速率控制步骤时，反应相内外传质的影响可忽略，反应相内反应物浓度和反应相外相等或处于相平衡状态，此时非均相反应过程可按均相反应过程处理；当反应相外传质为速率控制步骤时，反应相内反应物浓度为零或等于化学平衡浓度，此时非均相反应过程可按传质过程处理。若过程不存在速率控制步骤，则反应相内外均存在浓度梯度，进行过程计算时，必须同时考虑传质和化学反应的影响。

5.1 非均相催化反应动力学的表达方式

以气固相催化反应为例，非均相催化反应过程通常包括以下步骤：

① 反应物从气相主体扩散到固体催化剂外表面；

② 反应物经颗粒内微孔扩散到固体催化剂内表面；

③ 反应物被催化剂表面活性中心吸附；

④ 在表面活性中心上进行反应；

⑤ 反应产物从表面活性中心脱附；

⑥ 反应产物经颗粒内微孔扩散到催化剂颗粒外表面；

⑦ 反应产物由催化剂颗粒外表面扩散返回气相主体。

反应速率归根到底是由反应实际进行场所的浓度和温度决定的，对气固相催化反应过程而言，也就是由催化剂表面活性中心上的浓度 C_{As}和温度 T_s 决定的，当采用幂律型动力学方程时，可表示为

$$-r_A = k_{0i} e^{-\frac{E_i}{RT_s}} C_{As}^{n_i} \tag{5-1}$$

这种排除了传递过程影响的动力学方程称为本征动力学方程，其中的参数 k_{0i}、E_i、n_i 分别称为本征的频率因子、活化能和反应级数。

但在气固相催化反应过程中，反应实际进行场所的温度和反应物浓度往往难以测定，容易测定的是气相主体的温度 T_b 和反应物浓度 C_{Ab}。由于存在传递阻力，T_b 和 T_s，C_{Ab}和 C_{As}一般并不相等。为了克服这种温度和浓度不一致带来的困难，通常采用两种工程处理方法来表示表观反应速率：效率因子法和表观动力学法。这两种方法的核心都是利用气相主体的浓度和温度来表示实际的反应速率。

效率因子法是用气相主体的温度 T_b 和反应物浓度 C_{Ab}代替式(5-1) 中的温度 T_s 和浓度 C_{As}，但乘以效率因子 η 来校正传递过程对反应速率的影响

$$-r_A = \eta k_{0i} e^{-\frac{E_i}{RT_b}} C_{Ab}^{n_i} \tag{5-2}$$

考虑外部传递影响的效率因子称为外部效率因子，考虑内部传递影响的效率因子称为内部效率因子，同时考虑两者影响的为总效率因子。

表观动力学法即将非反应相主体的温度 T_b、反应物浓度 C_{Ab}与反应速率直接关联得到动力学方程

$$-r_A = k_{0a} e^{-\frac{E_a}{RT_b}} C_{Ab}^{n_a} \tag{5-3}$$

式中，k_{0a}、E_a 和 n_a 分别为表观的频率因子、活化能和反应级数。虽然，表观动力学方程和本征动力学方程在形式上并无二致，但方程中参数的物理意义则不相同。本征动力学方程中的 k_{0i}、E_i 和 n_i 仅由反应特性决定，而表观动力学方程中的 k_{0a}、E_a 和 n_a 则由反应特性和传递特性共同决定。

无论采用效率因子法还是表观动力学法，在反应器的物料衡算和能量衡算方程中均只出现气相（非反应相）主体的温度和浓度，因此前面介绍的各种均相反应器模型仍可沿用，所以这两种处理方法都属于拟均相的处理方法。这两种方法的区别在于效率因子法将反应特性和传递特性对表观反应速率的影响作了区分，而表观动力学法则将两者综合起来考虑。显然，前者有益于剖析，后者便于应用。为了揭示气固相催化反应过程中传递的影响，本章主要采用效率因子法进行分析，但这并不意味着两种方法实际应用机会的多寡。

处理气固相催化反应过程和其他非均相反应过程的基本方法是过程的分解和综合。即先将过程分解为反应相外部（传递）问题和内部（传递和反应）问题，分别研究其在各种条件下的行为及定量表述，然后综合外部过程和内部过程，得到对全过程的描述。分解和综合不仅在此处用到，也体现了一个重要的方法论问题。

5.2　外部传递过程的模型化

在反应器中，催化剂颗粒外表面各点均处于不同的流动状态，造成外表面传质和传热系数的不均匀性。Smith 认为，可采用传质和传热系数的平均值来避免问题的复杂性。实际上采用平均值引起的误差并没有想象得那样严重，这是由于实验测得的传热和传质系数都是关

于整个床层的。

颗粒的外部传递过程可通过合理假设得到简化，见图 5-1。可将颗粒相与流体相间通过边界层划分为两个区域。边界层以外是流体主体相，由于湍流作用因此组分浓度均匀；边界层以内为层流区，热质传递是通过热传导和分子扩散的方式完成的。

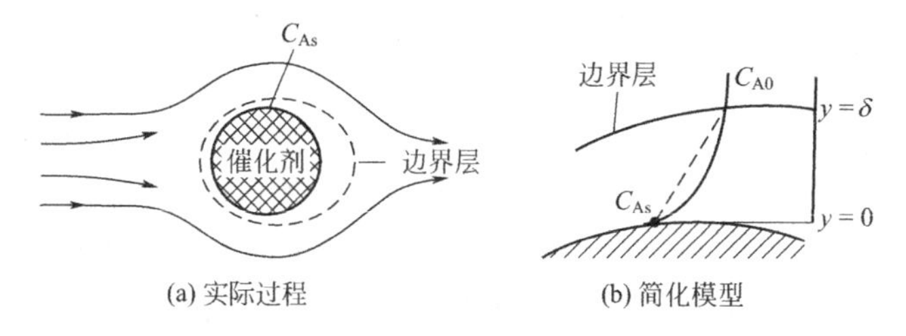

图 5-1 外部传递过程的简化模型

由于边界层的厚度 δ 是一个虚拟值，是为了简化问题而提出来的，因此边界层内的温度和浓度梯度是未知的，无法用于传递速率的计算。考虑到单位面积传质速率可表示成扩散系数与浓度梯度的乘积

$$J=D\frac{C_b-C_s}{\delta} \tag{5-4}$$

因此，该式又可写成

$$J=\frac{D}{\delta}(C_b-C_s)=k_m(C_b-C_s) \tag{5-5}$$

这样，就得到了以传质系数 k_m 和浓度差的乘积表示的传质速率。

流固间传热和传质系数的估算可通过 Chilton-Colburn 类似律得到

$$j_H=j_D \tag{5-6}$$

其中，传质 j 因子定义为

$$j_D=\frac{k_m\rho}{G}\left(\frac{\mu}{\rho D}\right)^{2/3}=\frac{Sh}{ReSc^{1/3}} \tag{5-7}$$

传热 j 因子定义为

$$j_H=\frac{h}{c_pG}\left(\frac{c_p\mu}{\lambda}\right)^{2/3}=\frac{Nu}{RePr^{1/3}} \tag{5-8}$$

式中，$Sc=\frac{\mu}{\rho D}$为 Schmidt 数，表示物系的扩散特性；$Pr=\frac{c_p\mu}{\lambda}$为 Prandtl 数，表示物系的传热特性。两量纲为一数的定义中的 D 和 λ 分别为分子扩散系数和导热系数。

Dwivedi 和 Upadhyay 得出，在雷诺数 $Re=0.01\sim15000$ 范围内

$$\varepsilon j_D=\frac{0.765}{Re^{0.82}}+\frac{0.365}{Re^{0.386}} \tag{5-9}$$

式中，ε 为床层空隙率。适用于固定床和流化床中的气固传质系数估算，预测值对实验数据的平均偏差为 19.75%。

5.3 外部传递对反应结果的影响表征

为了定量地描述外部传质和传热对反应速率的影响，定义外部效率因子为

$$\eta_e = \frac{有外部传递影响的反应速率}{无外部传递影响的反应速率}$$

下面分别就气相主体温度和催化剂外表面温度相等（气相和催化剂之间的温差可以不计）和不相等的情况，探讨对于不同类型的反应，外部传递对反应结果的影响。

5.3.1　等温外部效率因子

相间质量传递和表面反应是一个串联过程，在定态条件下，两者的速率必然相等，对于简单反应 A ⟶ B 有

$$k_g a(C_{Ab} - C_{As}) = kC_{As}^n = -r_A \tag{5-10}$$

式中，k_g 为气相传质系数；a 为单位体积催化剂的外表面积；k 为反应速率常数。由于存在传质阻力，$C_{As} < C_{Ab}$，表面反应速率下降。只有当 $k_g a$ 足够大，（$C_{Ab} - C_{As}$）趋近于零，即 $C_{As} = C_{Ab}$时，表面反应速率达到最大值 kC_{Ab}^n，相际传质的影响才可忽略。

对于一级反应，式(5-10）中的 $n=1$，于是可解得

$$C_{As} = \frac{C_{Ab}}{1 + \frac{k}{k_g a}} = \frac{C_{Ab}}{1 + Da} \tag{5-11}$$

式中，Da 为第二 Damköhler 数（Damköhler 在反应器分析中曾提出过三个量纲为一的数，但以此量纲为一的数运用最多，故常被简称为 Damköhler 数，本书以此通例），对一级反应

$$Da = \frac{k}{k_g a} = \frac{kC_{Ab}}{k_g a(C_{Ab} - 0)} \tag{5-12}$$

上式中分子表示表面浓度等于主体浓度时的反应速率，即本系统可能的最大反应速率，分母表示表面浓度为零时的传质速率，即本系统可能的最大传质速率。这里引入可能的最大速率，是为了用这些极限的情况进行比较，以获得速率控制步骤的定量判据。可能的最大反应速率是指可能出现的最高反应物浓度下得到的反应速率，而可能的最高反应物浓度为 C_{Ab}。可能的最大传质速率是指反应物在催化剂表面浓度为零，传质推动力最大时的传质速率。Damköhler 数的物理意义即为可能的最大反应速率和最大传质速率之比。于是，对 n 级反应可得

$$Da = \frac{kC_{Ab}^n}{k_g a(C_{Ab} - 0)} = \frac{kC_{Ab}^{n-1}}{k_g a} \tag{5-13}$$

Da 也可视为外部扩散时间 t_{De} 和特征反应时间 t_r 之比

$$Da = \frac{t_{De}}{t_r} \tag{5-14}$$

t_{De}为外部扩散时间，表示以最大传质速率将主体浓度为 C_{Ab}的反应物全部传递到催化剂外表面所需的时间

$$t_{De} = \frac{C_{Ab}}{k_g a C_{Ab}} = \frac{1}{k_g a} \tag{5-15}$$

与第 3 章中用以表述均相反应进行程度的 Da_I 类同，此处的 Da 亦反映了两个特征时间的相对关系。所不同的仅是这里是以外部扩散时间代替了反应（停留）时间。反应工程的核心问题是反应速率（选择性的实质也只是主、副反应速率之比）以及反应速率与各种传递过程速率之比。特征时间则为比较各种过程的速率提供了一个共同的基准。例如，Da_I 为反应（停留）时间和特征反应时间之比，本节讨论的 Da 为外部扩散时间和特征反应时间之比，

上一章提出的 Péclet 数为代表返混大小的有效扩散时间 t_D 和物料的平均停留时间 τ 之比，这些量纲为一数的实质都是不同过程速率的相对大小。在后续章节中还将看到其他各种量纲为一数皆具有类似的物理意义。

Da 小表示极限反应速率小或外部扩散时间短，主体浓度和表面浓度接近，系统的行为接近均相反应系统，当 Da 趋近于 0 时，表面浓度 C_{As} 趋近气相主体浓度 C_{Ab}，表示反应十分缓慢，化学反应为过程的控制因素；反之，Da 大表示极限反应速率大或外部扩散时间长，反应远比传质快速，主体浓度和表面浓度的差别大，系统的行为充分表现出非均相的特点，当 Da 趋近于无穷大时，表面浓度趋近于零，表观反应速率完全取决于传质速率。

在等温条件下，采用幂律型动力学方程，外部效率因子可表示为

$$\eta_e=\frac{kC_{As}^n}{kC_{Ab}^n}=\left(\frac{C_{As}}{C_{Ab}}\right)^n \tag{5-16}$$

对一级反应由式(5-11) 不难得到

$$\eta_e=\frac{kC_{Ab}/(1+Da)}{kC_{Ab}}=\frac{1}{1+Da} \tag{5-17}$$

对非一级反应，外部效率因子 η_e 和 Da 的关系可通过如下推导得到。由式(5-10) 得

$$k_g a\left(1-\frac{C_{As}}{C_{Ab}}\right)=\frac{(-r_A)}{C_{Ab}}$$

$$1-\frac{C_{As}}{C_{Ab}}=\frac{(-r_A)}{k_g a C_{Ab}}=\frac{(-r_A)}{(-r_{Ab})}\times\frac{(-r_{Ab})}{k_g a C_{Ab}}=\eta_e Da$$

所以

$$\frac{C_{As}}{C_{Ab}}=1-\eta_e Da \tag{5-18}$$

于是，当 $n=2$ 时有

$$\eta_e=\left(\frac{C_{As}}{C_{Ab}}\right)^2=(1-\eta_e Da)^2=1-2\eta_e Da+\eta_e^2 Da^2$$

求解上述一元二次方程得

$$\eta_e=\frac{2Da+1-\sqrt{(2Da+1)^2-4Da^2}}{2Da^2}=\left[\frac{1}{2Da}(\sqrt{1+4Da}-1)\right]^2 \tag{5-19}$$

用类似的方法可导得

$n=\frac{1}{2}$时

$$\eta_e=\frac{\sqrt{4+Da^2}-Da}{2} \tag{5-20}$$

$n=-1$ 时

$$\eta_e=\frac{2}{1+\sqrt{1-4Da}} \tag{5-21}$$

式(5-17) 和式(5-19)～式(5-21) 被标绘在图 5-2 中，可见，反应级数愈高，相间传质对等温外部效率因子的影响就愈大。这和返混对不同级数反应的影响是相似的。

对于 $n=-1$ 的异常情况，需要给出进一步的说明。这时 η_e 随着 Da 的增加而增加，但 η_e 最大值为 2，这时 $Da=1/4$，当 $Da>1/4$，由式(5-21) 可知效率因子无解。出现这种限制的原因是根据负一级反应的定义

$$-r_A=\frac{k}{C_{As}}$$

可知，当 $C_{As}=0$ 时上述定义无意义；又对 $n=-1$ 有

$$Da=\frac{k}{C_{Ab}^{2}k_{g}a}$$

$Da<1/4$ 的限制，实际上表明负一级反应只可能在一定浓度条件 $\left(C_{Ab}>\sqrt{\frac{4k}{k_{g}a}}\right)$ 下存在。

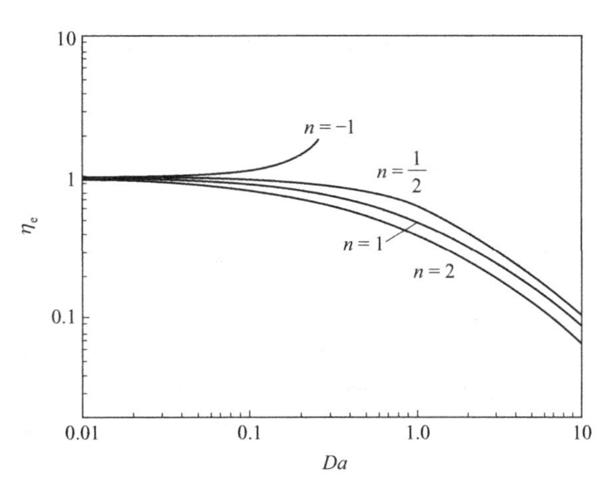

图 5-2　不同反应级数下的等温外部效率因子

根据上面所述，外部效率因子 η_e 是 Da 的函数，而 Da 中包含了本征反应速率常数 k。因此，只有当 k 是已知时，才能计算 Da 和 η_e，对外部传质的影响做出判断。

但更常遇到的是通过实验测定一定气相主体浓度 C_{Ab} 下的表观反应速率 $(-r_A)$，并将它们之间的关系表示为

$$(-r_A)=k_a f(C_{Ab})$$

式中，k_a 称为表观反应速率常数。在这种情况下，本征速率常数是未知的，因而无法通过上述途径估计外部传质对反应的影响。而若将 η_e 表示为 $\eta_e Da$ 的函数，这一困难则可避免。

利用外部效率因子 η_e，表观反应速率与气相主体浓度的关系可表示为

$$(-r_A)=\eta_e k C_{Ab}^{n}$$

又有

$$\eta_e Da=\eta_e\frac{kC_{Ab}^{n}}{k_g a C_{Ab}}=\frac{(-r_A)}{k_g a C_{Ab}} \tag{5-22}$$

可见，$\eta_e Da$ 可以根据实验测定的 $(-r_A)$ 和 C_{Ab} 计算，因此被称为可观察参数。相应地，Da 被称为不可观察参数。不同反应级数时 $\eta_e Da$ 和 η_e 的关系，不难由式(5-17) 和式(5-19)～式(5-21) 得到，并已被标绘在图 5-3 中。

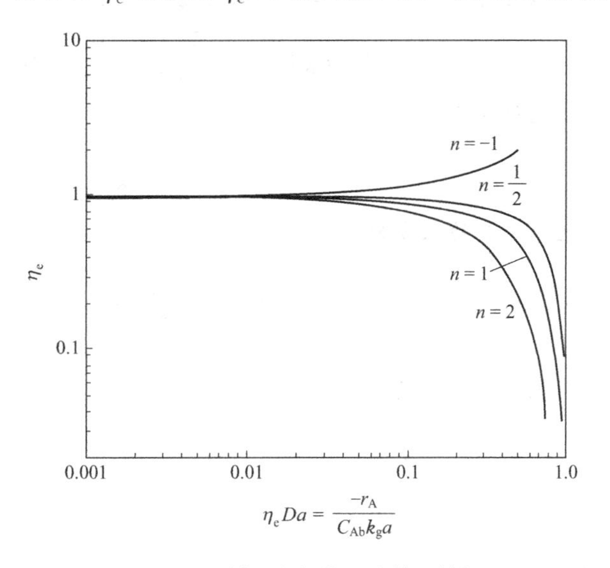

图 5-3　不同反应级数下的等温外部效率因子和 $\eta_e Da$ 的关系

十分明显，当过程由外扩散控制时，表观速率对于主体浓度呈一级关系，由传质速率决定，表观活化能很小，可视为接近零。如为反应控制，则表观动力学与本征动力学一致。

例 5-1　在 Ni 催化剂上进行苯加氢反应生成环己烷，催化剂为球形颗粒 $d_p=10\text{mm}$，颗粒堆积密度 $\rho_B=0.6\text{g/cm}^3$，颗粒真密度 $\rho_s=0.9\text{g/cm}^3$，反应混合物组成（摩尔分数）为苯 1.2%、氢 92%、环己烷 6.8%。由于氢大大过量，此反应可认为是对苯的一级反应。已知反应温度为 180℃，压力为 0.1MPa（绝压），反应混合物流过反应器截面积的质量流量 $F=1000\text{kg/(m}^2\cdot\text{h)}$。气体混合物黏度 $\mu=1.16\times10^{-5}\text{Pa}\cdot\text{s}$，气体混合物 $Sc=0.75$。实测反应速率 $(-r_A)=0.0153$mol 苯/(g cat・h)。设气相主体和催化剂外表面温度相等，试

计算催化剂外表面苯的浓度和外部效率因子。传质系数关联式为

$$j_D=\frac{k_g\rho}{F}Sc^{\frac{2}{3}}=\frac{0.725}{Re^{0.41}-0.15}$$

解：反应混合物的平均分子量为

$$\overline{M_r}=0.012\times78+0.92\times2+0.068\times84=8.5$$

利用理想气体状态方程计算气相反应混合物的密度

$$\rho=\frac{p\overline{M_r}}{RT}=\frac{1\times8.5}{0.08205\times(273+180)}=0.229\text{kg/m}^3$$

以颗粒直径为特征尺寸的流动雷诺数为

$$Re=\frac{d_pF}{\mu}=\frac{0.01\times1000/3600}{1.16\times10^{-5}}=239$$

于是

$$j_D=\frac{k_g\rho}{F}Sc^{\frac{2}{3}}=\frac{0.725}{Re^{0.41}-0.15}=\frac{0.725}{239^{0.41}-0.15}=0.078$$

气膜传质系数

$$k_g=\frac{j_DF}{\rho Sc^{\frac{2}{3}}}=\frac{0.078\times1000/3600}{0.229\times0.75^{\frac{2}{3}}}=0.115\text{m/s}$$

以单颗粒催化剂为基准，单位体积催化剂的反应速率为

$$(-r_A)=\frac{0.0153\times9\times10^5}{3600}=3.825\text{mol/(m}^3\cdot\text{s)}$$

催化剂颗粒的比表面积为

$$a=\frac{6}{d_p}=\frac{6}{0.01}=600\text{m}^{-1}$$

气相主体中苯的浓度为

$$C_{Ab}=\frac{229\times0.012}{8.5}=0.323\text{mol/m}^3$$

由于

$$k_ga(C_{Ab}-C_{As})=(-r_A)$$

因此，催化剂外表面苯浓度为

$$C_{As}=C_{Ab}-\frac{(-r_A)}{k_ga}=0.323-\frac{3.825}{0.115\times600}=0.268\text{mol/m}^3$$

等温条件下，外部效率因子为

$$\eta_e=\frac{C_{As}}{C_{Ab}}=\frac{0.268}{0.323}=0.830$$

5.3.2 非等温外部效率因子

气相主体和催化剂外表面温差不可忽略时，外部效率因子为

$$\eta_e=\frac{k(T_s)C_{As}^n}{k(T_b)C_{Ab}^n}=\frac{k(T_s)}{k(T_b)}\left(\frac{C_{As}}{C_{Ab}}\right)^n \tag{5-23}$$

将式(5-18) 代入上式得

$$\eta_e=\frac{k(T_s)}{k(T_b)}(1-\eta_eDa)^n \tag{5-24}$$

将温度 T_s 和 T_b 下的反应速率常数之比用量纲为一参数表示

$$\frac{k(T_s)}{k(T_b)}=\frac{k_0\exp\left(-\frac{E}{RT_s}\right)}{k_0\exp\left(-\frac{E}{RT_b}\right)}=\exp\left[-\frac{E}{RT_b}\left(\frac{T_b}{T_s}-1\right)\right]=\exp\left[-\varepsilon\left(\frac{1}{\theta}-1\right)\right] \tag{5-25}$$

式中，$\varepsilon=\frac{E}{RT_b}$为量纲为一活化能；$\theta=\frac{T_s}{T_b}$为量纲为一表面温度。要得到非等温条件下的外部效率因子，必须将量纲为一表面温度 θ 和可观察参数 $\eta_e Da$ 联系起来，可利用传热、传质类似律解决此问题。

在定态条件下，催化剂和气相主体间对流传递的热量必等于催化剂表面反应放出（或吸收）的热量

$$ha(T_s-T_b)=(-\Delta H)(-r_A) \tag{5-26}$$

上式两边除以 $k_g a C_{Ab} T_b$ 得

$$\frac{ha(T_s-T_b)}{k_g a C_{Ab} T_b}=\frac{(-\Delta H)(-r_A)}{k_g a C_{Ab} T_b}$$

整理后有

$$\frac{h}{k_g C_{Ab}}\left(\frac{T_s}{T_b}-1\right)=\frac{(-\Delta H)}{T_b}\times\frac{(-r_A)}{k_g a C_{Ab}}=\frac{(-\Delta H)}{T_b}\eta_e Da \tag{5-27}$$

引入传质 j_D 因子，$j_D=\frac{k_g}{u}Sc^{\frac{2}{3}}$ 和传热 j_H 因子，$j_H=\frac{h}{u\rho c_p}Pr^{\frac{2}{3}}$，根据传质传热类似律 $j_D=j_H$，于是有

$$k_g Sc^{\frac{2}{3}}=\frac{h}{\rho c_p}Pr^{\frac{2}{3}}$$

即

$$\frac{h}{k_g}=\rho c_p\left(\frac{Sc}{Pr}\right)^{\frac{2}{3}}$$

将上式代入式(5-27) 得

$$\frac{\rho c_p}{C_{Ab}}\left(\frac{Sc}{Pr}\right)^{\frac{2}{3}}(\theta-1)=\frac{(-\Delta H)}{T_b}\eta_e Da$$

移项并整理得

$$\theta-1=\frac{(-\Delta H)C_{Ab}}{\rho c_p T_b}\left(\frac{Pr}{Sc}\right)^{\frac{2}{3}}\eta_e Da$$

令 $\beta=\frac{(-\Delta H)C_{Ab}}{\rho c_p T_b}=\frac{\Delta T_{ad}}{T_b}$，称为量纲为一绝热温升；$Le=\frac{Sc}{Pr}=\frac{\lambda}{c_p\rho D}$，称为 Lewis 数。于是上式可改写为

$$\theta-1=\beta(Le)^{-\frac{2}{3}}\eta_e Da$$

当 $\eta_e Da=1$ 时，量纲为一外部温升达最大值 $\beta(Le)^{-\frac{2}{3}}$，令其为 $\bar{\beta}_{ex}$，于是有

$$\theta-1=\bar{\beta}_{ex}\eta_e Da$$

即

$$\theta=1+\bar{\beta}_{ex}\eta_e Da \tag{5-28}$$

将式(5-28) 代入式(5-25) 和式(5-24)，可得非等温外部效率因子 η_e 和可观察参数 $\eta_e Da$ 的关系为

$$\eta_e=(1-\eta_e Da)^n\exp\left[-\varepsilon\left(\frac{1}{1+\bar{\beta}_{ex}\eta_e Da}-1\right)\right] \tag{5-29}$$

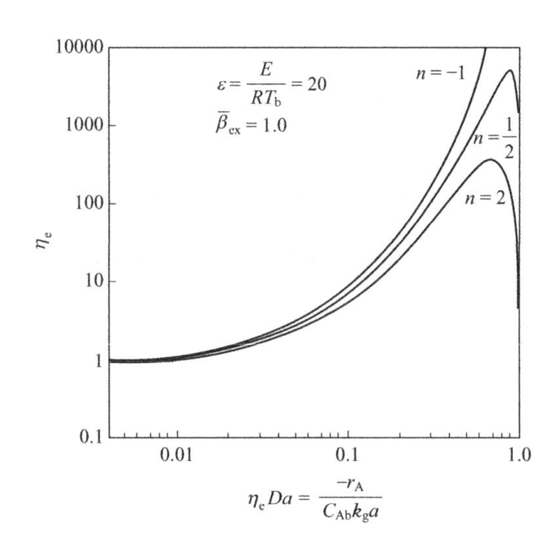

图 5-4 非等温外部效率因子和可观察参数 $\eta_e Da$ 的关系（非一级反应）

可见，非等温外部效率因子为量纲为一活化能 ε、最大量纲为一外部温升 $\bar{\beta}_{ex}$ 和可观察参数 $\eta_e Da$ 的函数，它们分别反映了活化能、反应热效应和外部传质阻力对外部效率因子的影响。对不同级数的反应，η_e 和这些参数的关系被标绘在图 5-4～图 5-6 中。

从这些图中可看到非等温外部效率因子的某些特征：

① 本征反应级数越高，传质限制对反应速率的影响越大（图 5-4）；

② 对负级数反应，外部效率因子将始终大于 1（图 5-4）；

③ 对放热反应（$\bar{\beta}_{ex}>0$），由于 $T_s>T_b$，η_e 可能大于 1；对吸热反应（$\bar{\beta}_{ex}<0$），η_e 不可能大于 1，且由于 $T_s<T_b$，η_e 将小于等温情况（图 5-5 和图 5-6）；

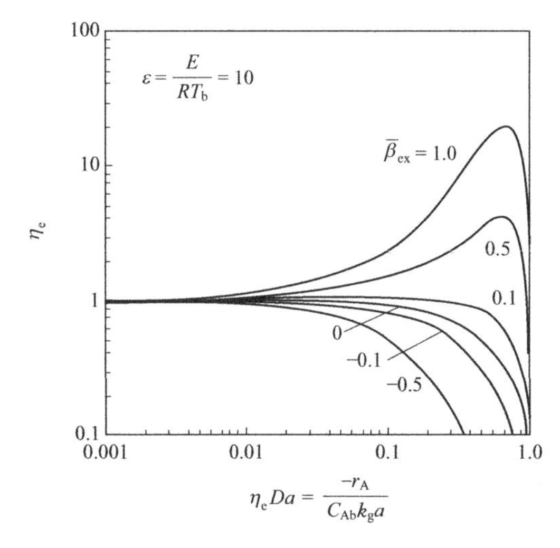

图 5-5 非等温外部效率因子和可观察参数 $\eta_e Da$ 的关系（一级反应，ε＝10）

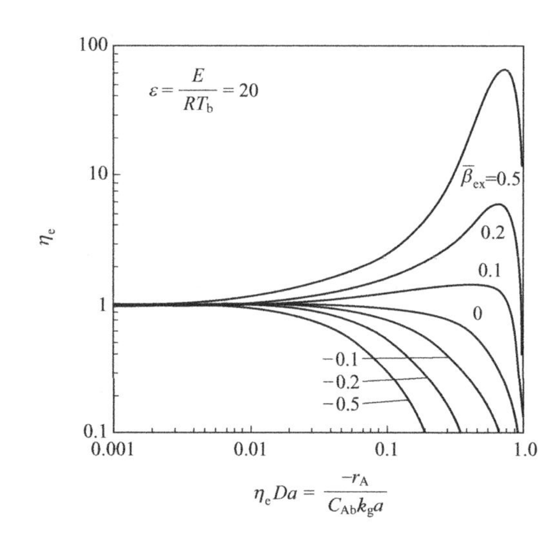

图 5-6 非等温外部效率因子和可观察参数 $\eta_e Da$ 的关系（一级反应，ε＝20）

④ 量纲为一活化能 ε 对 η_e 的影响比量纲为一外部温升 $\bar{\beta}_{ex}$ 的影响更敏感（图 5-5 和图5-6）。

5.3.3 外部传递对复杂反应选择性的影响

以上讨论均限于简单反应，故外部传递的影响仅涉及反应速率。对于复杂反应，外部传递不仅影响反应速率，而且影响反应的选择性，下面仍按等温情况和非等温情况进行讨论。

1. 等温条件下外部传质对选择性的影响

（1）串联反应

考虑如下串联反应

$$A \xrightarrow{k_1} B \xrightarrow{k_2} C$$

设两个反应均为一级反应，且各组分的传质系数相等

$$(k_g a)_A = (k_g a)_B = (k_g a)_C$$

设反应仅在催化剂外表面进行，在定态条件下，各组分的反应量和传递量相等，故有

组分 A　$$k_g a (C_{Ab} - C_{As}) = k_1 C_{As} \tag{5-30}$$

组分 B　$$k_g a (C_{Bs} - C_{Bb}) = k_1 C_{As} - k_2 C_{Bs} \tag{5-31}$$

组分 C　$$k_g a (C_{Cs} - C_{Cb}) = k_2 C_{Bs} \tag{5-32}$$

由式(5-30) 可得

$$C_{As} = \frac{C_{Ab}}{1 + Da_1} \tag{5-33}$$

式中，$Da_1 = \frac{k_1}{k_g a}$。

将式(5-33) 代入式(5-31) 可求得

$$C_{Bs} = \frac{Da_1 C_{Ab}}{(1 + Da_1)(1 + Da_2)} + \frac{C_{Bb}}{1 + Da_2} \tag{5-34}$$

式中，$Da_2 = \frac{k_2}{k_g a}$。

因此，B 的产率为

$$Y_B = -\frac{dC_B}{dC_A} = \frac{k_1 C_{As} - k_2 C_{Bs}}{k_1 C_{As}} = 1 - \frac{Da_1}{K_0(1 + Da_2)} - \frac{C_{Bb}(1 + Da_1)}{K_0 C_{Ab}(1 + Da_2)} \tag{5-35}$$

式中，$K_0 = \frac{k_1}{k_2}$，故有$\frac{Da_1}{K_0} = Da_2$。于是式(5-35) 可化简为

$$Y_B = \frac{1}{1 + Da_2} - \frac{C_{Bb}(1 + Da_1)}{K_0 C_{Ab}(1 + Da_2)} \tag{5-36}$$

当 $Da_1 = Da_2 = 0$，即过程为表面反应控制时，式(5-36) 变为

$$Y_B = 1 - \frac{C_{Bb}}{K_0 C_{Ab}} \tag{5-37}$$

与均相反应的选择性计算式完全一致。

当 B 在气相主体中的浓度趋近零时，式(5-36) 变为

$$Y_B = \frac{1}{1 + Da_2} \tag{5-38}$$

即 B 的产率仅取决于反应 2 的表面反应速率和组分 B 从催化剂表面逃逸的速率之比。当 Da_2 趋近零时，Y_B 接近 1；当 Da_2 趋近无穷大时，Y_B 接近零。因此，如欲使 A 全部变成 C，如汽车废气的催化燃烧，应使过程处于扩散控制；如果 B 是需要的产物，如萘氧化生产苯酐，则应尽可能减小扩散阻力，因为，外扩散阻力恒降低产物 B 的选择性。

(2) 平行反应

设有平行反应

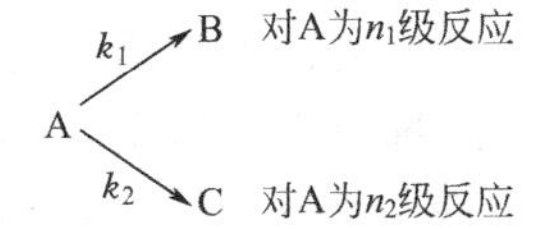

B 为所需要的产物。组分 B 和 C 的生成速率可分别表示为

$$r_B = k_1 C_{As}^{n_1}$$

$$r_C = k_2 C_{As}^{n_2}$$

因此组分 B 和 C 生成速率之比（称为比选择性）为

$$S_s = \frac{dC_B}{dC_C} = \frac{k_1 C_{As}^{n_1}}{k_2 C_{As}^{n_2}} = K_0 C_{As}^{n_1 - n_2} \tag{5-39}$$

如果外部传质阻力可忽略，即催化剂外表面组分 A 的浓度等于气相主体浓度，则比选择性为

$$S_b = K_0 C_{Ab}^{n_1 - n_2} \tag{5-40}$$

于是，外部传质阻力对比选择性的影响可表示为

$$\frac{S_s}{S_b} = \left(\frac{C_{As}}{C_{Ab}}\right)^{n_1 - n_2} \tag{5-41}$$

因为 C_{As} 恒小于 C_{Ab}，所以由上式可知当主反应级数 n_1 高于副反应级数 n_2 时，外部传质阻力将使比选择性降低；当主反应级数 n_1 低于副反应级数 n_2 时，外部传质阻力将使比选择性增高；当主反应级数 n_1 和副反应级数 n_2 相等时，外部传质阻力对比选择性无影响。

2. 非等温条件下外部传递对选择性的影响

在串联反应和平行反应的产率或比选择性表达式(5-36) 和式(5-39) 中都包含一个参数 $K_0 = \frac{k_1}{k_2}$，当气相主体温度和催化剂表面温度不相等时，产率或选择性将受这一参数的影响。根据 Arrhenius 公式，催化剂表面温度下和气相主体温度下的反应速率常数的关系可表示为

$$k = k_b \exp\left[\varepsilon\left(1 - \frac{1}{\theta}\right)\right]$$

式中，k_b 为气相主体温度下的反应速率常数，因此有

$$K_0 = \frac{k_1}{k_2} = K_b \exp\left[(\varepsilon_1 - \varepsilon_2)\left(1 - \frac{1}{\theta}\right)\right] \tag{5-42}$$

式中，K_b 为气相主体温度下的$\frac{k_1(T_b)}{k_2(T_b)}$。

在定态条件下，表面反应放热量（或吸热量）q 必等于相间传递热量

$$q = ha(T_s - T_b) = haT_s(1 - 1/\theta) \tag{5-43}$$

所以

$$1 - 1/\theta = \frac{q}{haT_s}$$

代入式(5-42) 得

$$K_0 = K_b \exp\left[(\varepsilon_1 - \varepsilon_2)\frac{q}{haT_s}\right] \tag{5-44}$$

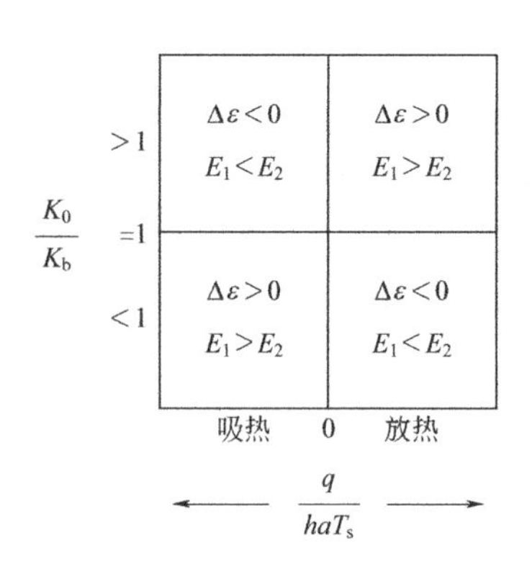

图 5-7　相间温差对反应选择性的影响

可见，相间温差对串联反应和平行反应的产率或选择性的影响取决于 $\Delta\varepsilon = \varepsilon_1 - \varepsilon_2$ 和$\frac{q}{haT_s}$。图 5-7 为 $\Delta\varepsilon$ 和$\frac{q}{haT_s}$不同情况下相间温差对$\frac{K_0}{K_b}$的影响。

无论串联反应还是平行反应，K_0 增大都有利于提高选择性，因此，由图 5-7 可知，对吸热反应，$T_s < T_b$，当 $E_1 < E_2$ 时选择性将改善，当 $E_1 > E_2$ 时选择

性将变差；对放热反应，$T_s>T_b$，当 $E_1>E_2$ 时选择性将改善，当 $E_1<E_2$ 时选择性将变差。

例 5-2　在固体催化剂上进行平行反应

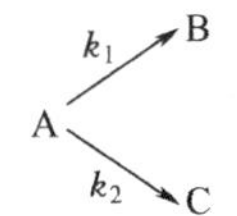

主、副反应均为一级反应，主反应活化能 $E_1=83.6\text{kJ/mol}$，副反应活化能 $E_2=125.4\text{kJ/mol}$，主、副反应的反应热（$-\Delta H$）均为 158.84kJ/mol。

现有组分 A 摩尔分数分别为（1）10%，（2）40%的两种进料，当气相主体温度为 350℃，反应气体流量为 800 kg/(m² · h) 时，常压下进料（1）的实测反应速率为 0.015kmol/（kg cat · h），生成目的产物 B 的选择性为 98%。在同样反应条件下，改用进料（2）时，试估计产物 B 的选择性。

用上述两种进料时，反应气体的物性数据均为：$\rho_g=0.6\text{kg/m}^3$，$\mu=0.1\text{kg/(m·h)}$，$\lambda_g=0.146\text{kJ/(m·h·K)}$，$c_p=1.672\text{kJ/(kg·K)}$，组分 A 的扩散系数 $D=0.12\text{ m}^2\text{/h}$，催化剂为 $d_p=3\text{mm}$ 的圆球，密度 $\rho_s=1280\text{ kg/m}^3$。反应传热系数关联式为 $j_H=\dfrac{h}{Fc_p}Pr^{\frac{2}{3}}=\dfrac{1.10}{Re^{0.41}-0.15}$。

解：在题述反应条件下

$$Re=\frac{d_pF}{\mu}=\frac{3\times10^{-3}\times800}{0.1}=24$$

$$Pr=\frac{c_p\mu}{\lambda_g}=\frac{1.672\times0.1}{0.146}=1.14$$

$$Sc=\frac{\mu}{\rho_gD}=\frac{0.1}{0.6\times0.12}=1.39$$

$$j_D=\frac{0.725}{Re^{0.41}-0.15}=0.205$$

所以气相主体和催化剂外表面间的传质系数为

$$k_g=\frac{j_DF}{\rho_gSc^{\frac{2}{3}}}=\frac{0.205\times800}{0.6\times1.39^{\frac{2}{3}}}=219.4\text{m/h}$$

$$j_H=\frac{1.10}{Re^{0.41}-0.15}=0.311$$

所以气相主体和催化剂外表面间的传热系数为

$$h=\frac{j_HFc_p}{Pr^{\frac{2}{3}}}=\frac{0.311\times800\times1.672}{1.14^{\frac{2}{3}}}=381.2\text{kJ/(m}^2\cdot\text{h}\cdot\text{K)}$$

催化剂比表面积　$$a=\frac{6}{d_p}=\frac{6}{3\times10^{-3}}=2000\text{ m}^2\text{/m}^3=1.56\text{ m}^2\text{/kg}$$

进料（1）组分 A 的浓度

$$C_{Ag}=\frac{p_A}{RT}=\frac{0.1}{0.082\times623}=1.96\times10^{-3}\text{kmol/m}^3$$

气相主体和催化剂外表面间组分 A 的浓度差

$$\Delta C_{Ag}=\frac{(-r_A)}{k_ga}=\frac{0.015}{219.4\times1.56}=4.38\times10^{-5}\text{kmol/m}^3$$

气膜传质阻力使催化剂外表面组分 A 浓度下降约 2.2%。

用进料（1）时气相主体和催化剂外表面间温度差

$$\Delta T=\frac{(-r_{A})(-\Delta H)}{ha}=\frac{0.015\times158840}{381.2\times1.56}=4℃$$

设用进料（2）时反应速率为 $(-r_{A2})$，催化剂外表面组分 A 浓度为 C_{As2}，温度为 T_{s2}，假设组分 A 主要由反应 1 消耗，则有

$$(-r_{A2})=\frac{0.015\times C_{As2}\times\exp\left(-\frac{10000}{T_{s2}}\right)}{1.96\times10^{-3}\times\exp\left(-\frac{10000}{627.2}\right)}$$

$$C_{As2}=7.84\times10^{-3}-\frac{(-r_{A2})}{219.4\times1.56}$$

$$T_{s2}=623.2+\frac{(-r_{A2})\times158840}{381.2\times1.56}$$

经迭代求解得到

$$(-r_{A2})=0.29\text{kmol/(kg cat}\cdot\text{h)}$$
$$C_{As2}=6.99\times10^{-3}\ \text{kmol/m}^3$$
$$T_{s2}=700.7\text{K}$$

因为主、副反应均为一级反应，所以影响选择性的因素仅为催化剂表面的温度。

对进料（1）有

$$\left(\frac{dC_B}{dC_C}\right)_1=\frac{k_{10}e^{-\frac{10000}{627.2}}}{k_{20}e^{-\frac{15000}{627.2}}}=\frac{0.98}{0.02}=49$$

所以

$$\frac{k_{10}}{k_{20}}=0.0169$$

对进料（2）有

$$\left(\frac{dC_B}{dC_C}\right)_2=\frac{k_{10}e^{-\frac{10000}{700.7}}}{k_{20}e^{-\frac{15000}{700.7}}}=0.0169\times\frac{6.34\times10^{-7}}{5.05\times10^{-10}}=21.2$$

所以组分 B 的选择性为 $\frac{21.2}{21.2+1}=95.5\%$。可见，对进料（1）和进料（2），假设组分 A 主要由反应 1 消耗是可以接受的。

5.3.4 外部传递引起的催化剂颗粒的多重定态

这个问题和第 3 章中讨论的全混流反应器的多重定态是类似的。由式(5-26) 可知，对放热反应，定态条件要求催化剂表面反应放出的热量等于对流传递的热量。若反应为一级反应，放热量可表示为

$$q_g=k_0e^{-\frac{E}{RT_s}}C_{As}(-\Delta H) \tag{5-45}$$

用式(5-11) 替代上式中的 C_{As}，则有

$$q_g=\frac{(-\Delta H)k_0e^{-\frac{E}{RT_s}}C_{Ab}}{1+\frac{k_0e^{-\frac{E}{RT_s}}}{k_ga}} \tag{5-46}$$

将 q_g 对 T_s 进行标绘，也可得到一条S形曲线，如图5-8所示。随着 T_s 增大曲线趋于平坦，这是由于外部传质限制了反应速率随温度的指数式增大而趋于一个极限。

移热量则可表示为

$$q_r = ha(T_s - T_b) \tag{5-47}$$

可见 q_r 与 T_s 之间为线性关系，如图5-8中的直线 $q_{r1} \sim q_{r4}$ 所示。q_g 线与 q_r 线的交点即为定态点。当散热线为 q_{r1} 时，A_1 为唯一的定态点，当颗粒初始温度高于或低于 A_1 所示温度时，颗粒将被冷却或加热最终达到 A_1。当散热线为 q_{r2} 时，若催化剂初始温度低于 C_2，其最终温度将到达定态点 A_2，若催化剂初始温度高于 C_2，其最终温度将到达定态点 B_2，理论上，点 C_2 也是一个定态点，但它是不稳定的。当散热线为 q_{r3} 时，B_3 是唯一的定态点，此时放热线趋于平坦，放热量 q_g 由扩散速率确定，催化剂状态处于扩散控制区。而 A_1、A_2 所表示的催化剂状态则处于反应控制区。散热线 q_{r4} 则代表不稳定状态，散热量恒小于放热量。

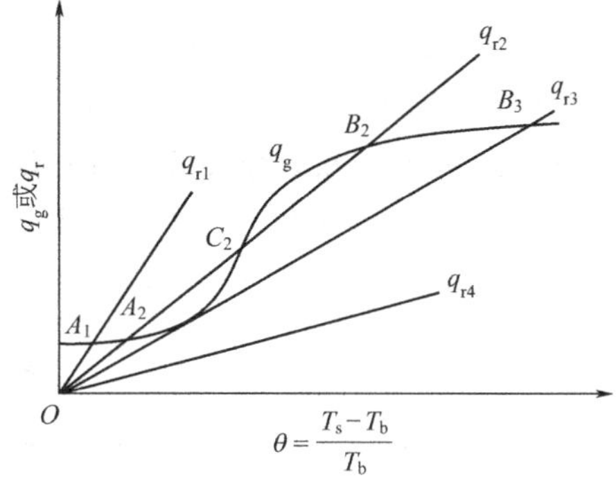

图5-8　催化剂颗粒的多重定态

习　题

5-1　催化反应 A ⟶ B，排除外部传递影响条件下测得的颗粒动力学方程为

$$-r_A = 1.6\times10^9 \exp\left(-\frac{10000}{T_s}\right) C_{As}\,\text{kmol/(kg cat·h)}$$

式中，C_{As} 为催化剂外表面组分A的浓度，kmol/m^3。

反应热 $(-\Delta H)=150480\text{kJ/kmol}$。现知固定床反应器中气相主体温度 $T_b=360℃$，组分A浓度 $C_{Ab}=1.3\times10^{-3}\text{kmol/m}^3$，在反应器操作条件下，气相主体和催化剂表面间的传质系数 $k_g=100\text{m/h}$，传热系数 $h=125.4\text{kJ/(m}^2\cdot\text{h}\cdot\text{K)}$。催化剂比表面积 $a=40\text{m}^2\text{/(kg cat)}$。试计算

(1) 表观反应速率；

(2) 外部效率因子。

5-2　在 ϕ2mm×4mm圆柱形沸石催化剂填充的固定床内，于362℃，常压和过量氮存在下进行异丙苯裂解为甲苯和乙烯的反应。反应器内异丙苯分压为6890Pa，实测的反应速率为0.0135kmol/(kg cat·h)。

其余数据为：气体混合物平均分子量 $\overline{M}_r=34.37$，黏度 $\mu=0.094\text{kg/(m}\cdot\text{h)}$，导热系数 $\lambda_g=0.155\text{kJ/(m}\cdot\text{h}\cdot\text{K)}$，定压比热容 $c_p=1.38\text{kJ/(kg}\cdot\text{K)}$，异丙苯扩散系数 $D_{am}=0.096\text{m}^2\text{/h}$，气体流率 $F=564.7\text{kg/(m}^2\cdot\text{h)}$，催化剂颗粒密度 $\rho_s=1300\text{kg/m}^3$，反应热 $\Delta H=174790\text{kJ/kmol}$。

计算在上述条件下颗粒外气膜阻力造成的浓度差和温度差。传质系数和传热系数关联式为

$$j_D = \frac{k_g \rho}{F} Sc^{\frac{2}{3}} = \frac{0.725}{Re^{0.41}-0.15}$$

$$j_H=\frac{h}{Fc_p}Pr^{\frac{2}{3}}=\frac{1.10}{Re^{0.41}-0.15}$$

5-3 在球形催化剂上进行一级不可逆反应 A ⟶ B，催化剂粒径为 2.4mm，反应物 A 在气相主体的浓度 $C_A=20\text{mol/m}^3$，组分 A 在催化剂颗粒内的有效扩散系数 $D_e=20\times10^{-4}\text{m}^2/\text{h}$，气相和颗粒外表面之间的传质系数 $k_g=300\text{m/h}$，实验测得反应速率 $(-r_A)=10^5\text{mol/(h}\cdot\text{m}^3)$。假设反应热效应很小，催化剂颗粒内外的温度差均可忽略，试问外部传质阻力对反应速率有无显著影响？

参 考 文 献

[1] Carberry J J, Kulkarni A A. The Non-Isothermal Catalytic Effectiveness Factor for Monolith Supported Catalysts [J]. *J Cat*, 1973, 31 (1): 41-50.

[2] Carberry J J. Chemical and Catalytic Reaction Engineering [M]. New York: McGraw-Hill, 1976.

[3] Chilton T H, Colburn A P. Mass Transfer (Absorption) Coefficients Prediction from Data on Heat Transfer and Fluid Friction [J]. *Ind Eng Chem*, 1934, 26 (11): 1183-1187.

[4] Dwivedi P N, Upadhyay S N. Particle-Fluid Mass Transfer in Fixed and Fluidized Beds [J]. *Ind Eng Chem Process Des Dev*, 1977, 16 (2): 157-165.

[5] Fishwick R P, Winterbottom J M, Stitt E H. Explaining Mass Transfer Observations in Multiphase Stirred Reactors: Particle-Liquid Slip Velocity Measurements using PEPT [J]. *Catal Today*, 2003, 79-80: 195-202.

[6] Fogler H S. Elements of Chemical Reaction Engineering [M]. 2nd ed. New Jersey: Englewood Cliffs, 1992.

[7] Jordan U, Terasaka K, Kundu G, et al. Mass Transfer in High Pressure Bubble Columns with Organic Liquids [J]. *Chem Eng Technol*, 2002, 25 (3): 262-265.

[8] Lau R, Peng W, Velazquez-Vargas L G, et al. Gas-Liquid Mass Transfer in High Pressure Bubble Columns [J]. *Ind Eng Chem Res*, 2004, 43 (5): 1302-1311.

[9] Lemoine R, Morsi B I. An Algorithm for Predicting the Hydrodynamic and Mass Transfer Parameters in Agitated Reactors [J]. *Chem Eng J*, 2005, 114 (1/3): 9-31.

[10] Smith J M. Chemical Engineering Kinetics [M]. 3rd ed. New York: McGraw-Hill, 1981.

[11] Toukoniitty E, MakiArvela P, Kumar N, et al. Influence of Mass Transfer on Region and Enantioselectivity in Hydrogenation of 1-phenyl-1,2-propanedione over Modified Pt Catalysts [J]. *Catal Today*, 2003, 79-80: 189-193.

[12] Wen D S, Cong T N, He Y R, et al. Heat Transfer of Gas-Solid Two-Phase Mixtures Flowing through a Packed Bed [J]. *Chem Eng Sci*, 2007, 62 (16): 4241-4249.

[13] Wiemann D, Mewes D. Prediction of Backmixing and Mass Transfer in Bubble Columns Using a Multifluid Model [J]. *Ind Eng Chem Res*, 2005, 44 (14): 4959-4967.

[14] 拉皮德斯 L，阿蒙特森 N R. 化学反应器理论 [M]. 周佩正等译. 北京：石油工业出版社，1984.

第6章

内部传递对气固相催化反应过程的影响

研究催化剂颗粒内部质量传递和热量传递对反应结果的影响是进行催化剂工程设计的理论基础。当催化剂的配方确定后，影响内部传递作用大小的主要因素是催化剂的粒度以及由催化剂内部孔道结构和大小决定的有效扩散系数。小粒度催化剂能提供较大的比表面积，内部传递阻力的影响也比较小，有利于充分发挥催化剂活性组分的作用，但床层压降将随催化剂粒径的减小而迅速增加。由于催化剂的活性中心和传递阻力主要集中在微孔内，因此微孔孔径的大小对催化剂的性能有重要的影响。微孔孔径小，比表面积大，能负载更多的活性组分，有利于提高催化剂的活性。但孔径小不利于反应物向催化剂内部扩散，也不利于反应产物扩散离开催化剂，又会限制催化剂活性的发挥。例如，中压法聚乙烯催化剂的孔径与聚乙烯生成量存在抛物线型的关系。当催化剂平均孔径为16nm时，催化剂的活性最高，当孔径小于16nm时，聚乙烯生成量随孔径增大而增加，说明此时孔径增大有利于聚乙烯分子自催化剂内部向外扩散起主导作用，但当孔径大于160Å（$1Å=10^{-10}m$）时，聚乙烯生成量随孔径增大而减少，说明此时孔径增大使活性组分的负载量减少起主导作用。又例如，甲苯和甲醇烷基化

$$C_6H_5CH_3+CH_3OH=\!=\!=C_6H_4(CH_3)_2+H_2O$$

和甲苯歧化

$$2C_6H_5CH_3=\!=\!=C_6H_4(CH_3)_2+C_6H_6$$

是工业上用于生产混合二甲苯的两种方法。二甲苯的三种异构体中最有价值的是对二甲苯（可用于生产聚酯原料对苯二甲酸），但利用普通催化反应生产的混合二甲苯中三种异构体的分配接近平衡组成（摩尔分数）：对二甲苯22%，间二甲苯54%，邻二甲苯24%。而利用Mobile公司开发的ZSM-5分子筛催化剂进行上述反应，可使对二甲苯的摩尔分数达到90%。原因是ZSM-5分子筛催化剂的孔径为0.7～0.8nm，甲苯和对二甲苯的分子直径为0.63nm，而间二甲苯和邻二甲苯的分子直径为0.69nm，在ZSM-5分子筛催化剂颗粒内，对二甲苯的扩散系数是间二甲苯和邻二甲苯的1000倍，因此，反应生成的对二甲苯很容易扩散进入气相主体，而间二甲苯和邻二甲苯则很难从催化剂内部扩散出来，从而得到高于化学平衡数倍的对二甲苯选择性。

内扩散存在下的催化反应工程动力学是本章的重点研究内容，它主要包括①采用可观察参数法判断内扩散对反应的影响程度；②根据粒度改变实验获取内部效率因子；③计算内外传递阻力共存下的化学反应速率。

作为内扩散的理论基础，本章将先介绍流体在多孔介质内的有效扩散系数计算方法。

6.1 流体在多孔介质内的有效扩散系数

由于催化剂颗粒孔道结构十分复杂，不仅存在孔径分布，而且孔道交联错综复杂。因此，必须先进行简化，成为理论上可进行分析的物理模型。圆柱孔模型是对多孔介质的理想近似，流体在多孔介质内的有效扩散系数的计算是以圆柱孔内的综合扩散系数为基础的。

6.1.1 圆柱孔内的扩散系数

1. 分子扩散与努森扩散

在圆柱孔内，流体存在两种形式的扩散运动——努森（Knudsen）扩散和主体扩散。主体扩散是分子运动速度和平均自由程的函数，即是温度和压力的函数。努森扩散依赖于分子运动速度 v 和孔半径 r。根据动力学理论，这两种扩散可分别由以下方程描述

$$D_{AB}=\frac{1}{3}\bar{v}\lambda,\quad \lambda\propto\frac{1}{p} \tag{6-1}$$

$$(D_K)_A=\frac{2}{3}r\bar{v} \tag{6-2}$$

式中，D_{AB}和 $(D_K)_A$ 分别为分子扩散和努森扩散系数；λ 是平均自由程；p 为压力；v 是分子运动速度；r 是孔半径。对于气体来说常压下 λ 的量级为 1000Å，催化剂微孔内的扩散主要服从努森机理。硅胶就是属于这类情况，它的平均孔径为 15～100Å。对于颗粒状氧化铝其孔体积分布表明大孔半径约为 8000Å，在常压下这类孔中表现为主体扩散。在这类颗粒的微孔中例如 $r=20$Å，扩散则属于努森机理。由于平均自由程与压力呈反比，当压力增加时主体扩散变得更加重要。

对于精确的计算来说，Chapman-Enskog 公式适用于中等温度和压力下气体分子扩散系数的计算。该方程为

$$D_{AB}=0.0018583\frac{T^{3/2}(1/M_A+1/M_B)^{1/2}}{p_t\sigma_{AB}^2\Omega_{AB}} \tag{6-3}$$

式中，D_{AB}为分子扩散系数，cm^2/s；T 为温度，K；M_A，M_B 为气体 A 和 B 的分子量；p_t 为气体混合物总压，atm；σ_{AB}为与分子对 A-B 的 Lennard-Jones 势能函数 ε_{AB}对应的分子间距，nm；Ω_{AB}为碰撞积分，对硬球分子其值为 1，对真实气体它是 k_BT/ε_{AB}的函数（k_B 为 Boltzmann 常数）。$k_BT/\varepsilon_{AB}=2.5$ 时，$\Omega_{AB}=1$；$k_BT/\varepsilon_{AB}<2.5$ 时，$\Omega_{AB}>1$；从 $k_BT/\varepsilon_{AB}>2.5$ 起，$\Omega_{AB}<1$。

由于本方程用到 Lennard-Jones 势能函数，方程只严格适用于非极性气体。分子对 A-B 的 Lennard-Jones 常数可通过 Lorentz-Berthelot 组合规则由分子对 A-A 和 B-B 性质得到估算

$$\sigma_{AB}=\frac{1}{2}(\sigma_A+\sigma_B) \tag{6-4}$$

$$\varepsilon_{AB}=(\varepsilon_A\varepsilon_B)^{1/2} \tag{6-5}$$

很多气体的 Lennard-Jones 常数和碰撞积分可从文献获得，文献中无从找到的可采用以下表达式估算

$$\sigma=1.18V_b^{1/3} \tag{6-6}$$

$$\frac{k_B T}{\varepsilon}=1.30\frac{T}{T_C} \tag{6-7}$$

式中，k_B 为 Boltzmann 常数；T_C 为临界温度；V_b 为正常沸点下的摩尔体积，cm^3/mol。需要时，V_b 可通过原子的体积加和得到。

在计算努森扩散系数时，可以用以下公式计算混合物中某一气体成分的平均分子速度

$$\bar{v}=\left(\frac{8R_g T}{\pi M_A}\right)^{1/2} \tag{6-8}$$

代入 $(D_K)_A$ 的表达式中得到

$$(D_K)_A=9.70\times10^3 r\left(\frac{T}{M_A}\right)^{1/2} \tag{6-9}$$

式中，$(D_K)_A$ 为努森扩散系数，cm^2/s；r 为孔半径，cm；T 为温度，K。

例如，乙烯加氢采用 Ni 催化剂，平均孔径为 50Å。氢气在此催化剂上的主体扩散和努森扩散系数可通过以上关系式计算。

对于 H_2，$\frac{\varepsilon}{k_B}=38K$，$\sigma=0.2915nm$；对于 C_2H_6，$\frac{\varepsilon}{k_B}=230K$，$\sigma=0.4418nm$。

对于 H_2-C_2H_6 混合物，$\sigma_{AB}=(0.2915+0.4418)/2=0.3667nm$，$\varepsilon_{AB}=(\varepsilon_A\varepsilon_B)^{1/2}=k_B\times(38\times230)^{1/2}$，$\frac{k_B T}{\varepsilon_{AB}}=\frac{273+100}{(38\times230)^{1/2}}=4.00$，$\Omega_{AB}=0.884$。

将以上值代入 Chapman-Enskog 方程式(6-3)

$$D_{H_2,C_2H_6}=0.001858\frac{373^{3/2}\times(1/2.016+1/30.05)^{1/2}}{p_t\times(3.67)^2\times0.884}=\frac{0.86}{p_t}$$

因此得出 1atm 下 D_{H_2,C_2H_6} 为 $0.86cm^2/s$，10atm 下为 $0.086cm^2/s$。

努森扩散系数与压力无关，根据式(6-9) 得到如下计算结果

$$(D_K)_{H_2}=9.70\times10^3\times(50\times10^{-8})\times\left(\frac{373}{2.016}\right)^{1/2}=0.066cm^2/s$$

2. 单根圆柱孔内气体扩散的基本方程——“尘气”模型

气体在多孔材料内部的扩散速率预测是建立在单根圆柱孔模型基础上的。在一定孔径范围内，主体扩散与努森扩散都对孔体积内的传质有一定贡献。很多年以来，如何将两种扩散正确地组合在一起一直是一个问题。大约在 1961 年前后三项独立的研究（R. B. Evans，G. M. Watson 与 E. A. Mason，1961；L. B. Rothfeld，1963；D. S. Scott 与 F. A. L. Dullien，1962）提出了相同的方程计算气体在单根圆柱孔内的扩散速率，这就是“尘气”模型（Dusty Gas Model)，如图 6-1 所示。

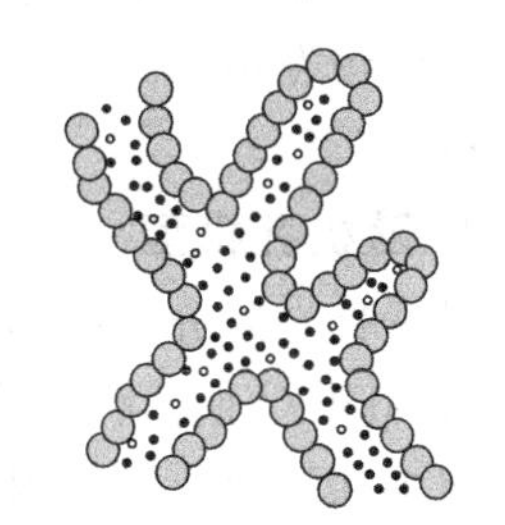

图 6-1　“尘气”模型示意图

顾名思义，“尘气”模型将气体分子看作很小的灰尘颗粒，灰尘在由孔道一端向另一端的扩散速率将由自身的运动速度（分子扩散）和与孔壁的碰撞频率（努森扩散）共同决定，最慢的步骤决定过程的总速度。因此，“尘气”模型表明，气体在圆柱孔内的扩散是一个串联过程，总阻力是分子扩散阻力与努森扩散阻力之和。假定 J_A 是气体 A 的摩尔通量，其表达式为

$$J_A=-\frac{p_t}{R_g T}D\frac{dy_A}{dx} \tag{6-10}$$

式中，y_A 是 A 的摩尔分数；x 是扩散方向坐标；D 为综合扩散系数，定义为

$$D=\frac{1}{(1-\alpha y_A)/D_{AB}+1/(D_K)_A} \tag{6-11}$$

式中，$\alpha=1+\frac{N_B}{N_A}$。对于稳态下的反应，α 可由反应的计量系数得到。例如，对反应 A ⟶ B，孔内为等摩尔反向扩散，即 $N_B=-N_A$，则 $\alpha=0$，总扩散系数为

$$D=\frac{1}{1/D_{AB}+1/(D_K)_A} \tag{6-12}$$

一般称之为圆柱孔内的综合扩散系数。

6.1.2 多孔催化剂中的气体有效扩散系数

在没有实验数据的情况下，需要根据催化剂物理性质估计有效扩散系数 D_e。在这种情况下，第一步工作是计算单根圆柱孔的综合扩散系数 D，然后根据催化剂的孔结构将 D 转化为 D_e。催化剂的结构性质包括每克催化剂的表面积与孔体积、固相密度以及孔体积分布。

1. 平行孔模型

Wheeler 对催化剂具有单一孔尺寸分布的情况提出了“平行孔”模型，平均孔半径 $\bar{r}=\frac{2V_g}{S_g}$，V_g 为孔体积，S_g 为孔表面积。为能预测 D_e，唯一的未知性质就是扩散长度 x_L。如果假定孔与扩散方向 L 平均呈 45°角，则 $x_L=\sqrt{2}L$。由于孔的交联性以及非圆柱状结构，x_L 的这一取值并不合适。因此，实际上是用曲节因子 τ 作为调节变量 $x_L=\tau L$。这样有效扩散系数表示为

$$D_e=\frac{\varepsilon D}{\tau} \tag{6-13}$$

在实际应用中 D_e 是有局限性的，因为曲节因子 τ 有很大的不确定性。将 D_e 与实验数据进行比较发现，τ 在从大于 1 到小于 6 之间变化。Satterfield 总结了文献发表的数据，推荐 τ 取 4。

2. 随机孔模型

对于具有双分散孔结构的催化剂载体，Wakao 和 Smith 提出了随机孔模型（Random-Pore Model）。他们将催化剂看成微小颗粒的聚集体，颗粒内部空隙看成由微粒间的大孔和微粒内小孔组成。颗粒内部有效扩散系数计算公式如下

$$D_e=D_M\varepsilon_M^2+\frac{\varepsilon_\mu^2(1+3\varepsilon_M)}{1-\varepsilon_M}D_\mu \tag{6-14}$$

式中，D_M 和 D_μ 分别是大孔和小孔内的综合扩散系数。

$$\frac{1}{D_M}=\frac{1}{D_{AB}}+\frac{1}{(D_K)_M} \tag{6-15}$$

$$\frac{1}{D_\mu}=\frac{1}{D_{AB}}+\frac{1}{(D_K)_\mu} \tag{6-16}$$

显然，不必假定曲节因子，只需测定孔体积和孔径分布，就可以直接计算颗粒内部的有效扩散系数。

3. 随机孔模型与平行孔模型的关系

当只有大孔或小孔存在时，随机孔模型就转化为平行孔模型。例如，当只有大孔存在

时，式(6-14) 变为

$$D_e = D_M \varepsilon_M^2 \tag{6-17}$$

当只有小孔存在时，式(6-14) 变为

$$D_e = D_\mu \varepsilon_\mu^2 \tag{6-18}$$

与平行孔模型 $D_e = \frac{\varepsilon}{\tau} D$ 对比可知，曲节因子与孔隙率呈反比关系

$$\tau = 1/\varepsilon \tag{6-19}$$

将式(6-19) 代入式(6-13)，得到

$$D_e = D\varepsilon^2 \tag{6-20}$$

这说明，对于平行孔模型来说，颗粒有效扩散系数与颗粒孔隙率的平方成正比。

必须注意的是，根据式(6-20)，只要颗粒的孔隙率大于 0，有效扩散系数就大于 0，其实这是一种错误的推论。Broadbent 和 Hammersley 在研究多孔介质中流体流动问题时，发现当孔隙率低于某非零临界值时扩散过程即停止，Zalc 等采用 Monte-Carlo 模拟证实了这一点。

6.1.3 多孔催化剂中的液体有效扩散系数

同气体分子相比，液体分子体积一般要大得多，这是因为液体分子一般由多种元素、更长的碳链、更加复杂的空间结构所组成。因此，液体分子直径同催化剂孔道直径可达到同一数量级，使得液体在颗粒内的有效扩散系数大大降低。Satterfield 采用 Mobil 公司硅酸铝球形催化剂（颗粒直径 3～4mm，平均孔径 3.2nm），以水、环己烷、三乙基戊烷等为溶剂对氯化钠、正己烷、葡萄糖、β-环糊精等 13 种非吸附性溶质和 9 种吸附性溶质进行了有效扩散系数测定，溶质分子临界直径（允许分子通过的最小直径）为 0.28nm 至 1.62nm。研究发现，有效扩散系数 D_e 与分子扩散系数 D_m 的比值与分子临界直径 d_m 同孔径 d_{pore} 的比值 λ 间存在半对数关系，如图 6-2 所示。经线性回归得到

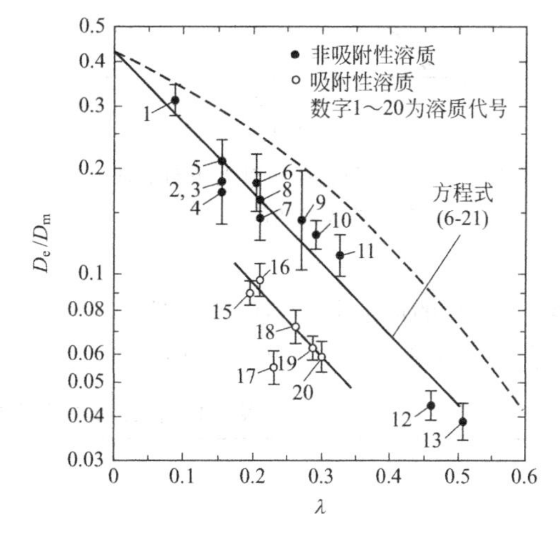

图 6-2　分子临界直径对有效扩散系数的影响
（溶质 14 实验数据偏离较远，未采用）

$$\log_{10}(D_e\tau/D_m) = -0.37 - 2.0\lambda \tag{6-21}$$

式中，$\lambda = d_m/d_{pore}$；τ 为曲节因子；D_m 为分子的主体扩散系数。由截距 −0.37 可得到催化剂的曲节因子 $\tau = 2.1$。从图 6-2 可看出，如果分子与孔壁间存在吸附作用，扩散系数会大幅度降低。

式(6-21) 使用范围比较有限，较为普遍化的关联式为

$$D_e = D_m \frac{\varepsilon}{\tau}(1-\lambda)^z \tag{6-22}$$

式中，指数 z 随分子同孔径比值所处区间不同而有所不同。对于渣油加氢处理来说，与式(6-22) 符合较好。Li 等采用 8 种类型的 Co-Mo/AAP 渣油加氢催化剂在 7.6MPa 和 663K 条件下，以液时空速 $1.8h^{-1}$ 在一固定床反应器中进行了科威特常压渣油的加氢脱硫（HDS）和加氢脱金属（HDM）研究，渣油平均分子直径经凝胶渗透色谱测定约为 5nm。催化剂为

ϕ1.5mm×1mm 和 ϕ1.5mm×4mm 的柱状颗粒，不同类型的催化剂平均孔径不同，圆柱孔计为 5.9～50.8nm。根据测定得到的表观反应速率常数与内部效率因子，以及内部效率因子与有限扩散系数间的关系，可得出催化剂的有效扩散系数 D_e。将 $\ln\left(\frac{D_e}{D_m \varepsilon}\right)$ 对 $\ln(1-\lambda)$ 作图，得到斜率不同的两段直线，如图 6-3 所示。拟合后得到以下关联式

$$\lambda<0.3\text{时},\begin{cases}D_{e,HDS}/D_m=(1/3.86)(1-\lambda)^{3.5}\\D_{e,HDM}/D_m=(1/4.71)(1-\lambda)^{3.8}\end{cases} \tag{6-23}$$

$$0.5<\lambda<0.9\text{时},\begin{cases}D_{e,HDS}/D_m=(1/7.46)(1-\lambda)^{0.5}\\D_{e,HDM}/D_m=(1/7.92)(1-\lambda)^{1.0}\end{cases} \tag{6-24}$$

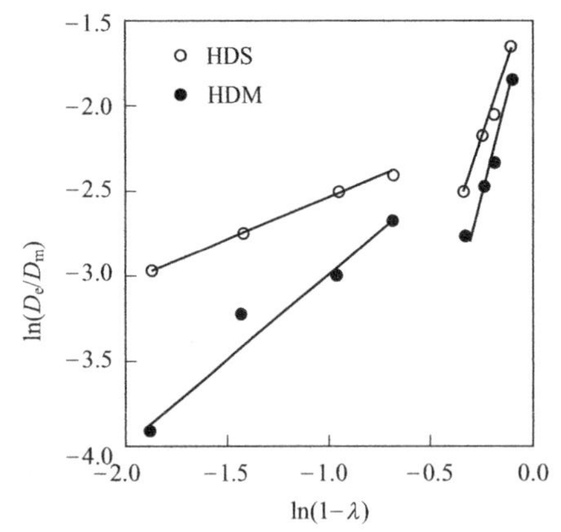

图 6-3 分子与孔径相对大小对渣油有效扩散系数的影响

式(6-21)～式(6-24)中的 D_m 可通过 Wilke-Chang 关联式得到

$$D_m=7.4\times10^{-10}\frac{T(XM_2)^{1/2}}{\mu V_b^{0.6}} \tag{6-25}$$

式中，D_m 为溶质 1 在溶剂 2 中的扩散系数，cm^2/s。必须说明的是，该式中的参数量纲不能自洽，必须按照指定格式。通常采用的参数量纲为

T——绝对温度，K；

X——溶剂的经验缔合参数，量纲为一；

M_2——溶剂分子量，g/mol；

μ——溶液黏度，$N \cdot s/m^2$；

V_b——溶质摩尔体积，cm^3/mol。

其中，V_b 可由 Kopp 定律通过查表得到，见表 6-1。X 的取值大小与溶剂极性有关，例如水为 2.6，甲醇为 1.9，乙醇为 1.5，其他非极性有机溶剂苯、乙醚、戊烷等均为 1。

表 6-1 化合物中不同原子对分子摩尔体积的贡献

原子种类		V_b 贡献值/($cm^3 \cdot mol^{-1}$)	原子种类		V_b 贡献值/($cm^3 \cdot mol^{-1}$)
溴		27	氧	双键(酮、醛等)	7.4
碳		14.8		在甲酯和甲醚中	9.1
氯	末端位置，如 R—Cl	21.6		在乙酯和乙醚中	9.9
	中间位置，如 R—CHCl—R	24.6		在高碳酯和高碳醚中	11.0
氦		1.0		在酸中	12.0
氢		3.7		与 S、P 或 N 连接	8.3
汞		15.7	多元环	三元环	−6
氮	在伯胺内	10.5		四元环	−8.5
	在仲胺内	12.0		五元环	−11.5
磷		27		六元环	−15
硫		25.6		萘	−30
				蒽	−47.5

当溶质分子体积较大，即 $V_b > 0.27(XM_2)^{1.87}$ 时，要采用 Stokes-Einstein 方程

$$D_m = \frac{1.05 \times 10^{-9} T}{\mu V_b^{1/3}} \tag{6-26}$$

6.2 内部传递对气固相催化反应过程的影响

和上一章讨论的外部传递相似，催化剂内部的传递过程同样会改变实际反应场所的浓度和温度，从而影响反应结果。但又有其特殊性：①催化剂内部的传质、传热和化学反应之间，既不是串联过程，也不是平行过程，而是传递和反应同时发生并交互影响的过程；②外部传递的影响通常是在反应器开发阶段进行研究，内部传递的影响则应在催化剂开发阶段就进行研究，使催化剂的粒度、孔径大小和分布适应反应特征的要求，这类研究称为催化剂的工程设计，是研究内部传递影响的主要目的之一；③在工业固定床反应器中，由于气速较高，除某些速率极快的反应（如铂催化剂上的氨氧化反应）外，通常能排除外部传递的影响，但内部传递的影响，则因为工业固定床反应器中不能使用粒度过小的催化剂，通常必须考虑。内部传递对反应速率的影响，通常用内部效率因子 η_i 表征，其定义为

$$\eta_i = \frac{\text{催化剂颗粒的实际反应速率}}{\text{催化剂内部和外表面浓度温度相等时的反应速率}} \tag{6-27}$$

本节首先讨论催化剂内部等温条件下质量传递对内部效率因子的影响，然后讨论非等温条件下传质、传热对效率因子的影响和催化剂内部传递过程对复杂反应选择性的影响，最后介绍催化剂的工程设计。

6.2.1 等温条件下的内部效率因子

对不可逆反应 A ⟶ B，要计算等温条件下的内部效率因子，需先确定催化剂颗粒内组分 A 的浓度分布。在如图 6-4 所示的球形催化剂颗粒内，取一半径为 r，厚度为 dr 的微元壳体。在定态条件下，扩散通量和扩散面积的乘积对微元体积的导数必等于反应速率

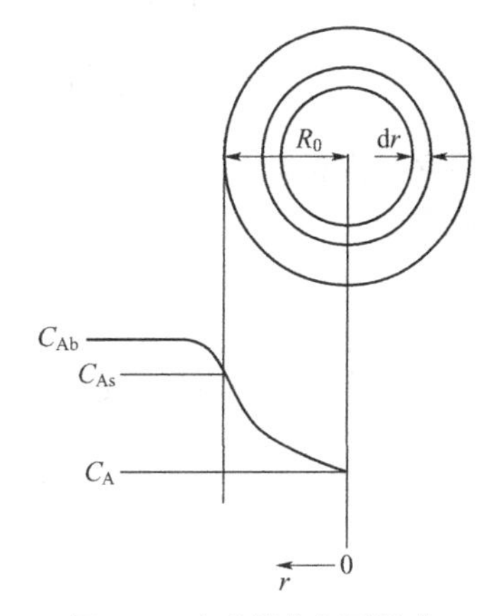

图 6-4　球形催化剂颗粒内反应物 A 的浓度分布

$$\text{反应速率} = \frac{\mathrm{d}(\text{扩散通量} \times \text{扩散面积})}{\mathrm{d}V_p} \tag{6-28}$$

在上述微元体内，扩散面积为 $4\pi r^2$，微元体积为 $4\pi r^2 \mathrm{d}r$，设组分 A 在催化剂微孔内的有效扩散系数为 D_e，则扩散通量和反应速率分别为 $D_e \frac{\mathrm{d}C_A}{\mathrm{d}r}$ 和 kC_A^n，代入式(6-28) 有

$$\frac{\mathrm{d}\left[\left(D_e \frac{\mathrm{d}C_A}{\mathrm{d}r}\right) \times 4\pi r^2\right]}{4\pi r^2 \mathrm{d}r} = kC_A^n \tag{6-29}$$

若 D_e 为常数，可得

$$D_e\left(\frac{\mathrm{d}^2 C_A}{\mathrm{d}r^2} + \frac{2}{r} \times \frac{\mathrm{d}C_A}{\mathrm{d}r}\right) = kC_A^n \tag{6-30}$$

边界条件为

$$r=R_0,\quad C_A=C_{As}$$

$$r=0,\quad \frac{dC_A}{dr}=0$$

解析表达式为

$$C_A=\frac{R_0\sinh\left(\frac{\phi r}{R_0}\right)}{r\sinh\phi}C_{As} \tag{6-31}$$

此即为颗粒内部的浓度分布方程，可绘成图 6-4 下部的曲线。

式(6-31) 中的 ϕ 称为 Thiele 模数。Thiele 模数的物理意义是

$$\phi^2=\frac{R_0^2kC_{As}^n}{D_eC_{As}}=\frac{\text{可能的最大反应速率}}{\text{可能的最大粒内传质速率}} \tag{6-32}$$

将式(6-31) C_A 对 r 求导，可得粒内浓度梯度

$$\frac{dC_A}{dr}=\frac{\left[r\phi\cosh\left(\frac{\phi r}{R_0}\right)-R_0\sinh\left(\frac{\phi r}{R_0}\right)\right]C_{As}}{r^2\sinh\phi} \tag{6-33}$$

把 $r=R_0$ 代入上式，可得催化剂外表面的浓度梯度

$$\left(\frac{dC_A}{dr}\right)_{r=R_0}=\frac{\phi C_{As}}{R_0}\left(\frac{1}{\tanh\phi}-\frac{1}{\phi}\right) \tag{6-34}$$

在定态条件下，组分 A 扩散进入催化剂颗粒的速率，即存在内扩散影响时的反应速率为

$$4\pi R_0^2D_e\left(\frac{dC_A}{dr}\right)_{r=R_0}=4\pi R_0D_e\phi C_{As}\left(\frac{1}{\tanh\phi}-\frac{1}{\phi}\right) \tag{6-35}$$

若不存在内扩散影响，则整个催化剂颗粒内组分 A 的浓度均等于外表面浓度 C_{As}，这时反应速率为

$$r_{A0}=\frac{4}{3}\pi R_0^3kC_{As}$$

由内部效率因子 η_i 的定义式(6-27) 可知二者之比即为内部效率因子

$$\eta_i=\frac{4\pi R_0D_e\phi C_{As}\left(\frac{1}{\tanh\phi}-\frac{1}{\phi}\right)}{\frac{4}{3}\pi R_0^3kC_{As}}=\frac{3}{\phi}\left(\frac{1}{\tanh\phi}-\frac{1}{\phi}\right) \tag{6-36}$$

此即为球形催化剂颗粒进行一级不可逆反应时内部效率因子的计算式。用相似的方法可导出其他形状催化剂的内部效率因子计算式。当催化剂颗粒为无限长圆柱时，内部效率因子为

$$\eta_i=\frac{2}{\phi}\times\frac{I_1(\phi)}{I_0(\phi)} \tag{6-37}$$

式中，I_0 及 I_1 分别表示零阶及一阶修正的第一类贝塞尔函数。若催化剂为无限大薄片，内部效率因子为

$$\eta_i=\frac{\tanh\phi}{\phi} \tag{6-38}$$

将式(6-36)～式(6-38) 标绘于图 6-5 中。由图 6-5 可知，这三条曲线都具有渐近线，无限大薄片、无限长圆柱及圆球的渐近线方程分别为 $\eta_i=\frac{1}{\phi}$，$\eta_i=\frac{2}{\phi}$和 $\eta_i=\frac{3}{\phi}$。因此，这些曲线在双对数坐标图上的形状是相似的，只是所处的位置有所不同。

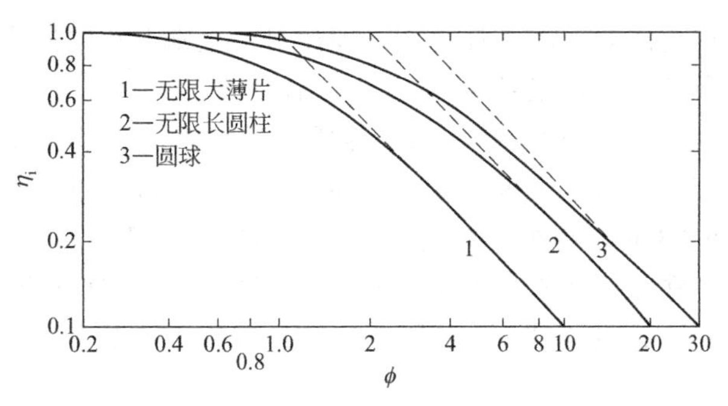

图 6-5　催化剂内部效率因子与 Thiele 模数 ϕ 的关系（一级反应）

Aris 注意到了这一点，提出可通过定义一个新的修正 Thiele 模数

$$\Phi = L_p\sqrt{\frac{k}{D_e}} \tag{6-39}$$

将这些曲线统一起来。式中，L_p 为催化剂颗粒的特征尺寸，其定义为

$$L_p = \frac{V_p}{S_p} \tag{6-40}$$

式中，V_p 为颗粒体积；S_p 为颗粒外表面积。因此，对球形颗粒有

$$L_p = \frac{V_p}{S_p} = \frac{\frac{4}{3}\pi R_0^3}{4\pi R_0^2} = \frac{R_0}{3} \tag{6-41}$$

对无限长圆柱和无限大薄片，L_p 分别为 $\frac{R_0}{2}$ 和 R_0，对无限大薄片 R_0 为薄片厚度的一半。

图 6-6 为内部效率因子与修正 Thiele 模数 Φ 的标绘。由图 6-6 可知，不同形状催化剂的曲线几乎是重合的。Φ 处于中间数值（$0.4 < \Phi < 3$）时，偏差最大，但也只有 10%～15%。从工程计算的角度来看，采用一个统一的计算式是完全可以接受的。

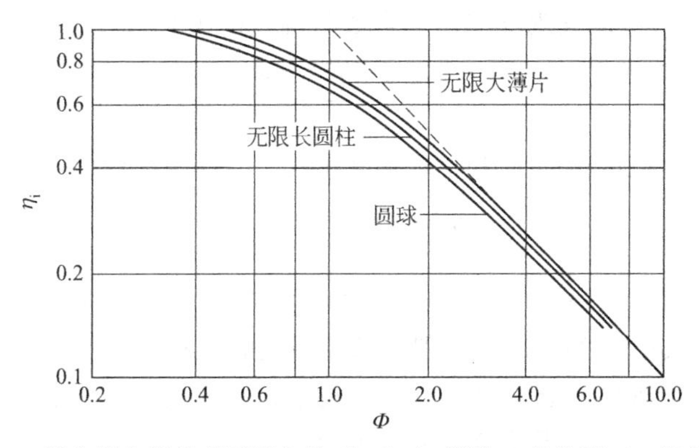

图 6-6　催化剂内部效率因子与修正 Thiele 模数 Φ 的关系（一级反应）

对球形颗粒，显然有

$$\Phi = \frac{\phi}{3}$$

将此式代入式(6-36) 可得

$$\eta_i = \frac{1}{\Phi}\left[\frac{1}{\tanh(3\Phi)} - \frac{1}{3\Phi}\right] \tag{6-42}$$

此式常被作为普遍化的效率因子计算式，即使对不规则形状的催化剂，它也是适用的。

由图 6-6 可知，修正 Thiele 模数 Φ 和内部效率因子 η_i 的关系可分为三个区域。当 $\Phi<0.4$ 时，η_i 接近 1，即在这一区域内颗粒内部传质对反应速率的影响可忽略，表观动力学方程和本征动力学方程相近，所以表观反应级数和本征反应级数接近，表观活化能和本征活化能亦接近。当 $0.4<\Phi<3$ 时，内扩散对反应速率的影响逐渐显现。而当 $\Phi>3$ 时，内扩散对反应速率有严重影响，在双对数坐标图中，η_i-Φ 曲线的这一部分已成为直线。由于 Φ 足够大时 tanh（3Φ）趋近 1，因此由式(6-42) 可得这时 η_i 和 Φ 有如下关系

$$\eta_i=\frac{1}{\Phi} \tag{6-43}$$

此时表观反应速率可表示为

$$(-r_A)_{obs}=\eta_i kC_{As}^n=\frac{1}{\Phi}kC_{As}^n \tag{6-44}$$

将修正 Thiele 模数 Φ 的定义式 $\Phi=L_p\sqrt{\frac{kC_{As}^{n-1}}{D_e}}$ 代入，则表观反应速率为

$$(-r_A)_{obs}=\frac{\sqrt{kD_e}}{L_p}C_{As}^{\frac{n+1}{2}}=k_aC_{As}^{n_a} \tag{6-45}$$

可见，这时表观反应速率常数和表观反应级数分别为

$$k_a=\frac{\sqrt{kD_e}}{L_p} \tag{6-46}$$

$$n_a=\frac{n+1}{2} \tag{6-47}$$

若反应速率常数和有效扩散系数与温度的关系均服从 Arrhenius 方程，即有

$$k=k_0e^{-\frac{E}{RT}}$$

和

$$D_e=D_{e0}e^{-\frac{E_D}{RT}}$$

将此两式代入式(6-46) 可得表观反应速率常数与温度的关系为

$$k_a=\frac{\sqrt{k_0D_{e0}}}{L_p}e^{-\frac{E+E_D}{2RT}} \tag{6-48}$$

可见，表观活化能为反应活化能 E 和扩散活化能 E_D 的算术平均值

$$E_a=\frac{1}{2}(E+E_D) \tag{6-49}$$

由上所述可知，可根据修正的 Thiele 模数 Φ 的大小来判别内部传质的影响程度，但此时也会遇到和用 Damköhler 数 Da 来判别外部传质的影响程度时类似的困难，反应速率常数往往是未知的。这一困难也可通过定义一个可观察参数来克服。根据内部效率因子的定义，反应速率常数 k 可用实测的表观反应速率表示为

$$k=\frac{(-r_A)_{obs}}{\eta_i C_{As}^n} \tag{6-50}$$

将此式代入式(6-39) 得

$$\Phi=L_p\sqrt{\frac{(-r_A)_{obs}}{\eta_i C_{As}D_e}}$$

将上式两边平方可得

$$\Phi^2\eta_i=\frac{L_p^2(-r_A)_{obs}}{C_{As}D_e} \tag{6-51}$$

此式右边均为可观察变量。当 $\Phi<0.4$ 时，$\eta_i\approx1$，$\Phi^2\eta_i<0.16$，表明内部传质对反应速率无明显影响。当 $\Phi>3$ 时，$\eta_i=\frac{1}{\Phi}$，$\Phi^2\eta_i>3$，表明内部传质对反应速率有严重影响。当 $\Phi^2\eta_i$ 介于 0.16 和 3 之间时，则表明内部传质对反应速率有影响，但尚不严重。

例 6-1 一微分固定床催化反应器被用于研究 α-甲基苯乙烯加氢生成异丙苯的反应，仅含溶解氢的 α-甲基苯乙烯被送入 Pd/Al_2O_3 催化剂床层。在整个反应器中，H_2 在液相中的浓度可视为恒定，其值为 $2.6\times10^{-6}mol/cm^3$。反应器定态操作，其温度为 40.6℃。

用两种不同粒度的催化剂，在不同液相流率下测得的反应速率数据列于下表。

$q_V/(cm^3\cdot s^{-1})$	$r\times10^{-6}/[mol\cdot(g\ cat\cdot s)^{-1}]$		$q_V/(cm^3\cdot s^{-1})$	$r\times10^{-6}/[mol\cdot(g\ cat\cdot s)^{-1}]$	
	$d_p=0.054cm$	$d_p=0.162cm$		$d_p=0.054cm$	$d_p=0.162cm$
2.5		0.65	11.5		0.85
3.0	1.49		12.5	1.80	
5.0	1.56	0.72	15.0	1.90	0.95
8.0	1.66	0.80	25.0	1.94	1.02
10.0	1.70	0.82	30.0		1.01

在实验条件下，反应速率对 H_2 为一级。根据上述数据计算内部效率因子、本征反应速率常数及 H_2 在充满液体的催化剂孔道中的有效扩散系数。

解： 由实验数据可知，反应速率随液相流率的增加而增加，在相同液相流率下，小颗粒催化剂的反应速率大于大颗粒催化剂，说明催化剂颗粒内部传质和外部传质对反应均有影响。因此，在实验条件下有

$$(-r_H)=\eta_i k_i C_{Hs}=k_1a(C_{Hb}-C_{Hs}) \tag{A}$$

由上式可得

$$C_{Hs}=\frac{k_1aC_{Hb}}{\eta_i k_i+k_1a}$$

因此

$$(-r_H)=\frac{\eta_i k_i k_1 a C_{Hb}}{\eta_i k_i+k_1a}=\frac{C_{Hb}}{\dfrac{1}{\eta_i k_i}+\dfrac{1}{k_1a}}$$

或

$$\frac{C_{Hb}}{(-r_H)}=\frac{1}{\eta_i k_i}+\frac{1}{k_1a} \tag{B}$$

因为 $\eta_i k_i$ 与液相流量无关，而 k_1a 则受液相流量影响，所以根据式(B)，可利用表中所列实验数据对内部传递和外部传递的影响进行分离，分别估算 $\eta_i k_i$ 和 k_1a。由两种不同粒径催化剂的 $\eta_i k_i$ 值又可去计算 η_i 和 k_i。由 Dwivedi 和 Upadhay 的传质 j 因子关联式

$$j_D=\frac{k_1\rho}{q_V}\left(\frac{\mu}{\rho D}\right)^{\frac{2}{3}}=\frac{0.458}{\varepsilon_B}\left(\frac{d_p q_V}{\mu}\right)^b$$

可知 j_D 正比于 $\left(\frac{d_p q_V}{\mu}\right)^b$ 或 q_V^b，当 d_p 一定时，式(B) 可改写成

$$\frac{C_{Hb}}{-r_{H}}=\frac{1}{\eta_{i}k_{i}}+\frac{A}{q_{V}^{b}} \tag{C}$$

对同一粒径的催化剂颗粒，A 是常数。所以式(C) 表明$\frac{C_{Hb}}{r_{H}}$与 q_{V}^{-b} 的标绘应为一直线。

当 $q_{V}^{-b}=0$ 时，其截距为$\frac{1}{\eta_{i}k_{i}}$。b 需根据实验数据通过拟合确定。对于表中所列的实验数据，当 $b=0.3$ 时，$\frac{C_{Hb}}{-r_{H}}$对 q_{V}^{-b} 标绘成直线，如图 6-7 所示。对 $d_{p}=0.054\text{cm}$ 的颗粒，其截距$\frac{1}{\eta_{i}k_{i}}=0.77$；对 $d_{p}=0.162\text{cm}$ 的颗粒，其截距$\frac{1}{\eta_{i}k_{i}}=1.32$。

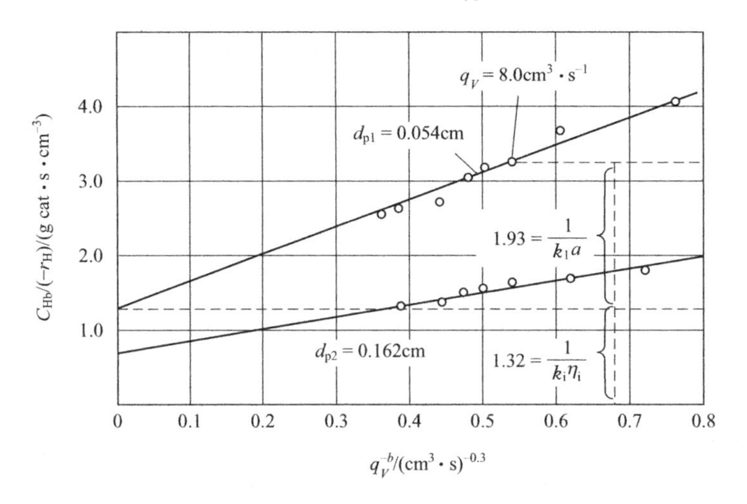

图 6-7 外部传质对 α-甲基苯乙烯加氢表观反应速率的影响

因为对两种颗粒 k_{i} 是相同的，由两直线截距的比值可得

$$\frac{\eta_{i1}}{\eta_{i2}}=\frac{(\eta_{i2}k_{i})^{-1}}{(\eta_{i1}k_{i})^{-1}}=\frac{1.32}{0.77}=1.71$$

两种颗粒 Φ 的比值为

$$\frac{\Phi_{1}}{\Phi_{2}}=\frac{d_{p1}}{d_{p2}}=\frac{0.054}{0.162}=0.333$$

利用此两比值和 η_{i} 与 Φ 的关系可求得

$$\eta_{i1}=0.88,\quad \Phi_{1}=0.58$$
$$\eta_{i2}=0.51,\quad \Phi_{2}=1.74$$

由$\frac{1}{\eta_{i1}k_{i}}=0.77$ 可求得

$$k_{i}=\frac{1}{0.88\times 0.77}=1.5\text{cm}^{3}/(\text{g}\cdot\text{s})$$

颗粒内有效扩散系数可根据 Φ 的定义计算

$$\Phi_{1}=\frac{d_{p1}}{6}\sqrt{\frac{k_{i}\rho}{D_{e}}}=0.58$$

催化剂颗粒密度 $\rho_{p}=1.53\text{g/cm}^{3}$，于是

$$D_{e}=5.5\times 10^{-4}\text{cm}^{2}/\text{s}$$

6.2.2　非等温条件下的内部效率因子

当反应热效应较大、催化剂导热系数又较小时，在催化剂颗粒内部，除了存在传质阻力引起的浓度分布外，还会存在传热阻力引起的温度分布。这时内部效率因子的计算将比等温条件下复杂得多。为了解决这一问题，先仿照式(6-29)，建立定态条件下催化剂颗粒内的热量衡算方程

$$\frac{\mathrm{d}\left[-\lambda\left(\frac{\mathrm{d}T}{\mathrm{d}r}\right)\times 4\pi r^2\right]}{4\pi r^2\mathrm{d}r}=kC_{\mathrm{A}}^n(-\Delta H) \tag{6-52}$$

稍加整理，式(6-29) 和式(6-52) 可分别写成

$$\frac{1}{r^2}\times\frac{\mathrm{d}}{\mathrm{d}r}\left(r^2 D_{\mathrm{e}}\frac{\mathrm{d}C_{\mathrm{A}}}{\mathrm{d}r}\right)=kC_{\mathrm{A}}^n \tag{6-53}$$

和

$$\frac{1}{r^2}\times\frac{\mathrm{d}}{\mathrm{d}r}\left(r^2\lambda\frac{\mathrm{d}T}{\mathrm{d}r}\right)=-kC_{\mathrm{A}}^n(-\Delta H) \tag{6-54}$$

式中，λ 为催化剂的有效导热系数。

必须联立求解式(6-53) 和式(6-54)，才能得到方程的通解。由于方程的非线性性质，一般说来，这是很难实现的。然而，即使不能得到上述方程的通解，我们还是能从中得到一些有用的信息。

将式(6-54) 除以式(6-53)，代入中心处边界条件$\frac{\mathrm{d}C_{\mathrm{A}}}{\mathrm{d}r}=0$，$\frac{\mathrm{d}T}{\mathrm{d}r}=0$，积分后得

$$-\lambda\frac{\mathrm{d}T}{\mathrm{d}r}=D_{\mathrm{e}}(-\Delta H)\frac{\mathrm{d}C_{\mathrm{A}}}{\mathrm{d}r} \tag{6-55}$$

设 λ 和 D_{e} 均不随温度和组成而变，代入颗粒表面处边界条件 $C_{\mathrm{A}}=C_{\mathrm{As}}$，$T=T_{\mathrm{s}}$，积分上式可得

$$T-T_{\mathrm{s}}=\frac{-D_{\mathrm{e}}(-\Delta H)}{\lambda}(C_{\mathrm{A}}-C_{\mathrm{As}}) \tag{6-56}$$

以上两式表示催化剂颗粒内部温度和组成的关系。当反应完全，即 $C_{\mathrm{A}}=0$ 时，催化剂内部和表面温差达到最大

$$(T-T_{\mathrm{s}})_{\max}=\frac{D_{\mathrm{e}}(-\Delta H)C_{\mathrm{As}}}{\lambda} \tag{6-57}$$

最大温差和表面温度之比被定义为发热函数

$$\beta_{\mathrm{in}}=\frac{(T-T_{\mathrm{s}})_{\max}}{T_{\mathrm{s}}}=\frac{D_{\mathrm{e}}(-\Delta H)C_{\mathrm{As}}}{\lambda T_{\mathrm{s}}} \tag{6-58}$$

在非等温条件下计算内部效率因子必须先联立求解微分方程式(6-53) 和式(6-54) 得到催化剂内部的浓度分布和温度分布。这只能借助数值方法求解。为了使数值计算的结果具有通用性，先将式(6-53) 和式(6-54) 变为量纲为一的形式。对一级反应，若 λ 和 D_{e} 可视为常数，式(6-53) 和式(6-54) 可改写为

$$D_{\mathrm{e}}\left(\frac{\mathrm{d}^2C_{\mathrm{A}}}{\mathrm{d}r^2}+\frac{2}{r}\times\frac{\mathrm{d}C_{\mathrm{A}}}{\mathrm{d}r}\right)=k(T)C_{\mathrm{A}} \tag{6-59}$$

和

$$\lambda\left(\frac{\mathrm{d}^2T}{\mathrm{d}r^2}+\frac{2}{r}\times\frac{\mathrm{d}T}{\mathrm{d}r}\right)=-k(T)C_{\mathrm{A}}(-\Delta H) \tag{6-60}$$

令 $f=\dfrac{C_A}{C_{As}}$，$\rho=\dfrac{r}{R_0}$，$\theta=\dfrac{T}{T_s}$，$\varepsilon=\dfrac{E}{RT_s}$，式(6-59) 和式(6-60) 可用量纲为一形式表示为

$$\frac{d^2 f}{d\rho^2}+\frac{2}{\rho}\times\frac{df}{d\rho}=\frac{R_0^2 k_0 e^{-\frac{E}{RT_s}}}{D_e} f\exp\left[\varepsilon\left(1-\frac{1}{\theta}\right)\right] \tag{6-61}$$

$$\frac{d^2\theta}{d\rho^2}+\frac{2}{\rho}\times\frac{d\theta}{d\rho}=-\frac{(-\Delta H)D_e C_{As}}{\lambda T_s}\times\frac{R_0^2 k_0 e^{-\frac{E}{RT_s}}}{D_e} f\exp\left[\varepsilon\left(1-\frac{1}{\theta}\right)\right] \tag{6-62}$$

根据量纲为一数群 Φ、β_{in}的定义，即有

$$\frac{d^2 f}{d\rho^2}+\frac{2}{\rho}\times\frac{df}{d\rho}=\phi^2 f\exp\left[\varepsilon\left(1-\frac{1}{\theta}\right)\right] \tag{6-63}$$

$$\frac{d^2\theta}{d\rho^2}+\frac{2}{\rho}\times\frac{d\theta}{d\rho}=-\beta_{in}\phi^2 f\exp\left[\varepsilon\left(1-\frac{1}{\theta}\right)\right] \tag{6-64}$$

由上式可见，在非等温条件下，催化剂颗粒内的浓度分布和温度分布是 ϕ、β_{in}、ε 三个量纲为一参数的函数。因此，非等温条件下的内部效率因子也是这三个参数的函数。图 6-8 是根据数值计算结果标绘的在球形催化剂上进行一级不可逆反应，当 $\varepsilon=20$ 时，内部效率因子 η_i 和发热函数 β_{in} 以及 Thiele 模数 ϕ 的关系。ε 等于其他数值时的类似的图由 Weisz 和 Hicks 得到。

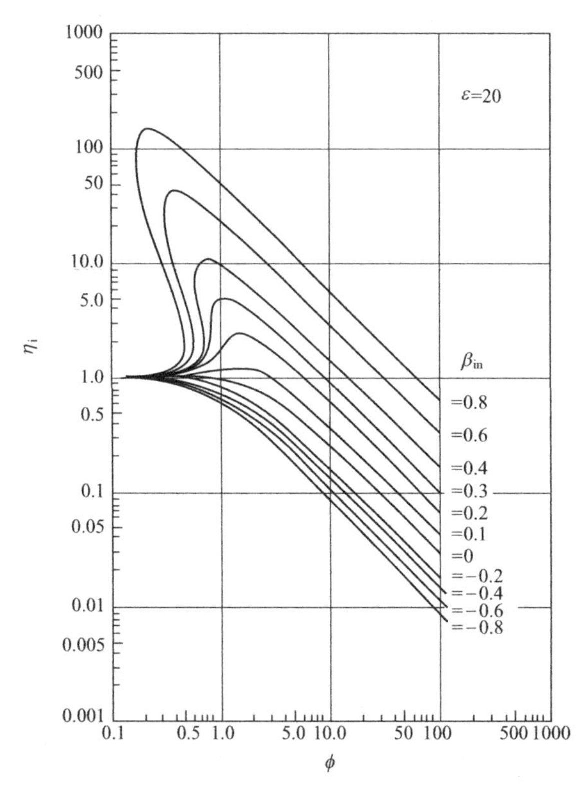

图 6-8 球形催化剂的非等温内部效率因子

由图 6-8 可知，当 $\beta_{in}>0$，即在催化剂上进行放热反应时，内部效率因子可能大于 1。出现这种情况是因为进行放热反应时，催化剂内部温度高于表面温度，温度升高使反应加速的效应超过了浓度降低使反应减慢的效应。β_{in}越大表明颗粒内部与外表面的温差也越大，所以在相同 Thiele 模数 ϕ 下，内部效率因子也越大。而对 $\beta_{in}<0$ 的吸热反应，由于催化剂内部温度低于表面温度，效率因子将小于等温情况的效率因子。图 6-8 中 $\beta_{in}=0$ 的曲线即表示等温情况。

图 6-8 中另一个使人感兴趣的现象是当 β_{in}较大而 ϕ 较小时，同一个 ϕ 值可能有三个不同的 η_i 值，这也是一种多态现象。研究表明，最高和最低 η_i 值代表的催化剂状态是稳定的，中间 η_i 值代表不稳定态，实际上并不能达到这种状态。需要说明的是，对大多数工业上有实际意义的气固相催化反应，β_{in}值通常小于 0.1，因此催化剂内部传热可能引起的多态，其主要意义是在理论研究上。通常的情形是，气固相催化反应的主要温差出现在催化剂的外部，而浓度差常出现在催化剂的内部。其原因是催化剂的细孔很大程度地限制了扩散，而对传热的限制却要小得多。

例 6-2 在球形催化剂上进行一级不可逆反应 A ⟶ R。气相温度为 337℃，压力为

0.1MPa，组分 A 的摩尔分数为 5%。催化剂粒径 $d_p=2.4$mm，有效导热系数 $\lambda=5.02\times10^{-3}$W/(cm·K)，组分 A 在颗粒内的有效扩散系数 $D_e=0.15$cm²/s，外部传质系数 $k_g=30$cm/s，外部传热系数 $h=4.18\times10^{-3}$W/(cm²·K)，反应热（$-\Delta H$）=48070J/mol，实测表观反应速率 $(-r_A)_{obs}=2.77\times10^{-5}$mol/(cm³·s)。请回答：

（1）外部传质阻力对反应速率有无影响？

（2）内部传质阻力对反应速率有无影响？

（3）催化剂颗粒内的最大温差为多少？

（4）气相主体与催化剂颗粒外表面的温差为多少？

解：（1）组分 A 在气相主体的浓度为

$$C_{Ab}=\frac{P_A}{RT_b}=\frac{0.05}{82\times(337+273)}=10^{-6}\text{mol/cm}^3$$

为判别外部传质的影响，计算可观察参数

$$\eta_e Da=\frac{(-r_A)_{obs}}{k_g a C_{Ab}}=\frac{(-r_A)_{obs}d_p}{6k_g C_{Ab}}=\frac{2.77\times10^{-5}\times0.24}{6\times30\times10^{-6}}=0.037$$

由图 5-3 可查得 $\eta_e\approx1$，所以外部传质对反应速率的影响可忽略。

（2）为判别内部扩散阻力的影响，计算可观察参数

$$\eta_i\Phi^2=\frac{\left(\frac{d_p}{6}\right)^2(-r_A)_{obs}}{C_{As}D_e}=\frac{\left(\frac{0.24}{6}\right)^2\times2.77\times10^{-5}}{10^{-6}\times0.15}=0.295$$

$0.16<\eta_i\Phi^2<3$，属内部传质有影响但尚不严重的区域，将上式和式(6-42)联立求解，得 $\eta_i=0.85(\Phi=0.6)$，可见，内部传质对反应速率有一定影响。

（3）催化剂颗粒内的最大温差

$$\Delta T_{max}=\frac{D_e C_{As}(-\Delta H)}{\lambda}=\frac{0.15\times10^{-6}\times48070}{5.02\times10^{-3}}=1.4℃$$

（4）气相主体与催化剂颗粒外表面的温差为

$$T_s-T_b=\frac{(-r_A)_{obs}(-\Delta H)}{ha}=\frac{2.77\times10^{-5}\times48070}{4.18\times10^{-3}\times\frac{6}{0.24}}=12.7℃$$

6.2.3　内部传递对复杂反应选择性的影响

对同时进行多个反应的复杂反应体系，催化剂颗粒内的传递过程对各个反应的表观速率都会产生影响，但影响的程度则可能各不相同，从而会改变反应的选择性和目的产物的收率。下面仅就等温情况，对串联反应和平行反应分别进行讨论。

1. 串联反应

设所进行的反应为

$$A\xrightarrow{k_1}P\xrightarrow{k_2}S$$

主、副反应均为一级反应，P 为目的产物，S 为串联副产物。设催化剂颗粒为球形，对组分 A 和 P 分别列出颗粒内某一薄壳中的物料衡算微分方程

$$D_{eA}\left(\frac{d^2C_A}{dr^2}+\frac{2}{r}\times\frac{dC_A}{dr}\right)=k_1C_A \tag{6-65}$$

$$D_{eP}\left(\frac{d^2C_P}{dr^2}+\frac{2}{r}\times\frac{dC_P}{dr}\right)=-k_1C_A+k_2C_P \tag{6-66}$$

上述微分方程的边界条件为

$r=R_0$ 时 $$C_A=C_{As},\quad C_P=C_{Ps}$$

$r=0$ 时 $$\frac{dC_A}{dr}=\frac{dC_P}{dr}=0 \tag{6-67}$$

由式(6-65) 结合边界条件可求得颗粒内组分A的浓度分布，将结果代入式(6-66) 又可求得组分P的浓度分布。根据组分A和P的浓度分布，可求得主、副反应表观速率之比

$$\left(-\frac{r_P}{r_A}\right)_{obs}=-\frac{dC_P}{dC_A}=\frac{\alpha K_0}{\alpha K_0-1}-\frac{\alpha\eta_{i2}\phi_2^2}{\eta_{i1}\phi_1^2}\left(\frac{C_{Ps}}{C_{As}}+\frac{\alpha K_0}{\alpha K_0-1}\right) \tag{6-68}$$

式中，α 为组分P和A有效扩散系数之比，$\alpha=\frac{D_{eP}}{D_{eA}}$；$K_0$ 为主、副反应速率常数之比，$K_0=\frac{k_1}{k_2}$；η_{i1} 和 η_{i2} 分别为主、副反应的内部效率因子；ϕ_1 和 ϕ_2 分别为主、副反应的Thiele模数，$\phi_1=R_0\sqrt{\frac{k_1}{D_{eA}}}$，$\phi_2=R_0\sqrt{\frac{k_2}{D_{eP}}}$。

如果内扩散对过程无影响，即 $\eta_{i1}=\eta_{i2}=1$，则式(6-68) 可转化为

$$-\frac{dC_P}{dC_A}=1-\frac{C_{Ps}}{K_0C_{As}} \tag{6-69}$$

此式即为均相串联反应的选择性计算式。

如果内扩散阻力很大，ϕ_1 和 ϕ_2 均大于3，则有 $\eta_{i1}=\frac{3}{\phi_1}$，$\eta_{i2}=\frac{3}{\phi_2}$，式(6-68) 可转化为

$$-\frac{dC_P}{dC_A}=\frac{\sqrt{\alpha K_0}}{\sqrt{\alpha K_0}+1}-\frac{C_{Ps}}{C_{As}}\sqrt{\frac{\alpha}{K_0}} \tag{6-70}$$

由式(6-69) 和式(6-70) 可知，无内扩散影响和内扩散影响很大时选择性之差（$\alpha=1$）为

$$\Delta\left(-\frac{dC_P}{dC_A}\right)=\left(1-\frac{\sqrt{K_0}}{\sqrt{K_0}+1}\right)-\frac{C_{Ps}}{K_0C_{As}}(1-\sqrt{K_0}) \tag{6-71}$$

当 $K_0>1$ 时，式(6-71) 右边第一项恒大于0，第二项恒小于0，因此 $\Delta\left(-\frac{dC_P}{dC_A}\right)$ 恒大于0。所以，当 $K_0>1$ 时，即 $k_1>k_2$ 时，内扩散影响总是使串联反应的选择性变差。当 $K_0<1$ 时，式(6-71) 右边第一项仍恒大于0，第二项亦恒大于0，$\Delta\left(-\frac{dC_P}{dC_A}\right)$ 大于0还是小于0，将取决于式(6-71) 右边第一项和第二项的相对大小。由式(6-71) 可知，要使 $\Delta\left(-\frac{dC_P}{dC_A}\right)$ 大于0，必须有 $\left(1-\frac{\sqrt{K_0}}{\sqrt{K_0}+1}\right)-\frac{C_{Ps}}{K_0C_{As}}(1-\sqrt{K_0})>0$

即 $$\left(\frac{1}{\sqrt{K_0}+1}\right)-\frac{C_{Ps}}{K_0C_{As}}(1-\sqrt{K_0})>0$$

$$K_0C_{As}-C_{Ps}(1-K_0)>0$$

所以 $$K_0>\frac{C_{Ps}}{C_{As}+C_{Ps}} \tag{6-72}$$

当上式成立时，内扩散影响仍将使串联反应的选择性变差；反之，若 $K_0<\frac{C_{Ps}}{C_{As}+C_{Ps}}$，则内扩散影响将有利于改善串联反应的选择性。若 $K_0=\frac{C_{Ps}}{C_{As}+C_{Ps}}$，内扩散影响对串联反应的选择性没有影响。因此，在一个固定床反应器中，若已知 $K_0<1$，可能出现这样的情况：在进口处 $C_{Ps}=0$，所以 $K_0>\frac{C_{Ps}}{C_{As}+C_{Ps}}$，内扩散使选择性变差，但在反应器出口处，$C_{As}=0$，所以 $K_0<\frac{C_{Ps}}{C_{As}+C_{Ps}}$，内扩散阻力有利于改善反应的选择性。

2. 平行反应

设所进行的反应为

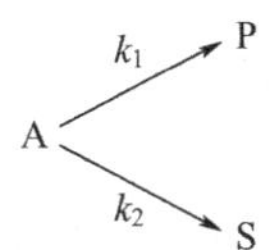

主反应的级数为 n_1，副反应的级数为 n_2。当内扩散的影响可忽略时，生成目的产物 P 的比选择性为

$$S_0=\frac{k_1C_{As}^{n_1}}{k_2C_{As}^{n_2}}=\frac{k_1}{k_2}C_{As}^{n_1-n_2} \tag{6-73}$$

当存在内扩散影响时，生成目的产物 P 的比选择性为

$$S=\frac{k_1C_{A}^{n_1}}{k_2C_{A}^{n_2}}=\frac{k_1}{k_2}C_{A}^{n_1-n_2} \tag{6-74}$$

所以

$$\frac{S}{S_0}=\left(\frac{C_A}{C_{As}}\right)^{n_1-n_2} \tag{6-75}$$

因为，C_A 恒小于 C_{As}，所以当 $n_1>n_2$ 时，内扩散影响使选择性减小；当 $n_1<n_2$ 时，内扩散影响使选择性增大；当 $n_1=n_2$ 时，内扩散对选择性无影响。

6.2.4　催化剂的工程设计

工业催化剂的开发大体上可分为两个阶段：工艺（或化学）研究阶段和工程设计阶段。第一阶段的任务是确定催化剂的配方，如主催化剂、助催化剂等活性组分和载体，主要由化学家完成。第二阶段的任务则是要确定催化剂的结构形态，如催化剂的粒度（或粒度分布）、活性组分的分布方式和孔结构等，以根据反应过程的特点，在催化剂颗粒尺度上提供一合适的浓度和温度条件，提高活性组分的利用率，改善反应的选择性，延长催化剂的操作周期和寿命。这一阶段的任务通常需化学家和化学工程师合作完成。

对固体催化剂，在确定了配方而进入工程设计阶段时，必须首先确定将要使用这种催化剂的反应器的形式。对于固定床反应器和移动床反应器，由于所用的催化剂粒度较大（通常在 2～15mm），需要考虑的主要问题是催化剂颗粒内外热、质传递对反应结果的影响。对流化床反应器由于所用的催化剂粒度很小（通常在几十微米），颗粒内外热、质传递对反应结果的影响通常可以忽略，需要考虑的主要因素是催化剂颗粒形态和粒度分布对流化质量的影响，被气流夹带出反应器的催化剂颗粒的回收（通常用旋风分离器）以及催化剂颗粒的耐磨性等。下面主要讨论用于固定床反应器的催化剂的工程设计问题。

1. 催化剂的活性组分分布方式

当催化剂的配方确定后，影响 Thiele 模数数值和内部传递作用大小的主要因素是催化剂的粒度以及由催化剂内部孔道结构和大小决定的有效扩散系数。小粒度催化剂能提供较大的比表面积，内部传递阻力的影响也比较小，有利于充分发挥催化剂活性组分的作用，但床层压降将随催化剂粒径的减小而迅速增加，因此用于固定床反应器的催化剂都有粒径优化问题。

随着化工装置的大型化和高活性催化剂的不断发现，固定床反应器的空速和线速度逐步提高，催化剂的粒度有逐步增大的趋势。随着催化剂粒径增大，传统的活性组分均匀分布的催化剂的缺点日益明显。因为随着粒径的增大，Thiele 模数增大，内部效率因子减小，催化剂活性组分的有效利用率降低，对于贵金属催化剂将造成相当大的浪费。当存在串联副反应时，内部传递阻力的增加还可能造成串联副反应产物增加，反应选择性变差。

为了克服活性组分均匀分布催化剂的上述缺点，出现了一种活性组分集中分布在外表面，而内核为惰性组分的催化剂，如图 6-9(b) 所示，这种催化剂常被形象化地称为“蛋壳型”催化剂。例如，乙烯装置中乙炔选择性加氢的钯催化剂，采用“蛋壳型”结构后，不仅减少了钯的用量，而且减少了由于过度加氢造成的乙烯损失。

通过选择适当的活性组分分布方式，“蛋壳型”催化剂的性能通常优于活性组分均匀分布的催化剂，因此，这类催化剂在工业上的应用日益广泛。但也有与此相反的情况，即适当的内部传质阻力对改善催化剂的性能反而是有利的，例如对负级数反应。这时很自然会想到将活性组分包埋在催化剂颗粒内部，而外部为一层惰性载体的活性组分分布方式将是有利的。这类催化剂被称为“蛋黄型”催化剂，如图 6-9(a) 所示。

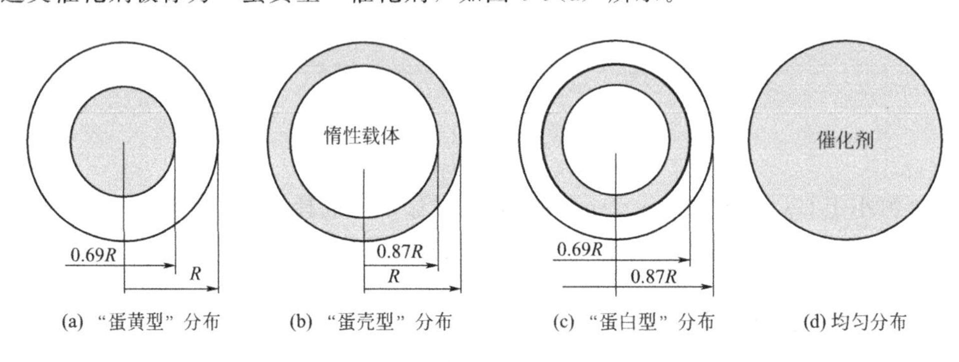

(a) “蛋黄型”分布　(b) “蛋壳型”分布　(c) “蛋白型”分布　(d) 均匀分布

图 6-9　催化剂活性组分分布方式

CO 在贵金属催化剂上的氧化反应是负级数反应的重要实例，研究发现当 CO 分压大于 270Pa 时，其在铂催化剂上的氧化速率与其分压呈反比。Becker 等以处理汽车尾气的单柱催化剂为对象，对不同活性组分分布方式的催化剂用于 CO 氧化反应时的性能进行了理论分析。在 Thiele 模数等于 0.4～4.0 时，各催化剂都有一个效率因子大于 1 的区域。“蛋黄型”催化剂出现效率因子大于 1 的 Thiele 模数最小，而且效率因子的最大值达到 5；“蛋壳型”催化剂出现效率因子大于 1 的 Thiele 模数最大，而且效率因子的最大值只有 3。但在超过最大值后，随着 Thiele 模数增大，效率因子将迅速下降，而且“蛋黄型”催化剂效率因子降低的速度比“蛋壳型”催化剂快得多。因此，除正确选择活性组分分布方式外，还应准确控制 Thiele 模数的数值，这样才能使活性组分发挥最大的效益。“蛋黄型”催化剂的着火温度比均匀分布催化剂低 16.7℃，而且这四种催化剂着火温度的排列次序和出现效率因子最大值的 Thiele 模数的排列次序是一致的。“蛋黄型”催化剂着火后，其转化率曲线立即变平坦，这也表明其效率因子急剧下降。

工业上也有活性组分分布方式介于“蛋壳型”和“蛋黄型”之间的催化剂，即催化剂的外层和内核均为惰性载体，活性组分位于两者之间，这类催化剂也被形象地称为“蛋白型”催化剂，如图6-9(c)所示。

2. 催化剂的孔径分布

对于少数活性很高的催化剂，例如用于氨氧化反应的铂或铂合金催化剂，过程由外扩散控制，反应物一到达催化剂外表面即被反应掉。在这种情况下，催化剂应采用无孔的，因为在催化剂内部造孔会导致机械强度下降。为增加催化剂的外表面积，当这类催化剂为金属时，一般都制成网状。

但是绝大多数固体催化剂都采用多孔结构，活性组分主要分布在催化剂内孔的表面上，孔结构对催化剂的活性和选择性都有重大影响。

通常催化剂颗粒内包含两类孔：微粒（粉末）内的微孔（孔径＜10nm）和微粒间的粗孔（孔径＞100nm）。微孔的孔径大小与所用的载体及催化剂的制备方法有关，而粗孔的孔径大小则与催化剂粉末压制成型时所用的压力大小有关。有关催化剂孔结构的知识可从孔径分布曲线获得。图6-10是经压制成型的氧化铝颗粒的孔径分布曲线。由图6-10可清楚看到氧化铝颗粒具有双离散孔结构。微孔孔径分布比较集中，最概然孔（半）径为2nm，而且基本上不受压制成型时所用压力的影响。但粗孔分布则比较分散，而且与成型压力关系颇大：高压时，其孔径不大于200nm；低压时，其最概然孔径可达800nm。

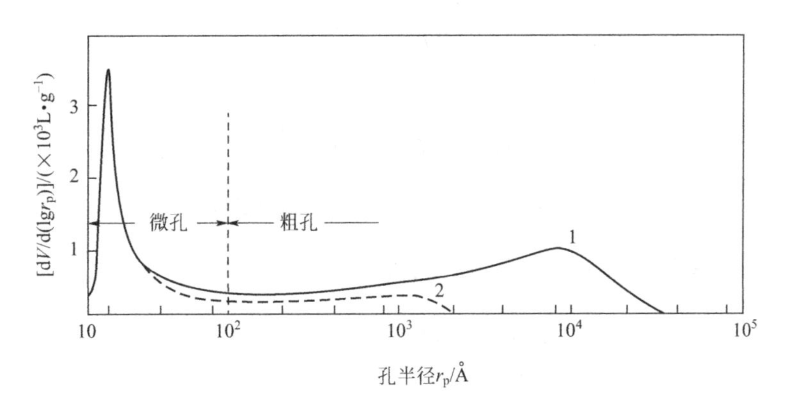

图6-10 氧化铝颗粒的孔径分布曲线

曲线1—低压压制；曲线2—高压压制

将催化剂颗粒内的孔区分为微孔和粗孔是有实际意义的。催化剂的内表面主要是由微孔提供的（一般占内表面的90％以上），这意味着催化剂的活性中心主要分布在微孔的内表面上，粗孔的内表面对催化剂活性的贡献相对而言是不重要的。但由于粗孔中质量传递通常以自由扩散方式进行，而微孔中质量传递通常以努森扩散方式进行，两者的扩散系数相差约100倍，组分在粗孔中的传递比在微孔中容易得多。因此，粗孔的存在有减小组分在催化剂颗粒内部传递阻力之功效。

通常，当催化剂活性组分的活性较高时，催化剂结构宜采用大孔径、小比表面积；反之，当活性组分的活性较低时，催化剂结构宜采用小孔径、大比表面积。在催化剂制备中，为达到要求的孔结构，主要途径是选择合适的载体。工业上常用的催化剂载体大体上可分为大比表面积载体、小比表面积载体和支持物三类。

6.3 外部传递和内部传递的综合影响

在实际过程中，外部传递和内部传递对反应的影响往往是同时存在的，这时总效率因子将和哪些因素有关呢？外部传递和内部传递对反应影响的相对大小又将如何？虽然分别考察外部传递和内部传递的影响也能对这些问题作出回答，但下面讲述的综合处理外部传递和内部传递影响的方法，将为这些问题提供一个更简洁、更有普遍意义的答案。

为了简便起见，下面的讨论以平板式催化剂为对象，但所得结果不难推广到其他形状的催化剂。我们仍然先讨论等温情况，然后再讨论非等温情况。

6.3.1 等温条件下的总效率因子

在平板式催化剂内取一薄层进行物料衡算，可导得如下扩散-反应微分方程

$$D_e \frac{d^2 C_A}{dz^2} = kC_A^n \tag{6-76}$$

此微分方程的边值条件为

$z=0$ 处

$$\frac{dC_A}{dz} = 0 \tag{6-77}$$

$z=L_p$ 处

$$k_g(C_{Ab} - C_{As}) = D_e \frac{dC_A}{dz} \tag{6-78}$$

边值条件式(6-78) 建立了反应相外传质和反应相内传质的联系。

令 $f=\frac{C_A}{C_{Ab}}$，$\xi=\frac{z}{L_p}$，将上述微分方程和边值条件变为量纲为一的形式

$$\frac{d^2 f}{d\xi^2} = \frac{L_p^2 k C_{Ab}^{n-1}}{D_e} f^n = \Phi^2 f^n \tag{6-79}$$

$$\xi=0,\quad \frac{df}{d\xi}=0 \tag{6-80}$$

$$\xi=1,\quad k_g(1-f_s) = \frac{D_e}{L_p} \times \frac{df}{d\xi} \tag{6-81}$$

或

$$\frac{df}{d\xi} = \frac{k_g L_p}{D_e}(1-f_s) = Bi_m(1-f_s) \tag{6-82}$$

式中，$Bi_m=\frac{k_g L_p}{D_e}$，为传质 Biot 数，其物理意义为颗粒外表面处反应相内浓度梯度和反应相外浓度差之比，或内部传质时间 $t_{Di}=\frac{L_p^2}{D_e}$和外部传质时间 $t_{De}=\frac{L_p}{k_g}$之比。传质 Biot 数 Bi_m 大，表示传质阻力主要在内部；传质 Biot 数 Bi_m 小，表示传质阻力主要在外部。

对一级反应，由方程式(6-79) 和边值条件式(6-80) 和式(6-81) 可求得催化剂颗粒内部的浓度分布，进而求得总效率因子

$$\eta=\frac{\tanh\Phi}{\Phi\left(1+\frac{\Phi\tanh\Phi}{Bi_{\mathrm{m}}}\right)} \tag{6-83}$$

当 Φ 很小，且$\frac{\Phi}{Bi_{\mathrm{m}}}$也很小时，$\tanh\Phi\approx\Phi$，$\eta\approx1$，即外部传质和内部传质的影响均可忽略。当 $\Phi>3$ 时，$\tanh\Phi\rightarrow1$，于是对一级反应有

$$\eta=\frac{1}{\Phi\left(1+\frac{\Phi}{Bi_{\mathrm{m}}}\right)} \tag{6-84}$$

在此条件下，表观反应速率为

$$(-r_{\mathrm{A}})_{\mathrm{obs}}=\frac{\sqrt{kD_{\mathrm{e}}}\,C_{\mathrm{Ab}}}{L_{\mathrm{p}}\left(1+\frac{\Phi}{Bi_{\mathrm{m}}}\right)} \tag{6-85}$$

这时，如果$\frac{\Phi}{Bi_{\mathrm{m}}}\gg1$，则有

$$(-r_{\mathrm{A}})_{\mathrm{obs}}=\frac{\sqrt{kD_{\mathrm{e}}}\,C_{\mathrm{Ab}}}{L_{\mathrm{p}}\left(\frac{\Phi}{Bi_{\mathrm{m}}}\right)}=\frac{k_{\mathrm{g}}C_{\mathrm{Ab}}}{L_{\mathrm{p}}}=k_{\mathrm{g}}aC_{\mathrm{Ab}} \tag{6-86}$$

过程由外部传质控制。如果$\frac{\Phi}{Bi_{\mathrm{m}}}=1$，则有

$$(-r_{\mathrm{A}})_{\mathrm{obs}}=\frac{\sqrt{kD_{\mathrm{e}}}\,C_{\mathrm{Ab}}}{L_{\mathrm{p}}}=\frac{\sqrt{D_{\mathrm{e}}}\,kC_{\mathrm{Ab}}}{L_{\mathrm{p}}\sqrt{k}}=\frac{kC_{\mathrm{Ab}}}{\Phi}=\eta_{\mathrm{i}}kC_{\mathrm{Ab}} \tag{6-87}$$

内部传质影响严重。

应用式(6-83) 计算总效率因子时，必须知道本征速率常数 k 以求取 Φ，与处理外部效率因子和内部效率因子时类同，可寻找一个可观察参数以便于应用。根据总效率因子的含义，可由实验测定的表观反应速率表示为

$$(-r_{\mathrm{A}})_{\mathrm{obs}}=\eta kC_{\mathrm{Ab}}=\frac{\tanh\Phi}{\Phi\left(1+\frac{\Phi\tanh\Phi}{Bi_{\mathrm{m}}}\right)}kC_{\mathrm{Ab}} \tag{6-88}$$

将上式两边乘以$\frac{L_{\mathrm{p}}^{2}}{D_{\mathrm{e}}C_{\mathrm{Ab}}}$得

$$\frac{L_{\mathrm{p}}^{2}}{D_{\mathrm{e}}C_{\mathrm{Ab}}}(-r_{\mathrm{A}})_{\mathrm{obs}}=\frac{L_{\mathrm{p}}^{2}}{D_{\mathrm{e}}C_{\mathrm{Ab}}}\times\frac{\tanh\Phi}{\Phi\left(1+\frac{\Phi\tanh\Phi}{Bi_{\mathrm{m}}}\right)}kC_{\mathrm{Ab}}=\eta\Phi^{2} \tag{6-89}$$

$\eta\Phi^2$ 即为一个可观察参数，其值可由实验测定的$(-r_{\mathrm{A}})_{\mathrm{obs}}$、主体浓度 C_{Ab}、颗粒尺寸 L_{p} 和有效扩散系数 D_{e} 获得。图 6-11 标绘了一级反应系统在不同的 Bi_{m}数值下 η 和 $\eta\Phi^2$ 的关系，可供查用。

6.3.2 非等温条件下的总效率因子

非等温条件下的总效率因子将由反应相外部和内部的传质、传热阻力决定。已经知道非等温内部效率因子是 Thiele 模数 Φ、量纲为一活化能 ε 和发热函数 β_{in}的函数。在考虑外部和内部传质的综合影响时，又引入了传质 Biot 数 Bi_{m}。

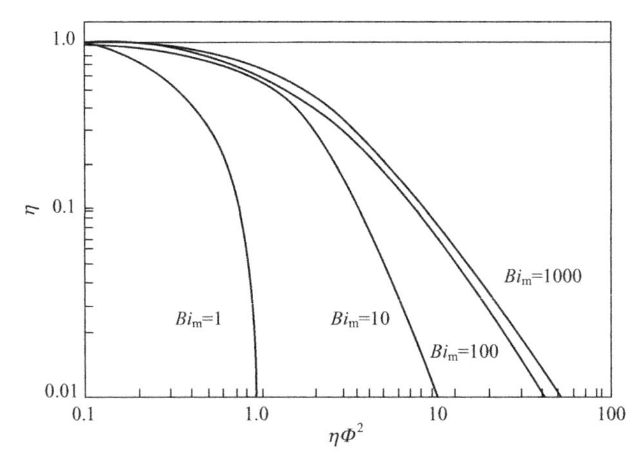

图 6-11　不同 Bi_m 数值下一级反应系统的总效率因子和可观察参数 $\eta\Phi^2$ 的关系

如果现在要再考虑外部和内部传热的综合影响，对平板式催化剂颗粒，内部传热微分方程为

$$\lambda\frac{d^2T}{dz^2}=-k(T)C_A^n(-\Delta H) \tag{6-90}$$

边值条件为

$$z=0,\quad \frac{dT}{dz}=0 \tag{6-91}$$

和

$$z=L_p,\quad h(T_s-T_b)=-\lambda\frac{dT}{dz} \tag{6-92}$$

边值条件式(6-92) 建立了反应相外部和内部传热的联系。

令 $\xi=\frac{z}{L_p}$，$\theta=\frac{T}{T_b}$，将式(6-90)～式(6-92) 变为量纲为一形式

$$\frac{d^2\theta}{d\xi^2}=-\beta_{in}\Phi^2f^n\exp\left[\varepsilon\left(1-\frac{1}{\theta}\right)\right] \tag{6-93}$$

$$\xi=0,\quad \frac{d\theta}{d\xi}=0 \tag{6-94}$$

$$\xi=1,\quad \frac{d\theta}{d\xi}=-\frac{hL_p}{\lambda}(\theta-1)=-Bi_h(\theta-1) \tag{6-95}$$

式中，Bi_h 为传热 Biot 数，其物理意义为反应相内温度梯度和相外温度梯度之比。传热 Biot 数的大小表明传热阻力主要集中在反应相内或相外，或分布于两相之中。

至此，不难想到，非等温条件下的总效率因子将是 5 个量纲为一数群的函数

$$\eta=f(\Phi,\varepsilon,\beta_{in},Bi_m,Bi_h) \tag{6-96}$$

非等温条件下的总效率因子可通过数值计算求得，图 6-12 标绘了某些极限情况下的结果。由于前述催化剂的几何形状对效率因子的影响甚微，此结果可供用于其他形状催化剂颗粒时参考。

由图 6-12 可以看出以下几点：

① 对放热反应，相间传热阻力（Bi_h 小）使 η 增大，而相间传质阻力（Bi_m 小）使 η 减小。

② 对吸热反应，η 随相间传质、传热阻力增大（Bi_m、Bi_h 小）而减小。

③ 当两个 Biot 数均大，即相间传质、传热阻力均小时，η-Φ 的关系还原为前面提出的

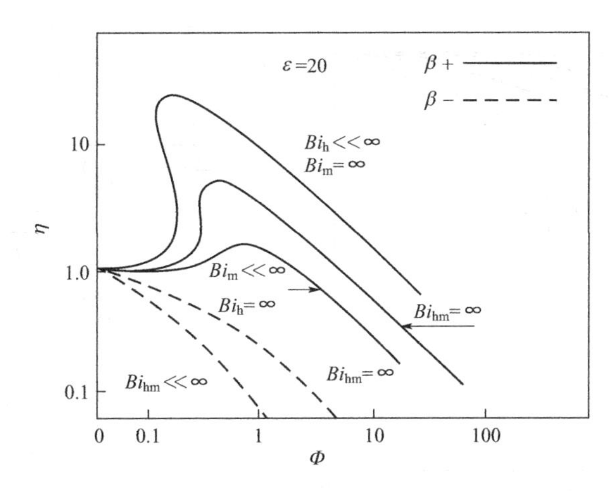

图 6-12　非等温条件下薄片催化剂总效率因子与 Thiele 模数、Biot 数的关系

不等温相内效率因子的形式。

④ 当两个 Biot 数均大，而且 ε 和 β_{in} 均小时，η-Φ 的关系接近等温情况。

6.3.3　反应相内外的温度梯度分布

根据上面关于非等温条件下总效率因子的分析，可进而讨论反应相内、相外不等温性的相对重要性。为了进行比较，讨论的范围将扩大到包括液固系统。

根据式(6-56)，催化剂内部温差 ΔT_i 为

$$\Delta T_i = T - T_s = \frac{(-\Delta H) D_e (C_{As} - C_A)}{\lambda}$$

或用量纲为一的形式表示为

$$\beta_i = \frac{\Delta T_i}{T_b} = \frac{(-\Delta H) D_e (C_{As} - C_A)}{\lambda T_b} \tag{6-97}$$

当 $C_A \to 0$，并用 $C_{As} = C_{Ab}\ (1 - \eta_e Da)$ 代入时有

$$\bar{\beta}_i = \frac{(-\Delta H) D_e C_{Ab}}{\lambda T_b}(1 - \eta_e Da) = \bar{\beta}_{in}(1 - \eta_e Da) \tag{6-98}$$

式中，$\bar{\beta}_{in} = \dfrac{(-\Delta H) D_e C_{Ab}}{\lambda T_b}$，为 $\bar{\beta}_i$ 的最大值。

根据式(5-28)，量纲为一的外部温差 β_{ex} 可表示为

$$\beta_{ex} = \frac{\Delta T_{ex}}{T_b} = \eta_e Da\ \bar{\beta}_{ex} \tag{6-99}$$

式中，$\bar{\beta}_{ex}$ 为最大量纲为一的外部温差，$\bar{\beta}_{ex} = \dfrac{(-\Delta H) C_{Ab}}{\rho c_p T_b Le^{\frac{2}{3}}}$。于是，量纲为一总温差可表示为

$$\frac{\Delta T}{T_b} = \eta_e Da\ \bar{\beta}_{ex} + \bar{\beta}_{in}(1 - \eta_e Da) \tag{6-100}$$

利用传热和传质类似律，可将传热和传质 Biot 数之比与 $\bar{\beta}_{ex}$ 和 $\bar{\beta}_{in}$ 之比联系起来

$$\gamma_b = \frac{Bi_m}{Bi_h} = \frac{k_g L_p / D_e}{h L_p / \lambda} = \frac{k_g \lambda}{h D_e}$$

$$= \frac{\lambda}{\rho c_p Le^{\frac{2}{3}} D_e} = \left[\frac{(-\Delta H) C_{Ab}}{\rho c_p T_b Le^{\frac{2}{3}}}\right] \Big/ \left[\frac{(-\Delta H) D_e C_{Ab}}{\lambda T_b}\right] = \frac{\bar{\beta}_{ex}}{\bar{\beta}_{in}} \tag{6-101}$$

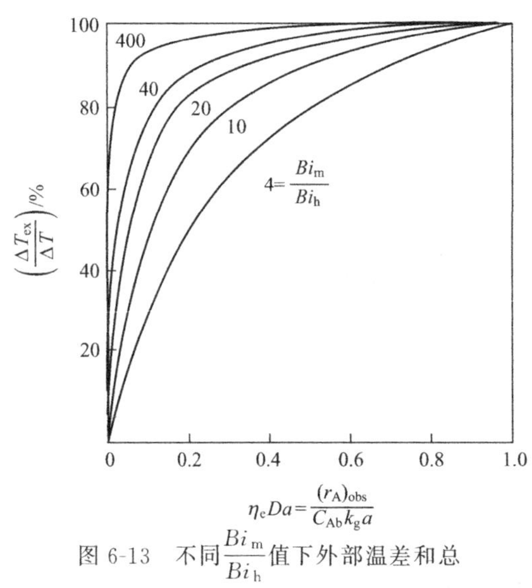

图 6-13 不同$\frac{Bi_m}{Bi_h}$值下外部温差和总温差之比与可观察参数 $\eta_e Da$ 的关系

由式(6-99) 和式(6-100) 不难求得外部温差 ΔT_{ex} 和总温差 ΔT 之比为

$$\frac{\Delta T_{ex}}{\Delta T}=\frac{\eta_e Da\,\bar{\beta}_{ex}}{\eta_e Da\,\bar{\beta}_{ex}+\bar{\beta}_{in}(1-\eta_e Da)}=\frac{\frac{Bi_m}{Bi_h}}{\frac{Bi_m}{Bi_h}+\left(\frac{1}{\eta_e Da}-1\right)}=\frac{\eta_e Da}{\eta_e Da+\left(\frac{Bi_m}{Bi_h}\right)^{-1}(1-\eta_e Da)} \tag{6-102}$$

对不同的$\frac{Bi_m}{Bi_h}$值，外部温差在总温差中所占的比例与可观察参数 $\eta_e Da$ 的关系如图 6-13 所示，可见$\frac{Bi_m}{Bi_h}$值越大，对相同的 $\eta_e Da$ 外部温差在总温差中所占的比例也越大。

由式(6-101) 可知，参数 γ_b 为物理性质 λ、D_e、ρc_p 的函数，对气体、液体和多孔固体，这些物理参数的数量级如表 6-2 所示。

表 6-2 物性参数 D_e、λ 和 ρc_p 的范围

物性参数	气体	液体	多孔固体
$D_e/(cm^2\cdot s^{-1})$	0.1～1	10^{-6}～10^{-5}	10^{-3}～10^{-1}
$\lambda/(J\cdot cm^{-1}\cdot s^{-1}\cdot K^{-1})$	10^{-5}～10^{-4}	10^{-4}～10^{-2}	10^{-4}～10^{-3}
$\rho c_p/(J\cdot cm^{-3}\cdot K^{-1})$	10^{-4}～10^{-2}	0.1～2	0.4～1

根据表 6-2 所列的数据，可求得量纲为一数群$\bar{\beta}_{in}$、$\bar{\beta}_{ex}$和 γ_b 的数量级，如表 6-3 所示。

表 6-3 量纲为一数群 $\bar{\beta}_{in}$、$\bar{\beta}_{ex}$、γ_b 的范围

量纲为一数群	气固	液固
$\bar{\beta}_{in}$	0.001～0.3	0.001～0.1
$\bar{\beta}_{ex}$	0.01～2.0	0.001～0.05
$\gamma_b\left(\frac{Bi_m}{Bi_h}\right)$	10～10^4	10^{-4}～0.1

由表 6-3 所列的数据和图 6-13 可得如下结论：

① 对气固系统，热阻和温度梯度主要在催化剂外部；

② 对液固系统，热阻和温度梯度主要在催化剂内部；

③ 对于总温差 ΔT，表 6-3 所列的$\bar{\beta}_{in}$和$\bar{\beta}_{ex}$的数值说明，对液固系统反应相外和相内温差都较小，即比较接近等温状况；对气固系统，由于气体的 ρc_p 小，β_{ex}较大，所以可能存在较大的温差。

6.4　流固相非催化反应过程

流固相非催化反应过程也是工业过程中常见的一类非均相反应过程，例如煤的气化、燃烧，高炉中一氧化碳还原铁矿石，黄铁矿的沸腾焙烧以及铝土矿和硫酸反应制取硫酸铝，离子交换等都是典型的流固相非催化反应过程。在石油化学工业中虽然较少遇到用流固相非催化反应制造产品，但用含氧气体烧掉沉积在催化剂上的焦炭使催化剂再生是相当普遍的。

6.4.1　基本特征

和气固相催化反应过程一样，反应物和热量的传递对反应的影响也是分析流固相非催化反应过程时必须考虑的一个重要问题。但两者之间又有一个重要区别：在流固相非催化反应过程中，固体状态随反应进行而发生变化。气体反应物向颗粒表面扩散并进入内部，同时进行反应。反应过程的产物以产物层（或灰层）存在或脱落，视系统而异。在反应过程中，反应区向内推移，未反应的内核逐渐缩小，直至反应终了。如固体产物层不脱落，则气体反应物需扩散通过产物层，然后再进行反应，内核逐渐缩小。如固体产物脱落，则颗粒不断缩小，气体反应物可直接达到反应区表面。但这两种情形都存在一个反应区逐渐内移的问题。反应区厚度无疑取决于扩散速率与反应速率的相对关系。快速反应，反应区薄；缓慢反应，反应区厚；十分缓慢的反应，内核中气相反应物浓度均匀。

当颗粒连续进出反应器时，例如固相连续进出料的流化床反应器或移动床反应器，整个反应器的操作仍可达到定态。当颗粒非连续进出反应器时，例如固相间歇进出料的流化床反应器或固定床反应器，反应器的操作必然具有非定态的特征。但不管是哪一种情况，单一颗粒的表观反应速率都将是它在反应器中停留的时间和历程的函数。由于固体颗粒不可凝并的特性，流固相非催化反应器的计算必须以单一颗粒的转化率与时间关系为基础。

在处理流固相非催化反应过程时，问题的复杂程度取决于扩散和化学反应速率的相对大小。图 6-14 以 H_2 还原 Fe_2O_3 为例，说明了可能遇到的几种典型情况。图 6-14(b) 中，R_0 为固体颗粒外径，阴影部分为反应区，C_{Ab}、C_{As}、C_{A2} 和 C_{A1} 分别为气相主体、颗粒表面、反应区外表面和反应区内表面的气体反应物 A 的浓度。

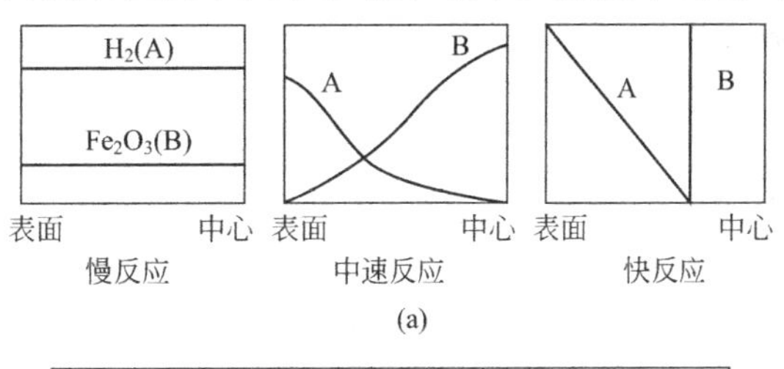

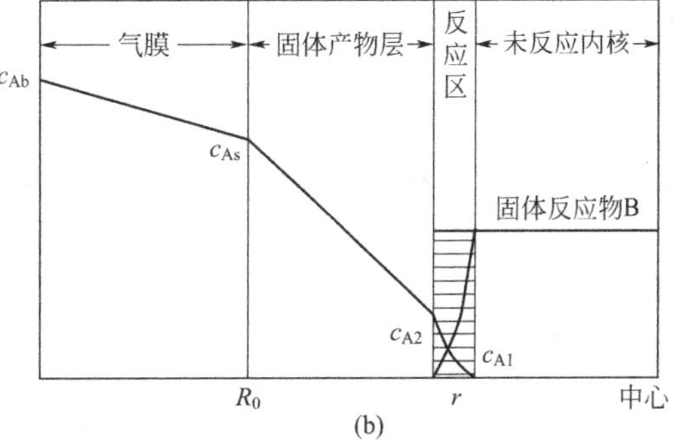

图 6-14　流固相非催化反应中的浓度分布

如果气体反应物通过气膜和颗粒内部的扩散相对于化学反应是很快的，气体可渗透到整个氧化铁颗粒内部，那么过程具有均相反应的特征，速率正比于气相反应物 A 和未反应固体 B 的浓度

$$-\frac{dC_A}{dt}=kC_AC_B \qquad (6\text{-}103)$$

这时，气相和固相浓度分布如图 6-14(a) 慢反应所示。

如果化学反应是很快的，反应区将限制在固体颗粒内的一个薄层中，固体颗粒被反应区分隔成两部分：一部分是已反应的产物层，亦可称为灰层；另一部分是未反应的内核。在极端情况下，即化学反应是极快的，这时反应区将缩小为一个面，气体反应物一接触未反应的固体即被消耗掉，所以在反应面上气相反应物的浓度为零，如图6-14(a) 快反应所示。这时流固相非催化反应过程可用缩核模型（或称壳层推进模型）处理。如果扩散阻力集中在气相主体中，颗粒表面气相反应物浓度 C_{As} 趋近于零，过程速率为

$$-\frac{dC_A}{dt}=k_g a C_{Ab} \tag{6-104}$$

式中，k_g 为气相传质系数；a 为颗粒比表面积。如果扩散阻力集中在灰层中，颗粒表面气相反应物浓度等于气相主体浓度，过程速率为

$$-\frac{dC_A}{dt}=aD_A\left(\frac{dC_A}{dr}\right)_{r=R_0}=\frac{aD_A C_{Ab}}{R_0-r} \tag{6-105}$$

式中，D_A 为气相反应物在固相中的分子扩散系数；r 为未反应核的半径。

如果灰层是多孔的，而未反应核是无孔的，即气相反应物不能渗入未反应核，灰层和核的分界面即为反应面，这时即使反应不是很快的，也可用缩核模型处理。在这种情况下，反应面上气相反应物的浓度不一定为零，在极端情况下，若化学反应是很慢的，成为过程的速率控制步骤，反应面上气相反应物浓度为 C_{Ab}，过程速率为

$$-\frac{dC_A}{dt}=akC_{Ab} \tag{6-106}$$

图6-14(a) 中速反应表示介于上述两种极端情况之间的中间状态，即通过灰层和核的扩散速率相差不是很大，反应速率也不是无限快，灰层、反应区和未反应核之间没有明显的界面。这代表了流固相非催化反应最一般的情况，下面将作进一步讨论。

6.4.2 一般模型

我们仅考虑颗粒内部等温的情况，因此只需列出物料衡算方程。气相反应物 A 的物料衡算方程为

$$\frac{\partial}{\partial t}(\varepsilon_S C_A)=\frac{1}{r^2}\times\frac{\partial}{\partial r}\left(D_A r^2\frac{\partial C_A}{\partial r}\right)-(-r_A)\rho_S \tag{6-107}$$

式中，ε_S 为颗粒内的孔隙率；ρ_S 为颗粒密度。上式左边为考虑过程瞬态特性的积累项，右边第一项为扩散项，第二项为反应项。当反应区的移动速率远小于组分 A 的传递速率时，积累项可忽略，对气固相反应，此条件通常能满足，但对液固相反应则不一定。

固体反应组分的物料衡算方程为

$$\frac{\partial C_S}{\partial t}=-(-r_S)\rho_S \tag{6-108}$$

微分方程式(6-107) 和式(6-108) 的初始条件为

$$t=0\ 时，\quad C_A=C_{A0}，\quad C_S=C_{S0} \tag{6-109}$$

边值条件为

在球形颗粒中心 $r=0$ 处

$$\frac{\partial C_A}{\partial r}=0 \tag{6-110}$$

在外表面 $r=R_0$ 处

$$D_A\left(\frac{\partial C_A}{\partial r}\right)_{r=R_0}=k_g(C_{A0}-C_{As}) \tag{6-111}$$

Wen 曾使用下列动力学方程对式(6-107) 和式(6-108) 进行数值积分

$$(-r_A)\rho_S=bkC_A^{n_1}C_S^{n_2} \tag{6-112}$$

和

$$(-r_S)\rho_S=kC_A^{n_1}C_S^{n_2} \tag{6-113}$$

当 $n_1=2$ 和 $n_2=1$ 时，积分结果被标绘成图 6-15 和图 6-16，两图中的曲线 1～6，表示随着时间增长，颗粒内固相和气相浓度的变化。

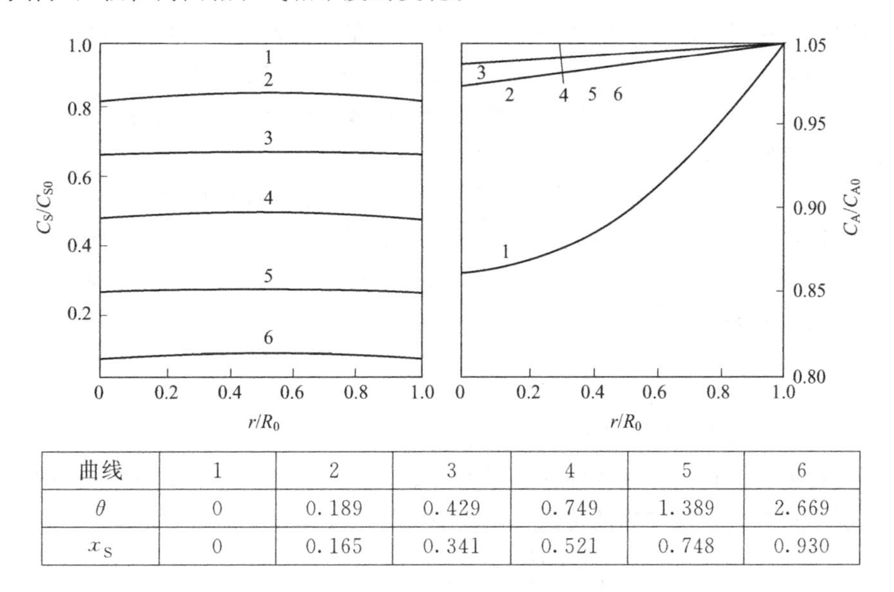

曲线	1	2	3	4	5	6
θ	0	0.189	0.429	0.749	1.389	2.669
x_S	0	0.165	0.341	0.521	0.748	0.930

图 6-15　$\phi=1$ 时颗粒内的浓度分布

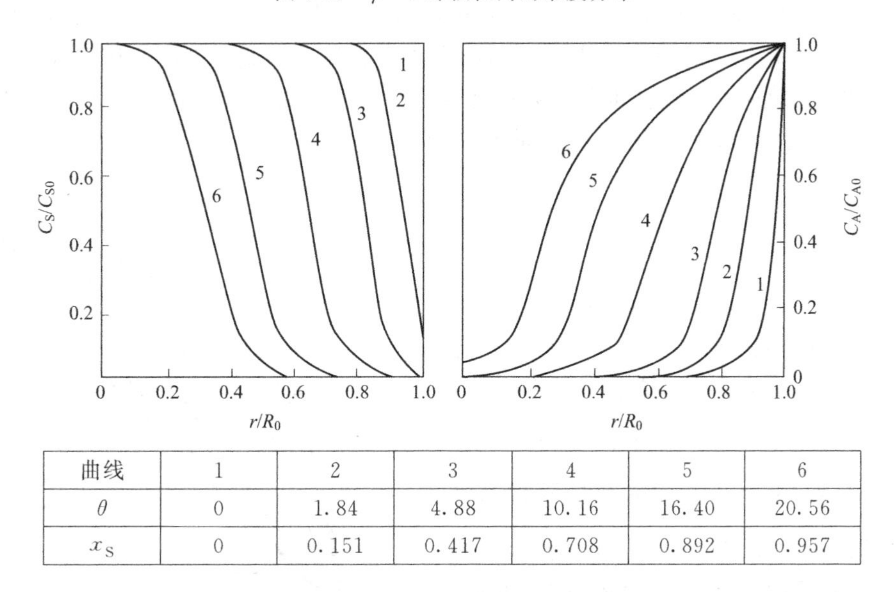

曲线	1	2	3	4	5	6
θ	0	1.84	4.88	10.16	16.40	20.56
x_S	0	0.151	0.417	0.708	0.892	0.957

图 6-16　$\phi=70$ 时颗粒内的浓度分布

图 6-15 表示 Thiele 模数 $\phi=R_0\sqrt{\dfrac{bkC_A^{n_1-1}C_S^{n_2}}{D_A}}=1$ 时的情况。$\phi=1$ 表示相对于粒内扩散，化学反应是很慢的，颗粒内部实际上没有浓度梯度。因此，这是一种能用均相模型满意

描述的情况。图注中的 θ 为实际反应时间与特征反应时间之比，$\theta=kC_{A0}^2t$，x_S 为固相的转化率。

图 6-16 表示 $\phi=70$ 时的情况，这时颗粒内部存在严重的扩散阻力，即相当于反应很快的情况。由图 6-16 可知，反应开始后不久，靠近颗粒外表面的固相组分几乎耗尽，形成灰层，随着反应的进行，灰层逐渐增厚。因此，这种情况可用非均相缩核模型描述。

若固体反应组分的浓度 C_S 能在有限时间内降为零，例如对反应固体浓度为零级或拟零级反应的情况，在求解微分方程式(6-107) 和式(6-108) 时必须把反应过程分成两个阶段。第一阶段延续到颗粒表面固体反应物浓度变为零，即在颗粒表面形成灰层为止，对此阶段可直接求解式(6-107) 和式(6-108)。第二阶段自颗粒外表面形成灰层起，一直延续到固体反应物完全耗尽。在第二阶段中，气相反应物必须先扩散通过灰层，到达发生反应的前沿，由此位置再往里才能使用式(6-107) 和式(6-108)。

在式(6-107) 中，扩散系数 D_A 是随着反应进行过程中固体性状的变化而变化的。Wen 提出了一种简化处理办法，即认为 D_A 在反应过程中不是随时变化的，它的取值只有两种可能：一个数值是通过未反应或部分反应的固体的扩散系数 D_A；另一个数值是通过已完全反应的固体的扩散系数 D'_A。于是，在第一阶段，式(6-107) 简化为

$$\varepsilon_S\frac{\partial C_A}{\partial t}=D_A\left(\frac{\partial^2 C_A}{\partial r^2}+\frac{2}{r}\times\frac{\partial C_A}{\partial r}\right)-(-r_A)\rho_S \tag{6-114}$$

而方程式(6-108) 及初始条件和边界条件均不变。

第二阶段自表面固相反应物浓度达到零时开始，灰层开始时很薄，然后逐渐延伸到颗粒中心。在灰层中只有气相反应物的传递，不再有化学反应，式(6-107) 简化为

$$D'_A\left(\frac{\partial^2 C'_A}{\partial r^2}+\frac{2}{r}\times\frac{\partial C'_A}{\partial r}\right)=0 \tag{6-115}$$

式中，上标$'$表示灰层的状态和性质。在颗粒内同时发生传质和反应的部分，方程式(6-107) 和式(6-108) 依然适用。在颗粒外表面和颗粒中心，边界条件式(6-110) 和式(6-111) 依然适用。在距颗粒中心 r_m，灰层和反应层的交界处需增加一组边界条件，以表示气相反应物浓度 C_A 分布的连续性和在 $r=r_m$ 处扩散通量相等

$r=r_m$ 处

$$C'_A=C_A,\quad D'_A\frac{\partial C'_A}{\partial r}=D_A\frac{\partial C_A}{\partial r} \tag{6-116}$$

Wen 在假设 $D_A=D'_A$的条件下，计算了 Thiele 模数取不同数值时固体反应物转化率与量纲为一反应时间的关系，其结果标绘于图 6-17 中。图 6-17 中纵坐标为固相转化率 x_S，横坐标为量纲为一时间$\frac{t}{t^*}$，t^* 为固相反应物完全转化所需的时间。图 6-17 中的虚线表示第一阶段和第二阶段的分界线。由图 6-17 可见，当内扩散影响严重时，如 $\phi>5$ 时，第一阶段在固体转化率小于 50%时即已结束，所以在后期反应中的一个相当大范围内要采用复杂的第二阶段描述方式。而当内扩散影响很小时，

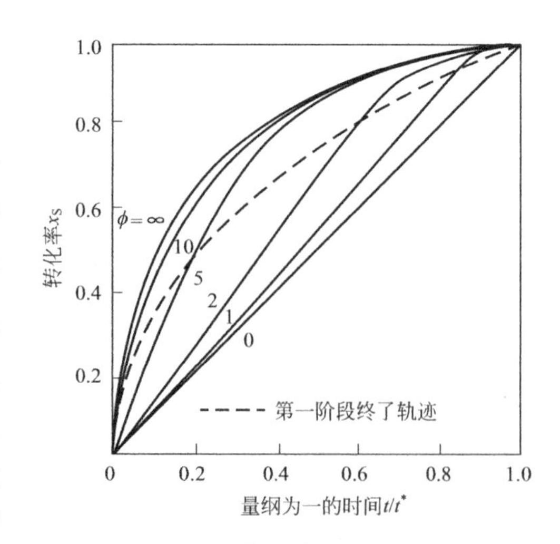

图 6-17　$D_A=D'_A$时固体反应物转化率与量纲为一时间的关系

如 $\phi<1$ 时，第一阶段结束时，固体转化率已超过 90%。在 $\phi=0$ 的极端情况下，反应过程始终处于第一阶段。

6.4.3 缩核模型

缩核模型，也称壳层推进模型，是处理流固相非催化反应最常使用的一种模型。图 6-18为该模型的示意图。

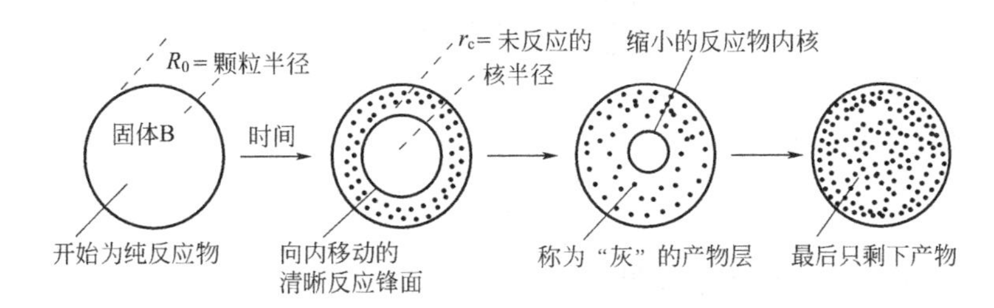

图 6-18　缩核模型示意图

对未反应核是多孔性的流固相非催化反应，能否用缩核模型处理，可用反应速率常数和扩散系数的比值或第三 Damköhler 数 $Da_{\text{Ⅲ}}=\dfrac{L_pk}{D_A}$（此处 k 的量纲为 $L\cdot T^{-1}$）来判别。Carberry 等曾指出，对多孔固体，如果缩核模型适用，反应区必定是相当窄的。对进行一级反应的薄片，他们提出缩核模型适用的判据是：在厚度 δ 小于薄片半厚度的 $\dfrac{1}{50}$ 的反应区内气相组分的浓度降 $\dfrac{C_{A1}}{C_{A2}}$ 达 $\dfrac{1}{50}$。由此可导得 Thiele 模数

$$\Phi=L_p\sqrt{\frac{kS}{D_A}} \tag{6-117}$$

应大于 200。式中，L_p 为催化剂颗粒的定性尺寸，所以 $\dfrac{1}{L_p}$ 为单位体积颗粒的外表面积；S 则为单位体积颗粒的总表面积。

根据 Φ 和 $Da_{\text{Ⅲ}}$ 的定义可得 $Da_{\text{Ⅲ}}=\dfrac{\Phi^2}{L_pS}$，因此缩核模型适用的必要条件是

$$Da_{\text{Ⅲ}}=\frac{L_pk}{D_A}\geqslant\frac{4\times10^4}{L_pS} \tag{6-118}$$

若未反应核是无孔的，这时 D_A 接近零，$Da_{\text{Ⅲ}}$ 趋近无穷大，式(6-118) 自然能满足。

1. 缩核模型的计算

设在一球形颗粒中进行如下气固相非催化反应

$$bA(g)+B(s)\longrightarrow P$$

因为反应是不可逆的，当缩核模型适用时，整个过程可设想成由以下三个串联步骤组成：

① 组分 A 经过气膜扩散到固体外表面；

② 组分 A 通过灰层扩散到未反应核表面；

③ 在未反应核表面上，组分 A 和 B 进行反应。

这些步骤的阻力可能相差很大，当某步骤的阻力大大超过其余步骤的阻力时，该步骤就成为过程的控制步骤。下面我们先分别讨论上述各步骤为控制步骤时过程的计算方法。

（1）气膜扩散控制

这时固体表面上组分 A 的浓度为零，反应期间组分 A 的传质速率为

$$-\frac{dN_A}{dt}=4\pi R_0^2 k_g C_{Ab} \tag{6-119}$$

设固体中 B 的物质的量浓度为 ρ_m（mol/m^3），由于组分 B 的减少表现为未反应核的缩小，故组分 B 的反应速率可表示为

$$-\frac{dN_B}{dt}=-4\pi\rho_m r_c^2\frac{dr_c}{dt} \tag{6-120}$$

式中，r_c 为未反应核的半径。

根据化学计量关系，必有

$$-\frac{dN_A}{dt}=-b\frac{dN_B}{dt} \tag{6-121}$$

将式(6-119) 和式(6-120) 代入上式得

$$-\frac{\rho_m r_c^2}{R_0^2}\times\frac{dr_c}{dt}=\frac{1}{b}k_g C_{Ab}$$

利用初始条件

$$t=0\ 时，r_c=R_0$$

将上式积分得

$$t=\frac{b\rho_m R_0}{3k_g C_{Ab}}\left[1-\left(\frac{r_c}{R_0}\right)^3\right] \tag{6-122}$$

只要令上式中 $r_c=0$，即可求得颗粒全部反应完毕所需的时间

$$t^*=\frac{b\rho_m R_0}{3k_g C_{Ab}} \tag{6-123}$$

（2）灰层扩散控制

在反应过程中，气相反应物 A 和反应面都在向球形粒子的中心移动。当过程属于灰层扩散控制时，由于灰层内无反应发生，气相 A 穿过灰层任意表面 r 的扩散量应相同，下式成立

$$-\frac{dN_A}{dt}=4\pi r^2 D_A\frac{dC_A}{dr}=常数 \tag{6-124}$$

这是一条由外向内斜率不断增加的曲线。利用边值条件

$$r=R_0\ 处，\quad C_A=C_{Ab}$$
$$r=r_c\ 处，\quad C_A=0$$

对式(6-124) 进行积分得

$$-\frac{dN_A}{dt}\left(\frac{1}{r_c}-\frac{1}{R_0}\right)=4\pi D_A C_{Ab} \tag{6-125}$$

将式(6-120) 和式(6-121) 代入上式，并利用初始条件

$$t=0\ 时，\quad r_c=R_0$$

可得

$$-\rho_m\int_{R_0}^{r_c}\left(\frac{1}{r_c}-\frac{1}{R_0}\right)r_c^2 dr_c=\frac{1}{b}D_A C_{Ab}\int_0^t dt \tag{6-126}$$

积分后有

$$t=\frac{b\rho_m R_0^2}{6D_A C_{Ab}}\left[1-3\left(\frac{r_c}{R_0}\right)^2+2\left(\frac{r_c}{R_0}\right)^3\right] \tag{6-127}$$

同样可令 $r_c=0$，求得颗粒全部反应完毕所需的时间

$$t^*=\frac{b\rho_m R_0^2}{6D_A C_{Ab}} \tag{6-128}$$

（3）表面反应控制

要应用缩核模型，这种情况显然只可能发生在未反应核是无孔的，即气相组分A不能渗入未反应核时。由于是化学反应控制，故固相组分的消耗速率与灰层的存在与否无关，而仅与未反应核的表面积成正比，故有

$$-\frac{dN_B}{dt}=-\frac{1}{b}\times\frac{dN_A}{dt}=\frac{1}{b}\times 4\pi r_c^2 kC_{Ab} \tag{6-129}$$

将式(6-120) 代入得

$$-4\pi\rho_m r_c^2\frac{dr_c}{dt}=\frac{1}{b}\times 4\pi r_c^2 kC_{Ab} \tag{6-130}$$

用初始条件 $t=0$ 时，$r_c=R_0$ 对上式进行积分，得

$$t=\frac{b\rho_m}{kC_{Ab}}(R_0-r_c) \tag{6-131}$$

因此，固体颗粒完全反应所需的时间为

$$t^*=\frac{b\rho_m R_0}{kC_{Ab}} \tag{6-132}$$

上面的讨论限于过程阻力完全集中在某一步骤中的情况。由于这些步骤是相互串联的，因此如果每一步的阻力都是不可忽略的，则固体颗粒反应完毕所需的时间即为按上述方法计算的每一步所需时间之和，即

$$t^*=\frac{b\rho_m R_0}{C_{Ab}}\left(\frac{1}{3k_g}+\frac{R_0}{6D_A}+\frac{1}{k}\right) \tag{6-133}$$

而每一个步骤所需要的时间则代表了该步骤阻力的相对大小。

同样可求得反应时间和未反应核半径的关系为

$$t=\frac{b\rho_m R_0}{C_{Ab}}\left[\frac{1}{3}\left(\frac{1}{k_g}-\frac{R_0}{D_A}\right)\left(1-\frac{r_c^3}{R_0^3}\right)+\frac{R_0}{2D_A}\left(1-\frac{r_c^2}{R_0^2}\right)+\frac{1}{k}\left(1-\frac{r_c}{R_0}\right)\right] \tag{6-134}$$

固相组分的转化率可定义为

$$x_S=1-\left(\frac{r_c}{R_0}\right)^3$$

因此，由式(6-134) 可得到反应时间和转化率的关系

$$t=\frac{b\rho_m R_0}{C_{Ab}}\left\{\frac{1}{3}\left(\frac{1}{k_g}-\frac{R_0}{D_A}\right)x_S+\frac{R_0}{2D_A}[1-(1-x_S)^{\frac{2}{3}}]+\frac{1}{k}[1-(1-x_S)^{\frac{1}{3}}]\right\} \tag{6-135}$$

当气膜扩散为过程的控制步骤时，式(6-135) 化简为

$$t=\frac{b\rho_m R_0}{3k_g C_{Ab}}x_S \tag{6-136}$$

当灰层扩散为过程的控制步骤时，式(6-135) 化简为

$$t=\frac{b\rho_m R_0^2}{6D_A C_{Ab}}[1-3\times(1-x_S)^{\frac{2}{3}}+2\times(1-x_S)] \tag{6-137}$$

当表面反应为过程的控制步骤时，式(6-135) 化简为

$$t=\frac{b\rho_{\mathrm{m}}R_0}{kC_{\mathrm{Ab}}}[1-(1-x_{\mathrm{S}})^{\frac{1}{3}}] \tag{6-138}$$

例 6-3 在一移动床反应器内煅烧某种粒径为 5mm 的球形固体颗粒，已知此时过程为灰层扩散控制，当颗粒停留时间为 30min 时，转化率为 98%。现因处理量增加，致使停留时间缩短为 25min，计算这时颗粒的转化率为多少？若要求颗粒的转化率保持在 98%，颗粒直径应减小为多少？计算时可假设粒径缩小时，速率控制步骤未发生变化，请讨论计算所得结果能否确保达到预定目的。

解： 5mm 颗粒完全转化所需的时间

$$t^*=\frac{t}{1+2(1-x_{\mathrm{S}})-3\,(1-x_{\mathrm{S}})^{2/3}}=\frac{30}{1+2\times 0.02-3\times 0.02^{2/3}}=36.63\mathrm{min}$$

当停留时间缩短为 25min 时，转化率 x_{S} 可由下式通过试差计算得到

$$25=36.62[1+2(1-x_{\mathrm{S}})-3\,(1-x_{\mathrm{S}})^{2/3}]$$

即

$$-0.317=2(1-x_{\mathrm{S}})-3\,(1-x_{\mathrm{S}})^{2/3}$$

试差计算过程如下

x_{S}	$2(1-x_{\mathrm{S}})-3(1-x_{\mathrm{S}})^{2/3}$
0.9	−0.446
0.93	−0.370
0.95	−0.307
0.94	−0.340
0.945	−0.324
0.947	−0.317

即停留时间为 25min 时，转化率 x_{S} 减小为 94.7%。

为使停留时间为 25min 时颗粒的转化率仍保持在 98%，颗粒的直径应缩小，若速率控制步骤仍为灰层扩散控制，缩小后颗粒完全转化所需时间应为

$$t_1^*=\frac{t^*\times 25}{30}=\frac{36.63\times 25}{30}=30.52\mathrm{min}$$

颗粒直径为

$$d_{\mathrm{p1}}=d_{\mathrm{p}}\sqrt{\frac{t_1^*}{t^*}}=5\sqrt{\frac{30.52}{36.63}}=4.56\mathrm{mm}$$

讨论当颗粒直径缩小时，速率控制步骤可能由灰层扩散控制转变为表面反应控制，若发生了这种转变，上面计算得到的粒径可能偏大。因为当表面反应控制时，随粒径缩小，完全转化所需时间的减小幅度将小于灰层扩散控制时。

2. 速率控制步骤的判别

在用缩核模型对气固相非催化反应过程进行分析时往往需要判别是否存在速率控制步骤，以及哪一个步骤为速率控制步骤。这可从以下几方面着手。

① 灰层的扩散阻力通常比气膜扩散阻力大得多，所以只要有灰层存在，气膜扩散阻力一般可忽略。

② 对同一粒径颗粒的转化率-时间数据进行标绘，由式(6-137) 和式(6-138) 可知当灰层扩散控制时，t 与 $1-3(1-x_{\mathrm{S}})^{\frac{2}{3}}+2(1-x_{\mathrm{S}})$ 呈线性关系；当表面反应控制时，t 与 $1-(1-x_{\mathrm{S}})^{\frac{1}{3}}$ 呈线性关系。也可根据转化率时间数据，分别用式(6-137) 和式(6-138) 计算颗粒完全转化所需的时间 t^*，若由式(6-137) 计算得到的时间 t^* 为常数，则为灰层扩散控制；反之，若由式(6-138) 计算得到的时间 t^* 为常数，则为表面反应控制。

③ 根据在相同反应条件下不同粒径的颗粒达到同一转化率所需的时间进行判别。气膜扩散控制时，由式(6-136) 可知达到一定转化率所需的时间和$\dfrac{R_0}{k_g}$呈正比，而由 k_g 的计算式 $\dfrac{k_g\rho}{F}Sc^{2/3}=\dfrac{0.725}{Re^{0.41}-0.15}$知 k_g 正比于 $Re^{-0.41}$，即 $R_0^{-0.41}$，因此，当气膜扩散控制时，达到一定转化率所需的时间约和 $R_0^{1.4}$ 呈正比；灰层扩散控制时，由式(6-137) 可知达到一定转化率所需的时间正比于 R_0^2；表面反应控制时，由式(6-138) 可知达到一定转化率所需的时间正比于 R_0。显而易见，随着粒径增大，处于灰层扩散控制时反应速率的下降比处于反应控制时更快，或者说随着粒径增大，灰层阻力的增加比表面反应阻力的增加快，若在一定粒径下过程为表面反应控制，随着粒径增大，终将转化为灰层扩散控制。因此，将反应控制机理外推到较大颗粒是不可靠的，而外推至较小颗粒则是可靠的；反之，将灰层扩散控制机理外推到较大颗粒是可靠的，外推至较小颗粒则是不可靠的。

例 6-4　在恒温下，在空气流中焙烧直径为 2mm 的硫化物矿球形颗粒，定期取出少量矿样，经过粉碎和分析得到如下结果

时间/min	15	30	60
转化率	0.334	0.584	0.880

设缩核模型适用，试根据上述实验数据确定该过程的速率控制步骤，并计算 2mm 颗粒和 0.5mm 颗粒完全转化所需的时间。

解：将时间 t 分别对 $[1-3(1-x_S)^{\frac{2}{3}}+2(1-x_S)]$ 和 $[1-(1-x_S)^{\frac{1}{3}}]$ 作图，根据它们是否符合线性关系进行判别。

t	x_S	$1-3(1-x_S)^{\frac{2}{3}}+2(1-x_S)$	$1-(1-x_S)^{\frac{1}{3}}$
15	0.334	0.044	0.127
30	0.584	0.161	0.253
60	0.880	0.511	0.506

由图 6-19 可知，该过程为表面反应控制。由图 6-19(b) 的直线斜率可得 2mm 颗粒完全反应所需的时间为

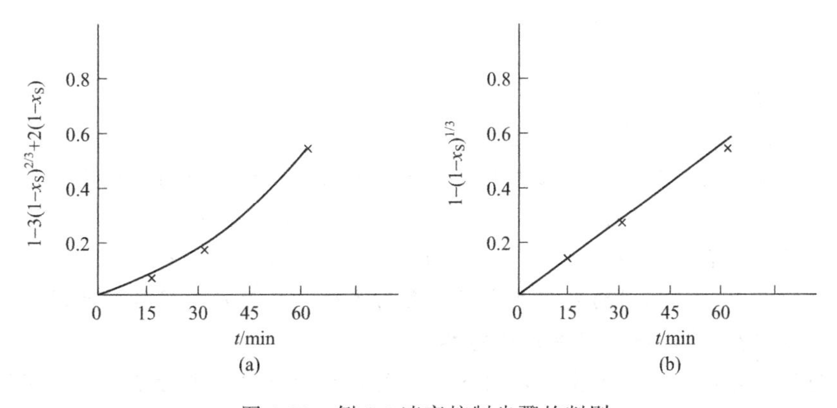

图 6-19　例 6-4 速率控制步骤的判别

$$t_2^* = 118\text{min}$$

由前面分析可知，焙烧 0.5mm 颗粒时也为表面反应控制，完全反应所需时间与粒径呈正比，所以

$$t_{0.5}^* = 118 \times \frac{0.5}{2} = 29.5\text{min}$$

在以上各节中详细分析了气固相反应过程中微元（颗粒）尺度的传递过程对表观反应速率的影响，由此可得到以下几个重要概念：

① 在不同的反应体系中，由于极限反应速率和极限传递速率相对大小的差异，可能表现出完全不同的过程特征。判断在一定反应条件下是否存在速率控制步骤，以及哪一个步骤为速率控制步骤，对反应器型式和操作条件的选择，以及确定强化过程可采取的方法具有决定性的作用。

② 当存在速率控制步骤时，过程的分析和计算可以大为简化。当反应相外传质为速率控制步骤时，气固相反应过程可作为传质过程处理，当化学反应为速率控制步骤时，气固相反应过程可作为均相反应过程处理。

③ 从工程的观点看，以上各节中述及的各种计算式和图表的主要作用是对问题进行定性分析和判断，而不是定量计算，其原因是有些参数（如催化剂内部有效扩散系数）的准确值不易获得。定性分析和判断的主要目的则是获得对速率控制步骤的认识。

习　题

6-1　在 0.1MPa 及 80℃下进行某一级气相催化反应，催化剂颗粒的密度 $\rho_S = 1.16\text{g/cm}^3$，导热系数 $\lambda = 0.1465\text{W/(m·K)}$，反应组分在颗粒内的扩散系数 $D_e = 3.0\times10^{-2}\text{cm}^2/\text{s}$，反应热 $\Delta H = -197\text{kJ/mol}$，反应的活化能 $E = 59\text{kJ/mol}$，反应组分在气相中的体积分数为 20%。用已消除内扩散影响的细粒催化剂测得的反应速率为 $10^{-6}\text{mol/(g cat·s)}$。试计算粒径 $d_p = 5\text{mm}$ 的球形催化剂的反应速率。在反应条件下，外部传递影响已排除。

6-2　在直径为 6mm 的球形催化剂上进行一级不可逆反应，催化剂外表面上反应物的浓度为 $9.5\times10^{-5}\text{mol/cm}^3$，温度为 350℃。该反应的反应热 $\Delta H = -131.7\text{kJ/mol}$，活化能 $E = 103.5\text{kJ/mol}$。催化剂的导热系数 $\lambda = 2\times10^{-3}\text{W/(cm·K)}$，颗粒内反应物的有效扩散系数为 $0.015\text{cm}^2/\text{s}$，反应速率常数为 11.8s^{-1}。试计算：

（1）颗粒中心与外表面的最大温度差；

（2）按非等温处理的内部效率因子；

（3）按等温处理的内部效率因子；

（4）比较（2）与（3）的结果并进行讨论。

6-3　在两种不同粒度的球形催化剂上测得某一级不可逆反应的表观反应速率如下

$$d_p = 0.6\text{cm} \qquad (-r_A)_{obs} = 0.09\text{mol/(g cat·h)}$$

$$d_p = 0.3\text{cm} \qquad (-r_A)_{obs} = 0.16\text{mol/(g cat·h)}$$

计算在这两种情况中，催化剂的内部效率因子各为多少？不存在内扩散阻力时，催化剂的本征反应速率为多少？（催化剂内部温差可忽略。）

6-4　为了确定内扩散的重要性，用各种不同粒度的催化剂进行了一系列实验，得到如下数据

球形颗粒直径/cm	0.25	0.075	0.025	0.0075
表观反应速率/$(mol \cdot cm^{-3} \cdot h^{-1})$	0.22	0.70	1.60	2.40

假定反应为一级不可逆反应，反应物表面浓度为 $2\times10^{-4}mol/cm^3$。

(1) 确定本征速率常数 k 和有效扩散系数 D_e；

(2) 对尺寸为 $\phi0.5cm\times0.5cm$ 的圆柱形工业催化剂，预测效率因子和表观反应速率。

6-5 在实验室反应器中于0.5MPa和50℃条件下测定某气固相催化反应 A ⟶B 的反应速率。催化剂颗粒周围的气相呈高度湍流，故外扩散阻力可忽略，即 $C_{As}=C_{Ab}$。该反应热效应颇小，催化剂颗粒内部可视为等温。动力学研究表明反应为一级不可逆反应。在实验条件下催化剂颗粒内有效扩散系数为 $0.08cm^2/s$，催化剂颗粒密度 $\rho_S=1.2g/cm^3$。

当组分A的浓度为80%时测得不同粒径催化剂的反应速率为

d_p/mm	3	6	10
$(-r_A)_{obs}/[mol \cdot (g\ cat \cdot s)^{-1}]$	6.00×10^{-4}	4.90×10^{-4}	3.67×10^{-4}

(1) 为了减小固定床反应器的压降，希望能在颗粒内扩散阻力仅使反应速率略有下降的条件下采用尽可能大的催化剂，请从上述三种催化剂中选择一种最合适者。

(2) 计算这三种催化剂的内部效率因子。

6-6 在实验室反应器中研究用于某气固相催化反应 A ⟶B 的工业催化剂的内部效率因子。已知催化剂颗粒直径 $d_p=6mm$，在实验条件下催化剂颗粒内有效扩散系数为 $0.053cm^2/s$。因为催化剂颗粒周围的气相呈高度湍流，故外扩散阻力可忽略，测得组分A气相主体浓度 $C_{Ab}=8\times10^{-6}mol/cm^3$，反应速率为 $4\times10^{-6}mol/(cm^3 \cdot s)$。该反应热效应颇小，故催化剂颗粒内部可视为等温。动力学研究表明反应为一级不可逆反应。试计算在此实验条件下该催化剂的内部效率因子。

6-7 在球形催化剂上进行一级不可逆反应 A ⟶B，催化剂粒径为2.4mm，反应物A在气相主体的浓度 $C_A=20mol/m^3$，组分A在催化剂颗粒内的有效扩散系数 $D_e=20\times10^{-4}m^2/h$，气相和颗粒外表面之间的传质系数 $k_g=300m/h$，实验测得反应速率 $(-r_A)=10^5mol/(h \cdot m^3)$，假设反应热效应很小，催化剂颗粒内外的温度差均可忽略，试问：

(1) 内部传质阻力对反应速率有无显著影响?

(2) 若外部传质阻力或(和)内部传质阻力对反应速率有显著影响，计算相应的效率因子。

6-8 在600℃、0.1MPa(绝压)下，用纯氢对 $d_p=2mm$ 和6mm的磁铁矿进行还原，反应的化学计量式为

$$Fe_3O_4+4H_2 = 3Fe+4H_2O$$

假设反应按缩核模型进行，气膜扩散阻力可忽略。计算反应完毕所需时间，以及灰层扩散阻力和表面反应阻力的相对比值。

已知固体密度 $\rho_S=4.6g/cm^3$，反应速率常数 $k_S=0.160cm/s$，灰层中 H_2 的扩散系数 $D_e=3.0\times10^{-2}cm^2/s$。

6-9 在移动床反应器中煅烧混合粒径的矿粉，其中粒径为50μm的占30%，粒径为100μm的占40%，粒径为200μm的占30%。矿粉在反应器中的移动可视为平推流，因为空气大大过量，反应器中氧浓度可视为常数。根据实验测定，上述三种粒径的矿粉完全转化所

需的时间分别为 5min、10min 和 20min。请问为保证矿粉的平均转化率大于 98%，矿粉在反应器中的停留时间应不小于多少分钟?

6-10 在一个间歇反应器中研究气固相非催化反应 A(s)+B(g)⟶P(s)，得到以下结果

颗粒直径/mm	3	9
实验温度/℃	600	640
转化率达 50%所需时间/min	20	150

(1) 判别该反应过程的速率控制步骤。假定气膜扩散阻力可忽略。

(2) 计算直径为 2mm 的颗粒，在 600℃下转化率达 98%所需的时间。

6-11 有如下气固相非催化反应

$$A(g)+B(s) \longrightarrow R(g)+S(s)$$

已知该反应过程按反应控制的缩核模型进行，当组分 A 的浓度为 C_{A0} 时，颗粒为球形，完全转化所需的时间为 1h。请设计一台流化床反应器，处理固体能力为 1t/h，要求固相转化率为 90%，气相组分 A 的进料量为化学计量方程要求量的两倍，组分 A 的浓度为 C_{A0}，求反应器中固体的量。气体和固体的流型均可按全混流处理。

参 考 文 献

[1] Aris R. On Shape Factors for Irregular Particles I: The Steady State Problem [J]. *Chem Eng Sci*, 1957, 6: 262-268.

[2] Becker E R, Wei J. Nonuniform Distribution of Catalysts on Support Ⅰ. Bimolecular Langmuir Reactions [J]. *J Catal*, 1977, 46 (3): 365-371.

[3] Broadbent S R, Hammersley J M. Percolation Processes Ⅰ: Crystals and Mazes [J]. *Proc Camb Phil Soc*, 1957, 53: 629-641.

[4] Carberry J J, Gorring R L. Time-Dependence Pore-Mouth Poisoning of Catalysts [J]. *J Catal*, 1966, 5 (3): 529-535.

[5] Carberry J J. Chemical and Catalytic Reaction Engineering [M]. New York: McGraw-Hill, 1976.

[6] Carberry J J. On the Relative Importance of External and Internal Temperature Gradients in Heterogeneous Catalysis [J]. *Ind Eng Chem Fundam*, 1975, 14 (2): 129-131.

[7] Hirschfelder J O, Curtiss C F, Bird R B. Molecular Theory of Gases and Liquids [M]. New York: John Wiley & Sons, 1954.

[8] Li C P, Chen Y W, Tsai M C. Highly Restrictive Diffusion Under Hydrotreating Reactions of Heavy Residue Oils [J]. *Ind Eng Chem Res*, 1995, 34 (3): 898-905.

[9] Mars P, Grogels M J. Chem Eng Sci Suppl, Third European Symposium: Chemical Reaction Engineering [M]. Oxford: Pergamon Press, 1964.

[10] Ruthven D M, Desisto W J, Higgins S. Diffusion in a Mesoporous Silica Membrane: Validity of the Knudsen Diffusion Model [J]. *Chem Eng Sci*, 2009, 64 (13): 3201-3203.

[11] Satterfield C N. Mass Transfer in Heterogeneous Catalysis. Cambridge: Massachusetts Institute of Technology Press, 1970.

[12] Satterfield C N, Colton C K, Pitcher W H Jr. Restricted Diffusion in Liquids Within Fine Pores [J]. *AIChE J*. 1973, 19 (3): 628-635.

[13] Smith J M. Chemical Engineering Kinetics [M]. 3rd ed. New York: McGraw-Hill, 1981.

[14] Thiele E W. Relation between Catalytic Activity and Size of Particle [J]. *Ind Eng Chem*, 1939, 31 (7): 916-920.

[15] Wakao N, Smith J M. Diffusion in Catalyst Pellets [J]. *Chem Eng Sci*, 1962, 17 (11): 825-834.

[16] Wei J. A Mathematical Theory of Enhanced para-Xylene Selectivity in Molecular Sieve Catalysts [J]. *J Catal*, 1982, 76 (2): 433-439.

[17] Weisz P B, Hicks J S. The Behaviour of Porous Catalyst Particles of Internal Mass and Heat Diffusion and Reaction [J]. *Chem Eng Sci*, 1962, 17, 265-275.

[18] Wen C Y. Non-Catalytic Heterogeneous Solid-Fluid Reaction Models [J]. *Ind Eng Chem*, 1968, 9 (60): 34-54.

[19] Wheeler A. Role of Diffusion in Determining Reaction Rates and Catalytic Selectivity [J]. *Adv Catal*, 1951, 3 (3): 250-326.

[20] Wilke C R, Chang P. Correlation of Diffusion Coefficients in Dilute Solutions [J]. *AIChE J*, 1955, 1 (2): 264-270.

[21] Zalc J M, Reyes S C, Iglesia E. Monte-Carlo Simulations of Surface and Gas Phase Diffusion in Complex Porous Structures [J]. *Chem Eng Sci*, 2003, 58 (20): 4605-4617.

[22] Zhan X D, Davis B H. Assessment of Internal Diffusion Limitation on Fischer-Tropsch Product Distribution [J]. *Appl Catal A Gen*, 2002, 236 (1/2): 149-161.

[23] 程振民，朱开宏，袁渭康. 高等反应工程教程 [M]. 上海：华东理工大学出版社，2010.

第7章

固定床反应器

工业生产中大量气固催化反应是在固定床反应器中进行的。固定床反应器的主要优点是：流体呈活塞式流动，在转化过程中能保持最大的化学推动力，因此达到同样的转化率所需的催化剂用量最小；流体停留时间可严格控制，因此可控制串联副反应的发生；操作弹性大，易于用增大管径或增加管数的方法进行放大。对于绝热反应器而言，这一优点尤为明显。

当过程存在明显的热效应时，简单的绝热操作通常是不能采用的。在有强放热反应时，温升过高将影响选择性和危害催化剂，使平衡转向不利的一侧或带来安全上的问题，这时必须采用多段绝热反应器，段间进行热交换。工业上的实例有：氨、甲醇、硫酸的合成；一氧化碳的转化；石脑油的催化重整等。这类反应器中的流动一般是轴向的，但当部分排放气需进行循环时，采用径向流动对降低床层压降是有利的。当采用多段绝热床时，温度曲线是锯齿形的、次优的，理论上只有连续的热交换才能逼近最优温度曲线。连续的换热可在两种类型的固定床反应器中进行。第一种，催化剂装在一定数目的平行管中，管子浸在携热流体中；第二种，换热流体在管中流动，管子埋在催化剂层中。第一种类型称为列管式固定床反应器，如邻二甲苯氧化、乙烯氧化等就是在这类反应器中进行的。第二种类型称为内部换热式固定床反应器，如氨和甲醇的合成。

固定床反应器是非线性性质十分强烈的系统，具有热稳定性和参数敏感性，它的设计和操作应建立在对传递过程有充分了解和可靠的数学模型化基础之上。

7.1 固定床中的传递过程

7.1.1 床层空隙率分布与径向速度分布

催化剂颗粒在装入管内的过程中受到管壁的约束而形成一定的排列结构，产生空隙率分布。空隙率代表着床内不同部位处有不同的流动空间，从而产生速度分布。虽然就某一特定的空间位置来说各次装填的随机性是存在的，但就整个床层整体而言，表现出一定的规律性。本章所要研究的正是针对床层整体而言的带有规律性的空隙率分布和速度分布。这两种分布在无反应下只是影响到各点导热系数的不同，但在化学反应存在下将影响到催化剂的装填密度和气固接触反应时间。

1. 空隙率分布

催化剂颗粒在管壁处的排列必须服从该处的几何结构，因而趋向规则排列，绝大多数颗粒接触到管壁。随着离开管壁，随后的各层越来越无规则，在远离管壁的各层中最终可达到随机构型。实验研究清楚地表明填充球体的固定床中径向空隙率分布在靠近器壁处表现出衰减振荡特征，最终消失在床层深处。对于大直径固定床来说，振荡特征在离开器壁 4～5 个颗粒直径处即可衰减消失。

Benenati 和 Brosilow 介绍了测定床层空隙率的实验方法。首先把大小均匀的球形铅丸倒入一个圆柱形容器中，然后让液体环氧树脂填充全部空隙，树脂成型后对得到的圆柱体进行车削。车削过程分阶段进行，得到直径越来越小的圆柱体。圆柱体的直径和重量在每次车削过后都要进行测量。采用这种方式就可以估算出每次削去的圆环形柱体的平均密度。通过简单的物料平衡计算，就可以知道这个平均密度是与去掉部分的平均空隙率有关的。

图 7-1 为空隙率测定的实验结果。在所有情况下，壁处空隙率均为 100%，空隙率在离开管壁 $0.5d_p$ 处达到最小值 25%。空隙率在几个最大值和最小值之间振荡，可以一直延伸到距管壁 4.5 个颗粒直径的床层深处，最后消失，达到填充床的平均空隙率。随机装填了均匀球体的固定床，其平均空隙率一般为 39%。

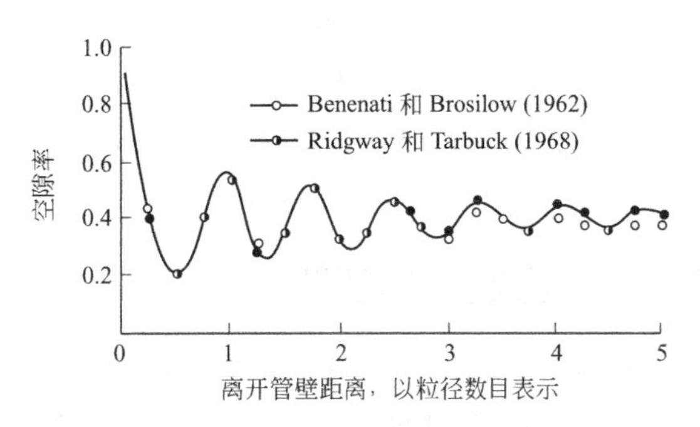

图 7-1　固定床中的空隙率分布

1991 年，Mueller 提出了一个计算空隙率分布的经验关联式，适用范围为 $D_t/d_p \geqslant 2.61$。Mueller 关联式仅由一个方程表示

$$\varepsilon=\varepsilon_b+(1-\varepsilon_b)J_0(ar^*)e^{-br^*} \tag{7-1}$$

$$a=8.243-\frac{12.98}{D_t/d_p+3.156},\quad 2.61\leqslant D_t/d_p\leqslant 13.0 \tag{7-1a}$$

$$a=7.383-\frac{2.932}{D_t/d_p-9.864},\quad D_t/d_p>13.0 \tag{7-1b}$$

$$b=0.304-\frac{0.724}{D_t/d_p} \tag{7-1c}$$

$$\varepsilon_b=0.379+\frac{0.078}{D_t/d_p-1.80} \tag{7-1d}$$

式(7-1) 中的自变量为管径颗粒比 D_t/d_p 以及量纲为一径向距离 $r^*=(D_t/2-r)/d_p$，r 为离开管中心的距离。该模型由三个主要因素组成：ε_b，$(1-\varepsilon_b)e^{-br^*}$ 和 $J_0(ar^*)$。因子 ε_b 表示床层主体空隙率，由于离开管壁五个颗粒以外的地方空隙率波动小于 5%，此处空隙率可当作常数。因子 $(1-\varepsilon_b)e^{-br^*}$ 是一个随径向距离衰减的量，当离开管壁的距离增加时，这个因子变得越来越小。第三个因子 $J_0(ar^*)$ 是 Bessel 函数，具有周期并不规则的振荡特征。衰减因子与振荡因子的乘积代表了一个越来越弱的振荡特征。

2. 径向速度分布

Schwartz 与 Smith 及 Schertz 与 Bischoff 在床层径向等温和非等温情况下对床层出口的速度分布径向变化进行了测量，所采用的手段是环形热线风速仪，放置在五个不同径向位置处，发现在位于管壁 $(1\sim1.5)d_p$ 处出现速度的最大值。更为精确的实验测量与计算结果如图 7-2 所示。

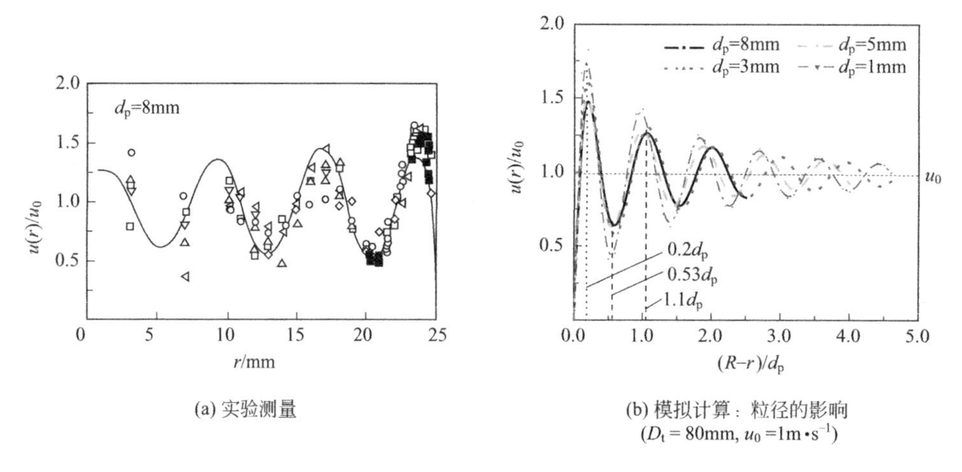

(a) 实验测量

(b) 模拟计算：粒径的影响 (D_t = 80mm, u_0 =1m·s^{-1})

图 7-2 固定床中的径向速度分布曲线

7.1.2 固定床的压降

通过固定床反应器的压降只占总压的10%左右，但在评价能量消耗，尤其是必须进行气体循环的时候更加重要。对大型装置来说在这种情况下降低压降可以节省操作费用。

流体在固定床中的流动较之在空管外要复杂得多。在固定床中，流体在物料颗粒所组成的孔隙内流动，这些孔隙相互交错而且是曲折的，几何形状相差很大，各个床层横截面上孔隙的数目也不相同。单相流体通过固定床时所产生的压力损失主要来自两个方面：一方面是由于颗粒对流体的曳力，即流体与颗粒表面间的摩擦；另一方面，流体在流动过程中孔道截面积突然扩大和缩小，以及流体对颗粒的冲击和流体的分裂。在低流速时，压力损失主要是由于表面摩擦而产生；在高流速和薄床层中，扩大和收缩则起着主要作用。如果容器直径与颗粒之比较小，还应计入壁效应对压降的影响。

计算单相流体通过固定床压降的方法很多，其中许多都是利用流体在空管中流动的压降公式加以合理修改而成的，其中 Ergun 方程是最著名的方法。

流体在空管中进行等温流动且流体密度不变时，压降可表示为

$$\Delta p = 4f\ \frac{L}{d} \times \frac{\rho_f u_0^2}{2} \tag{7-2}$$

上式应用于固定床时，u_0 应为流体在孔道中的真正平均速度 u_i，圆管的直径应以固定床的当量直径来代替，而管长应以流体在固定床中的流动途径来代替。将 $u_i = u_0/\varepsilon$，$d_e = \frac{2}{3}\left(\frac{\varepsilon}{1-\varepsilon}\right)\phi_s d_p$ 代入式(7-2)，并考虑到流体在固定床中的流动途径远大于固定床的高度 L，则固定床的压降可表示为

$$\Delta P = f_M \frac{\rho_f u_0^2}{\phi_s d_p}\left(\frac{1-\varepsilon}{\varepsilon^3}\right)L \tag{7-3}$$

式中，u_0 为以床层截面积计算的流体平均速度；f_M 为修正摩擦系数；ϕ_s 为颗粒球形度，定义为

$$\phi_s = \frac{S_s}{S_x} = \frac{\pi}{S_x}\left(\frac{6}{\pi}V_p\right)^{2/3}$$

式中，S_x 和 V_p 是颗粒的外部面积和体积；S_s 是等体积球的表面积（对于球 $\phi_s=1$，对于高度与直径相等的圆柱体为 0.874，拉西环为 0.39，鲍尔鞍形填料为 0.37）。

经实验测定，修正摩擦系数 f_M 与修正 Reynolds 数 Re_M 存在如下关系

$$f_M=\frac{150}{Re_M}+1.75 \tag{7-3a}$$

$$Re_M=\frac{d_s\rho_f u_0}{\mu}\times\frac{1}{1-\varepsilon} \tag{7-3b}$$

当 $Re_M<10$ 时，流动处于滞流状态，式(7-3a) 中$\frac{150}{Re_M}\gg1.75$，因此式(7-3) 可简化为

$$\Delta P=150\frac{(1-\varepsilon)^2}{\varepsilon^3}\times\frac{u_0\mu}{d_s^2}L \tag{7-4}$$

压降与线速度呈正比。

当 $Re_M>1000$ 时，完全处于湍流状态，式(7-3a) 中$\frac{150}{Re_M}\ll1.75$，因此式(7-3) 可简化为

$$\Delta p=1.75\frac{\rho_f u_0^2}{d_s}\left(\frac{1-\varepsilon}{\varepsilon^3}\right)L \tag{7-5}$$

如果管径颗粒之比不够大，应考虑壁效应对固定床压降的影响。

7.1.3 固定床反应器中的质量传递过程

固定床中的扩散和混合现象毫无疑问是各种流动现象的综合表现。湍流区是一个最使人感兴趣的区域，这里不断进行着流体混合和分裂，流体的流动方向改变，这些现象都对径向和轴向扩散有贡献。描述扩散现象的径向有效扩散系数 D_{er} 和轴向有效扩散系数 D_{ea} 就是这些现象的集中表现。

很久以来，人们认为固定床中的扩散是各向同性的，然而实验结果与理论分析表明并不是这样。几乎所有的研究都得到同样的结论：在高 Reynolds 数下，Péclet 数接近一个定值，在径向大约为 12，在轴向大约为 2。因为 Péclet 数是与传质扩散系数成反比的，所以轴向扩散要比径向扩散大 6 倍。

采用扩散系数的方法描述固定床中的传递过程其实就是把轴向和径向的湍流混合作为一个扩散过程来看待，与分子运动类似，如图 7-3 所示。

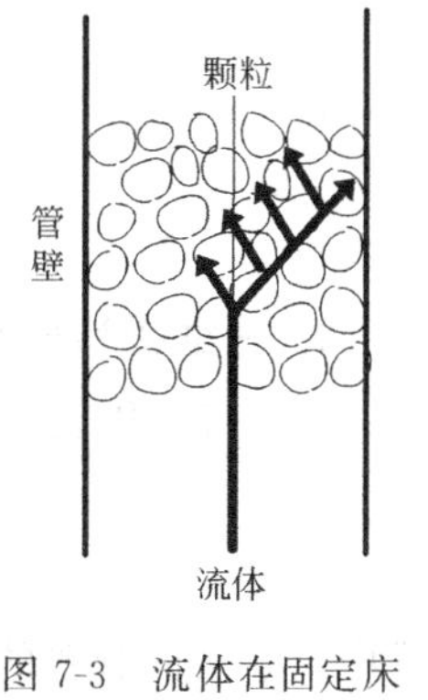

颗粒
管壁
流体

图 7-3　流体在固定床中的扩散过程

（1）径向扩散

流体在轴向运动的过程中在某一径向位置处接触到一填料颗粒时，立即被分裂成两部分。平均来说，一半流体向左侧运动，另一半流体向右侧运动。这一现象重复发生，最终扩散开来到达管壁。流体径向扩散系数为

$$D_{er}=\frac{(x_2-x_1)^2}{2\theta_D}=\frac{l^2}{2\theta_D} \tag{7-6}$$

这就是著名的爱因斯坦关系式。x_1 和 x_2 为空间位置；l 是扩散长度；θ_D 是扩散时间。

可以认为一旦流体分裂，该流体将运动一个扩散长度 l，大约等于半个颗粒直径，即 $l \approx d_p/2$。一次移动的时间与流体经过轴向一层填料所需时间是同一量级，即 $\theta_D \approx d_p/u$，代入式(7-6)，可以得到 $D_{er} = \frac{d_p u}{8}$，因此$\frac{d_p u}{D_{er}} = Pe_r \approx 8$。它与实验平均值 $Pe_r \approx 10$ 符合得很好，见图 7-4。

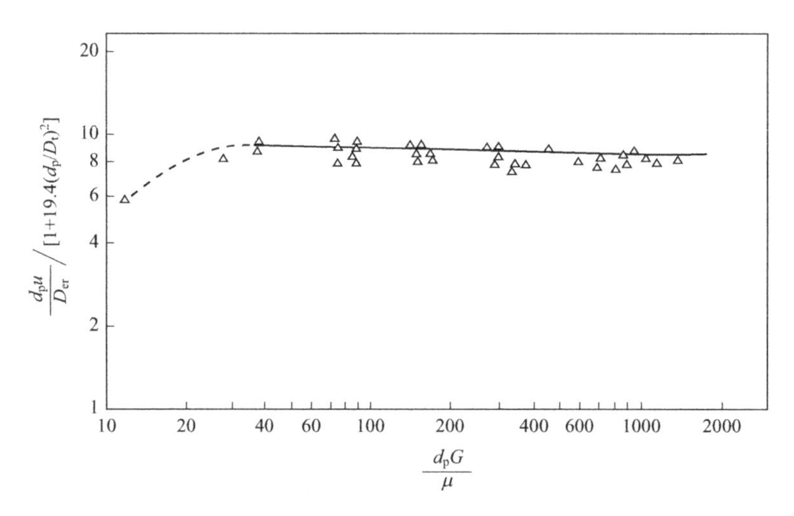

图 7-4 固定床中的径向 Péclet 数实验测量值

(2) 轴向扩散

采用方程式(7-6) 的形式，假定流体在轴向的扩散距离平均值等于颗粒直径，即令 $l \approx d_p$，$\theta_D = d_p/u$，可以得到 $D_{ea} = \frac{d_p u}{2}$，即$\frac{d_p u}{D_{ea}} = Pe_a \approx 2$。通过对大量实验数据进行总结，得出基于 d_p 的 $Pe_a = 1 \sim 2$。

7.1.4 固定床反应器中的热量传递过程

在均相反应器的设计中，反应器内部的径向混合可认为是非常好的，热量传递的阻力完全集中在反应器管壁附近，温度可认为直到管壁都是平坦的，最后不连续地变化到管壁温度，因此一维模型对于均相反应器是合适的。然而，对于固定床反应器来说这就不太合适了，这是因为催化剂粒子使流体的径向混合局限在颗粒尺度范围内，造成径向温度分布，如图 7-5 所示。固定床数学模型随简化程度不同而分为一维和两维模型，因而也就有不同的传热参数定义方法。

1. 一维模型传热参数

如果 T_b 代表反应流体的主体平均温度，T_w 代表壁温，则一维模型传热参数 α_w 可定义为

$$dQ = \alpha_w (T_b - T_w) dA \tag{7-7}$$

式中，Q 是向管壁的传热速率；A 是管壁面积。固体颗粒的存在使填充床中的传热系数比空管中高出若干倍。在这一课题的早期实验研究中，Colburn 对固定床与空管传热系数的对比研究发现，固定床传热系数随颗粒尺寸同管径的相对大小而改变，在 $d_p/D_t = 0.15$ 处达到最大值，传热系数之比 α_w/α 的结果如表 7-1 所示。

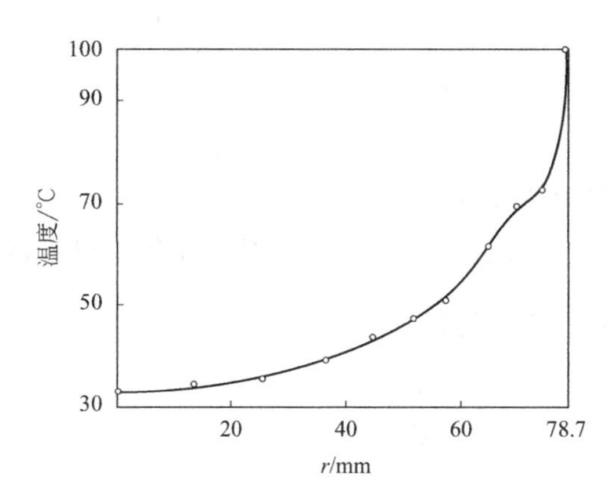

图 7-5　固定床径向温度曲线测量

（V_2O_5 催化剂，$D_t=0.1575$m，$d_p=0.0057$m，$Re_p=252$）

表 7-1　固定床同空管传热系数对比

d_p/D_t	0.05	0.10	0.15	0.20	0.25	0.30
α_w/α	5.5	7.0	7.8	7.5	7.0	6.6

De Wasch 和 Froment 通过三种催化剂和两种管径下的传热实验得出固定床一维模型传热系数关联式

$$\frac{\alpha_w d_p}{\lambda_g}=\frac{\alpha_w^0 d_p}{\lambda_g}+0.033PrRe_p \tag{7-8}$$

式中，$\alpha_w^0=\dfrac{10.21\lambda_e^0}{D_t^{4/3}}$，$\lambda_e^0$ 为静态床层有效导热系数。

2. 两维模型传热参数

对于两维模型，根据对径向温度分布的不同而有两种表达方式。一种认为径向温度分布在壁面上发生不连续的变化，即壁上气体温度不等于器壁温度；另一种认为径向温度在壁处连续变化，壁面气体温度等于器壁温度。由此引起两类模型。

（1）两参数模型

$$c_p G\frac{\partial T}{\partial z}=\lambda_{er}\left(\frac{\partial^2 T}{\partial r^2}+\frac{1}{r}\times\frac{\partial T}{\partial r}\right) \tag{7-9}$$

$$\text{边界条件}\begin{cases} z=0, & T=T_0 \\ r=0, & \dfrac{\partial T}{\partial r}=0 \\ r=1, & -\lambda_{er}\dfrac{\partial T}{\partial r}=h_w(T-T_w) \end{cases}$$

有效导热系数 λ_{er} 为常数，不随径向位置改变；h_w 为壁给热系数，反映了壁处气膜对传热的影响。

（2）单参数模型

$$c_p G\frac{\partial T}{\partial z}=\lambda_{er}\left(\frac{\partial^2 T}{\partial r^2}+\frac{1}{r}\times\frac{\partial T}{\partial r}\right)+\frac{\partial \lambda_{er}}{\partial r}\times\frac{\partial T}{\partial r} \tag{7-10}$$

$$边界条件\begin{cases} z=0, & T=T_0 \\ r=0, & \dfrac{\partial T}{\partial r}=0 \\ r=1, & T=T_w \end{cases}$$

有效导热系数 λ_{er}看作随径向位置改变。

鉴别这两个模型最直接的方法是看 T 与 T_w 是否相等，但这是难以做到的。如果使式(7-10) 中$\frac{\partial T}{\partial z}=0$，$\frac{\partial \lambda_{er}}{\partial r}=0$，将使问题简化为

$$\frac{d^2 T}{dr^2}+\frac{1}{r}\times\frac{dT}{dr}=0 \tag{7-11}$$

式(7-11) 的解为

$$T=C_1\ln r+C_2 \tag{7-12}$$

C_1和 C_2 由边界条件确定。

Yagi 和 Kunii 所设计的实验满足了简化条件$\frac{\partial T}{\partial z}=0$，并证实了温度和径向位置的对数关系，说明有效导热系数不随径向位置改变。但是，在离壁面很薄的一层内，他们检测到温度发生了急剧的变化，可以近似认为温度在壁面上发生了不连续的变化，这说明了两参数模型及其边界条件都是正确的。

两参数模型物理意义明确且形式简单，唯一的要求就是流型符合平推流，而单参数模型，在边界条件的处理上不够合理，尤其当考虑有效导热系数的径向变化时，需要获得速度分布的信息，更增添了复杂性，使数学模型简单而不失真的优点丧失。

固定床径向有效导热系数和壁给热系数可归纳为静态传热和动态传热两部分之和，流动气体为空气时表达如下

$$\lambda_{er}=\lambda_{er}^0+\frac{0.0105}{3600\left[1+46\left(\dfrac{d_p}{D_t}\right)^2\right]}Re_p \tag{7-13}$$

$$h_w=h_w^0+\frac{0.0481D_t}{3600d_p}Re_p \tag{7-14}$$

以上两式中 λ_{er}和 h_w 的单位分别为 kJ/(m·s·K) 和 kJ/(m²·s·K)。

二维传热模型参数与一维模型参数间存在如下转换关系

$$\alpha_w=\frac{1}{(R/4\lambda_{er})+(1/h_w)} \tag{7-15}$$

7.2 固定床反应器的数学模型

对固定床反应器，已提出了从比较简单到相当复杂的多种数学模型，用于固定床反应器的设计及其定态和非定态特性的研究。大体上可将这些数学模型区分为如表 7-2 所示的六种模型，并已获普遍认可。

下面分别写出表 7-2 所列模型的数学方程，并对其特性和应用作简要说明。模型方程均按定态、单一反应 (A ⟶B)、气相密度为常数的条件写出。

表 7-2　固定床反应器模型分类

分类	拟均相模型 $T=T_s, C=C_s$	非均相模型 $T\neq T_s, C\neq C_s$
一维	基本模型(A-Ⅰ) +轴向混合(A-Ⅱ)	+相间梯度(B-Ⅰ) +颗粒内梯度(B-Ⅱ)
二维	+径向混合(A-Ⅲ)	+径向混合(B-Ⅲ)

7.2.1 拟均相基本模型（A-Ⅰ）

这类模型也称为拟均相一维平推流模型，是最简单、最常用的固定床反应器模型。拟均相是指将实际上为非均相反应系统简化为均相系统处理，即认为流体相和固体相之间不存在浓度差和温度差。本模型适用于：①化学反应是过程的速率控制步骤，流固相间和固相内部的传递阻力均很小，流体相、固体外表面和固体内部的浓度、温度确实可以认为接近相等；②流固相间和（或）固相内部存在传递阻力，但这种浓度差和温度差对反应速率的影响已被包括在表观动力学模型中。“一维”的含义是只在流动方向上存在浓度梯度和温度梯度，而垂直于流动方向的同一截面上各点的浓度和温度均相等。“平推流”的含义则是在流动方向上不存在任何形式的返混。在上述意义下，轴向流动固定床反应器的数学模型可参照均相平推流模型写出。

物料衡算方程

$$-u\frac{dC_A}{dz}=\rho_B(-r_A) \tag{7-16}$$

管内能量衡算方程

$$u\rho_g c_p\frac{dT}{dz}=\rho_B(-r_A)(-\Delta H)-\frac{4U}{D_t}(T-T_c) \tag{7-17}$$

管外能量衡算方程

$$u_c\rho_c c_{pc}\frac{dT_c}{dz}=\frac{4U}{D_t}(T-T_c) \tag{7-18}$$

流动阻力方程

$$-\frac{dp}{dz}=f_k\frac{\rho_g u^2}{d_p} \tag{7-19}$$

上述各式中，u 为线速度，m/s；ρ_B 为催化剂床层密度，kg/m^3；ρ_g 和 ρ_c 分别为反应物流和管外载热体密度；c_p 和 c_{pc} 分别为反应物流和载热体定压比热容，kJ/(kg·K)；T_c 为载热体温度，K；U 为传热系数，$kW/(m^2\cdot K)$；D_t 为反应管直径；d_p 为固体颗粒直径；f_k 为流动阻力系数。对绝热反应器，式(7-17) 最后一项为零。

对绝热反应器，模型方程的边界条件为

$$z=0\text{ 处，}\quad C_A=C_{A0},\quad T=T_0,\quad p=p_0 \tag{7-20}$$

对反应物流和载热体并流的列管式反应器，模型方程的边界条件为

$$z=0\text{ 处，}\quad C_A=C_{A0},\quad T=T_0,\quad T_c=T_{c0},\quad p=p_0 \tag{7-21}$$

对这两种情况，模型方程的求解均属常微分方程的初值问题。

对反应物流和载热体逆流的列管式反应器，模型方程的边界条件为

$$z=0\ 处,\quad C_A=C_{A0},\quad T=T_0,\quad p=p_0$$
$$z=L\ 处,\quad T_c=T_{c0} \tag{7-22}$$

属两点边值问题。初值问题和两点边值问题的求解方法，将在下一节介绍。

7.2.2 拟均相轴向分散模型（A-Ⅱ）

反应物流通过固体颗粒床层时不断分流和汇合，并作绕流流动，造成一定程度的轴向混合（返混），用分散模型描述时，管内反应物流的物料衡算方程和能量衡算方程为

$$D_{ea}\frac{d^2C_A}{dz^2}-u\frac{dC_A}{dz}=\rho_B(-r_A) \tag{7-23}$$

$$-\lambda_{ea}\frac{d^2T}{dz^2}+u\rho_g c_p\frac{dT}{dz}=\rho_B(-r_A)(-\Delta H)-\frac{4U}{D_t}(T-T_c) \tag{7-24}$$

管外能量衡算方程和流动阻力方程同式(7-18) 和式(7-19)。上述方程的边界条件为

$$z=0\ 处,\quad u(C_{A0}-C_A)=-D_{ea}\frac{dC_A}{dz}$$
$$u\rho_g c_p(T_0-T)=-\lambda_{ea}\frac{dT}{dz} \tag{7-25}$$
$$z=L\ 处,\quad \frac{dC_A}{dz}=\frac{dT}{dz}=0$$

上述各式中，D_{ea}和λ_{ea}分别为轴向有效扩散系数和轴向有效导热系数，是用类似于 Fick 扩散定律和 Fourier 热传导定律的方式定义的。但它们并不是物性常数，而是与颗粒形状和堆置方式、流体的性质和流动状况有关的模型参数。

与拟均相基本模型相比，轴向混合项的引入将造成：①降低转化率；②当轴向混合足够大时，反应器可能存在多重定态。研究表明，在工业固定床反应器的操作条件下，这两方面的影响通常都是可以忽略的。在工业实践所采用的流速下，当床层高度超过 50 个颗粒直径时轴向返混影响可忽略，多重定态只是在活化能高、放热强和（或）返混影响显著时才会出现。工业固定床反应器的轴向混合程度通常比出现多重定态所需要的返混程度小得多。

Young 和 Finlayson 导出了可忽略轴向混合影响的判据。对于反应速率随床层轴向距离单调减小的情形（例如等温操作、绝热操作的吸热反应，过分冷却的放热反应等），如果进口条件满足下面两式，则轴向混合的影响可以忽略。

$$\frac{(-r_{A0})\rho_B d_p}{uC_{A0}}\ll(Pe_a)_m \tag{7-26}$$

和

$$\frac{(-\Delta H)(-r_{A0})\rho_B d_p}{(T_0-T_w)u\rho_g c_p}\ll(Pe_a)_h \tag{7-27}$$

式中，$(Pe_a)_m$ 和 $(Pe_a)_h$ 分别为轴向的传质 Péclet 数和传热 Péclet 数。在工业固定床反应器中，由于流速很高，上述条件通常能满足。

7.2.3 拟均相二维模型（A-Ⅲ）

当列管式固定床反应器的管径较粗或（和）反应热效应较大时，反应管中心和靠近管壁处的温度会有相当大的差别，并因此造成同一截面的不同径向位置处反应速率和反应物浓度的差别。这时，一维模型不能满足要求，需采用拟均相二维模型，同时考虑轴向和径向的浓度分布和温度分布。

在列管反应器的某反应管中，以反应管轴线为中心线，取一半径为 r，径向厚度为 dr，轴向高度为 dz 的环状微元体，如图 7-6 所示。

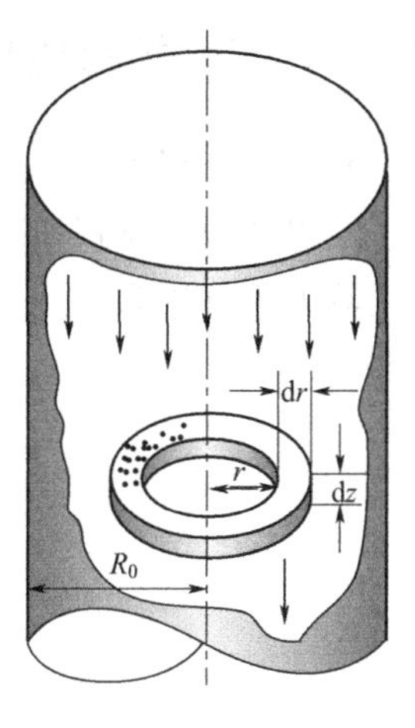

图 7-6　二维模型的环状微元体

对此微元体进行组分 A 的物料衡算：

气相主体流动自 z 面进入微元体的组分 A 的量为 $2\pi r\,dr u C_A$；

气相主体流动自 $z+dz$ 面流出微元体的组分 A 的量为 $2\pi r\,dr u\left(C_A+\dfrac{\partial C_A}{\partial z}dz\right)$；

自 r 面扩散进入微元体的组分 A 的量为 $-2\pi r\,dz D_{er}\dfrac{\partial C_A}{\partial r}$；

自 $r+dr$ 面扩散出微元体的组分 A 的量为

$-2\pi(r+dr)dz D_{er}\left(\dfrac{\partial C_A}{\partial r}+\dfrac{\partial^2 C_A}{\partial r^2}dr\right)$；

组分 A 在微元体内的反应量为 $2\pi r\,dr\,dz\rho_B(-r_A)$。

在定态条件下

进微元体量－出微元体量＝微元体内反应量

于是可得如下物料衡算方程

$$u\frac{\partial C_A}{\partial z}=D_{er}\left(\frac{\partial^2 C_A}{\partial r^2}+\frac{1}{r}\times\frac{\partial C_A}{\partial r}\right)-\rho_B(-r_A) \tag{7-28}$$

用类似的方法可导出能量衡算方程

$$u\rho_g c_p\frac{\partial T}{\partial z}=\lambda_{er}\left(\frac{\partial^2 T}{\partial r^2}+\frac{1}{r}\times\frac{\partial T}{\partial r}\right)+\rho_B(-r_A)(-\Delta H) \tag{7-29}$$

边界条件为

$$\begin{aligned}&z=0\text{ 处，}\quad C_A=C_{A0},\quad T=T_0\\&r=0\text{ 处，}\quad \frac{\partial C_A}{\partial r}=\frac{\partial T}{\partial r}=0\\&r=R_0\text{ 处，}\quad \frac{\partial C_A}{\partial r}=0\\&\lambda_{er}\frac{\partial T}{\partial r}=-h_w(T-T_w)\end{aligned} \tag{7-30}$$

上述各式中，D_{er} 和 λ_{er} 分别为径向有效扩散系数和径向有效导热系数，它们也是用类似于 Fick 扩散定律和 Fourier 热传导定律的方式定义的。这些参数也不光与反应物系的物性有关，而且与流动条件有关。

用二维模型进行计算时涉及偏微分方程组的求解，其计算工作量远较用一维模型大。Hlavacek 根据用一维模型和二维模型进行的大量计算，提出对放热反应系统可以用产热势 $S\left[\text{量纲为一绝热温升}\dfrac{(-\Delta H)C_{A0}}{\rho c_p T_0}\text{和量纲为一活化能}\dfrac{E}{RT_0}\text{的乘积}\right]$和放热量对温度的导数与移热量对温度的导数之比 $R_q\left[R_q=\left(\dfrac{dQ_g}{dT}\right)\Big/\left(\dfrac{dQ_r}{dT}\right)\right]$这两个参数来判别是否应采用二维模型。

① 当 $S<15$ 和 $R_q\leqslant1$ 时，一维模型和二维模型的计算结果十分接近，并且对许多实际计算来说，当 $S<15$ 时，即使 $R_q>1$，一维模型的计算结果也是令人满意的；

② 当 $15<S<50$ 时，只有在 $R_q\leqslant1$ 时才能采用一维模型；

③ 当 $S>50$ 时，则当 $R_q>0.5$ 时，就应采用二维模型。

7.2.4 考虑颗粒界面梯度的平推流非均相模型（B-Ⅰ）

对热效应很大而且速率极快的反应，可能需考虑流体相和固体相之间的浓度差和温度差。当仅考虑流体相和固体相外表面之间的浓度差和温度差时，气相和固相的物料衡算和能量衡算方程分别为

气相

$$-u\frac{dC_A}{dz}=k_g a(C_A-C_{As}) \tag{7-31}$$

$$u\rho_g c_p\frac{dT}{dz}=ha(T_s-T)-\frac{4U}{D_t}(T-T_c) \tag{7-32}$$

固相

$$k_g a(C_A-C_{As})=[-r_A(C_{As},T_s)]\rho_B \tag{7-33}$$

$$ha(T_s-T)=[-r_A(C_{As},T_s)]\rho_B(-\Delta H) \tag{7-34}$$

式中，k_g 为气膜传质系数，$m^3/(m^2\cdot s)$；h 为气膜传热系数，$kW/(m^2\cdot K)$；a 为颗粒比表面积，m^2/m^3。

边界条件为

$$z=0\ 处，\quad C_A=C_{A0}，\quad T=T_0 \tag{7-35}$$

在求解上述模型方程时，需首先用迭代法求解代数方程式(7-33) 和式(7-34) 得到 C_{As} 和 T_s，再将其值代入气相的微分方程，用数值方法求解。对于工业固定床反应器，由于流速高，在定态操作时颗粒界面梯度一般并不重要。

7.2.5 考虑颗粒界面梯度和颗粒内梯度的平推流非均相模型（B-Ⅱ）

当催化剂颗粒内的传热、传质阻力很大时，颗粒内不同位置的反应速率将是不均匀的。要描述过程的这一特征，必须采用更复杂的模型。在此条件下，模型方程为

气相

$$-u\frac{dC_A}{dz}=k_g a(C_A-C_{As}) \tag{7-36}$$

$$u\rho_g c_p\frac{dT}{dz}=ha(T_s-T)-\frac{4U}{D_t}(T-T_c) \tag{7-37}$$

固相

$$\frac{D_e}{\xi^2}\times\frac{d}{d\xi}\left(\xi^2\frac{dC_{As}}{d\xi}\right)-[-r_A(C_{As},T_s)]\rho_s=0 \tag{7-38}$$

$$\frac{\lambda_e}{\xi^2}\times\frac{d}{d\xi}\left(\xi^2\frac{dT_s}{d\xi}\right)+(-\Delta H)[-r_A(C_{As},T_s)]\rho_s=0 \tag{7-39}$$

气相方程的边值条件为

$$z=0\ 处，\quad C_A=C_{A0}，\quad T=T_0 \tag{7-40}$$

固相方程的边值条件为

$$\xi=\frac{d_p}{2}处，\quad -D_e\frac{dc_{As}}{d\xi}=k_g a(C_{As}-C_A)$$

$$-\lambda_e \frac{dT_s}{d\xi}=ha(T_s-T) \tag{7-41}$$

$$\xi=0 \text{ 处}, \quad \frac{dC_{As}}{d\xi}=\frac{dT_s}{d\xi}=0$$

式中，C_{As}和 T_s 分别表示催化剂内部，即反应实际进行场所的浓度和温度。

求解上述模型方程时，必须在积分气相方程式(7-36) 和式(7-37) 所用的计算网络的每一个节点上，对固相方程式(7-38) 和式(7-39) 进行积分。这一方法可在现代计算机上实现，但相当费机时。当可以利用解析式由固相表面浓度 C_{As}和表面温度 T_s 计算内部效率因子 η_i 时，固相方程可化简为

$$k_g a(C_A-C_{As})=\eta_i[-r_A(C_{As},T_s)]\rho_B \tag{7-42}$$

$$ha(T_s-T)=\eta_i[-r_A(C_{As},T_s)]\rho_B(-\Delta H) \tag{7-43}$$

另外，如果能由气相主体参数 C_A 和 T 计算总效率因子 η，则模型方程组可化简成

$$-u\frac{dC_A}{dz}=\eta\rho_B[-r_A(C_A,T)] \tag{7-44}$$

$$u\rho_g c_p \frac{dT}{dz}=\eta\rho_B[-r_A(C_A,T)](-\Delta H)-\frac{4U}{D_t}(T-T_c) \tag{7-45}$$

这是一组与拟均相基础模型具有相同结构的方程。

7.2.6　非均相二维模型（B-Ⅲ）

这是迄今结构最复杂的固定床反应器数学模型，它既考虑了沿反应器轴向和径向的浓度分布和温度分布，也考虑了气固相间和固相内部的浓度差和温度差。De Wasch 和 Froment 利用效率因子概念提出的一组形式比较简单的模型方程是

气相

$$-u\frac{\partial C_A}{\partial z}+D_{er}\left(\frac{\partial^2 C_A}{\partial r^2}+\frac{1}{r}\times\frac{\partial C_A}{\partial r}\right)=k_g a(C_A-C_{As}) \tag{7-46}$$

$$-u\rho_g c_p\frac{\partial T}{\partial z}+\lambda_{er}^{f}\left(\frac{\partial^2 T}{\partial r^2}+\frac{1}{r}\times\frac{\partial T}{\partial r}\right)=ha(T-T_s) \tag{7-47}$$

固相

$$\eta(-r_A)\rho_B=k_g a(C_A-C_{As}) \tag{7-48}$$

$$\eta(-r_A)\rho_B(-\Delta H)+\lambda_{er}^{s}\left(\frac{\partial^2 T}{\partial r^2}+\frac{1}{r}\times\frac{\partial T}{\partial r}\right)=ha(T_s-T) \tag{7-49}$$

边值条件为

$$z=0, \quad r \text{ 为任意值处}, \quad C_A=C_{A0}, \quad T=T_0 \tag{7-50}$$

$$r=0, \quad z \text{ 为任意值处}, \quad \frac{\partial C_A}{\partial r}=0, \quad \frac{\partial T}{\partial r}=\frac{\partial T_s}{\partial r}=0 \tag{7-51}$$

$$t=\frac{d_t}{2}, \quad z \text{ 为任意值处}, \quad \frac{\partial C_A}{\partial r}=0$$

$$h_w^f(T_w-T)=\lambda_{er}^f\frac{\partial T}{\partial r} \tag{7-52}$$

$$h_w^s(T_w-T_s)=\lambda_{er}^s\frac{\partial T_s}{\partial r}$$

可见，在上述模型中，在考虑床层内部和床层与器壁的传热时，都对气相和固相的贡献

进行了区分。

上述模型都是建立在连续介质概念上的。除少数非常简单的情况外，模型方程一般不能得到解析解。为了数学处理的方便，也有人建议采用槽式模型，此处不再赘述。

7.3 拟均相一维模型的求解

7.3.1 常微分方程模型的求解

拟均相一维模型包括基本模型和拟均相一维分散模型。前者为一阶常微分方程，后者为二阶常微分方程。理想间歇反应器模型也为一阶常微分方程。由于方程的非线性性质，通常无法获得其解析解，而必须采用数值解法。随着定解条件的不同，采用的数值解法也根本不同。常微分方程的定解条件可分为两类。

① 初值问题。在自变量的某一初始值处规定所有待求函数的值。用基本模型描述的绝热固定床反应器和反应物流与载热体并流的换热式固定床反应器以及理想间歇反应器的计算通常属于常微分方程的初值问题。

② 两点边值问题。在一个以上自变量处，通常为其起点和终点处规定待求函数需满足的条件。用基本模型描述的反应物流与载热体逆流的换热式固定床反应器和用拟均相一维分散模型的固定床反应器的计算属常微分方程的两点边值问题。

7.3.2 常微分方程初值问题

现以绝热固定床反应器为例来说明常微分方程初值问题的求解。当不考虑通过床层的流动阻力时，轴向流动绝热固定床反应器的模型方程和边界条件为

物料衡算方程

$$-u\frac{dC_i}{dz}=\rho_B r_i \quad i=1,2,\cdots,n \tag{7-53}$$

能量衡算方程

$$u\rho c_p\frac{dT}{dz}=\sum(-\Delta H_i)r_i\rho_B \tag{7-54}$$

边界条件

$$z=0\ 处，\quad C_i=C_{i0}，\quad T=T_0 \tag{7-55}$$

不论是规定出口转化率计算反应器长度的设计型计算，还是规定反应器长度计算出口转化率的操作分析型计算，都可由反应器进口端开始对方程式(7-53)和式(7-54)进行数值积分，只不过停止积分的判据前者为规定的转化率，后者为规定的长度。

7.3.3 常微分方程两点边值问题

两点边值问题，正如这一术语的字面含义所表示的，最常见的情况是边值条件在自变量的两个值处被规定，通常为端点（起始点和终点）。在固定床反应器计算中遇到的两点边值问题有两种情况。

第一类问题的定解条件虽然分布在反应器两端，但求解每一个方程只需一个定解条件，只是这些方程必须联立求解。例如，对反应物流和载热体逆流的固定床反应器。

第二类问题的特点是，在方程（组）中出现二阶导数项，每一个方程的解必须有反应器两个端点的定解条件才能确定，如固定床反应器拟均相轴向分散模型即属此类。

两点边值问题的数值解法和初值问题有很大的不同。对初值问题，在自变量的某一起始点，微分方程的解已由边值条件完全确定，因此可以从这一点开始进行数值积分得到在自变量的整个定义域内微分方程的解。对两点边值问题，在自变量某一值处的边值条件不能唯一地确定微分方程在这一点处的解，如果从满足该点的边值条件的解中任选一个作为微分方程的解，几乎可以肯定它不能满足其他点处的边值条件。所以在求解两点边值问题时，迭代往往是必不可少的，其计算工作量也比求解初值问题大得多。

求解两点边值问题常用的方法有打靶法、正交配置法、有限差分法等。下面仅介绍正交配置法。

正交配置法是20世纪70年代以来化学工程计算中获得广泛应用的一种数值方法。除用于求解常微分方程的两点边值问题，也可用于求解偏微分方程。利用它既可求得微分方程的解函数在各配置点的值，也可求得微分方程的近似解析解。

正交配置法是由加权残差法的一种形式——配置法发展而来的。残差法的基本思想是：首先选择一个试解函数（通常为一个多项式），将这一个试解函数代入微分方程，再在自变量的定义域里选择若干个配置点（配置点数应等于多项式的项数），令在各配置点试解函数代入微分方程后的残差为零，据此确定多项式中各项的系数，这样得到的多项式即为微分方程的近似解析解。

正交配置法从以下三方面对配置法进行了改进：①试解函数被取为一个由正交多项式组成的级数；②配置点被取为某一正交多项式的根，而不是任意选择的；③直接解得试解函数在各配置点的值，而不是先求解试解函数中各项的系数。

如果两个函数 f_1、f_2 的积在 [0,1] 区间内的积分为零

$$\int_0^1 f_1 f_2 \mathrm{d}x = 0 \tag{7-56}$$

则称两函数正交。

设微分方程的试解函数为正交多项式组成的级数

$$y = \sum_{m=0}^{N} a_m p_m(x) \tag{7-57}$$

式中，$P_m(x)$ 为多项式

$$P_m(x) = \sum_{j=0}^{m} c_j x^j \tag{7-58}$$

式中，各系数 c_j 应满足如下要求：P_1 与 P_0 正交，P_2 与 P_1、P_0 正交，P_m 与各 $P_k(k \leqslant m-1)$ 正交。若假设

$$P_0 = 1, \quad P_1 = 1 + bx, \quad P_2 = 1 + cx + dx^2 \tag{7-59}$$

P_1 可由下式确定

$$\int_0^1 P_0 P_1 \mathrm{d}x = \int_0^1 (1 + bx) \mathrm{d}x = 0 \tag{7-60}$$

求得 $b=-2$，即

$$P_1 = 1 - 2x \tag{7-61}$$

P_2 由以下两式确定

$$\int_0^1 P_0 P_2 \mathrm{d}x = \int_0^1 (1 + cx + dx^2)\mathrm{d}x = 0 \tag{7-62}$$

$$\int_0^1 P_1 P_2 \mathrm{d}x = \int_0^1 (1 - 2x)(1 + cx + dx^2)\mathrm{d}x = 0 \tag{7-63}$$

求得 $c=-6$，$d=6$，即

$$P_2 = 1 - 6x + 6x^2 \tag{7-64}$$

由 $P_1(x)=0$，可得 $x=\dfrac{1}{2}$。由 $P_2(x)=0$，可得 $x=\dfrac{1}{2}\left(1\pm\dfrac{\sqrt{3}}{3}\right)$。它们即为内配置点数为 1 和 2 时内配置点的位置。当需要的内配置点数为 m 时，可用同样的方法求得正交多项式 $P_m(x)$，它在区间 $[0,1]$ 内有 m 个根，这些根即为配置点的位置。由此可见，在正交配置法中，试解函数的形式和配置点的位置都是确定的。

现将正交配置法用于求解常微分方程的两点边值问题。设微分方程为

$$F(y'', y', y, x) = 0 \tag{7-65}$$

边值条件为

$$y(0)=0, \quad y(1)=1 \tag{7-66}$$

对齐次边值条件，都可通过使量纲为一写成上述标准形式。

为满足上述边值条件，我们构造如下形式的试解函数

$$y = x + x(1-x)\sum_{i=1}^{N} a_i P_{i-1}(x) \tag{7-67}$$

上式可改写为

$$y = \sum_{i=1}^{N+2} b_i P_{i-1}(x) \tag{7-68}$$

为便于导出导数矩阵，将上述级数写成

$$y = \sum_{i=1}^{N+2} d_i x^{i-1} \tag{7-69}$$

由上式求得 y 的一阶导数、二阶导数后，可在各配置点计算 y、$\dfrac{\mathrm{d}y}{\mathrm{d}x}$、$\dfrac{\mathrm{d}^2 y}{\mathrm{d}x^2}$的值

$$y(x_j) = \sum_{i=1}^{N+2} d_i x_j^{i-1} \tag{7-70}$$

$$\frac{\mathrm{d}y(x_j)}{\mathrm{d}x} = \sum_{i=1}^{N+2} d_i (i-1) x_j^{i-2} \tag{7-71}$$

$$\frac{\mathrm{d}^2 y(x_j)}{\mathrm{d}x^2} = \sum_{i=1}^{N+2} d_i (i-1)(i-2) x_j^{i-3} \tag{7-72}$$

上述方程可用矩阵形式表示为

$$\boldsymbol{y} = \boldsymbol{Q}\boldsymbol{d} \tag{7-73}$$

$$\frac{\mathrm{d}\boldsymbol{y}}{\mathrm{d}x} = \boldsymbol{C}\boldsymbol{d} \tag{7-74}$$

$$\frac{\mathrm{d}^2 \boldsymbol{y}}{\mathrm{d}x^2} = \boldsymbol{D}\boldsymbol{d} \tag{7-75}$$

上述三式中 $\boldsymbol{Q}$、$\boldsymbol{C}$、$\boldsymbol{D}$ 都是 $N+2$ 阶方阵，其元素分别为

$$Q_{ji} = x_j^{i-1} \tag{7-76}$$

$$C_{ji}=(i-1)x_j^{i-2} \tag{7-77}$$

$$D_{ji}=(i-1)(i-2)x_j^{i-3} \tag{7-78}$$

由式(7-73) 可得

$$\boldsymbol{d}=\boldsymbol{Q}^{-1}\boldsymbol{y} \tag{7-79}$$

将式(7-79) 代入式(7-74) 和式(7-75) 得

$$\frac{\mathrm{d}\boldsymbol{y}}{\mathrm{d}x}=\boldsymbol{C}\boldsymbol{Q}^{-1}\boldsymbol{y}\equiv\boldsymbol{A}\boldsymbol{y} \tag{7-80}$$

$$\frac{\mathrm{d}^2\boldsymbol{y}}{\mathrm{d}x^2}=\boldsymbol{D}\boldsymbol{Q}^{-1}\boldsymbol{y}\equiv\boldsymbol{B}\boldsymbol{y} \tag{7-81}$$

可见，在任一配置点上的导数值均可用所有配置点上的函数值计算。

将各配置点 $x_j(j=1,2,\cdots,N+2)$ 上的函数值、导数值代入原微分方程和边值条件，并令其残差为零，可得 $N+2$ 个代数方程

$$F_j(y_1,y_2,\cdots,y_{N+2},x_j)=0 \qquad j=1,2,\cdots,N+2 \tag{7-82}$$

由上述代数方程可解得 $N+2$ 个配置点上的函数值 $y(x_j)$。若将求得的函数值 $y(x_j)$ 代入式(7-79)，即可求得式(7-70) 中各项的系数 d_i，得到微分方程的近似解析解。

例 7-1　在轴向分散的绝热管式反应器中进行一级反应时，量纲为一物料衡算方程和能量衡算方程为

$$\frac{1}{Pe_{\mathrm{m}}}\times\frac{\mathrm{d}^2x_{\mathrm{A}}}{\mathrm{d}\xi^2}-\frac{\mathrm{d}x_{\mathrm{A}}}{\mathrm{d}\xi}+Da_{\mathrm{I}}\left[\varepsilon\left(1-\frac{1}{\theta}\right)\right](1-x_{\mathrm{A}})=0$$

$$\frac{1}{Pe_{\mathrm{h}}}\times\frac{\mathrm{d}^2\theta}{\mathrm{d}\xi^2}-\frac{\mathrm{d}\theta}{\mathrm{d}\xi}+\beta Da_{\mathrm{I}}\left[\varepsilon\left(1-\frac{1}{\theta}\right)\right](1-x_{\mathrm{A}})=0$$

边值条件为

$$\xi=0\ 处\quad x_{\mathrm{A}}-\frac{1}{Pe_{\mathrm{m}}}\times\frac{\mathrm{d}x_{\mathrm{A}}}{\mathrm{d}\xi}=0$$

$$(1-\theta)+\frac{1}{Pe_{\mathrm{h}}}\times\frac{\mathrm{d}\theta}{\mathrm{d}\xi}=0$$

$$\xi=1\ 处\quad \frac{\mathrm{d}x_{\mathrm{A}}}{\mathrm{d}\xi}=\frac{\mathrm{d}\theta}{\mathrm{d}\xi}=0$$

请采用正交配置法表示各配置点处的物料和温度衡算方程。

解：取内配置点数为 3，根据正交多项式的性质，可求得配置点位置为

$$\xi_1=0,\xi_2=0.1127,\xi_3=0.5000,\xi_4=0.8873,\xi_5=1.0000$$

模型方程中的一阶导数和二阶导数项可写成矩阵形式

$$\frac{\mathrm{d}x_{\mathrm{A}}}{\mathrm{d}\xi}=\boldsymbol{A}x_{\mathrm{A}},\quad \frac{\mathrm{d}^2x_{\mathrm{A}}}{\mathrm{d}\xi^2}=\boldsymbol{B}x_{\mathrm{A}},\quad \frac{\mathrm{d}\theta}{\mathrm{d}\xi}=\boldsymbol{A}\theta,\quad \frac{\mathrm{d}^2\theta}{\mathrm{d}\xi^2}=\boldsymbol{B}\theta$$

代入本构方程，得到第 i $(i=2,3,4)$ 个内部配置点处关于转化率和温度的代数方程组

$$\begin{cases}\dfrac{1}{Pe_{\mathrm{m}}}\displaystyle\sum_{j=1}^{5}B_{ij}x_{\mathrm{A}j}-\sum_{j=1}^{5}A_{ij}x_{\mathrm{A}j}+Da_{\mathrm{I}}\left[\varepsilon\left(1-\frac{1}{\theta_i}\right)\right](1-x_{\mathrm{A}i})=0\\ \dfrac{1}{Pe_{\mathrm{h}}}\displaystyle\sum_{j=1}^{5}B_{ij}\theta_j-\sum_{j=1}^{5}A_{ij}\theta_j+\beta Da_{\mathrm{I}}\left[\varepsilon\left(1-\frac{1}{\theta_i}\right)\right](1-x_{\mathrm{A}i})=0\end{cases}$$

这样的方程组有 3 组，共计 6 个方程。

代入边界条件，得到以下方程组

$$\begin{cases} x_{A1}-\dfrac{1}{Pe_m}\sum\limits_{j=1}^{5}A_{1j}x_{Aj}=0 \\ (1-\theta_1)+\dfrac{1}{Pe_h}\sum\limits_{j=1}^{5}A_{1j}\theta_j=0 \\ \sum\limits_{j=1}^{5}A_{5j}x_{Aj}=0 \\ \sum\limits_{j=1}^{5}A_{5j}\theta_j=0 \end{cases}$$

以上共计 10 个方程联立求解后，得到的各配置点上的数值 $x_{Ai}(i=1,2,\cdots,5)$ 和 $\theta_i(i=1,2,\cdots,5)$，总共也是 10 个，就是方程的解。

7.4 固定床反应器的热特性

进行强放热反应的固定床反应器可能因设计或操作的不当而导致飞温——反应温度急剧上升，选择性严重恶化，甚至损坏催化剂和反应器。造成飞温的原因可能是破坏了反应器的热稳定性，或反应器的状态对某些操作参数过分敏感，或两者兼有。飞温往往会导致破坏性的后果，因此进行实验研究时将会遇到很大的困难。模型化方法为研究反应器的飞温提供了强有力的工具。

7.4.1 绝热固定床反应器的着火条件

如果能够使最后一排催化剂处于着火状态，则可认为固定床反应器达到了临界着火条件。由于单颗粒催化剂存在多重定态，也就是其热不稳定性，因此当气体的流速和浓度一定时，随着气体温度逐步升高至某一温度，催化剂的状态可能会从低温态突跃至高温态，这种现象称为着火，这时的气体温度称为着火温度。催化剂一旦着火，即处于外扩散控制。对处于高温态的催化剂颗粒，当气体温度逐步降低至某一温度时，催化剂的状态可能会从高温态突然下跌至低温态，这种现象称为熄火，这时的气体温度称为熄火温度。着火温度和熄火温度之差为温度滞后，在这两个温度之间存在多重定态。对一定的反应和催化剂颗粒，着火温度和熄火温度均仅为气体流速和浓度的函数，可以通过实验测定，也可由计算获得。

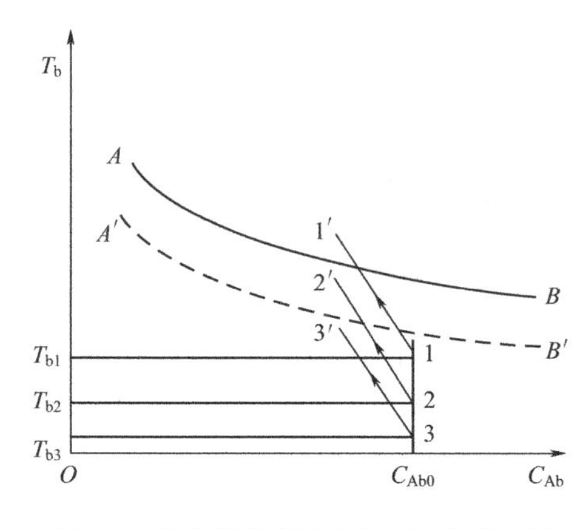

图 7-7 绝热固定床反应器多态相平面图

如果将考察的范围由一粒催化剂扩大到整个反应器，则可用上述分析来判别反应器的操作状态。当反应器内气体流速一定时，着火温度和气体浓度之间存在一一对应的关系，在以气相主体温度 T_b 为纵坐标，浓度 C_{Ab} 为横坐标的相平面图上可用一条曲线表示，如图 7-7 中的曲线 AB。同样，当气体流速一定时，熄火温度和气体浓度之间亦存在一一对应的关系，如图7-7中的曲线$A'B'$。显然，熄火温度恒低于着火温度。

当气流主体的状态在AB线以上的区域时，与之接触的催化剂颗粒一定处于着火状态。当气流主体的状态在$A'B'$线以下区域时，与之接触的催化剂颗粒一定处于熄火状态。当气流主体的状态在AB线与$A'B'$线之间时，催化剂颗粒处于哪种状态由该催化剂颗粒原来所处的状态决定。对整个反应器而言，只要反应器内某一位置的催化剂（极限条件下为最后一排催化剂）处于着火状态，则其后的催化剂都将处于着火状态，称该反应器处于着火状态。而且处于着火状态的高温区必然会因逆流动方向的热量传递（或称热反馈）而向上游推移，使高温区扩大，直至反馈的热量与气流携带的热量达到平衡，高温区始达定常态。因而只要有着火现象出现，必伴有高温区的扩展，所不同的仅是扩展程度的差异而已。

若反应器内所有的催化剂都处于熄火状态，则称该反应器处于熄火状态。若绝热固定床反应器进口流体浓度为C_{Ab0}，温度为T_{b0}，则反应器内任一截面上流体温度T_b和浓度C_{Ab}的关系为

$$T_b = T_{b0} + \Delta T_{ad}\left(1-\frac{C_{Ab}}{C_{Ab0}}\right) \tag{7-83}$$

将上式标绘在T-C_{Ab}相平面图上为一条直线，称为绝热反应器的操作线。利用着火线、熄火线和操作线，可以方便地分析绝热固定床反应器的操作状态。设初始时刻反应器中的催化剂全部处于熄火态，反应器的进口状态为图7-7中的点2，即进口浓度为C_{Ab0}，进口温度为T_{b2}。随着反应的进行，浓度逐渐降低，温度逐渐升高，到反应器出口处气体状态为点$2'$。由于点$2'$在着火线以下，因此该反应器内不会发生着火现象。如将反应器的进口温度提高到T_{b1}，则反应器内气体状态将沿操作线1-$1'$变化，可以发现经过一定长度的催化剂床层后，操作线将和着火线相交，表明该处的催化剂颗粒着火了，而且该点以后的催化剂颗粒都处于着火状态。这时如再将反应器的进口温度降低至T_{b2}，由于点$2'$在熄火线以上，因此反应器仍将处于着火状态。可见当进口状态为点2时，反应器存在多重定态，反应器究竟处于哪一状态取决于它的初始状态。对存在多重定态的固定床绝热反应器，若将进口温度和出口温度进行标绘，也会出现第3章中提到过的温度滞后现象。如将反应器的进口温度进一步降低至T_{b3}，由于反应器的出口状态点$3'$已经位于熄火线以下，反应器将熄火。

由以上讨论可知，反应器的着火和熄火都是突发的，进口温度（或进口浓度、气流速度）的微小变化就可能使反应器的操作状态发生剧烈变化。因此，在反应器设计时，应避免太靠近这些突变点，以留有余地作为调节之用。事实上，实际反应器的开发是以上述的概念和理论为依据和指导，但最终往往还是用实验来确定着火条件和熄火条件。

7.4.2 绝热固定床反应器的逆响应行为

固定床反应器达到着火状态后，如果突然降低进口温度，出口温度不但不降低，反而升得更高。这是一种反常现象，称为逆响应（Wrong-Way Behavior）。逆响应行为最早由Matros和Beskov在1965年发现，其后这一独特现象引起了广泛重视并被开发成为一种处理低浓度SO_2、有机废气（VOC）转化的新型技术。

经过Matros、Eigenberger、Luss等对大量实验现象的总结，逆响应行为的主要特征可归纳为：①突然降低气体入口温度，下游会出现更高的温度；②温度曲线的形状为抛物线形；③温度曲线会像波浪一样向出口蔓延。逆响应行为如图7-8所示。

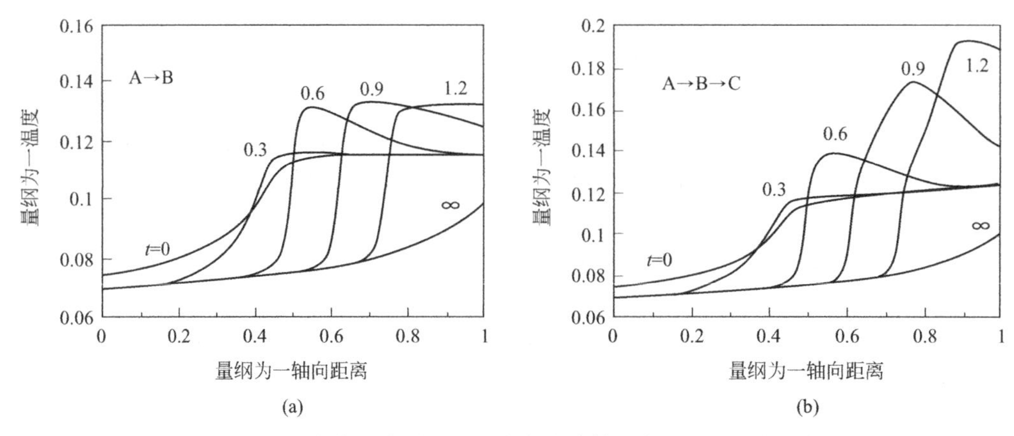

图 7-8 固定床反应器入口温度突然降低后出现的逆响应现象

例如，在氨氧化反应中，入口温度 143℃下床层热点温度为 242℃。当进料温度突然由 143℃降至 108℃时，上游温度下降，由于大的固体热容量和低的热传导，下游温度未受影响，一直维持高位。上游反应较慢造成下游高浓度与高温度相遇，引起下游温度持续升高，在 160s 时瞬态温度达到 279℃。但随着时间延长，下游温度不断下降，在 5280s 后降至 130℃，进入熄火状态。

进入熄火状态的原因在于高温反应区移出了反应器。可以设想，如果在高温区即将移出反应器之前将进料口反向调整，如图 7-9 所示，就可以利用高温区预热反应物料，使床层温度反向传播，从而达到利用床层蓄热预热反应物料的目的，在较低温度下使反应器达到着火状态，实现节能操作。

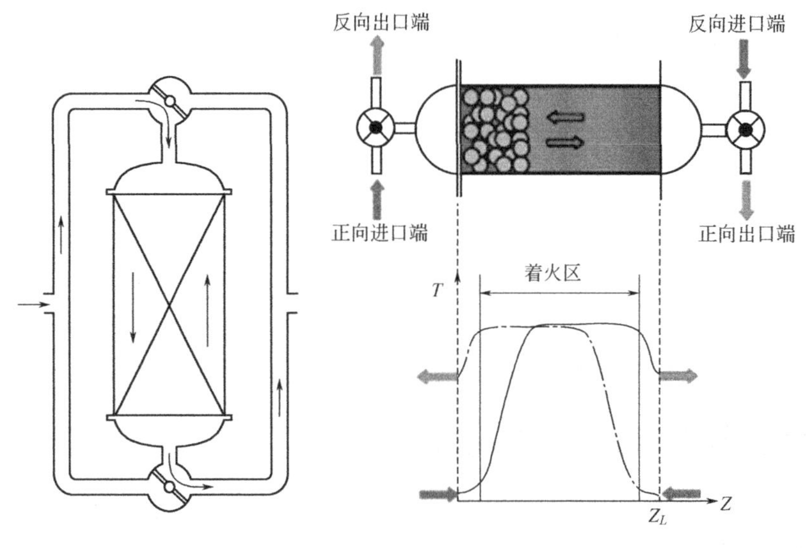

图 7-9 流向变换的绝热固定床反应器的自热操作

如图 7-9 所示，将冷的原料气引入已经处于着火状态的固定床时，轴向温度分布将沿气流方向以远小于气速的速度缓慢移动，像波的传播一样，称为热波（Heat Wave）。热波的移动速度是流向变换非定态操作的关键，决定了操作周期的允许变化范围，只有在热波温峰传播至接近催化剂床层端点之前改变反应物流向，才能将大部分反应热蓄积在床层内而不至于将其"吹出"反应器，导致反应熄灭。热波移动速度主要取决于气速与反应物浓度，一般比气速小 3～4 个数量级。热波移动速度之所以很小，最根本的原因是固定床固相热容远大于气体热容。热波通过催化剂床层所需时间可通过下式计算

$$\tau=2\frac{L}{u}\times\frac{\varepsilon_{s}\rho_{s}c_{ps}}{\rho_{g}c_{pg}} \tag{7-84}$$

式中，L 为床层长度；u 为气速；ε_s 为催化剂体积分数；ρ_s、ρ_g、c_{ps}、c_{pg}分别为固相、气相密度和固相、气相定压比热容。

非常小的热波移动速度可使阀门换向周期在数十至数百分钟，因此换向阀不需要频繁启闭，这对工程设计无疑是有利的。以 SO_2 氧化和甲苯氧化为例，热波移动速度介于（1.0～10.0）$\times10^{-4}$m/s。如着火区长度为 1m，其移出反应器所花费的时间将达到 0.3～3h，能够满足完成流向变换所需的时间。试验证明，在催化燃烧小型中试装置上，大约经过 10～20 个切换周期即可达到循环定态。

必须指出，自热操作存在浓度下限。这是因为自热操作原料温度比正常操作温度低得多，其在床层内预热所需吸收的热量来自于反应热，一旦原料浓度偏低，反应区域会非常狭窄，导致流向切换非常频繁，稍有不慎，高温区会被吹出反应器。

7.4.3 列管式固定床反应器的热稳定性

列管式固定床反应器的典型工业应用是烃类或其他有机物的选择性氧化。这类反应可用如下简单图式表示

$$\mathrm{A}\xrightarrow{1}\mathrm{B}\xrightarrow{2}\mathrm{C}\quad(\mathrm{A}\xrightarrow{3}\mathrm{C})$$

其中 B 为需要的产物，例如邻二甲苯氧化生成的邻苯二甲酸酐，C 则为深度氧化产物，如 CO、CO_2 等。这类反应的放热曲线如图 7-10 所示。由图 7-10 可知，这类反应系统最多可能存在 5 个定常态。为了避免大量生成无用产物 C，反应器的操作状态应选择在曲线上的 a、b 点之间，a、b 点之间的宽度则取决于主反应和串联副反应速率的相对大小，当串联副反应比主反应快得多时，a、b 点之间的距离可能是很窄的。为了使反应器能维持在所需的定常态操作，移热线斜率必须足够大，即反应器应有足够大的换热面。另外，由图 7-10 也可看出，此时冷却介质和反应物流之间的温差将是很小的。这就是进行强放热反应的列管式固定床反应必须采用很小的管径和高温载热体作为冷却介质的原因。对简单反应 A ⟶B 同样存在多重定态问题，所不同的仅仅是可以不考虑选择性。

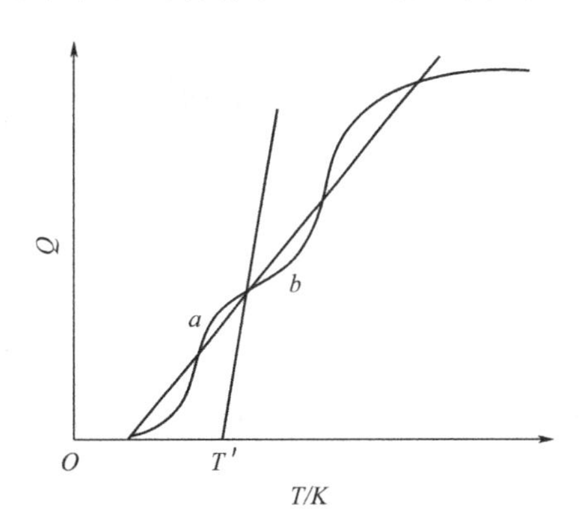

图 7-10　串联放热反应的放热曲线

对简单反应，在列管式气固相固定床反应器中的某一局部，当热阻主要在床层内部时，径向的热量衡算方程为

$$-\lambda_{er}\left(\frac{d^2T}{dr^2}+\frac{1}{r}\times\frac{dT}{dr}\right)=(-\Delta H)k_0e^{-\frac{E}{RT}}C_A^n \tag{7-85}$$

式中，λ_{er}为床层的径向有效导热系数，是仿照 Fourier 热传导定律定义的，其值主要取决于

床层特征（固体颗粒种类、形状、大小、物性等），流体性质和流动条件。

上述微分方程的边界条件为

$$r=0,\quad \frac{\mathrm{d}T}{\mathrm{d}r}=0 \qquad r=R_t,\quad T=T_w \tag{7-86}$$

式中，R_t 为反应管半径；T_w 为反应管壁温度。令

$$\theta=\frac{T-T_w}{\dfrac{RT_w^2}{E}} \tag{7-87}$$

$$\rho=\frac{r}{R_t} \tag{7-88}$$

则式(7-85) 可化为

$$-\left(\frac{\mathrm{d}^2\theta}{\mathrm{d}\rho^2}+\frac{1}{\rho}\times\frac{\mathrm{d}\theta}{\mathrm{d}\rho}\right)=\frac{E}{RT_w^2}\times\frac{R_t^2}{\lambda_{er}}(-\Delta H)k_0\mathrm{e}^{-\frac{E}{RT}}C_A^n \tag{7-89}$$

令

$$\delta=\frac{E}{RT_w^2}\times\frac{R_t^2}{\lambda_{er}}(-\Delta H)k_0\mathrm{e}^{-\frac{E}{RT_w}}C_A^n$$

则式(7-89) 可改写成

$$-\left(\frac{\mathrm{d}^2\theta}{\mathrm{d}\rho^2}+\frac{1}{\rho}\times\frac{\mathrm{d}\theta}{\mathrm{d}\rho}\right)=\delta\exp\left[-\frac{E}{R}\left(\frac{1}{T}-\frac{1}{T_w}\right)\right] \tag{7-90}$$

由式(7-87) 得

$$T=T_w\left(1+\frac{RT_w}{E}\theta\right)$$

所以

$$\delta\exp\left[-\frac{E}{R}\left(\frac{1}{T}-\frac{1}{T_w}\right)\right]=\delta\exp\left[-\frac{E}{RT_w\left(1+\dfrac{RT_w}{E}\theta\right)}+\frac{E}{RT_w}\right] \tag{7-91}$$

设 $(T-T_w)\ll T_w$，即$\dfrac{RT_w}{E}\theta=\dfrac{T-T_w}{T_w}\to 0$，则可把$\dfrac{1}{1+\dfrac{RT_w}{E}\theta}$展开成级数，略去高次项后得

$$\frac{1}{1+\dfrac{RT_w}{E}\theta}=1-\frac{RT_w}{E}\theta \tag{7-92}$$

将式(7-91)、式(7-92) 代入式(7-90) 得

$$-\left(\frac{\mathrm{d}^2\theta}{\mathrm{d}\rho^2}+\frac{1}{\rho}\times\frac{\mathrm{d}\theta}{\mathrm{d}\rho}\right)=\delta\mathrm{e}^{\theta} \tag{7-93}$$

边值条件为

$$\rho=0,\quad \frac{\mathrm{d}\theta}{\mathrm{d}\rho}=0$$

$$\rho=1,\quad \theta=0$$

式(7-93) 中只有一个参数 δ，因此床层径向温度分布可表示为

$$\theta=f(\delta,\rho) \tag{7-94}$$

在数学意义上不稳定即意味着当 δ 大于某临界值 δ_c 后，方程得不到有限解。此 δ_c 已由式(7-93) 的求解得出，并经实验验证为

$$\delta_c = 2.0 \tag{7-95}$$

此即为列管式固定床反应器的热稳定条件。由此可得，对确定的反应系统和反应条件，反应管的最大半径为

$$R_{max} = \sqrt{\frac{2\lambda_{er} R T_w^2}{(-\Delta H) k_0 e^{-\frac{E}{RT_w}} C_A^n E}} \tag{7-96}$$

或

$$R_{max} = \sqrt{\frac{2\lambda_{er} R T_w^2}{\left[\frac{Q_g(T_w)}{V_R}\right] E}} \tag{7-97}$$

式中，Q_g 为反应放热速率；V_R 为反应器体积。

此外，还可解得，当 $\delta = 2.0$ 时，$\theta_{max} = 1.37$，即最大径向温差为

$$(T - T_w)_{max} = 1.37 \frac{RT_w^2}{E} \tag{7-98}$$

式(7-96)～式(7-98) 就是热稳定条件对列管式固定床反应器管径和径向温差的限制。

实际过程中罕见简单反应的情况。对于复杂反应，如能简化为一个简单反应，则可按以上所述处理。如必须考虑复杂反应，则不能得到显式表示，只能得到数值解。然而式(7-96)～式(7-98) 对于分析床层稳定性显然是十分有用的。

例 7-2　拟在一列管式固定床反应器中进行邻二甲苯氧化制苯酐的反应。已知该反应器所用列管内径为 25mm，反应器进料氧和邻二甲苯的摩尔分数分别为 21% 和 1%，反应器平均压力为 0.11MPa，熔盐温度为 375℃。邻二甲苯氧化为苯酐的反应速率方程为

$$(-r_A) = k p_A p_{O_2} \qquad \text{kmol/(kg cat · h)}$$

$$\ln k = -\frac{13500}{T} + 24.44 \qquad [k \text{ 的单位为 kmol/(kg cat · h · MPa}^2)]$$

反应热 $(-\Delta H) = 1283$kJ/mol，床层堆密度 $\rho_b = 1300$kg/m³，径向有效导热系数 $\lambda_{er} = 2.8$kJ/(m · h · K)。请校核该反应器是否满足热稳定性条件，若不满足可采取什么措施？为满足转化率大于 95% 的要求，熔盐温度不能降低。

解： 由式(7-97) 可得单位反应器体积允许的最大放热量为

$$\left(\frac{Q_g}{V_R}\right)_{max} = \frac{2\lambda_{er} R T_w^2}{R_t^2 E}$$

因为熔盐侧的液膜传热系数通常很大，所以管壁温度 T_w 可认为等于熔盐温度，于是有

$$\left(\frac{Q_g}{V_R}\right)_{max} = \frac{2 \times 2.8 \times 8.31 \times (375+273)^2}{\left(\frac{0.025}{2}\right)^2 \times 8.31 \times 13500} = 1114767 \text{kJ/(m}^3 \text{ · h)}$$

管壁温度下的反应速率常数

$$k(T_w) = \exp\left(-\frac{13500}{375+273} + 24.44\right) = 36.84 \text{kmol/(kg cat · h · MPa}^2)$$

进口端的反应速率为

$$\begin{aligned} -r_A &= k p_t^2 y_A y_o = 36.84 \times 0.11^2 \times 0.21 \times 0.01 \\ &= 9.36 \times 10^{-4} \text{kmol/(kg cat · h)} = 1216.8 \text{mol/(m}^3 \text{ · h)} \end{aligned}$$

单位反应器体积的放热量为

$$\frac{Q_g}{V_R}=1283\times1216.8=1561154\text{kJ/(m}^3\cdot\text{h)}$$

可见，单位反应器体积的放热量大于允许的最大放热量，所以该反应器不满足热稳定条件。可采取的措施是用惰性物料稀释进口端催化剂，例如稀释比为 1∶1 时，单位体积放热量将降低至 780577kJ/(m^3·h)，可满足热稳定性条件。合理的稀释比和稀释高度应通过详细计算确定。

7.4.4 固定床反应器的整体稳定性

前面关于绝热反应器和列管反应器稳定性的分析是仅就反应器中的某一局部而言的。局部的不稳定可因传递而造成整个反应器的不稳定。特别应该注意的是各种形式反馈的效应，即逆气体流动方向的传递。第 3 章中曾指出稳定性问题起因于反应系统的非线性性质，由于反应系统的非线性主要表现为温度对反应速率的影响，因此热反馈的效应尤为重要。

常见的热反馈机理有：自热式反应器中进出口物料之间的传热，使出口物料的热量反馈给进口物料；返混导致的热反馈；通过固体颗粒床层和反应器壁的轴向热传导；以及逆流流动的载热体与床层间的传热将热量从下游带到上游引起的热反馈等。

自热式反应器进出口物料之间的热交换会造成相当大的热反馈，引起反应器稳定性问题，这留待后面讨论自热反应器时再作分析。固体催化剂的有效导热性一般很差，因此催化剂床层的轴向热传导引起的热反馈通常是不重要的。但在实验室反应器中，管壁轴向热传导引起的热反馈对产生多重定态可能起重要作用。

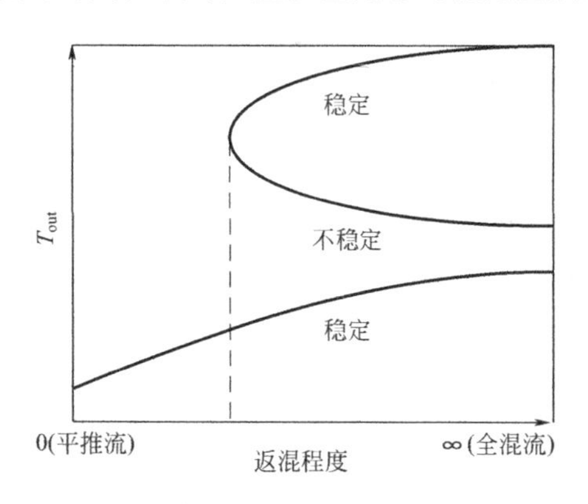

图 7-11　反应器出口温度和返混程度的关系

返混对管式反应器出现多重定态的影响已用扩散模型进行了广泛的研究。图 7-11 为在相同进口温度条件下用扩散模型求解不同返混程度时反应器的出口温度。当返混较小时，出口温度只有唯一的稳定解；当返混程度大于一定数值时，出口温度出现多解，且其中有一个解代表不稳定状态，即只有当热反馈大于一定程度时才可能发生反应器的整体不稳定。

反应器可能出现多态的返混程度临界值取决于反应热效应、活化能和操作条件。除循环反应器外，工业管式反应器（包括固定床反应器）的返混程度通常远小于其临界值。例如，合成甲醇反应器当 Péclet 数 $Pe_h=\frac{u\rho c_p L}{\lambda_{er}}$ 小于 30 时会产生多态，而实际反应器的 Pe_h 大于 600；乙烯氧化反应器 Pe_h 小于 200 时会产生多态，实际反应器的 Pe_h 大于 2500。因此，除少数薄床层的固定床反应器可能因返混产生多态外，大多数管式反应器和固定床反应器的返混都不致引起不稳定。

7.4.5 列管式固定床反应器的参数敏感性

参数敏感性对反应器的设计和操作有重要意义。一般来说，反应器不应在敏感区及其附近操作。因此，在进行详细的设计计算之前，选择合适的反应器结构尺寸和操作条件，以限制热点温度和避免其对参数变化的过度敏感是有意义的。

许多研究者采用不同的方法导出了列管反应器的失控判据，他们的结果被标绘于图 7-12。此图的横坐标为 $S=\beta\varepsilon$，即量纲为一的绝热温升

$$\beta=\frac{(-\Delta H)C_{A0}}{\rho c_p T_0}=\frac{(-\Delta H)y_{A0}}{\overline{M}_r c_p T_0}$$

和量纲为一的活化能 $\varepsilon=\frac{E}{RT_0}$ 的乘积；纵坐标为 $\frac{N}{S}$，其中

$$N=\frac{4U}{d_t \overline{M}_r c_p k_b} \tag{7-99}$$

式中，U 为总传热系数；d_t 为反应管直径；$\overline{M}_r$ 为平均分子量；k_b 为以单位体积催化剂为基准的反应速率常数。于是

$$\frac{N}{S}=\frac{4URT_0^2}{d_t k_b y_{A0}(-\Delta H)E} \tag{7-100}$$

图 7-12 是在反应物进口温度和冷却介质温度均等于 T_0 的条件下作出的，图中曲线以上的区域表示反应器的状态对操作参数 $\frac{N}{S}$ 不敏感，曲线以下的区域则表示可能因操作参数的小变动导致反应器飞温。这些曲线可方便地用于选择避免飞温的操作条件和反应管直径。由图 7-12 和 $\frac{N}{S}$ 的定义可知，一切使 $\frac{N}{S}$ 增大的措施都有利于降低反应器的参数敏感性。当由于结构的原因不能进一步减小管径，由于工艺上的原因不能进一步减小反应物初始浓度 C_{A0} 时，用惰性固体颗粒稀释催化剂以减小体积反应速率常数 k_b，也是设计中可以采用的降低反应器敏感性的一种措施。

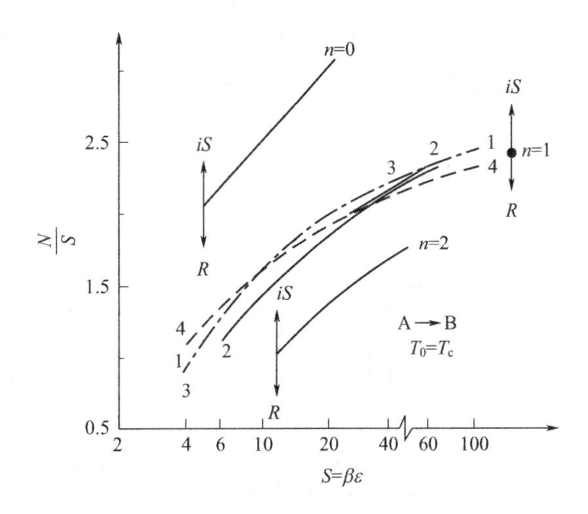

图 7-12　列管式固定床反应器飞温判据图

曲线 1、2、3、4 为不同研究者提出的一级反应失控判据

例 7-3　对例 7-2 中反应器的参数敏感性进行校核。已知总传热系数 $U=346\text{kJ}/(\text{m}^2\cdot\text{h}\cdot\text{K})$，气体定压比热容 $c_p=1.05\text{kJ}/(\text{kg}\cdot\text{K})$。

解：根据反应气流的组成，其平均分子量为

$$\overline{M}_r=106\times0.01+32\times0.21+28\times0.78=29.62$$

$$\Delta T_{ad}=\frac{(-\Delta H)y_{A0}}{\overline{M}_r c_p}=\frac{1283000\times0.01}{29.62\times1.05}=412.5\text{K}$$

$$S=\frac{\Delta T_{ad}E}{RT_0^2}=\frac{412.5\times13500\times8.31}{8.31\times(375+273)^2}=13.26$$

因氧大大过量，将反应作拟一级反应处理，于是

$$k=\exp\left(-\frac{13500\times8.31}{8.31\times648}+24.44\right)\times0.11\times0.21=0.851\text{kmol}/(\text{kg}\cdot\text{h}\cdot\text{MPa})$$

$$N=\frac{4U}{d_{\mathrm{t}}\overline{M}_{\mathrm{r}}c_{p}k\rho_{\mathrm{b}}p_{\mathrm{t}}}=\frac{4\times346}{0.025\times29.62\times1.05\times0.851\times1300\times0.11}=14.63$$

于是

$$\frac{N}{S}=\frac{14.63}{13.26}=1.10$$

点（13.26，1.10）落在图7-12中曲线1、2、3、4的下方，所以此反应器对操作参数是敏感的。为了使反应器不在敏感区操作，也需用惰性固体颗粒对催化剂进行稀释，若稀释比为1∶1，则$\frac{N}{S}=2.20$，点（13.26，2.20）已落在图7-12的不敏感区。

7.4.6 自热式固定床反应器

对需在高温下进行的放热反应，例如氨的合成、二氧化硫的接触氧化，工业上往往利用反应放出的热量来预热反应物，使它达到所需的反应温度，这类反应器称为自热式反应器。固定床反应器可通过以下方式实现自热操作：①外部换热式，即在绝热条件下进行反应，在热交换器中用离开反应器的热物料对反应原料进行预热［图7-13(a)］；②整体换热式，即用反应原料作为列管式反应器中的冷却介质，反应与换热同时进行［图7-13(b)］；③循环式，即部分高温出口物流循环返回反应器进口［图7-13(c)］。在正常操作时，自热反应器实现了能量的自给自足，但在开工阶段需要一外热源，使反应器达到启动温度。

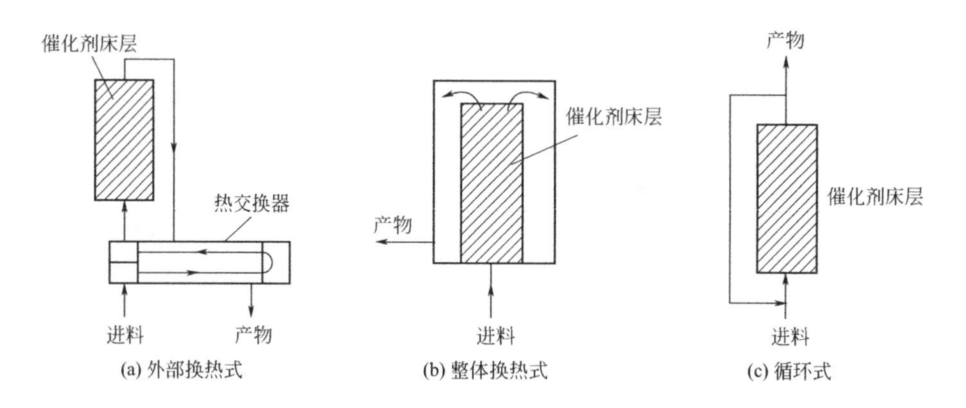

图7-13 自热式固定床反应器的类型

自热反应器中进出物流之间的热交换会造成相当大的热反馈，引起反应器的稳定性问题。现以外部换热器中冷、热流体逆流的自热反应器为例进行分析，图7-14示意其流程和温度分布。

反应器和换热器的物料衡算方程和热量衡算方程分别为

反应器

$$u\frac{\mathrm{d}C_{\mathrm{A}}}{\mathrm{d}z}=-\rho_{\mathrm{b}}(-r_{\mathrm{A}}) \tag{7-101}$$

$$u\rho c_{p}\frac{\mathrm{d}T}{\mathrm{d}z}=\rho_{\mathrm{b}}(-r_{\mathrm{A}})(-\Delta H) \tag{7-102}$$

换热器

$$\frac{\mathrm{d}T_{1}}{\mathrm{d}z_{1}}=\frac{U\pi d_{\mathrm{t}}}{(q_{n}c_{p})_{1}}(T_{2}-T_{1}) \tag{7-103}$$

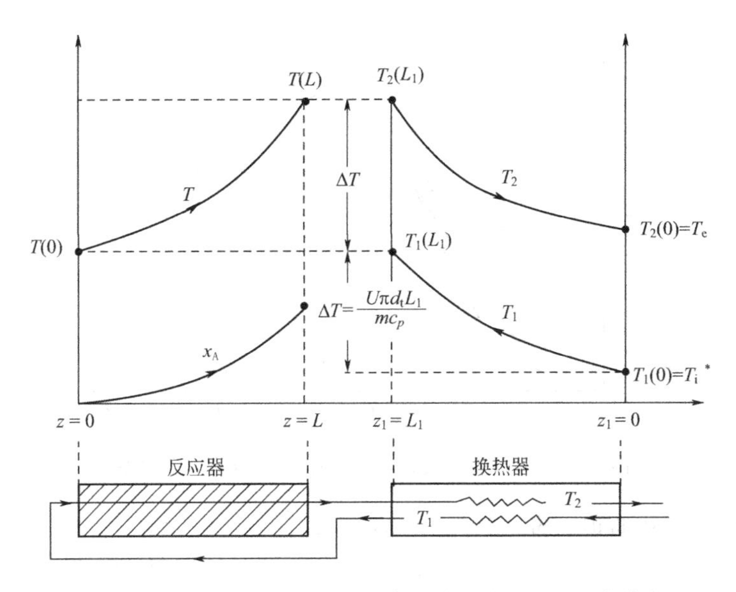

图 7-14　外部换热式自热固定床反应器的流程和温度分布

$$(q_n c_p)_1 \mathrm{d}T_1 = -(q_n c_p)_2 \mathrm{d}T_2 \tag{7-104}$$

式中，T 为反应器中反应物流的温度；T_1 为换热器中冷流体的温度；T_2 为换热器中热流体的温度。

上述微分方程的边值条件为

反应器　　$z=0$ 处，$C_A=C_{A0}$，$T=T(0)=T_1(L_1)$（未知）　　(7-105)

换热器　　$z_1=0$ 处，$T_1=T_i$，$T_2=T_e$（未知）　　(7-106)

在绝热反应器中，反应物温度和转化率之间存在以下关系

$$T=T(0)+\Delta T_{ad}(x_A-x_{A0})$$

将此式代入反应速率计算式，则有

$$r_A(x_A,T)=r_A[x_A,T(0)+\Delta T_{ad}(x_A-x_{A0})]$$

再将此式代入式(7-101)，并移项积分

$$\frac{\rho_b L}{u C_{A0}}=\frac{m}{q_{nA0}}=\int_{x_{A0}}^{x_A(L)} \frac{\mathrm{d}x_A}{r_A[x_A,T(0)+\Delta T_{ad}(x_A-x_{A0})]}$$

在进料转化率 x_{A0}、进料流量 q_{nA0}、催化剂装量 m 确定的条件下，反应器出口转化率是反应器进口温度 $T(0)$ 的函数，即

$$x_A(L)=x_{A0}+f[T(0)] \tag{7-107}$$

对可逆放热反应，这种进出口状态之间的关系如图 7-15 中的钟形曲线所示。

随着反应器进口温度升高，出口转化率 $x_A(L)$ 先上升，这是由反应速率和温度间的 Arrhenius 关系决定的；但当进口温度超过某临界值后，进口温度的进一步提高将使出口转化率下降，这是由温度升高对化学平衡的不利影响造成的。

反应器的进口温度 $T(0)$ 是由整个反应-换热系统的热量衡算确定的。设反应物流的比热容不随温度和组成而变，则上述逆流换热器中冷、热流体的温度差将为常数，即

$$\Delta T=T_2(0)-T_i=T_2-T_1=T_2(L_1)-T(0)$$

于是换热器的热量衡算方程式(7-103) 可写为

$$q_n c_p[T(0)-T_i]=UA\Delta T \tag{7-108}$$

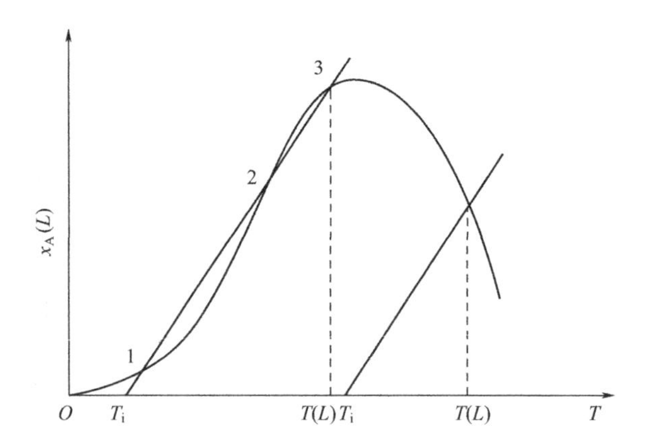

图 7-15 外部换热式自热固定床反应器的多重定态

式中，$A=\pi d_t L$ 为传热面积。将 $T(0)-T_i$ 改写为

$$T(0)-T_2(L_1)+T_2(L_1)-T_i=-\Delta T+T_2(L_1)-T_i$$

则可由式(7-108) 导出

$$T_2(L_1)-T_i=\Delta T\left(1+\frac{UA}{q_n c_p}\right) \tag{7-109}$$

$\Delta T=T_2(L_1)-T(0)$ 为反应器在绝热条件下的温升，所以

$$\Delta T=\Delta T_{ad}[x_A(L)-x_{A0}] \tag{7-110}$$

代入式(7-109) 得

$$x_A(L)-x_{A0}=\frac{1}{\Delta T_{ad}\left(1+\frac{UA}{q_n c_p}\right)}[T_2(L_1)-T_i] \tag{7-111}$$

在 x_A-T 图上标绘上述方程，为一条斜率为$\frac{1}{\Delta T_{ad}\left(1+\frac{UA}{q_n c_p}\right)}$、在 T 轴上截距为 T_i 的直线。整个反应-换热系统的定态必须同时满足式(7-107) 和式(7-111)，定态点即为 x_A-T 图上钟形曲线和直线的交点。它们可能只有一个交点，也可能有三个交点，即反应器和换热器组成的系统可能有多个定态。

定态点 1 因为转化率太低无实际意义。定态点 2 是不稳定的，所以反应器的实际操作点一般应选择定态点 3。随着操作过程中反应器、换热器状况的变化，若不能适时调整操作参数，反应器可能熄火。例如，随着使用过程中催化剂活性下降，钟形曲线会逐渐下移，随着换热器积垢，传热系数下降，直线斜率将逐渐增加，这都可能导致上交点消失，反应器熄火。为防止熄火，可及时适当提高换热器冷物料的进口温度。

7.5 固定床反应器的设计

7.5.1 多段绝热固定床反应器的设计

对于可逆放热反应来说，如果根据绝热温升计算的平衡转化率低于设计值，就需要采用多段换热式结构。多段换热是指在两个绝热段之间采取某种换热方式，一般分两种：间接换热和原料气冷激，如图 7-16 所示。如果单独采用间接换热或原料气冷激不足以达到降温要求，则需要将两种方式同时使用，例如 SO_2 氧化制取 SO_3。

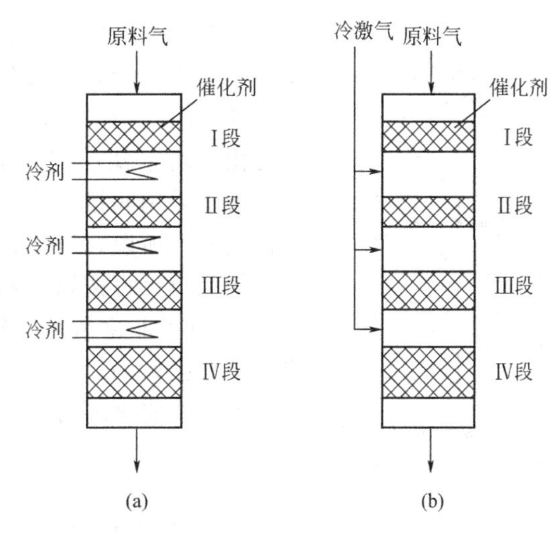

图 7-16　段间换热的绝热固定床反应器

(a) 中间间接冷却式多段绝热床；(b) 中间冷激式多段绝热床

现以图 7-17 为例说明间接换热式多段绝热反应器的设计方法。图中反应物进口为 a 点，随着反应的进行物料温度不断升高，在第一段出口达到 b 点，如不停止反应，则反应温度会继续升高，向平衡温度靠近，但反应净速率下降，此时应通过间接换热使温度降至 c 点。因为在换热过程中转化率保持不变，所以 bc 线平行于纵轴，c 点即为第二段反应器的进口状态。

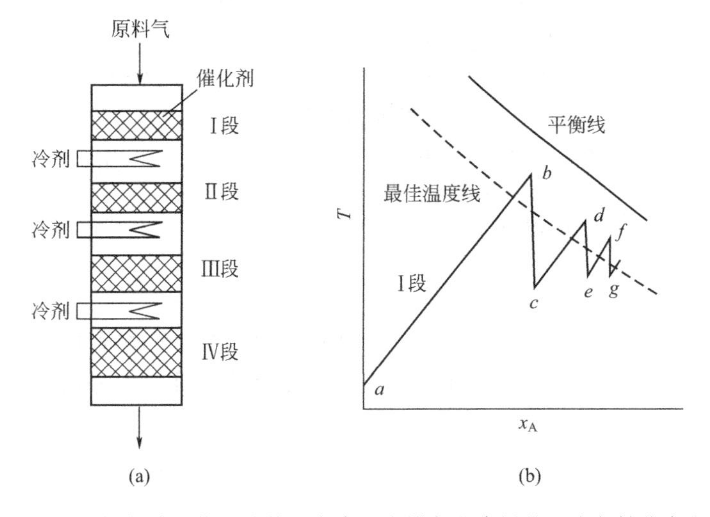

图 7-17　段间间接换热的绝热固定床反应器各段床层的温度与转化率变化

对可逆放热反应来说，在每一个转化率下都有一个使反应速率为最大的最佳温度。显然，在多段绝热反应器中，段数越多，控温次数也就越多，反应器的温度分布就越能接近最佳温度曲线（反应净速率达到最大值），催化剂的用量也就越少。但另一方面，段数越多，反应器的设备投资也越大，操作也越复杂，通常当段数超过 4 段时，段数继续增加所带来的优化效果将逐渐减小，因此工业反应器的绝热床层段数很少超过 5 段。

下面以带有四段间接换热的绝热固定床设计为例，说明如何在给定的原料浓度以及所规定转化率的情况下，使催化剂用量最少。

基于拟均相平推流模型，催化剂用量为

$$W=F_{A0}\left[\int_{x_{1in}}^{x_{1out}}\frac{dx}{r_1(x,T)}+\int_{x_{2in}}^{x_{2out}}\frac{dx}{r_2(x,T)}+\int_{x_{3in}}^{x_{3out}}\frac{dx}{r_3(x,T)}+\int_{x_{4in}}^{x_{4out}}\frac{dx}{r_4(x,T)}\right] \tag{7-112}$$

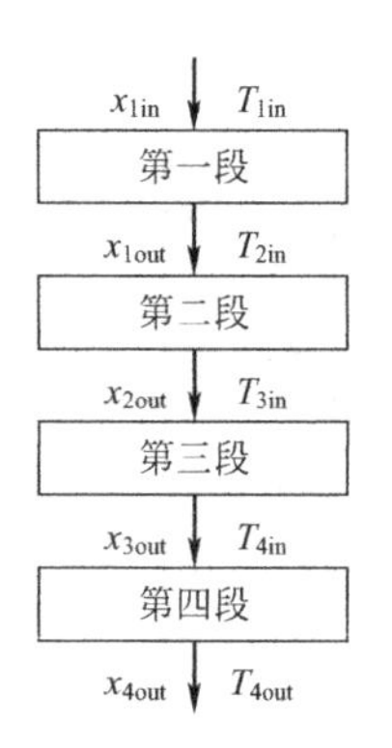

图 7-18 各段床层的进出口温度与转化率

根据已知条件，除了进出口浓度给定外，各段的入口温度、各段转化率均未知，需要作为优化变量求出。从图 7-18 可知，各段床层进口温度均未知，有 4 个未知变量；除第四段外，各段床层出口转化率均未知，有 3 个未知变量。两者相加，共有 7 个未知变量。由于采用间接换热，下一段床层进口转化率即为上一段床层出口转化率，所以，进口转化率不作为优化变量。

优化设计可按以下思路进行：

① 由于催化剂是分别装在四段床层中的，因此，每段催化剂的装填量应最小。

第 i 段催化剂用量为

$$\frac{W_i}{F_{A0}}=\int_{x_{i,in}}^{x_{i,out}}\frac{dx}{r(x,T)} \tag{7-113}$$

选择入口温度 $T_{i,in}$ 作为优化变量，使催化剂用量最小，微分得到

$$\int_{x_{i,in}}^{x_{i,out}}\frac{1}{r^2}\times\frac{\partial r(x,T)}{\partial T_{i,in}}dx=0 \tag{7-114}$$

可列出 4 个方程，但有 7 个未知数，因此需增加方程个数。

② 使相邻两段催化剂用量之和最小。在任意相邻两段间，催化剂用量之和为

$$\frac{W_i}{F_{A0}}+\frac{W_{i+1}}{F_{A0}}=\int_{x_{i,in}}^{x_{i,out}}\frac{dx}{r(x,T)}+\int_{x_{i+1,in}}^{x_{i+1,out}}\frac{dx}{r(x,T)} \tag{7-115}$$

选取中间转化率 $x_{i,out}=x_{i+1,in}$，使两段催化剂之和最小

$$\frac{\partial}{\partial x_{i,out}}\left[\int_{x_{i,in}}^{x_{i,out}}\frac{dx}{r(x,T)}+\int_{x_{i,out}}^{x_{i+1,out}}\frac{dx}{r(x,T)}\right]=0 \tag{7-116}$$

通过变上限定积分的偏微分，得到

$$\frac{1}{r(x_{i,out},T_{i,out})}-\frac{1}{r(x_{i,out},T_{i+1,in})}=0 \tag{7-117}$$

因此 $r_i(x_{i,out},T_{i,out})=r_{i+1}(x_{i,out},T_{i+1,in})$，即上一段出口速率等于下一段入口速率。由于反应特征为可逆放热，所以 $T_{i,out}$ 和 $T_{i+1,in}$ 应位于最优温度曲线的两侧。例如，某可逆反应速率方程为

$$(-r_A)=10^5\exp\left(-\frac{10^4}{RT}\right)\left\{(1-x_A)-\frac{x_A}{10^5\exp[-33.78(T-298)/T]}\right\}$$

在任一转化率下都存在一条反应速率与温度间的对应曲线（见图 7-19），在最优温度点

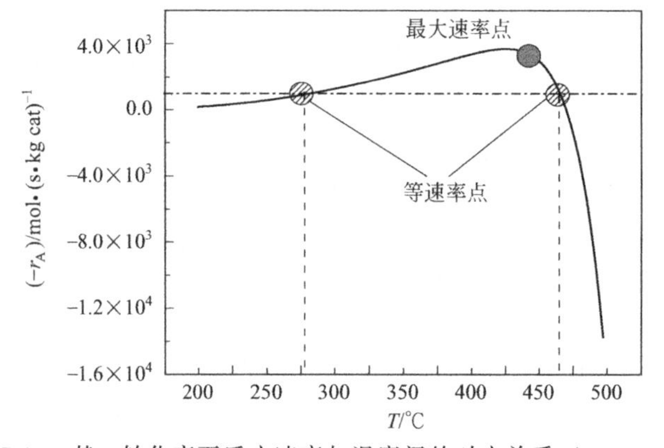

图 7-19 某一转化率下反应速率与温度间的对应关系（$x_A=0.3$）

两侧均有两个等速率点，对应于不同温度。这说明，前一段出口反应速率等于后一段入口反应速率的要求是可以实现的。

这样，7个未知数（4个入口温度和3个出口转化率），可通过逐个求解由式(7-114)和式(7-117)组成的7个非线性方程得到。

7.5.2　壁冷式固定床反应器的设计

对于放热量较大的反应来说，采用绝热反应器将带来段数很多、每段很短的问题，这时应采用壁冷式固定床反应器进行连续移热。壁冷式固定床反应器从维数来说，有一维轴向和二维轴径向模型；从是否考虑气固间差别来说，有均相和非均相两种；从是否考虑返混影响来说，有平推流和轴向扩散模型。通常，固定床反应器中气速较高，床层高达数米，Pe_a 远大于50。例如，在甲醇合成反应器中 $Pe_a=600$，在乙烯氧化反应器中 $Pe_a=2500$。在氨合成反应器的模拟中发现，轴向扩散使稳态下温度曲线的变化小于0.6℃，因此，无需考虑轴向扩散影响。Mears提出轴向返混可忽略时床层高度与颗粒直径比的判据为

$$\frac{L}{d_p}>\frac{20}{Pe_a}\ln\frac{C_{in}}{C_{out}} \tag{7-118}$$

假如转化率为99%，$Pe_a=50$，L/d_p 应大于230。如果颗粒直径为5mm，床层高度应大于1.15m。所以，工业反应器均能满足这一条件。

Mears还提出了相间浓度差与温度差可忽略的判据。对于不可逆反应（反应级数为 n），忽略相间浓度梯度的判据为

$$\frac{r_{obs}d_p}{2C_bk_g}<\frac{0.15}{n} \tag{7-119}$$

反应速率偏差小于5%的相间温差判据为

$$\frac{(-\Delta H)(r_A\rho_s)_{obs}d_p}{h_fT}<0.3\frac{RT}{E} \tag{7-120}$$

模拟发现在合成氨反应器顶部反应速率最大，此处气固间温差仅为2.3℃，随着气体向下流动，出口处温差减小到0.4℃。在甲醇合成反应器中，计算得到的气固温差约为1℃，在天然气蒸汽重整反应器中，最大温差为3℃。只有在催化剂烧焦再生等极强烈放热反应中，气固间温差才会超过10℃。因此，对于大多数反应，忽略气固间温差是允许的。

根据以上分析，采用忽略轴向扩散和气固间温差的二维拟均相平推流模型是必要的。以下将通过邻二甲苯氧化反应作为实例说明列管式固定床反应器的设计。

例7-4　在一管长为3m、管径为2.5cm的列管式固定床反应器中用空气氧化邻二甲苯制备邻苯二甲酸酐，该反应可按如下串并联反应处理

$$\text{邻二甲苯(A)}\xrightarrow{k_1(+O_2)}\text{邻苯二甲酸酐(B)}+(-\Delta H_1)\xrightarrow{k_2(+O_2)}CO_2+H_2O\text{(C)}+(-\Delta H_3)$$

$$\text{A}\xrightarrow{k_3(+O_2)}\text{C}$$

三个反应的动力学方程分别为

$$r_1=k_1p_Ap_{O_2}$$

$$r_2=k_2p_Bp_{O_2}$$

$$r_3=k_3p_Ap_{O_2}$$

反应器操作压力接近常压（1atm），进料中邻二甲苯摩尔分数 y_{A0} 为0.9%，氧摩尔分

数 y_{O_2} 为 20.8%，由于进料中氧大大过量，反应过程中氧分压可视为恒定（0.208atm），上述三个反应均可视为一级反应，速率常数分别为

$$k_1=\exp\left(-\frac{113040}{RT}+19.837\right)$$

$$k_2=\exp\left(-\frac{131500}{RT}+20.86\right)$$

$$k_3=\exp\left(-\frac{119700}{RT}+18.97\right)$$

式中，R 为摩尔气体常数，其值为 8.314kJ/(kmol·K)。

已知气体混合物的表观质量流量为 4684kg/(m^2·h)，以流体平均密度 0.58kg/m^3 计算，求得空管线速度约为 8000m/h。计算所需的其他数据为催化剂床层堆密度 $\rho_b=1300\text{kg/m}^3$，径向有效扩散系数 $D_{er}=2.4\text{m}^2/\text{h}$，径向有效导热系数 $\lambda_{er}=2.80\text{kJ/(m}^2\cdot\text{h}\cdot\text{K)}$，管壁给热系数 $h_w=868\text{kJ/(m}^2\cdot\text{h}\cdot\text{K)}$，反应气流定压比热容 $c_p=0.991\text{kJ/(kg}\cdot\text{K)}$，反应热 $(-\Delta H_1)=1.285\times10^6\text{kJ/kmol}$，$(-\Delta H_3)=4.564\times10^6\text{kJ/kmol}$。

用拟均相二维模型计算当反应物流进口温度与管外冷却介质（融盐）温度均为 632K 时反应器的转化率和邻苯二甲酸酐收率及反应管内的温度分布。

解： 在此反应体系中独立反应数为 2，选邻二甲苯(A) 和邻苯二甲酸酐(B) 为关键组分，写出反应器的物料衡算方程和热量衡算方程

$$u\frac{\partial C_A}{\partial z}=D_{er}\left(\frac{\partial^2 C_A}{\partial r^2}+\frac{1}{r}\times\frac{\partial C_A}{\partial r}\right)-\rho_b r_A$$

$$u\frac{\partial C_B}{\partial z}=D_{er}\left(\frac{\partial^2 C_B}{\partial r^2}+\frac{1}{r}\times\frac{\partial C_B}{\partial r}\right)+\rho_b r_B$$

$$u\rho c_p\frac{\partial T}{\partial z}=\lambda_{er}\left(\frac{\partial^2 T}{\partial r^2}+\frac{1}{r}\times\frac{\partial T}{\partial r}\right)+(-\Delta H_1)\rho_b r_B+(-\Delta H_3)\rho_b r_C$$

上述方程中

$$r_A=(k_1+k_3)p_A p_{O_2}$$

$$r_B=k_1 p_A p_{O_2}-k_2 p_B p_{O_2}$$

$$r_C=k_2 p_B p_{O_2}+k_3 p_A p_{O_2}$$

$$p_A=C_A RT,\quad p_B=C_B RT$$

方程的定解条件为：

初始条件

$$z=0,\quad C_A=\frac{p y_{A0}}{RT}=\frac{1\times0.009}{0.082\times632}=1.736\times10^{-4}\text{kmol/m}^3$$

$$C_B=0,\quad T=632\text{K}$$

边界条件

$$r=0,\quad \frac{\partial C_A}{\partial r}=\frac{\partial C_B}{\partial r}=\frac{\partial T}{\partial r}=0$$

$$r=\frac{d_t}{2}=0.00125,\quad \frac{\partial C_A}{\partial r}=\frac{\partial C_B}{\partial r}=0,\quad \lambda_{er}\frac{\partial T}{\partial r}=h_w(632-T)$$

将以上方程进行量纲为一化，得到

$$\frac{\partial x_A}{\partial \xi}=\alpha_m\left(\frac{\partial^2 x_A}{\partial \rho^2}+\frac{1}{\rho}\times\frac{\partial x_A}{\partial \rho}\right)+\beta_1\Re_A$$

$$\frac{\partial x_B}{\partial \xi}=\alpha_m\left(\frac{\partial^2 x_B}{\partial \rho^2}+\frac{1}{\rho}\times\frac{\partial x_B}{\partial \rho}\right)+\beta_1\Re_B$$

$$\frac{\partial \theta}{\partial \xi}=\alpha_h\left(\frac{\partial^2 \theta}{\partial \rho^2}+\frac{1}{\rho}\times\frac{\partial \theta}{\partial \rho}\right)+\beta_2\Re_B+\beta_3\Re_C$$

边界条件为

$$\xi=0,\quad x_A=x_B=0,\quad \theta=1$$

$$\rho=0,\quad \frac{\partial x_A}{\partial \rho}=\frac{\partial x_B}{\partial \rho}=\frac{\partial \theta}{\partial \rho}=0$$

$$\rho=1,\quad \frac{\partial x_A}{\partial \rho}=\frac{\partial x_B}{\partial \rho}=0,\quad \frac{\partial \theta}{\partial \rho}=-Bi(\theta-1)$$

其中，量纲为一参数为

$$\xi=z/L,\quad \rho=r/R,\quad \theta=T/T_w,\quad x_A=1-C_A/C_{A0},\quad x_B=C_B/C_{A0},\quad x_C=C_C/C_{A0}$$

$$\Re_A=C_{A0}C_{O_2}(k_1+k_3)(1-x_A),\quad \Re_B=C_{A0}C_{O_2}[k_1(1-x_A)-k_2x_B]$$

$$\Re_C=C_{A0}C_{O_2}[k_3(1-x_A)+k_2x_B]$$

$$\alpha_m=\frac{4Ld_p}{d_t^2Pe_m},\quad \alpha_h=\frac{4Ld_p}{d_t^2Pe_h},\quad Bi=\frac{h_wd_t}{2\lambda_{er}}$$

$$\beta_1=\frac{L}{uC_{A0}},\quad \beta_2=\frac{L(-\Delta H_1)}{Gc_p},\quad \beta_3=\frac{L(-\Delta H_3)}{Gc_p}$$

采用正交配置法将径向一阶和二阶导数分别用矩阵 **A** 和 **B** 表示，可得到由各个径向配置点坐标处转化率和温度的微分方程所组成的一阶常微分方程组。采用常微分方程组数值解法，可得邻二甲苯转化率 $x_A=0.8212$，邻苯二甲酸酐收率 $y_B=0.6702$。不同轴向位置邻二甲苯和邻苯二甲酸酐平均浓度沿管长的分布如图 7-20 所示。

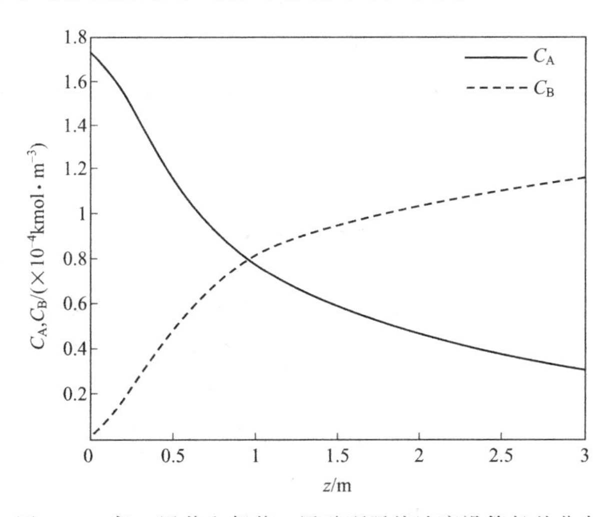

图 7-20　邻二甲苯和邻苯二甲酸酐平均浓度沿管长的分布

不同轴向位置截面平均温度沿管长的分布如图 7-21 所示。不同轴向位置的径向温度分布如图 7-22 所示。

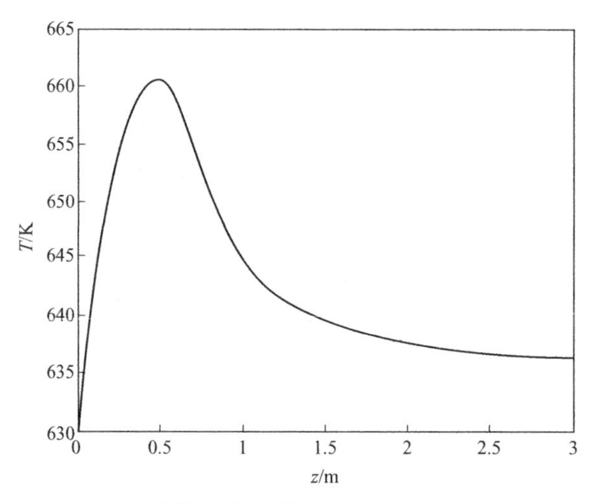

图 7-21　不同轴向位置截面平均温度沿管长的分布

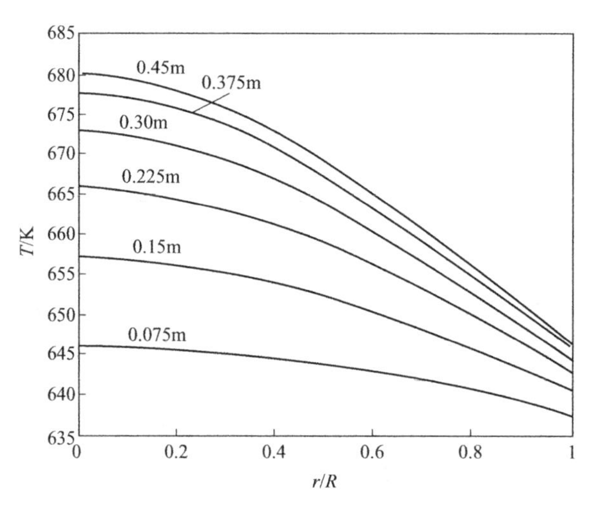

图 7-22　不同轴向位置的径向温度分布

可见，床层径向温差在床层高度 0.45m 处达到 32℃，说明采用二维模型是非常必要的。

习　题

7-1　苯和乙烯在一个绝热固定床反应器中进行气相烷基化反应，发生的主要反应有

$$C_6H_6 + C_2H_4 \longrightarrow C_6H_5C_2H_5$$

$$C_6H_5C_2H_5 + C_2H_4 \longrightarrow C_6H_4(C_2H_5)_2$$

$$C_6H_4(C_2H_5)_2 + C_6H_6 \rightleftharpoons 2\,C_6H_5C_2H_5$$

$$C_6H_5C_2H_5 \rightleftharpoons C_6H_4(CH_3)_2$$

因床层较厚，气体流速较高，轴向返混和相间传递的影响均可忽略。请写出该反应器的一组独立的物料衡算方程和热量衡算方程。

7-2　在如下所示的逆流移动床反应器中，用纯 H_2 将 FeS_2 还原成 FeS。

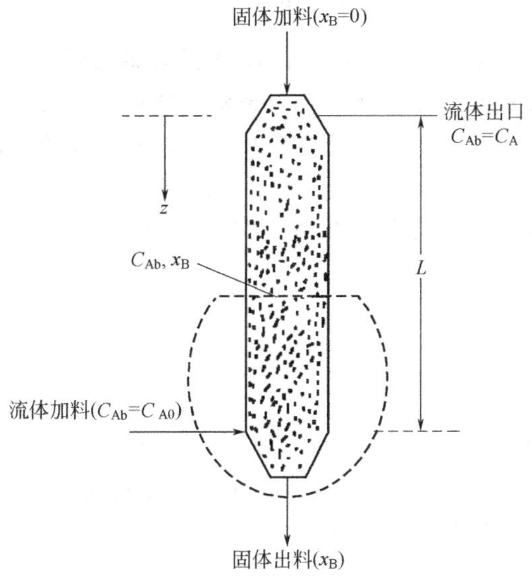

$$FeS_2 + H_2 \longrightarrow FeS + H_2S$$

反应器直径为 1m，高度为 10m，在 0.1MPa 压力及 490℃温度下等温操作。H_2 进料流量为 $2.6\mathrm{m}^3/\mathrm{s}$，固体颗粒直径为 0.01m，进料速率为 0.5kg/s。

H_2 在 FeS 产物层中的扩散系数 $D=3.6\times10^{-7}\mathrm{m}^2/\mathrm{s}$，反应速率常数 k 可用下式计算

$$k=3.8\times10^5\exp\left(-\frac{15000}{T}\right)\mathrm{m/s}$$

床层空隙率 $\varepsilon=0.5$，固体颗粒密度在反应过程中的变化可忽略，$\rho_S=5\times10^3\mathrm{kg/m}^3$，因气速较高，气膜扩散阻力可忽略。计算 FeS_2 的出口转化率。

7-3　有轴向分散的等温管式反应器的量纲为一物料衡算方程为

$$\frac{1}{Pe_m}\times\frac{\mathrm{d}^2x_A}{\mathrm{d}\xi^2}-\frac{\mathrm{d}x_A}{\mathrm{d}\xi}+r_A=0$$

边界条件为

$$\xi=0\text{ 处，}\quad x_A-\frac{1}{Pe_m}\times\frac{\mathrm{d}x_A}{\mathrm{d}\xi}=0$$

$$\xi=1\text{ 处，}\quad \frac{\mathrm{d}x_A}{\mathrm{d}\xi}=0$$

用正交配置法计算当 $Pe_m=2$，$r_A=2(1-x_A)^2$ 时反应器的出口转化率 x_A。内配置点数为 2，内配置点位置为 $\xi_1=0.2113$，$\xi_2=0.7887$。

7-4　将一种管式固定床催化反应器用于强放热反应，在初步设计中必须考虑热点温度过高的可能性。在最初的设计计算中已确定下列参数

$$\text{量纲为一绝热温升 }\beta=\frac{\Delta T_{ad}}{T_0}=\frac{600}{400}=1.5$$

$$\text{量纲为一活化能 }\varepsilon=\frac{E}{RT_0}=\frac{133760}{8.31\times400}=40$$

$$反应速率群或反应单元数\frac{kC_{A0}V_R}{q_{nA0}}=3$$

$$传热单元数\frac{UA}{q_V\rho c_p}=22.5$$

式中，q_{nA0}为反应物A的进料流量，mol/h；q_V为反应器进料体积流量，m^3/h。

(1) 对于初步设计给出的上述参数，是否会发生热点温度过高的情况？

(2) 防止热点温度过高的一种方法是对反应器进料进行稀释，设安全的稀释比应比防止出现过高热点温度所需的稀释比大10%，计算所需的稀释比。

(3) 说明影响灵敏度分析的两个参数S和N/S将因如下设计选择而如何变化：

① 进口温度（T_0）降低10℃；

② 管径减小20%；

③ 反应管长度增加20%；

④ 改变催化剂使活化能降低20%。

(4) 按照(2)的设计，反应器在长期运转后预期会发生以下变化：催化剂活性将降低30%，传热系数将降低20%。催化剂活性的降低可通过提高反应温度来进行补偿，请预测此时反应器是否会发生热点温度过高的问题。

7-5 体积分数为3%的C_2H_2和97%水蒸气、温度为100℃的混合气以$1000m^3/h$的流量，先进入预热器中预热，然后进入装填$1m^3$ $ZnO\text{-}Fe_2O_3$催化剂的绝热反应器，在常压下反应生成丙酮、氢及二氧化碳。反应后的气体进入预热器以预热原料气。预热器的传热面积为$40m^2$，总传热系数为$62.7kJ/(m^2\cdot h\cdot K)$，该反应对乙炔为一级反应，反应速率常数为

$$k=7.06\times10^7e^{-\frac{7398}{T}}h^{-1}$$

反应热$(-\Delta H)=178kJ/mol$，反应气体的定压比热容$c_p=36.4J/(g\cdot K)$。试求反应器出口乙炔的转化率。注意是否存在多解。

7-6 可逆反应$A\rightleftharpoons B$，反应热为$(-\Delta H)=72kJ/mol$，由热力学计算得到不同温度下的平衡转化率如下

t/℃	20	35	50	65	80	95
x_{Ae}	0.98	0.95	0.90	0.80	0.67	0.38

现欲在一个段间换热的多段绝热固定床反应器中实施该反应。反应器进料浓度$C_{A0}=10mol/L$，反应物流定压比热容$c_p=4kJ/(K\cdot L)$。为保证催化剂有足够的活性，各段反应器的进口温度不得低于20℃，问为达到80%的转化率，至少需几段反应器。

参考文献

[1] Benenati R F, Brosilow C B. Void Fraction Distribution in Beds of Spheres [J]. *AIChE J*, 1962, 8 (3): 359-361.

[2] Bey O, Eigenberger G. Fluid Flow through Catalyst Filled Tubes [J]. *Chem Eng Sci*, 1997, 52 (8): 1365-1376.

[3] Boreskov G K, Matros Y S. Unsteady-State Performance of Heterogeneous Catalytic Reactions [J]. *Catal Rev-Sci Eng*, 1983, 25 (4), 551-590.

[4] Carberry J J. Chemical and Catalytic Reaction Engineering [M]. New York: McGraw-Hill, 1976.

[5] Cheng Z M, Yuan W K. Estimating Radial Velocity of Fixed Beds with Low Tube-to-Particle Diameter Ratios [J]. *AIChE J*, 1997, 43 (5): 1319-1324.

[6] Colburn A P. Heat Transfer and Pressure Drop in Empty, Baffled, and Packed Tubesl [J]. *Ind Eng Chem*, 1931, 23 (8): 910-913.

[7] DeWasch A P, Froment G F. Heat Transfer in Packed Beds [J]. *Chem Eng Sci*, 1972, 27 (3): 567-576.

[8] DeWasch A P, Froment G F. A Two Dimensional Heterogeneous Model for Fixed Bed Catalytic Reactors [J]. *Chem Eng Sci*, 1971, 26 (5): 629-634.

[9] Eigenberger G, Nieken U. Catalytic Combustion with Periodic Flow Reversal [J]. *Chem Eng Sci*, 1988, 43 (8): 2109-2115.

[10] Ergun S. Fluid Flow through Packed Columns. Chem Eng Pro, 1952, 48: 89-94.

[11] Fahien R W, Smith J M. Mass Transfer in Packed Beds [J]. *AIChE J*, 1955, 1 (1): 28-37.

[12] Finlayson B A. Nonlinear Analysis in Chemical Engineering [M]. New York: McGraw-Hill, 1980.

[13] Freund H, Bauer J, Zeiser T, et al. Detailed Simulation of Transport Processes in Fixed-Beds [J]. *Ind Eng Chem Res*, 2005, 44 (16): 6423-6434.

[14] Froment G F, Bischoff K B. Chemical Reactor Analysis and Design [M]. 2nd ed. New York: John Wiley & Sons, 1990.

[15] Froment G F. Fixed Bed Catalytic Reactors——Current Design Status [J]. *Ind Eng Chem*, 1967, 59 (2): 18-27.

[16] Hlavacek V. Aspects in Design of Packed Catalytic Reactors [J]. *Ind Eng Chem*, 2002, 62 (7): 8-26.

[17] Kolios G, Frauhammer J, Eigenberger G. Autothermal Fixed-Bed Reactor Concepts [J]. *Chem Eng Sci*, 2000, 55 (24): 5945-5967.

[18] Kolios G, Frauhammer J, Eigenberger G. Efficient Reactor Concepts for Coupling of Endothermic and Exothermic Reactions [J]. *Chem Eng Sci*, 2002, 57 (9): 1505-1510.

[19] Luss D. Temperature Fronts and Patterns in Catalytic Systems [J]. *Ind Eng Chem Res*, 1997, 36, 2931-2944.

[20] Matros, Y S, Bunimovich G A. Reverse-Flow Operation in Fixed Bed Catalytic Reactors [J]. *Catal Rev-Sci Eng*, 1996, 38 (1): 1-68.

[21] Mears D E. Tests for Transport Limitations in Experimental Catalytic Reactors [J]. *Ind Eng Chem Proc Des Dev*, 1971, 10 (4), 541-547.

[22] Mehta D, Hawley M C. Wall Effect in Packed Columns [J]. *Ind Eng Chem Proc Des Dev*, 1969, 8 (2): 280-282.

[23] Mueller G E. Prediction of Radial Porosity Distributions in Randomly Packed Fixed Beds of Uniformly Sized Spheres in Cylindrical Containers [J]. *Chem Eng Sci*, 1991, 46 (2): 706-708.

[24] Nguyen H, Harold M P, Luss D. Optical Frequency Domain Reflectometry Measurements of Spatio-Temporal Temperature Inside Catalytic Reactors: Applied to Study Wrong-Way Behavior [J]. *Chem Eng J*, 2013, 234: 312-317.

[25] Nijemeisland M, Dixon A G. CFD Study of Fluid Flow and Wall Heat Transfer in a Fixed Bed of Spheres [J]. *AIChE J*, 2004, 50 (5): 906-921.

[26] Ridgway K, Tarbuck K J. Voidage Fluctuations in Randomly Packed Beds of Spheres Adjacent to Container Wall [J]. *Chem Eng Sci*, 1968, 23 (9): 1147-1155.

[27] Schertz W W, Bishoff K B. Thermal and Material Transport in Nonisothermal Packed Beds [J]. *AIChE J*, 1969, 15 (4): 597-603.

[28] Schwartz C E, Smith J M. Flow Distribution in Packed Beds [J]. *Ind Eng Chem*, 1953, 45 (6): 1209-1215.

[29] van Sint Annaland M, Scholts H A R, Kuipers J A M, et al. A Novel Reverse Flow Reactor Coupling Endothermic and Exothermic reactions. Part Ⅰ: Comparison of Reactor Configurations for Irreversible Endothermic Reactions [J]. *Chem Eng Sci*, 2002, 57 (5): 833-854.

[30] Votruba J, Hlavacek V, Marek M. Packed Bed Axial Thermal Conductivity [J]. *Chem Eng Sci*, 1972, 27 (10): 1845-1851.

[31] Yagi S, Kunii D. Studies on Heat Transfer Near Wall Surface in Packed Beds [J]. *AIChE J*, 1960, 6 (1): 97-104.

[32] Young L C, Finlayson B A. Axial Dispersion in Nonisothermal Packed Bed Chemical Reactors [J]. *Ind Eng Chem Fundam*, 1972, 12 (4): 412-422.

第8章

流化床反应器

流化床反应器中气固接触方式极其复杂，虽然已作了长期的努力，提出的流化床反应器的数学模型不下数十种，但这些模型大多只能用于回归一定条件下的实验结果，而不具备预测能力。因此，应该指出：对大型流化床反应器，对床层流体力学进行确切可靠分析的需要远远超出对模型多样化的需要；已提出的各种模型实际上都大同小异，而且在大型装置面前往往失败。不论平推流模型、全混流模型，还是扩散模型、多釜串联模型，都无法解释流化床反应器的转化率有时比全混流反应器还低的现象。要解释这种现象，只能假设一部分气相反应物短路通过反应器。这和鼓泡流化床反应器的实际情况倒是比较符合的，因为确实有很大一部分气体以气泡形式通过流化床，气泡中催化剂含量极低，对转化率的贡献微不足道。但另一方面，在工业流化床反应器中，以气泡形式通过床层的气量占很大比例，实际转化率又不如气泡中所有气体都短路这么低。

但是，与固定床反应器相比，流化床反应器又有很多优点。

① 流体和颗粒的运动使床层具有良好的传热性能。这包括床层内部的传热以及床层和传热面之间的传热。当气速远超过临界流化速度时，由于固体颗粒的快速运动和比热容较大，床层内部的传热极为迅速，据估计流化床内的有效导热系数为银的100倍。因此，即使在直径为10m的大床层内，其径向、轴向温度分布均十分均匀。在床层和传热面之间，固体颗粒的剧烈运动，破坏了传热面附近的层流边界层，其传热系数比空管和固定床都高得多，可达400～1600W/(m^2·K)。

② 比较容易实现固体物料的连续输入和输出。在流化条件下，固体颗粒犹如流体一样具有流动性，可连续地进入反应器和从反应器中排出。例如，在流化催化裂化装置中，裂化反应器中因积炭而失去活性的催化剂连续地从反应器中排出，并连续地进入流化再生器，在再生器中用空气烧掉催化剂上的积炭，恢复了活性的催化剂再返回裂化反应器。

③ 可以使用粒度很小的固体物料或催化剂。在固定床反应器中，固体颗粒的直径很少有小于1.5mm的，以避免床层压降过大。而在流化床反应器中床层压降仅与单位截面积的颗粒质量有关，因此可以使用粒度仅为几十微米的细颗粒。对于催化反应，采用细颗粒催化剂不仅可消除内扩散阻力，充分发挥催化剂的效能，而且可以抑制串联副反应。对于非催化反应，采用细颗粒固体物料，也可使反应速率明显提高。

本章将通过对流化床中特有流体力学和传递现象的分析，建立符合流化床特征的反应器数学模型，使反应器设计达到比较准确的程度。

8.1 气固流态化现象

将一定量的微细固体颗粒放入反应器，如果逐渐增大床层底部的气体流量，则作用在固体颗粒上的曳力也会随之增加，到某一点时曳力恰好等于固体颗粒的重力。这时，固体颗粒会悬浮于气流之中并开始分散开来，床层也会因此而向上膨胀，说明固体颗粒发生了流化。在这种条件下，颗粒床层会呈现出类似于液体的特性，拥有像液体一样的平面，并表现出像搅动或倾泻的液体一样的行为。这一临界气速被称为最小流化速度（u_{mf}），其大小取决于气体及固体颗粒的物理特性。随着气速的增大颗粒层状态的变化如图 8-1 所示。

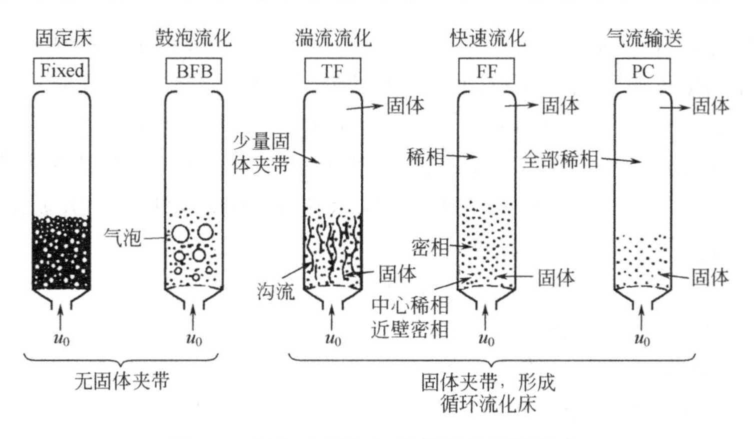

图 8-1　随气速增加气固接触的不同状态

一旦气速超过临界流化速度，床层中就会出现气泡，在床层中形成两个空隙率不同的相：含颗粒较少的气泡相和含颗粒较多的乳化相，这时床层处于鼓泡流化床（BFB）状态。在分布板上生成的气泡在上升过程中会逐渐长大，并可能发生气泡的合并和分裂。

气泡的存在影响了气固间的均匀接触，当由于设计或操作不当导致出现沟流或腾涌时，气固接触将进一步恶化。沟流指颗粒床层中出现通道，大量气体短路通过床层，使床层其余部分仍处于固定床状态（死床）。导致沟流的原因有：分布板设计不当；颗粒细而密度大，且形状不规则；颗粒有黏附性或湿含量较大。腾涌则指气泡直径增大到接近床层直径时的操作状态，这时气泡会将其上部的固体颗粒托举上升，当气泡破裂时这些颗粒将突然下落，造成床层剧烈振动，除影响气固间的均匀接触外，还会加速颗粒和设备的磨损。粗颗粒、高径比大的流化床容易发生腾涌。

随着气速继续增大，流化状态将由鼓泡床转变为湍流床，在湍流床中气泡寿命很短，床层密度比较均匀。当气速超过极限流化速度（即颗粒的自由沉降速度）时，被气流夹带而离开床层的固体颗粒量急剧上升，进入快速流化床状态。进一步提高气速，固体颗粒将全部被气流夹带而离开床层，是为气流输送状态。

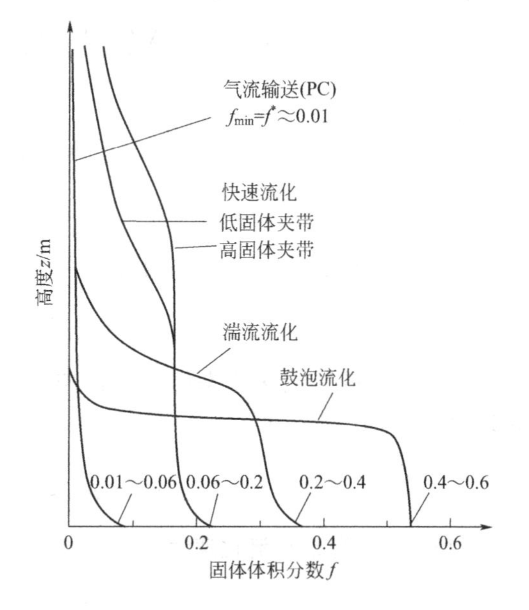

图 8-2　床层空隙率和流态随气速的变化

处于不同流化状态下床层中固相分率随床层高度的变化如图 8-2 所示。由图 8-2 可知，随着气速增加，固体颗粒逐渐均匀散布到整个容器。

随着具有更高活性催化剂的不断出现，

流化床的操作气速不断提高，处于湍流床、快速床和气流输送状态的工业流化床反应器日益增多。由于在这几种流化状态下，均会有大量固体颗粒被气流夹带而离开反应器，要维持连续操作，必须不断向反应器中补充固体颗粒，在工业上通常采用此法。

8.1.1 最小流化速度

由于床层压降是气速的函数，因此可以通过测量床层压降来寻找使颗粒床层发生流化的气速。为避免在固定床阶段由于颗粒间相互作用而引起的测量误差，通常采用从使得床层剧烈流化的较高气速降到较低气速的方法。对很多颗粒来说，一旦气速超过最小流化速度就开始鼓泡，即最小流化速度 u_{mf} 等于最小鼓泡速度 u_{mb}。但也有一些颗粒表现出反常的行为，当气速超过 u_{mf} 后，床层会继续膨胀。而当气速达到 u_{mb} 时，颗粒群则开始坍塌，床层的行为也基本上开始趋于正常。当流速进一步增加时，虽然床层压降不会变化，但床层密度和流区会发生连续变化，见图 8-3。

图 8-3 中以 ΔP 表示床层压降，它等于单位截面床内固体的表观重量（即重量－浮力）。低速区的直线 AB 为固定床阶段，如果颗粒较细，压降与表观流速的一次方呈正比，AB 应是斜率为 1 的直线。低速区内平行的各虚线是由不同填充方式所造成的固定床空隙率不同所致。表观流速超过起始流化速度 u_{mf} 后，床层流化，ΔP 基本不变。图中 BC 段略向上倾斜是由流体与器壁和分布板的摩擦阻力随气速增大而造成的。CD 段向下倾斜，表示此时表观流速接近于某些颗粒的沉降速度，部分颗粒被陆续带走，反应器内颗粒存量减少。恒定的压降是流化床的重要优点，它使流化床中可以采用细小颗粒而无需担心过大的压降。

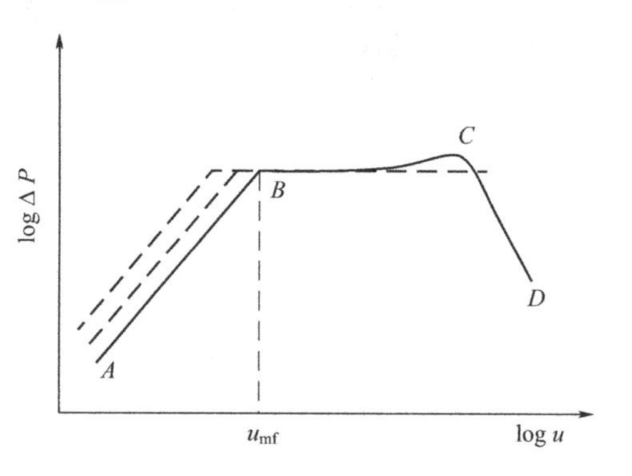

图 8-3 床层压降随气速的变化

通过 Kozeny-Carman 方程可以得到起始流化床层高度 H_{mf} 与压降的关系式

$$\frac{\Delta P}{H_{mf}}=\frac{180(1-\varepsilon)^2}{\varepsilon^3}\times\frac{\mu u_0}{(\phi_s d_p)^2} \tag{8-1}$$

式中，球形度 ϕ_s 定义为

$$\phi_s=\frac{\text{与颗粒体积相同的球体的外表面积}}{\text{颗粒的表面积}}$$

对于球体来说 $\phi_s=1$，对于其他形状的物体来说 $0<\phi_s<1$。

在最低流化状态下，流体作用于固体颗粒的曳力等于颗粒的重力

$$\frac{\Delta P}{H_{mf}}=(1-\varepsilon_{mf})(\rho_s-\rho_g)g \tag{8-2}$$

式中，ε_{mf} 表示最低流化状态时床层的空隙率；ρ_s 和 ρ_g 分别表示颗粒与气体的密度。式(8-1) 与式(8-2) 联立可得

$$(1-\varepsilon_{mf})(\rho_s-\rho_g)g=\frac{180(1-\varepsilon_{mf})^2}{\varepsilon_{mf}^3}\times\frac{\mu u_{mf}}{(\phi_s d_p)^2} \tag{8-3}$$

求解式(8-3) 可得最小流化速度

$$u_{mf}=\frac{\varepsilon_{mf}^3}{180(1-\varepsilon_{mf})}\times\frac{(\rho_s-\rho_g)(\phi_s d_p)^2 g}{\mu} \tag{8-4}$$

Kozeny-Carman 方程仅在层流运动的条件下才严格成立，此时压降产生于黏性摩擦造成的能量损失。在湍流条件下时，惯性力就不可忽略了，这时要用 Ergun 方程来求取 u_{mf}

$$\frac{\Delta P}{H_{\mathrm{mf}}}=\frac{150(1-\varepsilon)^2}{\varepsilon^3}\times\frac{\mu u_{\mathrm{mf}}}{(\phi_s d_p)^2}+\frac{1.75(1-\varepsilon)}{\varepsilon^3}\times\frac{\rho_g u_{\mathrm{mf}}^2}{\phi_s d_p} \tag{8-5}$$

在用 Kozeny-Carman 方程或 Ergun 方程求解 u_{mf} 时，存在一个问题：最低流化状态下的床层空隙率是未知的。Wen 和 Yu 发现，对于一定范围内的颗粒形状和尺寸来说，存在以下两个经验关系式

$$\frac{1-\varepsilon_{\mathrm{mf}}}{\phi_s^2\varepsilon_{\mathrm{mf}}^3}\approx 11 \quad \text{以及} \quad \frac{1}{\phi_s^2\varepsilon_{\mathrm{mf}}^3}\approx 14 \tag{8-6}$$

将以上两个方程与 Ergun 方程联立，得到以下通用关联式

$$Re_{\mathrm{mf}}=(33.7^2+0.0408Ga)^{1/2}-33.7 \tag{8-7}$$

式中

$$Re_{\mathrm{mf}}=\frac{u_{\mathrm{mf}}d_p\rho_g}{\mu} \tag{8-7a}$$

$$Ga=\frac{d_p^3\rho_g(\rho_s-\rho_g)g}{\mu^2} \tag{8-7b}$$

只要知道气体和固体的物理性质就可以求出 u_{mf}。

流化床中颗粒存在一定的尺寸分布，需要定义平均直径。最常用的平均直径定义式如下

$$d_m=\frac{1}{\sum \frac{x}{d_i}} \tag{8-8}$$

式中，x 是粒径为 d_i 的颗粒所占的质量分数；d_m 是体积比表面积大小与总体颗粒平均体积比表面积相等的颗粒的直径。

8.1.2　颗粒的流化特性

Geldart 提出了一种方便的分类方法，可以将常见颗粒分为以下四类（图 8-4）。

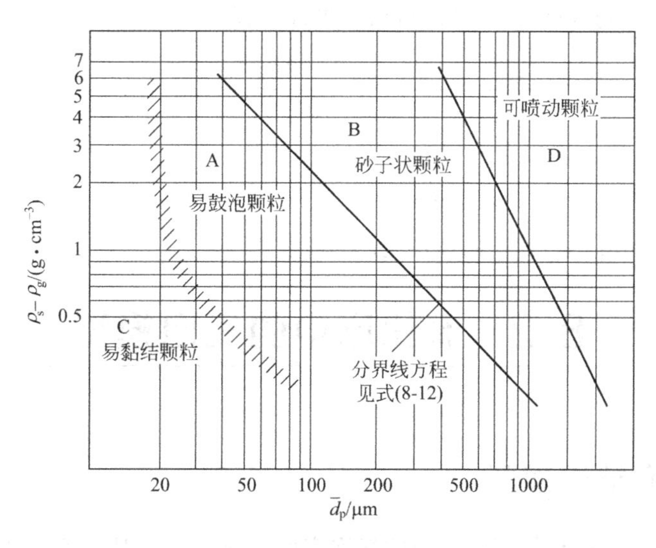

图 8-4　Geldart 颗粒分类图

A 类颗粒：这类颗粒尺寸相对较小（$30\mu m<d_p<150\mu m$），密度也比较低（$<1500kg/$

m^3)。由此类颗粒装填的流化床，其乳化相的空隙率会随着气速的升高而增大，而且最小鼓泡速度 u_{mb} 总是大于最小流化速度 u_{mf}。在这种流化床中，气泡较易生成，而且气泡的上升速度要远大于乳化相中气体的流速。催化裂化催化剂就是一种典型的 A 类颗粒。

B 类颗粒：这类颗粒当气速大于 u_{mf} 时便会有气泡生成，粒径通常为 150～500μm，密度介于 1500～4000kg/m^3 之间。与 A 类颗粒一样，B 类颗粒床层的气泡上升速度也高于密相的气速。在正常的气速变化范围内，它们的密相空隙率基本上保持不变，并接近于最低流化状态下的值。粗砂和小玻璃球都属于 B 类颗粒。

C 类颗粒：这类颗粒之间通常具有黏合力，粒径很小（$d_p<30\mu m$），而且形状远远偏离球形。它们难以发生流化，且易于产生沟流。

D 类颗粒：这类颗粒具有较大的粒径或同时具有较高的密度。通常它们的密相气速很高，而气泡的上升速度则比 A 类和 B 类颗粒的低。铅粒就是一种 D 类颗粒。

Geldart 测定了一系列不同粒径和密度颗粒的 u_{mf} 值，并对 Re 与 Ga 之间的关系进行了关联

$$Ga = 1823Re_{mf}^{1.07} + 21.7Re_{mf}^{2} \tag{8-9}$$

对于 A 类颗粒来说，用层流状况下的方程进行描述就足够了。因此

$$u_{mf} = \frac{9\times10^{-4}(\rho_s-\rho_g)^{0.934}g^{0.934}\bar{d}_p^{1.8}}{\mu^{0.87}\rho_g^{0.066}} \tag{8-10}$$

Geldart 还测定了最小鼓泡速度 u_{mb} 的大小，发现它与粒径成正比

$$u_{mb} \propto \bar{d}_p \tag{8-11}$$

对于 $(\rho_s-\rho_g)=10^3$kg/m^3，$\bar{d}_p=100\mu m$ 的颗粒来说，其 $u_{mf}=4.1$mm/s，$u_{mb}=9.5$mm/s。这表明在超过起始流化状态之后，存在一个自由膨胀区。对于 $\rho_s-\rho_g=2.7\times10^3$kg/$m^3$，$\bar{d}_p=100\mu m$ 的颗粒来说，其 $u_{mf}=10.5$mm/s，$u_{mb}=9.5$mm/s，这说明当气速达到最小流化速度时床层便开始鼓泡，显然属于 B 类颗粒。在密度-直径图上，$u_{mf}/u_{mb}=1$ 的曲线就是 A 类与 B 类颗粒的分界线。$u_{mf}/u_{mb}<1$ 的区域属于 A 类颗粒，$u_{mf}/u_{mb}\geq1$ 的区域属于 B 类颗粒。由式(8-10) 与式(8-11) 可以得出分界线方程

$$\frac{9\times10^{-4}(\rho_s-\rho_g)^{0.934}\bar{d}_p^{0.8}g^{0.934}}{\mu^{0.87}\rho_g^{0.066}K_{mb}} = 1 \tag{8-12}$$

式中，K_{mb} 为经验系数。当用于流化的气体是空气时，式(8-12) 可转化为

$$\bar{d}_p(\rho_s-\rho_g)^{1.17} = 906000 \tag{8-13}$$

式中，$\bar{d}_p$ 的单位是 μm；$\rho_s-\rho_g$ 的单位是kg/m^3。

8.2 流化床中的气泡模型

8.2.1 单气泡结构模型

虽然流化床中的气泡与气液系统中的气泡表面上很相似，但二者有很大的不同。其中它们之间最主要的区别在于，流化床中气泡与乳化相之间没有连续的分界面。由于在乳化相中固体颗粒之间是被流化气体所分隔开的，所以气泡与乳化相之间的界面并不是像液体中气液

间的界面那样不可穿透。在流化床中，气泡中的气体可以自由地进入乳化相，而乳化相中的气体也可以自由地进入气泡。这种相际间的流动对于流化床催化反应器来说是非常重要的。当流化床中气速超过 u_{mb} 时，床层中会有气泡产生，这是流化床最有趣的特征之一。

1. 气泡晕模型

根据 Clift 和 Grace 的总结，$\dfrac{d_b}{D_t}<0.125$ 时流化床中单气泡上升速度可表示为

$$u_{br}=0.711(gd_b)^{1/2} \tag{8-14}$$

根据 Davidson 和 Harrison 的研究，当气体流速与气泡上升速度不同时，气泡表面可出现或不出现晕层（图 8-5）。定义乳化相真实气速 $u_f=u_{mf}/\varepsilon_{mf}$，得到如下判据。

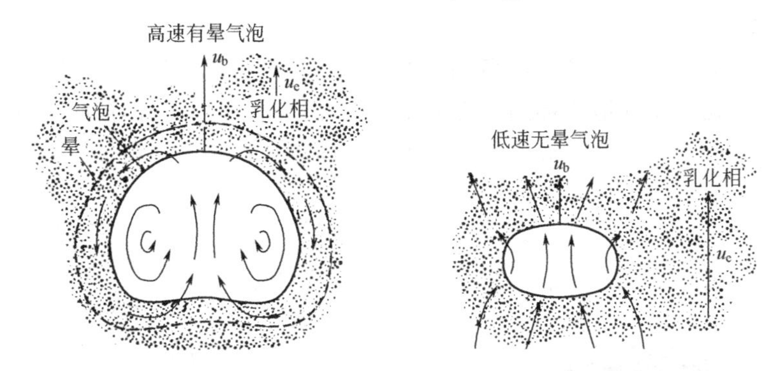

图 8-5　有晕气泡和无晕气泡的结构特点

① 无晕气泡，$u_{br}<u_f$。这种情况下，乳化相气速超过气泡上升速度，因此气泡将是气体通过床层的一条捷径。气体从气泡底部进入，从顶部离开，这部分气体将呈环状在气泡内部旋转，与气泡一同上升，见图 8-6(a)、(b)。

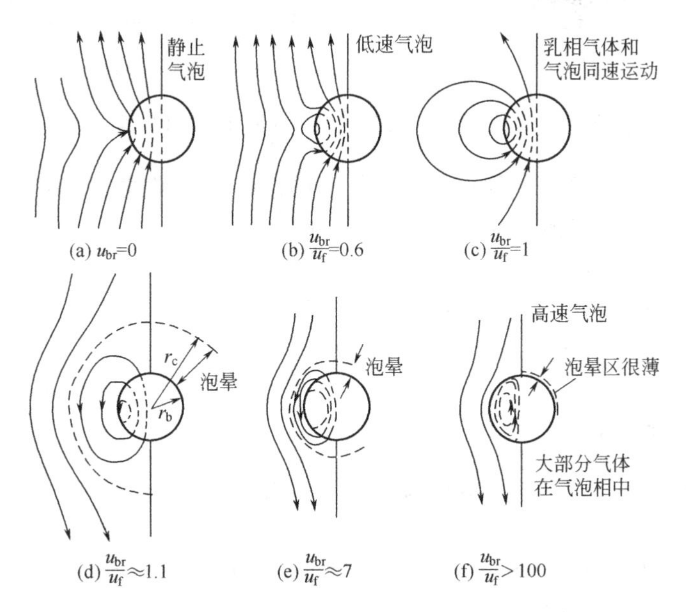

图 8-6　气泡晕层的形成机理

② 有晕气泡，$u_{br}>u_f$。由于气泡上升速度大于乳化相气速，气泡中的气体将渗透入乳化相，形成所谓的气泡晕。晕层是指从气泡顶部返回气泡底部的循环气体所渗透的区域。根

据图 8-6(c)，$u_{br}=u_f$ 时，晕层厚度无穷大；随着气泡上升速度的增加，晕层的厚度逐渐会变薄，并更加紧密地环绕在气泡的周围，见图 8-6(d)、(e)、(f)。气泡晕的形成会严重影响流化床中的气固接触效果，因为气泡中的气体几乎与周围的固体没有任何接触。

对于有晕气泡，晕层半径的估算公式为

$$r_c=r_b\left(\frac{u_{br}+2u_f}{u_{br}-u_f}\right)^{1/3} \tag{8-15}$$

晕层体积与气泡体积之比为

$$\phi_c=\frac{3u_f}{u_{br}-u_f} \tag{8-16}$$

2. 尾涡模型

根据 Rowe 和 Partrige 用 X 射线所拍摄的图像（见图 8-7）可知，气泡底部为一个尾涡区。尾涡区的产生是由于气泡底部的压力低于周围乳化相，因此气体被吸入气泡中，造成气泡的不稳定性和部分崩溃，产生湍流混合现象，使固体颗粒被气泡夹带。

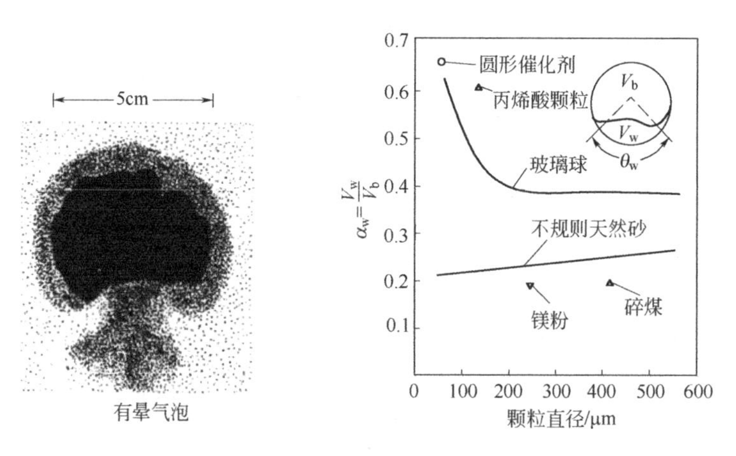

图 8-7 气泡尾涡结构及尾涡与气泡体积之比关联图

根据晕层模型和尾涡模型，即可对一个气泡的结构进行描述。其中，尾涡体积分数 α_w 定义为尾涡体积 V_w 与气泡体积 V_b 之比，见例 8-1。

例 8-1 一股气体通入直径为 60cm 的流化床，颗粒为直径 300μm 的沙粒，起始流化速度为 $u_{mf}=3\text{cm/s}$，临界空隙率 $\varepsilon_{mf}=0.5$，床内形成直径为 5cm 的气泡。对于该气泡，请计算：

(1) 气泡上升速度 u_{br}；

(2) 晕层厚度 r_c-r_b；

(3) 尾涡体积分数 α_w。

解：(1) 因 $\frac{d_b}{D_t}=\frac{5}{60}<0.125$，根据式(8-14) 可得

$$u_{br}=0.711\times(980\times5)^{\frac{1}{2}}=49.8\text{cm/s},\quad u_f=\frac{u_{mf}}{\varepsilon_{mf}}=\frac{3}{0.5}=6\text{cm/s}$$

因此，$u_{br}>u_f$，可形成有晕气泡。

(2) 因 $r_b=2.5\text{cm}$，$u_f=6\text{cm/s}$，因此

$$\frac{r_c}{r_b}=\left(\frac{u_{br}+2u_f}{u_{br}-u_f}\right)^{1/3}=1.12$$

由此可得

$$r_c=1.12\times2.5=2.80\text{cm}$$

$$r_c-r_b=2.8-2.5=0.3\text{cm}$$

这说明晕层的厚度大约是颗粒直径的10倍，是气泡直径的6/100。

（3）根据图8-7，查得尾涡体积分数 $\alpha_w=0.24$。

8.2.2　气泡聚并与气泡群上升速度模型

1. 气泡聚并现象

现在人们普遍认同的聚并过程为：尾随气泡加速追赶领先气泡，并从后者的尾部进入，完成聚并。聚并生成的气泡比聚并前的任何一个都要大（见图8-8）。对二维流化床照片得出的结论认为，体积的增长发生在领先气泡“被侵袭”和混合气泡最终定型之时。对于不在一条直线上的气泡聚并来说，聚并生成的气泡其投影面积要比未聚并之前大近一半。由于靠近分布板附近的床层区域发生气泡聚并的现象最严重，因此任何时刻都有大量气体处于聚并气泡之间的过渡区域。存在于气泡之间的这些“不可见”气体，使得该区域的乳化相发生了膨胀，其空隙率比未发生气泡聚并区域的要高。而在床层顶部区域，气泡聚并现象要轻得多，因此该区域气泡间的直流气体也比较少。由于气泡聚并，气泡频率（按单位时间个数计）可由分布板附近的12～19s^{-1}下降至离开分布板约50cm处的2s^{-1}。

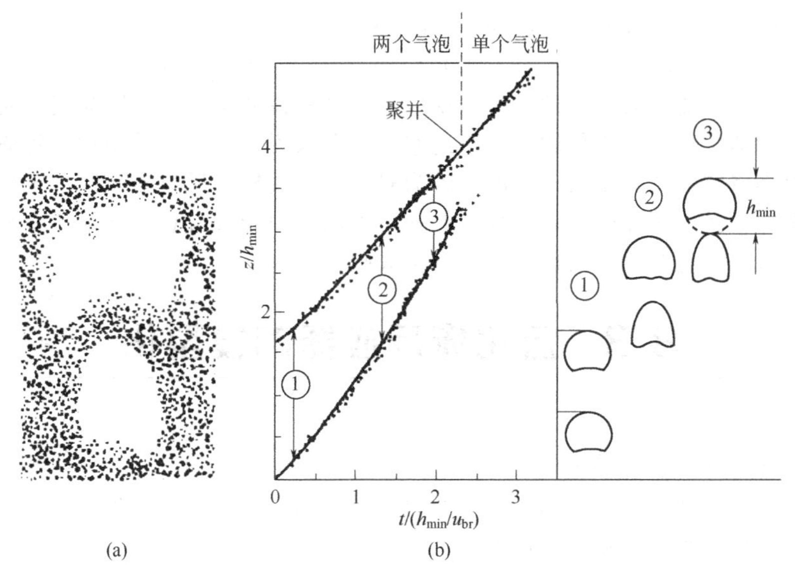

图8-8　流化床中的气泡聚并过程

2. 气泡群上升速度

Davidson 和 Harrison 首先提出，式(8-14) 仅用于求算流化床中单个气泡的上升速度，这一观点已得到广泛的认同。在自由鼓泡床里，气泡在上升过程中会发生聚并（尾随气泡追上领先的气泡，并从后者的尾部与之合并），导致床层中气泡的平均上升速度要高于单个气泡的计算值。Davidson 和 Harrison 提出，气泡群的平均上升速度应等于单个气泡的绝对上升速度与未形成气泡的在乳化相中穿过的气相上升速度之和

$$u_b=(u_0-u_{mf})+0.711(gd_b)^{1/2} \tag{8-17}$$

该方程未经过推导，但在反应器设计计算中有着广泛的应用。

式中， 气泡直径 $d_b=0.316(u_0-u_{mf})^{0.53}h+d_{b0}$ (8-18)

多孔板作为分布板时，初始气泡直径 d_{b0}（单位为 cm）为

低气速下，
$$d_{b0}=\frac{1.30}{g^{0.2}}\left(\frac{u_0-u_{mf}}{N_{or}}\right)^{0.4}, \quad d_{b0}\leqslant l_{or} \tag{8-18a}$$

高气速下，
$$d_{b0}=\frac{2.78}{g}(u_0-u_{mf})^2, \quad d_{b0}>l_{or} \tag{8-18b}$$

式中，N_{or} 为单位面积的孔数，cm^{-2}；l_{or} 为分布板孔径，cm。

大颗粒流化床中气泡的性能与小颗粒流化床相比，有很多方面的不同。由于大颗粒流化床的最小流化速度往往很高，所以其乳化相中气速也很高，而且通常要高于气泡的上升速度。在这种状况下，气泡周围是不会有晕层存在的，气体只是在压力梯度的作用下，沿床层间隙由底部运动到顶部。因此，在大颗粒系统中，不会出现气泡晕。所有气体在穿过床层的过程中，都会与颗粒发生接触。对于大颗粒三维流化系统的流体力学研究依然较少。

3. 腾涌现象

在高长径比床层中，随着气泡的不断聚并，聚并气泡的尺寸最终可以与床体的内径相等。这种气泡被称为弹型气泡，其流体力学性能与自由移动的气泡相比，有很多方面的不同。例如，弹型气泡的上升速度要比同体积其他种类的气泡慢得多。另外，不同床层材料的流化系统，可以形成不同形状的弹型气泡。具有较低密度的粗颗粒流化床（Geldart 分类法中的 B 类颗粒），通常会形成轴对称的弹型气泡。当床层高度小于 H_L（$H_L=60D_t^{0.175}$）时，形成弹型气泡的最小过量气速（单位为 cm/s）为

$$u_0-u_{mf}=0.07(gD_t)^{1/2}+1.6\times10^{-3}(H_L-H_{mf}) \tag{8-19}$$

正确理解腾涌的流体力学机理，对于反应器设计来说非常重要，因为很多实验室规模的反应器都是在腾涌的模式下操作的。对于这些反应器来说，如果不采用对于腾涌的真实流体力学模型，贸然将它们放大是很危险的。因为对于工业规模的反应器来说，床层内很可能是自由鼓泡状态，而且气固接触状态也很可能完全不同。由于没有意识到腾涌床和鼓泡床的根本区别，过去人们在进行反应器放大时常常会失败。

8.3 流化床反应器的模型化

气固相催化工业反应器基本在鼓泡区操作，其 $u_0=(5\sim30)u_{mf}$，气泡周围一般会形成晕层。根据对气泡结构的处理方法不同，可建立由乳化相-气泡相组成的两相模型，也可建立由乳化相-晕相-气泡相组成的三相模型。

8.3.1 两相模型

假定乳化相完全混合，向上气速很小，则乳化相相当于一个返混程度较大的反应器，气泡相相当于平推流反应器。由于反应物是通过气泡相向乳化相传递并在乳化相中完成气固催化反应的，可分别对两相建立本构方程。

$$\begin{cases} -u_b\dfrac{dC_b}{dz}=k_m a_v(C_b-C_e) & (8\text{-}20)\\ -u_e\dfrac{dC_e}{dz}+\varepsilon_e D_e\dfrac{d^2C_e}{dz^2}=\varepsilon_e\rho_e r(T_e,C_e)-k_m a_v(C_b-C_e) & (8\text{-}21)\end{cases}$$

气泡相边界条件

$$z=0,\quad C_{\mathrm{b}}=C_0 \tag{8-22}$$

乳化相边界条件

$$z=1,\begin{cases} Da\dfrac{\mathrm{d}C_{\mathrm{e}}}{\mathrm{d}z}=u_{\mathrm{e}}(C_0-C_{\mathrm{e}}) & (8\text{-}23)\\ \dfrac{\mathrm{d}C_{\mathrm{e}}}{\mathrm{d}z}=0 & (8\text{-}24)\end{cases}$$

对两相模型方程可作进一步简化分析。假定乳化相完全混合，向上气速很小，则乳化相相当于一个完全混合反应器。

对于简单一级反应

$$r=kC_{\mathrm{e}}$$

则有

$$\begin{cases} \varepsilon_{\mathrm{e}}\rho_{\mathrm{e}}kC_{\mathrm{e}}=k_{\mathrm{m}}a_{v}(C_{\mathrm{b}}-C_{\mathrm{e}}) & (8\text{-}25)\\ -u_{\mathrm{b}}\dfrac{\mathrm{d}C_{\mathrm{b}}}{\mathrm{d}z}=k_{\mathrm{m}}a_{v}(C_{\mathrm{b}}-C_{\mathrm{e}}) & (8\text{-}26)\end{cases}$$

得到

$$u_{\mathrm{b}}\frac{\mathrm{d}C_{\mathrm{b}}}{\mathrm{d}z}=-\left(\frac{1}{\varepsilon_{\mathrm{e}}k\rho_{\mathrm{e}}}+\frac{1}{k_{\mathrm{m}}a_{v}}\right)^{-1}C_{\mathrm{b}} \tag{8-27}$$

转化率

$$1-x=\frac{C}{C_0}=\exp\left[-\left(\frac{1}{\varepsilon_{\mathrm{e}}k\rho_{\mathrm{e}}}+\frac{1}{k_{\mathrm{m}}a_{v}}\right)^{-1}\frac{z}{u_{\mathrm{b}}}\right] \tag{8-28}$$

式中，反应时间常数为$\dfrac{1}{\varepsilon_{\mathrm{e}}k\rho_{\mathrm{e}}}$；传质时间常数为$\dfrac{1}{k_{\mathrm{m}}a_{v}}$。

由于两相模型未考虑晕相的独特作用，因此这一模型只能拟合，不能预测。Levenspiel 曾指出“我们应当摒弃两相模型，该模型只能模拟而不能预测，并且无助于对过程的理解(…… We should also discard this type of model which gives a perfect fit but predicts nothing, and brings no understanding with it)”。

8.3.2 三相模型

Kunii 和 Levenspiel 提出了三相模型，该模型又称 K-L 模型，其对真实流动过程的简化近似如图 8-9 所示。

K-L 模型适用于快速气泡的自由鼓泡床，在模型推导中引入如下假设：

① 气泡是球形的，所有气泡直径均为 d_{b}，而且所有气泡均服从 Davidson 模型，即床层中含有被薄晕层包围的通过乳化相上升的气泡，和气泡相比，晕层的体积是很小的，通过气泡晕向上流动的气体可忽略，即处于 $u_{\mathrm{b}}\gg u_{\mathrm{e}}$ 的区域，u_{e} 的定义见式(8-35)。

② 乳化相处于临界流化状态，在乳化相内气固相对速度保持恒定。

③ 每一气泡后有一固体尾迹，这导致了床层中的固体循环，在气泡后面固体向上流动，而在床层其余部位固体向下流动。如果这种固体向下流动足够快，将阻碍乳化相中的气体向上流动，且乳化相中的气体向上流动可能停止，甚至逆转。在实验中，已观察到乳化相中的气体向下流动，当 $u_0>(3\sim11)\ u_{\mathrm{mf}}$时，可能发生乳化相中气体流向的逆转。为简化，K-L 模型忽略乳化相中气体的流动方向。

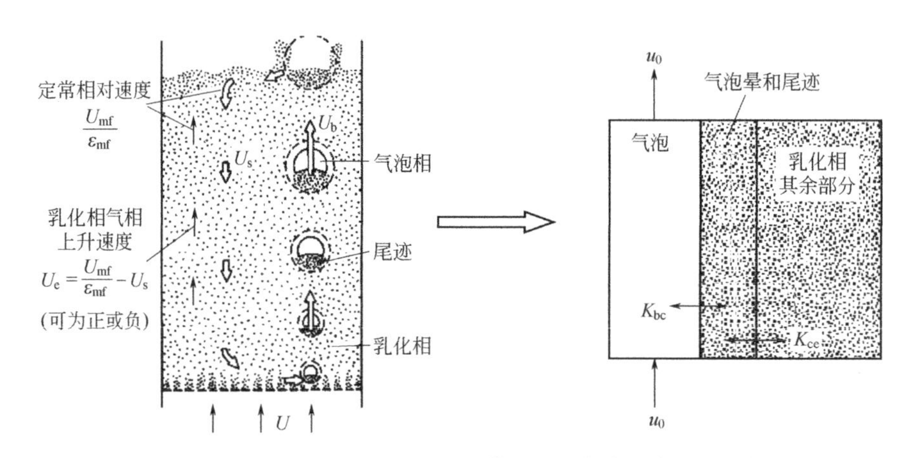

图 8-9 Kunii-Levenspiel（K-L）三相模型对流化床反应器的近似处理

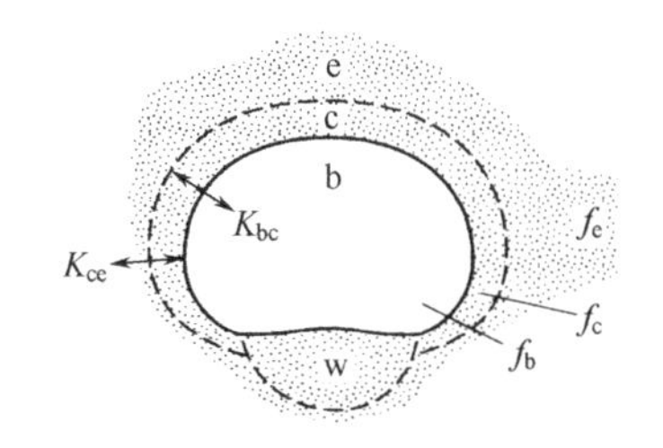

图 8-10 Kunii-Levenspiel 三相模型参数的定义

K-L 模型参数的符号如图 8-10 所示。令：

u_0 为表观气速，m^3 气体/(m^2 床层截面积 · s)；

D_t 为床层直径，m；

ε 为床层空隙率；

K_{ce}为晕相-尾迹和乳化相的交换系数；

K_{bc}为气泡和晕相的交换系数；

f_b、f_c、f_e 分别为气泡、晕相和乳化相中固体体积与床层体积之比；

下标 b、c、e 和 w 分别指气泡、晕相、乳化相和尾迹；

下标 m、mf 和 f 分别指固定床、临界流态化和鼓泡流化床状态。

给定 u_{mf}、ε_{mf}、u_0、α_w 和气泡有效尺寸 d_b 后，可利用 K-L 模型获得描述流化床反应器流动、各相体积分数、气固相交换速率等特性的诸参数，并由此预测反应器的性能。因为 u_{mf}、ε_{mf}、u_0 和 α_w 均可直接测定，所以气泡有效尺寸 d_b 是 K-L 模型的唯一模型参数。

用于床层物料衡算的描述床层各种传递特性的有关参数可用下列各式计算。

单气泡上升速度

$$u_{br}=0.711(gd_b)^{1/2} \tag{8-29}$$

式中，g 为重力加速度，$9.81m/s^2$。

床层其余部位表观气速为 u_{mf}。

鼓泡床中气泡群速度

$$u_b=u_0-u_{mf}+u_{br} \tag{8-30}$$

床层气泡分率

$$\delta=\frac{u_0-u_{mf}}{u_b}=1-\frac{u_{br}}{u_b} \tag{8-31}$$

当 $u_0 \gg u_{mf}$时，$\delta \approx \frac{u_0}{u_b}$。

不同状态下床层高度的相互关系

$$H_m(1-\varepsilon_m)=H_{mf}(1-\varepsilon_{mf})=H_f(1-\varepsilon_f) \tag{8-32}$$

$$1-\delta=\frac{1-\varepsilon_{f}}{1-\varepsilon_{mf}}=\frac{H_{mf}}{H_{f}} \tag{8-33}$$

乳化相固相下降速度

$$u_{s}=\frac{\alpha\delta u_{b}}{1-\delta-\alpha\delta} \tag{8-34}$$

乳化相气相上升速度

$$u_{e}=\frac{u_{mf}}{\varepsilon_{mf}}-u_{s} \tag{8-35}$$

此值可能为正或为负。

利用 Davidson 关于气泡-晕相循环的理论分析和 Higbie 关于晕相-乳化相扩散的理论，可导出气泡和晕相的交换系数（单位气泡体积）

$$K_{bc}=4.50\left(\frac{u_{mf}}{d_{b}}\right)+5.85\left(\frac{D^{1/2}g^{1/4}}{d_{b}^{5/4}}\right)\quad(s^{-1}) \tag{8-36}$$

以及晕相-尾迹和乳化相的交换系数（单位气泡体积）

$$K_{ce}=6.78\left(\frac{\varepsilon_{mf}Du_{br}}{d_{b}^{3}}\right)^{1/2}\quad(s^{-1}) \tag{8-37}$$

各相中的固相含量如下：

① 根据实验测定粗略估计，气泡中固体体积与床层体积之比为

$$f_{b}=0.001\sim0.01 \tag{8-38}$$

② 晕相和尾迹中固体体积与床层体积之比可由下式估算

$$f_{c}=\delta(1-\varepsilon_{mf})\left(\frac{V_{c}}{V_{b}}+\frac{V_{w}}{V_{b}}\right)=\delta(1-\varepsilon_{mf})\left(\frac{3u_{mf}/\varepsilon_{mf}}{u_{br}-u_{mf}/\varepsilon_{mf}}+\alpha_{w}\right) \tag{8-39}$$

③ 乳化相中固体体积与床层体积之比为

$$f_{e}=(1-\varepsilon_{f})-f_{c}-f_{b}=(1-\varepsilon_{mf})(1-\delta)-f_{c}-f_{b} \tag{8-40}$$

所以

$$f_{b}+f_{c}+f_{e}=f_{total}=1-\varepsilon_{f} \tag{8-41}$$

鼓泡床高度为

$$H_{BFB}=H_{f}=\frac{m}{\rho_{s}A(1-\varepsilon_{f})} \tag{8-42}$$

在模型推导中，Kunii 和 Levenspiel 还作了以下两个假定：

① 忽略通过晕相的气体流量，因为对于快速气泡，晕相体积很小。

② 忽略通过乳化相的上升或下降气体，因为和气泡相比，这部分气体流量是非常小的。

在 K-L 模型中，乳化相事实上是被视为静止的。当然，当气泡带有厚晕层（对不太大和上升速度不太快的气泡），或通过乳化相的气体流量不可忽略时，u_{0} 接近 u_{mf}，如 $u_{0}=(1\sim2)u_{mf}$，需导出更复杂的模型。但是对快速气泡和气泡很活跃的细颗粒床层，上述假定是合理的。

现以一级反应

$$A \longrightarrow R$$

反应速率方程 $(-r_{A})=kC_{A}$ 为例，导出鼓泡流化床中反应物 A 的转化率计算式。鼓泡流化床物料衡算示意图见图 8-11。

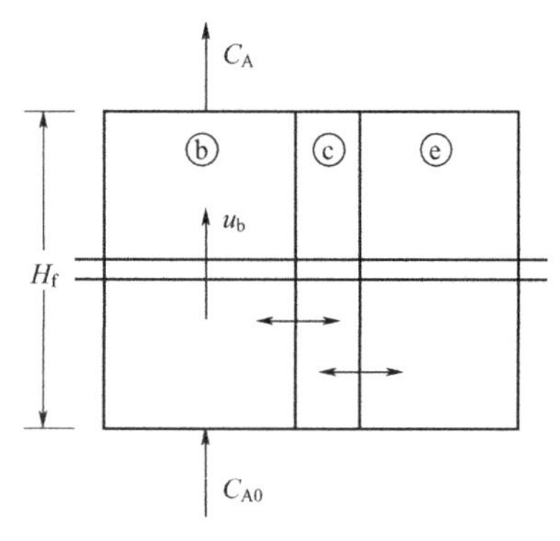

图 8-11 鼓泡流化床物料衡算示意图

如图 8-11 所示，在床层中取一薄层进行物料衡算，床层中发生的各种传质与反应过程间的关系可描述如下。

图 8-12 中组分 A 在各个步骤的消耗或转移量分别为：

① 总消耗量=气泡相的反应量+传递至晕相的量

即
$$-u_b\delta\frac{dC_{Ab}}{dz}=f_bkC_{Ab}+\delta K_{bc}(C_{Ab}-C_{Ac}) \tag{8-43}$$

② 传递至晕相的量=晕相的反应量+传递至乳化相的量

即
$$\delta K_{bc}(C_{Ab}-C_{Ac})=f_ckC_{Ac}+\delta K_{ce}(C_{Ac}-C_{Ae}) \tag{8-44}$$

③ 传递至乳化相的量=乳化相的反应量

即
$$\delta K_{ce}(C_{Ac}-C_{Ae})=f_ekC_{Ae} \tag{8-45}$$

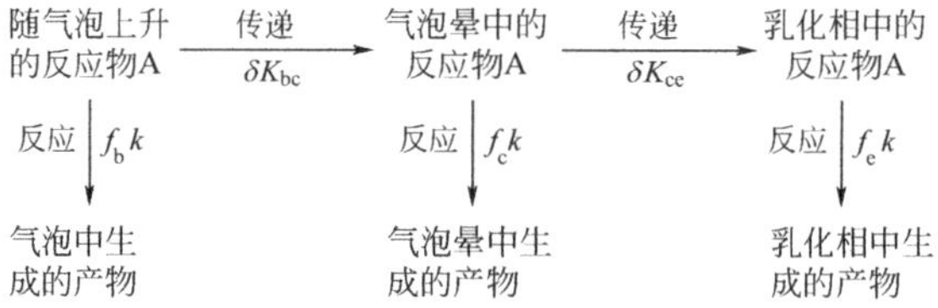

随气泡上升的反应物A	传递 δK_{bc} →	气泡晕中的反应物A	传递 δK_{ce} →	乳化相中的反应物A
反应 f_bk ↓		反应 f_ck ↓		反应 f_ek ↓
气泡中生成的产物		气泡晕中生成的产物		乳化相中生成的产物

图 8-12 反应物 A 在流化床各相中经历的反应步骤

以上步骤存在平行与串联关系，可用框图 8-13 描述。它表明，总速率由两个平行速率组成，其中一个为速率 1，另一个由速率 2、3、4、5 混合组成。若将总速率常数记为 K，速率 1～5 的速率常数记为 K_1～K_5，则得到总速率常数与分步速率常数间的关系框图。

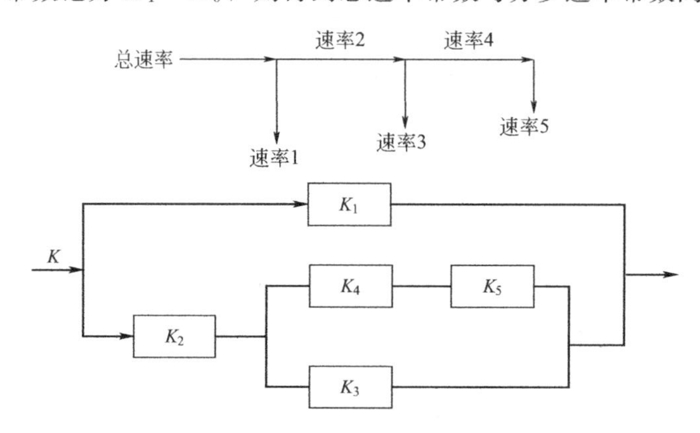

图 8-13 流化床中各步反应速率及速率常数间的平行-串联关系图

根据框图 8-13 所描述的关系，可写出以下表达式

$$K=K_1+K_2^*$$

$$\frac{1}{K_2^*}=\frac{1}{K_2}+\frac{1}{K_3^*}$$

$$K_3^*=K_3+K_4^*=K_3+\frac{1}{\dfrac{1}{K_4}+\dfrac{1}{K_5}}$$

因此，总速率常数为

$$K=K_1+\cfrac{1}{\cfrac{1}{K_2}+\cfrac{1}{K_3^*}}=K_1+\cfrac{1}{\cfrac{1}{K_2}+\cfrac{1}{K_3+\cfrac{1}{\cfrac{1}{K_4}+\cfrac{1}{K_5}}}}$$

将图 8-12 中各步骤参数进行相应替换，得到流化床总反应速率常数

$$k_f=f_b k+\cfrac{1}{\cfrac{1}{\delta K_{bc}}+\cfrac{1}{f_c k+\cfrac{1}{\cfrac{1}{\delta K_{ce}}+\cfrac{1}{f_e k}}}} \tag{8-46}$$

由于 A 在气泡相中以平推流方式移动，且停留时间为$\frac{H_{BFB}}{u_0}$，得到出口处 A 的浓度为

$$C_{Ab,L}=C_{A0}\exp\left(-k_f\frac{H_{BFB}}{u_0}\right) \tag{8-47}$$

Smith 认为 K-L 模型能够预测鼓泡床反应器的原因在于晕相的引入，阻止了气泡内气体与乳化相气体的快速交换。(This approach actually includes a third region, a cloud of particles, surrounding the bubble and within which gas recirculates but does not mix rapidly with the gas in the dense phase.)

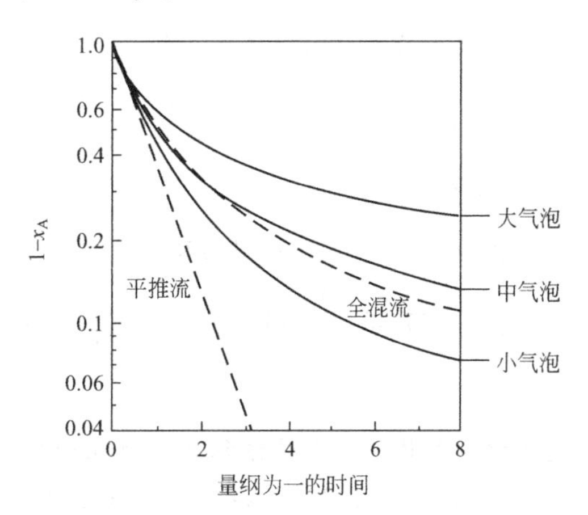

图 8-14　气泡大小对流化床性能的影响

式(8-46) 右端除反应速率常数 k 外的各参数均取决于气泡大小 d_b，若以气泡大小为参变量，可将流化床性能标绘如图 8-14。可见，对大气泡因为大量气体以气泡形式短路通过床层，床层转化率可能比全混流反应器还低。随着气泡变小，相同停留时间下的转化率逐渐增加。

例 8-2　在流化床反应器中进行硝基苯催化加氢生产苯胺

$$\underset{A}{C_6H_5NO_2(g)}+3H_2\xrightarrow{\text{催化剂},270℃}C_6H_5NH_2+2H_2O$$

由于氢气大大过量，反应前后的体积变化可忽略，并可将此反应视为一级反应

$$-r_A=kC_A$$
$$k=1.2\text{cm}^3/(\text{cm}^3\text{cat}\cdot\text{s})$$

其他有关数据如下

$H_m=1.4\text{m}$，　$\rho_c=2.2\text{g/cm}^3$，　$d_b=10\text{cm}$

$D_t=3.55\text{m}$，　$D=0.9\text{cm}^2/\text{s}$，　$\alpha=0.33$

$T=270℃$，　$u_{mf}=2\text{cm/s}$，　$\varepsilon_m=0.4071$

$u_0=30\text{cm/s}$，　$\varepsilon_{mf}=0.60$

计算硝基苯的转化率。

解： 计算相对于乳化相的气泡上升速度

$$u_{br}=0.711(gd_b)^{\frac{1}{2}}=0.711\times(9.81\times0.1)^{\frac{1}{2}}=0.704\text{m/s}$$

气泡群上升速度为

$$u_b=u_0-u_{mf}+u_{br}=0.3-0.02+0.704=0.984\text{m/s}$$

$$\frac{u_b}{u_f}=\frac{u_b}{u_{mf}/\varepsilon_{mf}}=\frac{0.984}{0.02/0.60}=29.5$$

气泡相上升速度比乳化相快近30倍，属快速气泡，晕层的厚度小于1cm，K-L鼓泡床模型适用。

床层中气泡分率为

$$\delta=\frac{u_0-u_{mf}}{u_b}=\frac{0.3-0.02}{0.984}=0.285$$

流化床空隙率为

$$\varepsilon_f=1-(1-\varepsilon_{mf})(1-\delta)=1-0.4\times(1-0.285)=0.714$$

气泡相和晕相之间的交换系数为

$$K_{bc}=4.50\frac{u_{mf}}{d_b}+5.85\frac{D^{1/2}g^{1/4}}{d_b^{5/4}}=4.50\times\frac{0.02}{0.1}+5.85\times\frac{(0.9\times10^{-4})^{1/2}\times9.81^{1/4}}{0.1^{5/4}}$$

$$=2.65\text{s}^{-1}$$

晕相-尾迹和乳化相之间的交换系数为

$$K_{ce}=6.77\left(\frac{\varepsilon_{mf}Du_{br}}{d_b^3}\right)^{1/2}=6.77\times\left(\frac{0.60\times0.9\times10^{-4}\times0.704}{0.1^3}\right)^{1/2}$$

$$=1.32\text{s}^{-1}$$

取气泡中固相体积和床层体积之比为0.002。

晕相-尾迹中固相体积和床层体积之比为

$$f_c=\delta(1-\varepsilon_{mf})\left(\frac{\dfrac{3u_{mf}}{\varepsilon_{mf}}}{u_{br}-\dfrac{u_{mf}}{\varepsilon_{mf}}}+\alpha\right)=0.285\times(1-0.6)\times\left(\frac{\dfrac{3\times0.02}{0.60}}{0.704-\dfrac{0.02}{0.60}}+0.33\right)$$

$$=0.0546$$

乳化相中固相体积和床层体积之比为

$$f_e=(1-\varepsilon_f)-f_c-f_b=1-0.714-0.0546-0.002=0.229$$

鼓泡床高度为

$$H_{BFB}=\frac{H_m(1-\varepsilon_m)}{(1-\varepsilon_f)}=\frac{1.4\times(1-0.4071)}{(1-0.714)}=2.9\text{m}$$

$$\ln\frac{C_{A0}}{C_A}=\left[f_bk+\cfrac{1}{\cfrac{1}{\delta K_{bc}}+\cfrac{1}{f_ck+\cfrac{1}{\cfrac{1}{\delta K_{ce}}+\cfrac{1}{f_ek}}}}\right]\times\frac{H_{BFB}}{u_0}$$

$$=\left[0.002\times1.2+\cfrac{1}{\cfrac{1}{0.285\times2.65}+\cfrac{1}{0.0546\times1.2+\cfrac{1}{\cfrac{1}{0.285\times1.32}+\cfrac{1}{0.229\times1.2}}}}\right]\times\frac{2.9}{0.3}$$

$$=0.175\times\frac{2.9}{0.3}=1.692$$

$$\frac{C_{A0}}{C_A}=5.430$$

$$x_A=1-\frac{C_A}{C_{A0}}=1-\frac{1}{5.430}=0.8158$$

例 8-3　反应气体以 $u_0=0.3\text{m/s}$ 的表观流速向上流过直径为 2m 的流化床反应器，$u_{mf}=0.03\text{m/s}$，$\varepsilon_{mf}=0.5$，$d_b=0.32\text{m}$，$D=0.2\text{cm}^2/\text{s}$，催化剂装填量 7t，颗粒密度 $\rho_s=2000\text{kg/m}^3$，反应速率方程为 $-r_A=kC_A$，$k=0.8\text{s}^{-1}$。如果反应物浓度 $C_{A0}=100\text{mol/m}^3$，请计算转化率。

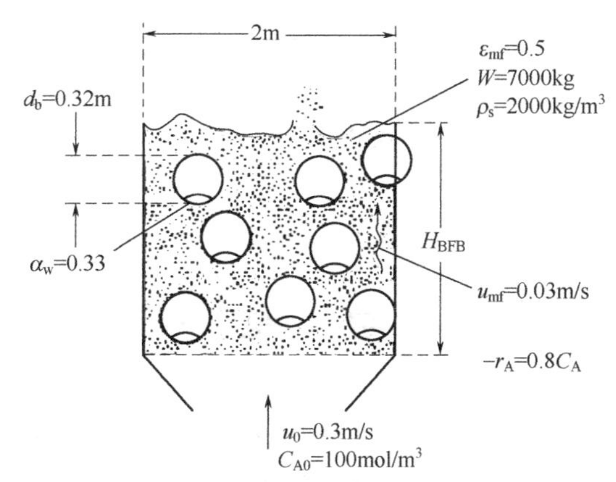

解：(1) 由气泡尺寸 $d_b=0.32\text{m}$，计算气泡上升速度。根据本章有关公式得到

$$u_{br}=0.711\times(9.81\times0.32)^{1/2}=1.26\text{m/s}$$

$$u_b=0.30-0.03+1.26=1.53\text{m/s}$$

(2) 计算气泡分率，以及各相固含率

首先进行流体力学状态判断。由于气泡直径 32cm 远小于床层直径 200cm，因此，不会出现腾涌。

又由于 $\frac{u_b}{u_f}=\frac{u_b}{u_{mf}/\varepsilon_{mf}}=\frac{1.53}{0.03/0.5}=25.5$，因此，气泡上升速度是乳化相气速的 25 倍，属于晕层很薄的快速气泡。因此，可采用鼓泡床模型进行本反应器计算。

$$\text{气泡分率 } \delta=\frac{0.30}{1.53}=0.196$$

$$\text{床层空隙率 } \varepsilon_f=1-(1-\varepsilon_{mf})(1-\delta)=1-0.5\times(1-0.196)=0.60$$

各相固含率分别为

$$f_b=0.001$$

$$f_c=0.196\times(1-0.5)\times\left(\frac{3\times0.03/0.5}{1.26-0.03/0.5}+0.33\right)=0.047$$

根据 $f_b+f_c+f_e=1-\varepsilon_f=0.4$，　$f_e=(1-0.6)-0.047-0.001=0.352$

（3）计算传质系数

$$K_{bc}=4.50\times\left(\frac{0.03}{0.32}\right)+5.85\times\left[\frac{(20\times10^{-6})^{1/2}(9.81)^{1/4}}{0.32^{5/4}}\right]=0.614\text{s}^{-1}$$

$$K_{ce}=6.77\times\left[\frac{0.5\times(20\times10^{-6})\times1.26}{0.32^3}\right]^{1/2}=0.133\text{s}^{-1}$$

（4）计算转化率

$$k_f=0.001\times8+\cfrac{1}{\cfrac{1}{0.196\times0.614}+\cfrac{1}{0.047\times0.8+\cfrac{1}{\cfrac{1}{0.196\times0.133}+\cfrac{1}{0.354\times0.8}}}}=0.0487\text{s}^{-1}$$

$$H_{BFB}=\frac{7000}{2000\pi\times(1-0.6)}=2.785\text{m},\quad \tau=\frac{2.785}{0.3}=9.283$$

因此

$$\ln\frac{C_{A0}}{C_A}=k_f\tau=0.452$$

$$\frac{C_A}{C_{A0}}=0.64,\quad x_A=36\%$$

习　题

8-1　臭氧分解为一级反应，在床层直径为 20cm 的流化床中进行。已知静床高度 $H_0=35\text{cm}$，床层空隙率 $\varepsilon_0=0.45$。最小流化速度 $u_{mf}=2.1\text{cm/s}$，临界空隙率 $\varepsilon_{mf}=0.50$，表观气速 $u_0=13.2\text{cm/s}$，气相有效扩散系数 $D=0.204\text{cm}^2/\text{s}$。设气泡中不含催化剂颗粒，尾涡体积分率 $\phi_w=\dfrac{V_w}{V_b}=0.47$，气泡直径 $d_b=3.7\text{cm}$，一级反应速率常数 $k=0.257\text{s}^{-1}$。试计算催化分解反应转化率。

8-2　试设计一采用空气作为氧化剂将丙烯进行氨氧化生产丙烯腈的流化床反应器，要求产量为 40400t/a 丙烯腈（每年以 8000h 计），并且该工艺在 400℃ 常压下的转化率为 78%。

已知化学反应为一级，反应速率常数 k 在 400℃时为 $1.44\text{m}^3/(\text{kg cat}\cdot\text{h})$。进料中丙烯的体积分数为 0.24。所用催化剂的平均直径为 $51\mu\text{m}$，固体颗粒的密度为 2500kg/m^3。固定床空隙率为 0.50，临界流态化速度 $u_{mf}=7.2\text{m/h}$，此时的空隙率 ε_{mf} 为 0.6。气体性质为：$\rho_g=1\text{kg/m}^3$；$c_p=0.25\text{kcal/(kg}\cdot\text{K)}$（$1\text{cal}=4.1868\text{J}$）；$\mu=0.144\text{kg/(h}\cdot\text{m)}$；$D=0.39\text{cm}^2/\text{s}$。

其他条件：流化床中安置一垂直管束型换热器，以排出反应热并将气泡直径限制在 10cm 以内，所设计的换热器横截面占床层横截面积的 25%。

参 考 文 献

[1] Clift R, Grace J R, Davidson J F, et al. In Fluidization [M]. 2nd ed. New York: Academic Press, 1985.

[2] Constantineau J P, Grace J R, Lim C J, et al. Generalized Bubbling-Slugging Fluidized Bed Reactor Model [J]. *Chem Eng Sci*, 2007, 62 (1/2): 70-81.

[3] Davidson J F, Harrison D, Jackson R. Fluidized Particles. New York: Cambridge University Press, 1963.

[4] Fennell P S, Davidson J F, Dennis J S, et al. A Study of the Mixing of Solids in Gas-Fluidized Beds, Using Ultra-Fast MRI [J]. *Chem Eng Sci*, 2005, 60 (7): 2085-2088.

[5] Geldart D. Types of Gas Fluidization [J]. *Powder Technol*, 1973, 7 (5): 285-292.

[6] Kunii D, Levenspiel O. Fluidization Engineering [M]. 2nd ed. Boston: Butterworth-Heinemann, 1991.

[7] Kunii D, Levenspiel O. Bubbling Bed Model for Kinetic Processes in Fluidized Beds [J]. *Ind Eng Chem Proc Des Dev*, 1968, 7 (4): 481-492.

[8] Kunii D, Levenspiel O. The K-L Reactor Model for Circulating Fluidized Beds [J]. *Chem Eng Sci*, 2000, 55 (20): 4563-4570.

[9] Levenspiel O. Chemical Reaction Engineering (化学反应工程) [M]. 第三版. 北京: 化学工业出版社, 2002.

[10] Levenspiel O. Difficulties in Trying to Model and Scale-Up the Bubbling Fluidized Bed (BFB) Reactor [J]. *Ind Eng Chem Res*, 2008, 47 (2): 273-277.

[11] Puncochar M, Drahos J. Origin of Pressure Fluctuations in Fluidized Beds [J]. *Chem Eng Sci*, 2005, 60 (5): 1193-1197.

[12] Rees A C, Davidson J F, Dennis J S, et al. The Rise of a Buoyant Sphere in a Gas-Fluidized Bed [J]. *Chem Eng Sci*, 2005, 60 (4): 1143-1153.

[13] Rowe P N, Partridge B A. An X-ray Study of Bubbles in Fluidised Beds [J]. *Chem Eng Res DES*, 1997, 75 (12): S116-S134.

[14] Smith J M. Chemical Engineering Kinetics [M]. 3rd ed. New York: McGraw-Hill, 1981.

[15] van der Hoef M A, van Sint Annaland M, Kuipers J A M. Computational Fluid Dynamics for Dense Gas-Solid Fluidized Beds: a Multiscale Modeling Strategy [J]. *Chem Eng Sci*, 2004, 59 (22/23): 5157-5165.

[16] Wen C Y, Yu Y H. A Generalized Method for Predicting the Minimum Fluidization Velocity [J]. *AIChE J*, 1966, 12 (3): 610-612.

[17] Yates J G. Fundamentals of Fluidized-Bed Chemical Processes [M]. London: Butterworths, 1983.

第9章

气液反应和反应器

气液反应通常为气相反应物溶解于液相后，再与液相中的反应物进行反应的一种非均相反应过程。但也可能是反应物均存在于气相中，它们溶解于含有催化剂的溶液后再进行反应。不管具体情况如何，其实质都是气相被液相所吸收并同时发生反应，因此，气液反应也可称为气液吸收反应。本章仅限于介绍前一种情况。

气液相反应主要用于：①直接制取产品，例如环己烷氧化制己二酸，乙醛氧化制乙酸，气态二氧化碳和氨水反应制碳酸氢铵等；②脱除气相中某一种或几种组分，例如用热钾碱或乙醇胺溶液脱除合成气中的二氧化碳，用铜氨溶液脱除合成气中的一氧化碳等。

本章将按照理论构架顺序介绍五个方面内容。①气液吸收的物理模型——双膜理论；②以双膜理论为基础，建立传质与反应共存下的气液反应模型，引出表征气液反应的三个基本概念：气液反应模数——Hatta 数、化学反应增强因子、液相利用率，指出它们与第 6 章颗粒内扩散的类似性；③对三种反应类型：一级不可逆快速反应、一级不可逆飞速反应、二级不可逆反应加以分析；④对化学反应器进行分析，指出体积型和面积型传质设备所使用的反应类型，如何增大液相利用率；⑤以两种代表性反应器——填料吸收塔和鼓泡反应器为例，说明气液反应器的设计方法。

9.1 气液吸收过程的物理模型

9.1.1 双膜理论的提出

气液吸收过程的物理模型——双膜理论经过三个阶段的发展，目前已经比较成熟，是研究气液反应过程普遍采用的方法。1924 年美国麻省理工学院的 Lewis 和 Whitman 在一篇题为 *Principles of Gas Absorption* 的论文中提出了以双膜理论描绘气液吸收过程的思想，奠定了气液反应的理论基础："当液体与气体接触在一起的时候，在气液界面的气体一侧有一个气体层，其中的对流运动主体相小得多。与之相似，在气液界面的液体一侧也有一个液体表面层，其内部完全没有对流混合。这一现象可假设为在气液界面的两侧各存在一个静止的气膜和液膜，这对于应用来说十分简便，但这并不是说在气膜和液膜之间以及膜与主体相之间一定有一条明确的分界线。"

由于 Lewis 的贡献，美国化学工程师协会自 1964 年起设立了 "Warren K. Lewis Award for Chemical Engineering Education"，获奖者包括 O. A. Hougen（1964）、T. K. Sherwood（1972）、J. M. Smith（1983）、O. Levenspiel（1997）等在化学工程领域作出卓越

贡献的科学家。

9.1.2 双膜理论的数学描述

双膜理论的主要内容是：

① 气液相界面两侧各存在一个静止膜，分别称为气膜和液膜；

② 气液两相的物质传递速率仅取决于气膜和液膜分子扩散速率；

③ 在定态下，气相物质通过气膜的传质速率与液膜的传质速率相等。

其中，气膜传质通量为

$$J_g=\frac{D_g}{\delta_g}(p_g-p_i)=k_g(p_g-p_i) \tag{9-1}$$

式中，J_g 为单位气相表面的传质通量，kmol/(m^2 · s)；k_g 为气膜传质系数，定义为 $k_g=D_g/\delta_g$，kmol/(m^2 · atm · s)；p_g、p_i 分别为气相主体、气液界面被吸收组分分压，atm；D_g 为被吸收气体在气相中的有效扩散系数，kmol/(m · atm · s)；δ_g 为气膜厚度，m。

液膜传质通量为

$$J_l=\frac{D_l}{\delta_l}(C_i-C_l)=k_l(C_i-C_l) \tag{9-2}$$

式中，J_l 为单位液相表面的传质通量，kmol/(m^2 · s)；k_l 为液膜传质系数，定义为 $k_l=D_l/\delta_l$，m/s；C_l、C_i 分别为液相主体、气液界面处被吸收组分物质的浓度，kmol/m^3；D_l 为被吸收气体在液相中的有效扩散系数，m^2/s；δ_l 为液膜厚度，m。

总之，因为界面浓度未知，方程式(9-1) 和式(9-2) 均无法使用。根据 $N_g=N_l$，可通过将式(9-1) 和式(9-2) 联立消除界面浓度，得到以溶质气相分压和液相溶质浓度表示的传质通量方程

$$J=K_g(p_g-p_g^*)=K_l(C_l^*-C_l) \tag{9-3}$$

以上各式中，$p_g^*=HC_l$；$p_i=HC_i$；$C_l^*=p_g/H$；H 为亨利系数；K_g 和 K_l 分别为气相和液相总传质系数。

总传质系数表达式如下：

气相总传质系数
$$K_g=\frac{1}{\dfrac{1}{k_g}+\dfrac{H}{k_l}} \tag{9-4}$$

液相总传质系数
$$K_l=\frac{1}{\dfrac{1}{Hk_g}+\dfrac{1}{k_l}} \tag{9-5}$$

由于双膜理论认为气膜和液膜是静止的，因此后人对此进行了改进。例如，1935 年 Higbie 在一篇题为 “The Rate of Absorption of a Pure Gas into a Still Liquid during Short Periods of Exposure” 的论文中提出了著名的溶质渗透论，他认为处于界面的液体单元都具有相同的逗留时间 τ，液体在界面逗留期间，溶解气体将以不稳定的分子形式扩散而渗透到液相。模型方程为

$$\frac{\partial C}{\partial \tau}=D_l\frac{\partial^2 C}{\partial x^2} \tag{9-6}$$

$$\begin{cases}\tau=0, C=C_l\\ \tau>0, x=0, C=C_i\\ \qquad x=\infty, C=C_l\end{cases} \tag{9-7}$$

得到界面上停留时间为 τ 时的液体单元内的气体传质通量为

$$J_\tau = -D_1\left(\frac{\partial C}{\partial x}\right)_{x=0} = \sqrt{\frac{D_1}{\pi\tau}}(C_i - C_1) \tag{9-8}$$

由于气体溶解速率随界面处液体单元停留时间增长而衰减，因此在 τ_L 时间内气体传质通量平均值为

$$J = \frac{1}{\tau_L}\int_0^{\tau_L} J_\tau \mathrm{d}\tau = 2\sqrt{\frac{D_1}{\pi\tau_L}}(C_i - C_1) \tag{9-9}$$

1951 年剑桥大学 Danckwerts 在“Significance of Liquid-Film Coefficients in Gas Absorption”一文中放弃界面处液体“静止膜”的假定，将液体表面看成是不断被新鲜液体所更新的，提出了表面更新理论。他认为界面各单元的逗留时间是按概率分配的，存在一个界面的寿命分布函数，即

$$J = \int_0^\infty J_\tau S e^{-S\tau}\mathrm{d}\tau = \int_0^\infty \sqrt{\frac{D_1}{\pi\tau}}(C_i - C_1)Se^{-S\tau}\mathrm{d}\tau \tag{9-10}$$

由此得到液膜传质系数 $k_1=\sqrt{D_1 S}$，S 为单位时间内界面被新鲜液体所更新的比率。这说明，加速更新液面可提高传质速率。

在此基础上提出的湍流传质理论认为应考虑分子扩散和湍流扩散的共同作用

$$k_1 = \frac{2}{\pi}\sqrt{aD_1} \tag{9-11}$$

式中，$a=7.9\times10^{-5}Re^{1.678}$。这说明，提高传质设备的湍流程度，可以提高传质系数。

9.2 液膜内的气液反应过程模型

当气相反应物 A 与不挥发的液相反应物 B 进行反应时，根据双膜理论，其反应过程如图 9-1 所示。分压为 p_A 的反应物 A 从气相主体传递到气液界面，在界面上 A 的气相分压为 p_{Ai}，液相浓度为 C_{Ai}，两者处于相平衡状态。反应物 A 从气液界面传入液相，在液相内浓度为 C_A 的 A 与浓度为 C_B 的 B 进行反应。可见，和气固相催化反应过程相似，气液相反应过程中也存在反应相外部（气相）的质量传递和反应相内部（液相）的传质和反应同时进行的过程。两者的差别在于，其一是气固相催化反应中，催化剂内部反应物的传递方向总是由相界面到颗粒内部，而在气液相反应中，气相组分 A 由气液界面向液相主体传递，液相组分 B 的传递方向则与此相反；其二是气固相催化反应中，反应物浓度梯度存在于整个催化剂内部，而气液相反应中，当用双膜理论处理时，组分 A 和 B 的浓度梯度可视为仅存在于液膜内，在液相主体中浓度梯度为零，如图 9-1 虚线所示。

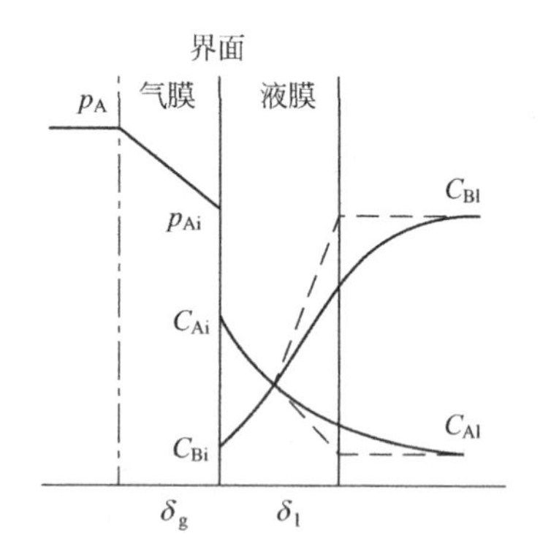

图 9-1 液膜内的双组分气液反应过程

9.2.1 气液反应过程的基本方程

设所进行的反应为

$$\mathrm{A} + b\mathrm{B} \longrightarrow \mathrm{P}$$

为了确定液相中组分 A 与 B 的浓度分布，可在液相内离相界面为 z 处，取一厚度为 dz 的微元体，当过程达到定常态时，扩散进入该微元体的组分 A 的量与由该微元体扩散出去的组分 A 的量之差，应等于微元体中反应掉的组分 A 的量，由此可得

$$-D_{Al}\frac{dC_A}{dz}-\left[-D_{Al}\left(\frac{dC_A}{dz}+\frac{d^2C_A}{dz^2}dz\right)\right]=(-r_A)dz \tag{9-12}$$

式中，D_{Al}为组分 A 在液相中的扩散系数，设其为常数，且组分 A 和 B 的反应级数均为一级，上式可化简为

$$D_{Al}\frac{d^2C_A}{dz^2}=(-r_A)=kC_AC_B \tag{9-13}$$

同理，对该微元体进行组分 B 的物料衡算可得

$$D_{Bl}\frac{d^2C_B}{dz^2}=b(-r_A)=bkC_AC_B \tag{9-14}$$

D_{Bl}为组分 B 在液相中的扩散系数，亦为常数。

方程式(9-13) 和式(9-14) 的边值条件为

$$\begin{cases} z=0, \quad C_A=C_{Ai} \\ \dfrac{dC_B}{dx}=0\text{（此边值条件是基于组分 B 不挥发的假定）} \end{cases} \tag{9-15}$$

及

$$z=\delta_1, \begin{cases} C_B=C_{Bl} \\ -aD_{Al}\dfrac{dC_A}{dx}=kC_AC_{Bl}(V-a\delta_1) \end{cases} \tag{9-16}$$

最后一个边值条件表明穿过液膜进入液相主体的组分 A 将在主体中和组分 B 反应，即穿过液膜的扩散量等于主体中的反应量。式中，C_{Bl}为液相主体中组分 B 的浓度；a 为单位设备体积液相所具有的相界面积；V 为单位设备体积的总液相体积；δ_1 为液膜厚度。

令 $f_A=\dfrac{C_A}{C_{Ai}}$，$f_B=\dfrac{C_B}{C_{Bl}}$，$y=\dfrac{z}{\delta_1}$，使上述微分方程和边值条件量纲为一，有

$$\begin{cases} \dfrac{d^2f_A}{dy^2}=\delta_1^2\dfrac{kC_{Bl}}{D_{Al}}f_Af_B \\ \dfrac{d^2f_B}{dy^2}=b\delta_1^2\dfrac{kC_{Ai}}{D_{Bl}}f_Af_B \end{cases} \tag{9-17}$$

$$\begin{cases} y=0, f_A=1, \dfrac{df_B}{dy}=0 \\ y=1, f_B=1 \end{cases} \tag{9-18}$$

$$-\frac{df_A}{dy}=\delta_1\frac{kC_{Bl}}{aD_{Al}}f_A(V-a\delta_1)=\frac{\delta_1^2kC_{Bl}}{D_{Al}}\times\frac{f_A}{a\delta_1}(V-a\delta_1)=Ha^2(\alpha-1)f_A \tag{9-19}$$

式中 Ha 称为 Hatta（八田）数

$$Ha=\delta_1\sqrt{\frac{kC_{Bl}}{D_{Al}}} \tag{9-20}$$

$$\alpha=\frac{V}{a\delta_1} \tag{9-21}$$

为单位反应器体积中液相总体积和液膜体积之比。

因为无化学反应时的传质系数为 $k_{l0}=\dfrac{D_{Al}}{\delta_l}$，所以式(9-20) 又可表示为

$$Ha=\frac{\sqrt{kC_{Bl}D_{Al}}}{k_{l0}} \tag{9-22}$$

Hatta 数的物理意义和气固相催化反应中的 Thiele 模数相似

$$Ha^2=\frac{\delta_l^2 kC_{Bl}}{D_{Al}}=\frac{kC_{Ai}C_{Bl}\delta_l}{k_{l0}C_{Ai}}=\frac{V}{a}\times\frac{kC_{Ai}C_{Bl}}{D_A\dfrac{C_{Ai}}{\delta_l}}$$

$$=\frac{\text{液膜中的可能最大反应速率}}{\text{透过液膜的可能最大物理传质速率}} \tag{9-23}$$

Hatta 数可作为气液相反应中反应快慢程度的判据：

① $Ha>3$，属于反应在液膜内进行的飞速反应或快速反应；

② $Ha<0.02$，属于反应主要在液相主体中进行的慢反应；

③ $0.02\leqslant Ha\leqslant 3$ 则为液膜和液相主体中的反应都不能忽略的中速反应。

9.2.2 拟一级不可逆反应及反应增强因子

若液相组分 B 大量过剩，液相中组分 B 的浓度可视为常数，此时组分 A 的消耗可按一级反应处理，使量纲为一的基本方程和边值条件可简化为

$$\frac{d^2 f_A}{dy^2}=Ha^2 f_A \tag{9-24}$$

$$y=0,\ f_A=1 \tag{9-25}$$

$$y=1,\ -\frac{df_A}{dy}=Ha^2(\alpha-1)f_A \tag{9-26}$$

方程式(9-24) 的通解为

$$f_A=C_1 e^{yHa}+C_2 e^{-yHa} \tag{9-27}$$

积分常数 C_1、C_2 由边界条件来确定。

由边值条件式(9-25) 可得 $C_1=1-C_2$，再利用边界条件式(9-26) 得到

$$C_2=\frac{[Ha(\alpha-1)+1]e^{Ha}}{(e^{Ha}+e^{-Ha})+Ha(\alpha-1)(e^{Ha}-e^{-Ha})}$$

利用双曲线函数 $\sinh Ha=(e^{Ha}-e^{-Ha})/2$ 和 $\cosh Ha=(e^{Ha}+e^{-Ha})/2$ 的关系，经过不太复杂的运算可得到

$$f_A=\frac{\cosh[Ha(1-y)]+Ha(\alpha-1)\sinh[Ha(1-y)]}{\cosh Ha+Ha(\alpha-1)\sinh Ha} \tag{9-28}$$

可见，组分 A 在液膜内的浓度分布是 Ha 和 α 两个参数的函数。

利用式(9-28) 可以计算伴有化学反应时通过液膜的传质通量。将式(9-28) 对 y 求导，并令 $y=0$ 可得吸收速率为

$$J_A=-D_{Al}\left(\frac{dC_A}{dy}\right)_{y=0}=-\frac{D_{Al}C_{Ai}}{\delta_l}\left(\frac{df}{dy}\right)_{y=0}$$

$$=\frac{D_{Al}C_{Ai}}{\delta_l}\times\frac{Ha\,[Ha(\alpha-1)+\tanh Ha]}{Ha(\alpha-1)\tanh Ha+1}$$

$$=k_l C_{Ai} \tag{9-29}$$

式中，k_1 为伴有化学反应时的液相传质系数。对纯物理吸收而言，吸收速率为 $J_A=k_{10}C_{Ai}$，k_1 和无化学反应时的液相传质系数 k_{10} 之比称为增强因子 E，于是有

$$E=\frac{k_1}{k_{10}}=\frac{Ha[Ha(\alpha-1)+\tanh Ha]}{Ha(\alpha-1)\tanh Ha+1} \tag{9-30}$$

可见化学反应对过程加速作用的实质表现在由于反应存在改变了液膜内反应物的浓度梯度，E 也就是有反应和无反应时浓度梯度之比。

当通过液膜的传质阻力可忽略时，通过界面的传质通量可用液相主体均相反应速率计算

$$R_A=kC_{Ai}C_{Bl}\frac{V}{a} \tag{9-31}$$

J_A 与 R_A 之比称为液相有效利用率 η，故有

$$\eta=\frac{J_A}{R_A}=\frac{Ha(\alpha-1)+\tanh Ha}{\alpha Ha[(\alpha-1)Ha\tanh Ha+1]} \tag{9-32}$$

η 为气液反应过程中液相利用程度的量度，其物理意义和气固相催化反应过程中的内部效率因子相当。当 $J_A=R_A$ 时，$\eta=1$，反应在整个液相中进行，表示反应相对于传质十分缓慢；而在严重的扩散限制下，$J_A \ll R_A$，$\eta \ll 1$，液相利用率很低，反应限于液膜内，表示相对于传质，反应十分快速。

液相反应利用率表示液相反应被利用的程度，如果液相反应利用率低，则表示由于受传递过程限制而使液相浓度 C_A 较界面大为降低。对快速反应而言，液膜扩散往往不能满足反应的要求，因而液相主体的浓度 C_A 接近或等于零，此时 η 亦必然接近于零。如果反应进行较慢，组分 A 需扩散至液流主体中，借液流主体的反应来完成，此时，液相反应利用率可达较高的数值。

下面分别就几个特殊的情况，对式(9-30) 和式(9-32) 进行讨论。

(1) 当反应速率很大，即 $Ha^2 \gg 1$，$Ha>3$ 时，$\tanh Ha \to 1$，则 $E=Ha$，此时吸收速率 J_A 为

$$J_A=Hak_{10}C_{Ai} \tag{9-33}$$

而液相反应利用率 $\eta=\frac{1}{\alpha Ha}$。由于 Ha 大于 1，而 α 为液相与液膜厚度之比，一般情况下，α 远大于 1（α 通常在 $10\sim10^4$ 之间，填料塔 α 为 10～100，鼓泡塔 α 为 $10^3\sim10^4$）故 η 是很小的数值，通常接近于零。这说明反应速率很大，反应在液膜中进行完毕，液相平均反应浓度可趋近于零。

(2) 当反应速率很小，即 $Ha^2 \ll 1$ 时，则反应将在液流主体中进行。此时 $\tanh Ha \approx Ha$，代入式(9-30) 和式(9-32) 可得

$$E=\frac{Ha[Ha(\alpha-1)+\tanh Ha]}{Ha(\alpha-1)\tanh Ha+1}=\frac{\alpha Ha^2}{\alpha Ha^2-Ha^2+1} \tag{9-34}$$

$$\eta=\frac{Ha(\alpha-1)+\tanh Ha}{\alpha Ha[(\alpha-1)Ha\tanh Ha+1]}=\frac{1}{\alpha Ha^2-Ha^2+1} \tag{9-35}$$

此时，E 和 η 均与 Ha 和 α 有关。

$$\alpha Ha^2=\frac{V}{\delta_1}\times\frac{kC_{Bl}\delta_1}{k_{10}a}=\frac{kC_{Bl}V}{k_{10}a}=\frac{\text{最大可能主体化学反应速率}}{\text{最大可能物理传质速率}} \tag{9-36}$$

由上式可见，即使 Ha 很小，αHa^2 仍有两种可能。

① 如果是慢反应（Ha^2 较小），但其设备储液较多，如鼓泡塔（α 远大于 1），此时，虽然 Ha^2 较小，但由于 α 很大，仍可使 αHa^2 远大于 1，有

$$E=\frac{\alpha Ha^2}{\alpha Ha^2-Ha^2+1}\approx 1 \tag{9-37}$$

即 $k_1 \approx k_{10}$，而

$$\eta=\frac{1}{\alpha Ha^2-Ha^2+1}\approx\frac{1}{\alpha Ha^2} \tag{9-38}$$

说明过程由物理传质速率决定，化学反应仅发生在液相主体的某一区域内。例如，当 $Ha=0.1$，$\alpha=1000$ 时有

$$E=\frac{k_1}{k_{10}}=\frac{1000\times 0.1^2}{1000\times 0.1^2-0.1^2+1}\approx 1 \tag{9-39}$$

$$\eta=\frac{1}{1000\times 0.1^2-0.1^2+1}\approx 0.09$$

② Ha 很小，αHa^2 也很小，这时有

$$\tanh Ha \approx Ha$$

$$E=\frac{Ha\left[Ha(\alpha-1)+\tanh Ha\right]}{Ha(\alpha-1)\tanh Ha+1}=\frac{Ha^2\alpha}{Ha^2(\alpha-1)+1}=\alpha Ha^2 \tag{9-40}$$

即 $k_1<k_{10}$，而

$$\eta=\frac{Ha(\alpha-1)+\tanh Ha}{\alpha Ha\left[(\alpha-1)Ha\tanh Ha+1\right]}=\frac{Ha\cdot\alpha}{Ha\cdot\alpha\left[(\alpha-1)Ha^2+1\right]}\approx 1 \tag{9-41}$$

这时，反应将在整个液相中进行，过程速率由均相反应速率决定。例如，当 $Ha=0.01$，$\alpha=100$ 时，有

$$E=\frac{k_1}{k_{10}}=\frac{100\times 0.01^2}{100\times 0.01^2-0.01^2+1}\approx 0.01$$

$$\eta=\frac{1}{100\times 0.01^2-0.01^2+1}\approx 1$$

9.2.3 不可逆飞速反应

前面的讨论是以反应物 B 的浓度在液膜和液相主体中是均匀的为前提。但当反应速率非常大时，不仅反应物 A 在液膜内被完全耗尽，反应物 B 的浓度在液膜内也将逐渐下降，如图 9-2 所示。

对飞速反应，液相内组分 A 与 B 不可能共存。在液膜内存在一个反应面，当自气液界面向液相主体扩散的组分 A 和自液相主体向气液界面扩散的组分 B 在反应面上相遇时即相互反应而耗尽，该反应面上组分 A 和 B 的浓度均为零。

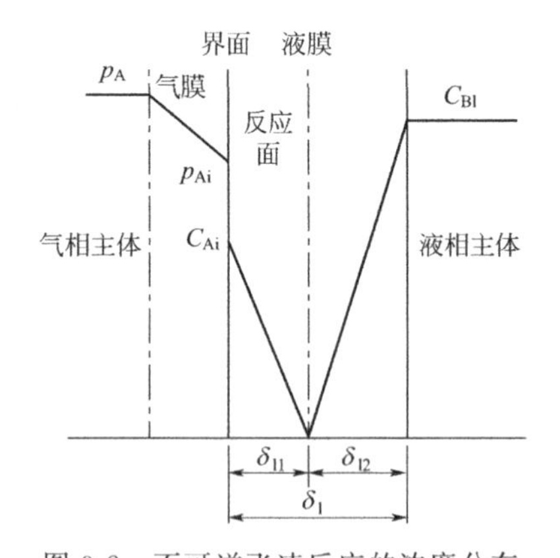

图 9-2 不可逆飞速反应的浓度分布

组分 A 从气相主体扩散到气液界面的量和从气液界面扩散到反应面的量应相等，且和组分 B 从液相主体扩散到反应面的量符合化学计量关系

$$J_A=\frac{D_{Al}C_{Ai}}{\delta_{l1}}=\frac{D_{Bl}C_{Bl}}{b\delta_{l2}}=k_g(p_A-p_{Ai}) \tag{9-42}$$

利用 $$\frac{D_{Al}}{\delta_{l1}}=\frac{\delta_l}{\delta_{l1}}\times\frac{D_{Al}}{\delta_l}=\frac{k_{l0}}{W}\qquad\left(W=\frac{\delta_{l1}}{\delta_l}\right)$$

和
$$\frac{D_{Bl}}{\delta_{l2}}=\frac{\delta_l}{\delta_{l2}}\times\frac{\gamma D_{Al}}{\delta_l}=\frac{\gamma k_{l0}}{1-W}\qquad\left(\gamma=\frac{D_{Bl}}{D_{Al}}\right)$$

以及亨利定律
$$p_{Ai}=HC_{Ai}$$

式(9-42) 可改写为
$$J_A=k_g(p_A-p_{Ai})=\frac{k_{l0}}{W}\times\frac{p_{Ai}}{H}=\frac{\gamma k_{l0}C_{Bl}}{b(1-W)}\tag{9-43}$$

由式(9-43) 中后两式解得
$$\frac{1}{W}=1+\frac{\gamma C_{Bl}H}{bp_{Ai}}$$

将$\frac{1}{W}$再代回式(9-43)，并求得
$$p_{Ai}=\frac{k_g p_A-\frac{k_{l0}}{b}\gamma C_{Bl}}{k_g+\frac{k_{l0}}{H}}\tag{9-44}$$

将 p_{Ai} 代入式(9-43) 得到
$$J_A=\frac{p_A}{\frac{1}{k_g}+\frac{H}{k_{l0}}}\left(1+\frac{\gamma C_{Bl}H}{bp_A}\right)\tag{9-45}$$

上式即为同时考虑气膜阻力和液膜阻力时，飞速反应的速率计算式。若仅考虑液膜阻力，则有
$$J_A=k_{l0}\left(1+\frac{\gamma C_{Bl}H}{bp_{Ai}}\right)\frac{p_{Ai}}{H}=k_l C_{Ai}\tag{9-46}$$

于是可得飞速反应的增强因子
$$E_\infty=\frac{k_l}{k_{l0}}=1+\frac{D_{Bl}C_{Bl}}{bD_{Al}C_{Ai}}\tag{9-47}$$

由上式可知，E_∞与反应速率常数无关。由于是飞速反应，因此 E_∞不再随 Ha 的增大而增大，只有提高 C_{Bl} 才能使 E_∞增大。其原因是 C_{Bl} 的提高促使反应面向气液界面推移，组分 A 在液膜中的扩散距离缩短。极限状况是反应面与气液界面重合，组分 A 扩散到气液界面即被耗尽，这时过程阻力集中在气膜，传质通量为
$$J_A=k_g p_A\tag{9-48}$$

这时液相反应物 B 的浓度达到一个临界值 C_{Bc}，从液相主体扩散至相界面的 B 的量和从气相主体扩散到相界面的 A 的量符合化学计量关系
$$\frac{D_{Bl}}{\delta_l}C_{Bc}=bJ_A=bk_g p_A\tag{9-49}$$

于是得到
$$C_{Bc}=\frac{bk_g p_A\delta_l}{D_{Bl}}=\frac{bk_g p_A D_{Al}}{k_{l0}D_{Bl}}\tag{9-50}$$

若 $C_{Bl}\geqslant C_{Bc}$，过程为气膜控制；若 $C_{Bl}<C_{Bc}$，则需同时考虑气膜和液膜阻力。

9.2.4　二级不可逆反应

当被吸收组分 A 与吸收剂活性组分 B 发生不可逆二级反应，其反应为 $A+bB\longrightarrow Q$，

则其液膜反应和扩散的微分方程为

$$\frac{d^2C_A}{dx^2}=\frac{k_2C_AC_B}{D_{Al}} \tag{9-51}$$

$$\frac{d^2C_B}{dx^2}=\frac{bk_2C_AC_B}{D_{Bl}} \tag{9-52}$$

边界条件如下

当 $x=0$， $C_A=C_{Ai}$， $\frac{dC_B}{dx}=0$ (9-53)

当 $x=\delta_1$， $-aD_{Al}\frac{dC_A}{dx}=(V-a\delta_1)k_2C_{Al}C_{Bl}$， $C_B=C_{Bl}$ (9-54)

式中，k_2 为二级不可逆反应的反应速率常数。

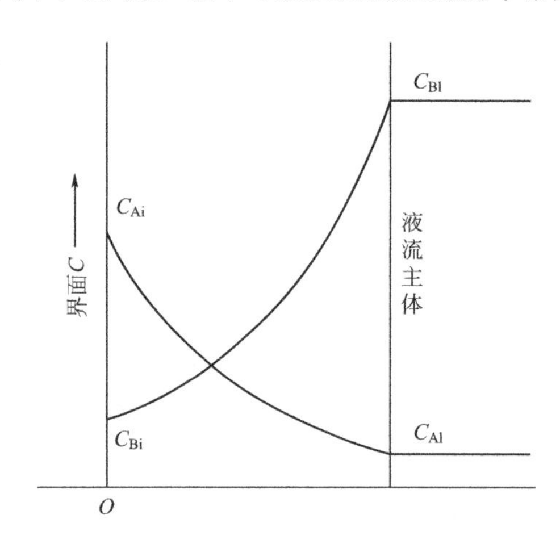

图 9-3 二级不可逆反应的浓度分布模型

二级不可逆反应的化学吸收必须考虑吸收剂活性组分 B 在液膜中的变化。在液膜中，不仅 A 不断被消耗，B 亦相应地被消耗。其浓度变化见图 9-3。

随着吸收剂中活性组分 B 浓度在液膜中的降低，化学吸收的速率相应减慢。然而，上述两个微分方程没有一般解析解，而仅能在液流主体 $C_{Al}=0$（即反应在膜中或主体中进行完毕）以及吸收剂活性组分 B 不挥发，在界面 $\left.\frac{dC_B}{dx}\right|_{x=0}=0$ 的情况下得到近似解。近似认为近界面反应区 B 的浓度可不变，等于界面 C_{Bi}。按式(9-30)，增强因子可表示为

$$E=\frac{\sqrt{D_{Al}k_2C_{Bi}}}{k_1}\Bigg/\tanh\left(\frac{\sqrt{D_{Al}k_2C_{Bi}}}{k_1}\right) \tag{9-55}$$

结合微分方程可得

$$D_{Al}\frac{d^2C_A}{dx^2}=\frac{D_{Bl}}{b}\times\frac{d^2C_B}{dx^2}$$

积分两次，代入相应边界条件可得

$$(E-1)D_{Al}C_{Ai}=\frac{D_{Bl}}{b}(C_{Bl}-C_{Bi})$$

将上两式消去 C_{Bi}，则得

$$E=\frac{\sqrt{Ha^2\frac{E_\infty-E}{E_\infty-1}}}{\tanh\sqrt{Ha^2\frac{E_\infty-E}{E_\infty-1}}} \tag{9-56}$$

式中，$Ha^2=\frac{D_{Al}k_2C_{Bl}}{k_1^2}$；$E_\infty=1+\frac{D_{Bl}C_{Bl}}{bD_{Al}C_{Ai}}$。

E_∞ 为瞬间反应的增强因子，它表征了吸收组分 A 与活性组分 B 的扩散速率的相对大小。

由于式(9-56) 是一个隐函数，一般不能直接计算出 E 值，为了便于直接得出 E 值，可以作出以 E_∞ 为参变数的 E-Ha 图，如图 9-4 所示。如此，只要知道 Ha^2 和 E_∞ 的数值，就可以从图中直接读得 E 的数值。

由图中可知两个极端情况：

① 如果液膜中 B 的扩散远大于反应的消耗，则液膜中 B 的浓度可认为是恒定值，这就成为虚拟一级反应（或称假一级反应）。由图 9-4 可知，当 $E_\infty>2Ha$ 时，二级反应可作虚拟一级反应处理。增强因子 E 就可按一级快速反应的 $E=Ha$ 来计算。由图 9-4 还得到，$E=Ha$ 是以 45°对角线表示的。

② 如果反应速率常数 k_2 很大，而 B 的供应又很不充分，使 $Ha>10E_\infty$，此时，二级反应的过程就可作瞬间反应处理，则增强因子 $E=E_\infty$。

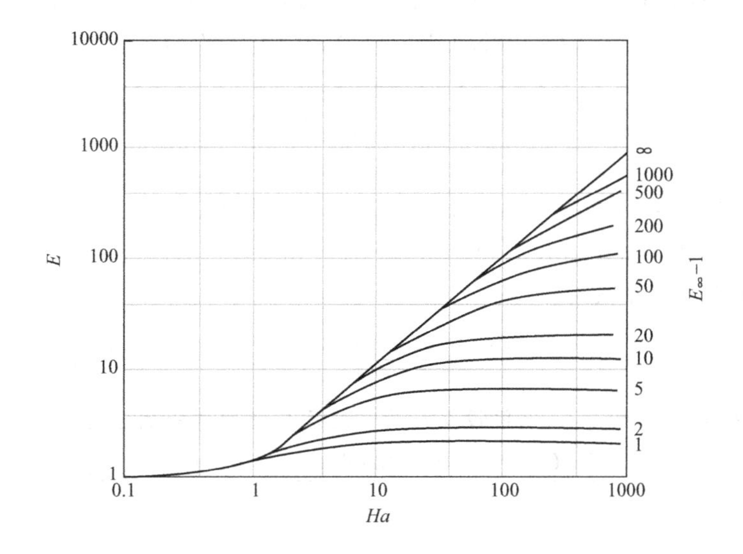

图 9-4　二级不可逆反应时的增强因子

例 9-1　以 NaOH 吸收 CO_2，NaOH 的浓度为 0.5kmol/m³，界面 CO_2 浓度为 0.04kmol/m³，$k_{l0}=10^{-4}$ m/s，$k_2=10^4$ m³/(kmol・s)，$D_{Al}=1.8\times10^{-9}$ m²/s，$\frac{D_{Bl}}{D_{Al}}=1.7$。试求其吸收速率。又问界面 CO_2 浓度到底低到多少时可按一级反应来处理，高到多少时可作瞬间反应来处理？

解：(1) 此反应为二级不可逆反应，采用公式(9-56) 计算。各反应参数如下

$$Ha=\sqrt{\frac{1.8\times10^{-9}\times10^4\times0.5}{10^{-8}}}=30$$

$$E_\infty=1+\frac{1.7\times0.5}{2\times0.04}=11.6$$

查图 9-4 得 $E=9$，则吸收速率为

$$J_A=Ek_{l0}C_{Ai}=9\times10^{-4}\times0.04=3.6\times10^{-5}\text{kmol/(m}^2\cdot\text{s)}$$

(2) 可作为一级反应来处理的条件为

$$E_\infty>2Ha\text{，即 }1+\frac{D_{Bl}C_{Bl}}{bD_{Al}C_{Ai}}>2\times30$$

代入数据得

$$1+\frac{1.7}{2}\times\frac{0.5}{C_{Ai}}>60$$

故得

$$C_{Ai}<0.0072\ \text{kmol/m}^3$$

(3) 可作为瞬间反应来处理的条件为

$$Ha>10E_i\text{，即 }30>10\left(1+\frac{1.7\times0.5}{2C_{Ai}}\right)$$

可得

$$C_{Ai}=0.0212\text{kmol/m}^3$$

故 C_{Ai} 在 0.0072～0.0212 之间应作为二级反应处理。

例 9-2 在填料塔中，CO_2 于高压下被 NaOH 溶液所吸收，其反应为

$$CO_2+2NaOH\longrightarrow Na_2CO_3+H_2O$$

$$(-r_A)=kc_Ac_B$$

试计算塔内 $p_A=10^5$ Pa，$C_{Bl}=500\ \text{mol/m}^3$ 处的吸收速率。

有关数据

$k_g=10^{-4}\text{mol/(m}^2\cdot\text{s}\cdot\text{Pa)}$， $k_{l0}=10^{-4}\text{m/s}$， $a=100\text{m}^2/\text{m}^3$， $k=10\text{m}^3/(\text{mol}\cdot\text{s})$

$H=25000\text{Pa}\cdot\text{m}^3/\text{mol}$， $D_A=1.8\times10^{-9}\text{m}^2/\text{s}$， $D_B=3.06\times10^{-9}\text{m}^2/\text{s}$

解： 组分 B 的临界浓度为

$$C_{Bc}=\frac{bk_gp_AD_A}{k_{l0}D_B}=\frac{2\times10^{-4}\times10^5\times1.8\times10^{-9}}{10^{-4}\times3.06\times10^{-9}}=1.176\times10^5\ \text{mol/m}^3>500\ \text{mol/m}^3$$

设气膜阻力可忽略，$p_{Ai}=p_A$，则假设反应为飞速反应时的增强因子为

$$E_\infty=1+\frac{D_BC_{Bl}}{bD_A\dfrac{p_A}{H}}=1+\frac{3.06\times10^{-9}\times500}{2\times1.8\times10^{-9}\times\dfrac{10^5}{2.5\times10^4}}=107.25$$

计算 Hatta 数

$$Ha=\frac{\sqrt{kC_{Bl}D_A}}{k_{l0}}=\frac{\sqrt{10\times500\times1.8\times10^{-9}}}{10^{-4}}=30$$

由于 $3<Ha<0.5E_\infty$，因而该反应体系可按拟一级快反应处理，则

$$E=Ha=30$$

校核气膜阻力和液膜阻力

气膜阻力

$$\frac{1}{k_ga}=\frac{1}{10^{-4}\times100}=100\text{s}\cdot\text{Pa/mol}$$

液膜阻力

$$\frac{H}{Ek_{l0}a}=\frac{2.5\times10^4}{30\times10^{-4}\times100}=83333\text{s}\cdot\text{Pa/mol}$$

所以气膜阻力可以忽略的假设正确。吸收速率为

$$N_A=Ek_{l0}C_{Ai}a=30\times10^{-4}\times\frac{10^5}{2.5\times10^4}\times100=1.2\text{mol/(m}^3\cdot\text{s)}$$

需要说明的是：上面的介绍集中在化学反应对液相传质的增强，如果即使没有化学反应过程的速率控制步骤也是气相传质，那么增大液相传质速率对增加吸收速率就不会有什么帮助，但是，如果无化学反应时过大的平衡背压阻止了气相反应物的溶解，那么气相反应物被反应消耗会增大传质推动力和气相组分在液相中的溶解量。

9.3　气液相反应器的分类和选型

9.3.1　气液相反应器的分类

为适应不同气液反应过程的反应和传递特征，工业上完成气液反应的设备有多种不同的类型和结构。按气液接触的方式，这些反应器可分为三大类。

① 液膜型：填料塔、湿壁塔，在这类反应器里，液体呈膜状，气液两相均为连续相；

② 气泡型：鼓泡塔、板式塔、通气搅拌釜，在这类反应器里，液体为连续相，气体以气泡形式分散在液体中；

③ 液滴型：喷洒塔、喷射反应器、文丘里反应器，在这类反应器里，气体为连续相，液体以液滴形式分散在气体中。

下面分析几种应用较广的气液反应器的结构和特点。

(1) 填料塔

填料塔的结构如图9-5(a)所示，由塔体、填料、填料的压板和支承板以及液体分布器等组成。填料堆放于支承板上，有些填料可以任意堆放，有些填料则必须规整排列。填料塔可以逆流操作或并流操作。逆流操作时，气体自塔底进入，在填料间隙中向上流动；液体自塔顶加入，通过液体分布器均匀喷洒于整个塔界面上，液体分布器的性能对塔的操作有很大影响。液体在填料表面形成液膜，液膜向下流动时传质表面被不断更新。液体沿乱堆填料向下流动时，沿塔壁流动的液体逐渐增多，称为壁流现象。当填料层较高时，宜隔一定距离重新设置液体再分布器，使液体重新均匀分布，改善气液接触。规整排列的填料，一般可不设液体再分布器，但对液体在塔顶的初始分布的均匀性要求更高。有的填料塔在塔顶设置除沫器，以除去气流中的雾沫。

填料塔结构简单，适用于腐蚀性的液体；气液相流量的允许变化范围较大，特别适用于低气速、高液速的场合；填料塔中气、液相流型均接近平推流，因此可用于要求高转化率的反应；填料塔的单位体积相界面大而持液量小，适用于过程阻力主要在相间传递的气液反应过程。工业上采用填料塔的典型过程有用乙醇胺、碳酸钾、氢氧化钠等碱性溶液吸收CO_2、H_2S等酸性气体，以及硫酸吸收氨制造硫酸铵，水吸收HCl制造盐酸等。

填料塔的主要缺点是：①液相停留时间短，对慢反应不合适；②为保证填料润湿，不能用于液体流量太低的场合；③填料易被固体颗粒堵塞，在气相或液相中含有悬浮杂质或会生成固体产物时不宜使用；④传热性能差，不宜用于反应热效应大的场合。

(2) 喷洒塔

喷洒塔是结构最简单的气液反应设备，如图9-5(b)所示，液体在塔顶部经喷雾器分散成液滴，和自下而上的气流接触。喷洒塔中虽然单位液相体积的相界面积很大，但持液量和单位反应器体积的相界面积均很小，而且液滴喷洒形成后，很少有机会发生凝并和分裂，传质效果较差。喷洒塔的突出优点是空体积大，处理含固体杂质或会生成固体产物的气液反应过程时无堵塞之虞。例如在用硫酸和磷矿石制造磷肥时，产生的HF和SiF_4气体中往往会挟带大量磷矿粉，工业上常用喷洒塔来吸收这种气体。另外，喷洒塔有时还可将反应器和干燥器的功能结合起来，例如用氢氧化钠水溶液制造纯碱时，氢氧化钠水溶液通过喷嘴分散成

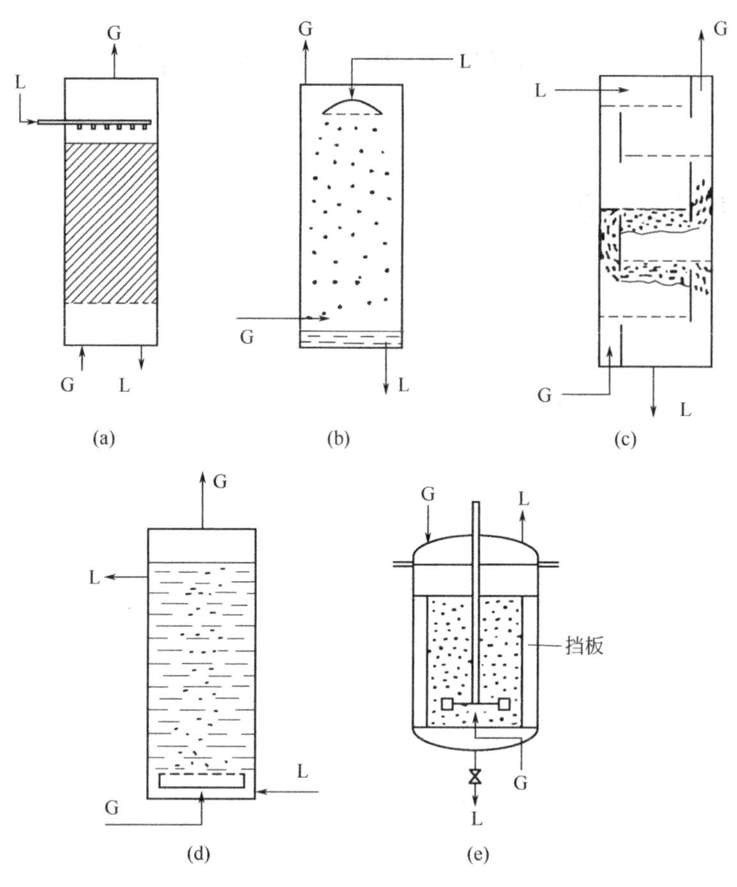

图 9-5 不同类型工业气液反应器

雾状和含 CO_2 的热烟道气接触进行反应，烟道气的显热和反应放出的热量使水分蒸发，可由该装置直接得到固体产品。

(3) 板式塔

板式塔由通常为圆筒形的塔体和按一定间距水平设置在塔内的若干塔板组成，如图 9-5(c) 所示。用于气液相反应的主要塔板类型为筛板或泡罩板，但近年来浮阀板也开始用于气液相反应。塔板之间可以设降液管，也可以不设。操作时液体在重力作用下，自上而下依次流过各层塔板，至塔底排出，气体在压力差推动下，自下而上穿过各层塔板，至塔顶排出。每块塔板上保持着一定高度的液层，气体以气泡形式分散于液层中。

板式塔中单位体积的气液相界面积、气液传质系数和持液量均较填料塔大，但板式塔结构较复杂，气体流动阻力较大。板式塔的液体流率和停留时间均可在较大范围内变动，适用于气体流量高，液体流量低，以及需要反应时间较长的场合。前者如用氢氧化钠水溶液吸收稀光气-空气混合物或稀 HCN-CO_2 混合物；后者如用水吸收 NO 并用空气氧化生产稀硝酸。另外，板式塔中每块板上都可设置换热管以提供或移除反应热，例如在用水吸收 NO_2 生产浓硝酸时，会产生大量的热量需及时移去。

(4) 鼓泡塔

其基本形式为空塔，塔内充满液体，气体从底部经分布板或喷嘴以气泡形式通过液层，气相中的反应物溶入液相并进行反应，如图 9-5(d) 所示。鼓泡塔结构简单、无运动部件，对加压反应和腐蚀性物系均可使用。鼓泡塔单位体积持液量大，但相界面积小，适用于慢反应和强放热反应体系。工业上，鼓泡塔是应用最广的气液相反应器，石油化工中的多种氧化反应（如环己烷氧化制环己酮），石蜡和芳烃的氯化反应，废水的生化处理和氨水碳化生成固体碳酸氢铵等反应过程均采用鼓泡塔。

鼓泡塔的缺点是液相返混大，在高径比较大时，气泡合并速度明显增加，相际接触面积迅速减小。为克服这些缺点，已出现多种鼓泡塔的改进形式。

为强化鼓泡塔内的传热与传质，可在塔内装一个与塔体同心的导流筒，进气管对准导流筒，在筒内形成气液两相混合物，而导流筒与塔体构成的环隙基本上不含气体，这样因导流筒内外的密度差而形成循环流。为限制鼓泡塔内液相返混，可在塔内设置若干层多孔水平挡板，这样液相的流型可接近多级串联的全混釜。也可在鼓泡塔内填装填料以减少液相的返混和气泡的合并，填料鼓泡塔的相界面积可比鼓泡塔增加 15%～80%。

（5）通气搅拌釜

通气搅拌釜也称鼓泡机械搅拌釜，其结构如图 9-5(e) 所示。生物化工中广泛使用的发酵罐就是通气搅拌釜的典型例子。它与鼓泡塔的差别在于利用机械搅拌使气体在液相中分散成细小的气泡，因此在持液量相近的条件下，气液界面积可较鼓泡塔增大一个数量级，适用于要求持液量和界面积都较大的反应过程。通气搅拌釜中液体的停留时间可根据需要方便地调节，亦可采用液体间歇进料、气体连续进料的操作方式。通过设置夹套或蛇管，或利用外部循环换热器，可方便地移除或供给反应热。由于搅拌造成的湍流，其气液传质系数也比较高，数值和板式塔相当。通气搅拌釜中用的搅拌器通常为涡轮搅拌器，搅拌器的形式、数量、尺寸、安装位置和转速都可进行选择和调节，以适应特定反应的需要。

通气搅拌釜的主要缺点是反应器中气、液两相均呈全混流，有时会严重降低反应器的体积效率，搅拌要消耗一定的能量，对高压反应过程，搅拌器的机械结构和密封往往是个难题。

9.3.2 气液反应器的选型

气液反应器的选型应考虑设备的生产强度（单位时间内单位体积反应器的生产能力）、能耗、设备投资和操作性能等多方面的因素，当存在副反应时，还应考虑选型对选择性的影响。但决定选型的核心问题是应使反应器的传递特性和反应动力学特性相适应。

常用气液反应器种类繁多，不如气固反应器那样，主要类型仅为固定床和流化床。不同气液反应器的特点主要反映在液相体积分数的大小，以及单位液相体积的传质界面的大小。不同类型气液反应器的液相体积分数和传质界面可以有极大的差别（见表 9-1）。

表 9-1　气液反应器的主要传质性能指标

类型		单位液相体积相界面积 /($m^2 \cdot m^{-3}$)	液相体积分数 ε_l	单位反应器体积相界面积 a/($m^2 \cdot m^{-3}$)	液相传质系数 /($m \cdot s^{-1}$)	单位液相体积/液膜体积 $\varepsilon_l(a\delta)^{-1}$
液膜型	填料塔	～1200	0.05～0.1	60～120	$(0.3～2)\times10^{-4}$	40～100
	湿壁塔	～350	～0.15	～50		10～50
气泡型	泡罩塔	～1000	0.15	150	$(1～4)\times10^{-4}$	40～100
	筛板塔（无降液管）	～1000	0.12	120	$(1～4)\times10^{-4}$	40～100
	鼓泡塔	～20	0.6～0.98	～20	$(1～4)\times10^{-4}$	4000～10000
	通气搅拌釜	～200	0.5～0.9	100～180	$(1～5)\times10^{-4}$	150～500

续表

类型		单位液相体积相界面积 /($m^2 \cdot m^{-3}$)	液相体积分数 ε_l	单位反应器体积相界面积 a/($m^2 \cdot m^{-3}$)	液相传质系数 /($m \cdot s^{-1}$)	单位液相体积/液膜体积 $\varepsilon_l(a\delta)^{-1}$
液滴型	喷洒塔	～1200	～0.05		$(0.5\sim1.5)\times10^{-4}$	2～10
	文丘里反应器	～1200	0.05～0.1		$(5\sim10)\times10^{-4}$	

一个显而易见的原则是应根据反应的特征和要求，选用适宜的反应器类型，以充分利用反应器的有效体积及消耗的能量。Hatta 数是决定气液反应器选型的主要参数。当 $Ha>3$ 时，反应为快速反应或飞速反应，反应在液膜内或相界面上完成，在液相主体中，组分 A 的浓度 C_{Al} 为零。单位反应器体积的传质通量（即表观反应速率）为

$$J_A=Ek_{l0}C_{Ai}a \tag{9-57}$$

反应器的生产强度与相界面积呈正比。因此，对这类反应应选用相界面积大的反应器，如填料塔、喷洒塔，当反应速率较慢，要求较长的液相停留时间时，也可选用板式塔。

当 $Ha<0.02$ 时，反应为慢反应，主要在液相主体中进行，组分 A 的液相主体浓度 C_{Al} 接近界面浓度 C_{Ai}，表观反应速率为

$$J_A=kC_{Ai}C_{Bl}\varepsilon_l \tag{9-58}$$

可见表观反应速率和液相体积分数呈正比，所以应选用持液量大的反应器，鼓泡塔因结构简单、容易操作和控制而常被采用。通气搅拌釜也是一种值得考虑的类型。

对 $0.02\leqslant Ha\leqslant3$ 的中速反应体系，情况比较复杂，这时过程阻力既可能主要在相际传质，也可能主要在液相反应，或者两者阻力都不能忽略。此时，需借助参数 aHa^2 作进一步的判别。在 9.2 节里曾说明参数 aHa^2 的物理意义是可能的最大主体化学反应速率与可能的最大物理传质速率之比。当 $aHa^2\gg1$ 时，说明过程阻力主要在相际传质，反应仅发生在液相中的某一狭小区域内，所以应选用相界面积大的设备。当 $aHa^2\ll1$ 时，说明过程阻力主要在液相主体反应，反应在整个液相主体中进行，所以应选用持液量大的设备。当 $aHa^2\approx1$ 时，说明相际传质和主体反应的阻力都不能忽略，应选用相界面积和持液量均大的设备。

还应指出，不同类型的气液反应器中，液相传质系数相差颇大，因此可能发生这样的情况：一个反应在填料塔中属快速反应，而在板式塔或通气搅拌釜中却属中速反应；或者在板式塔中被认为是慢反应，而在填料塔中却属中速反应。另外同一类型的反应器中，相界面积等参数变化幅度也很大。这些情况都增加了选型的复杂性。

例 9-3 气体中的 A 组分和液体中的 B 组分进行反应 $A+B\longrightarrow P$，反应为二级反应，反应速率常数为 $0.05m^3/(kmol\cdot s)$，B 在液相中的浓度为 $C_{Bl}=6mol/m^3$，A 在液相中的扩散系数 $D_A=2\times10^{-9}m^2/s$。请推荐一种合适的反应器并说明理由。

解： 分别考察相界面积大、持液量小的填料塔，相界面积和持液量均较大的板式塔和相界面积小、持液量大的鼓泡塔，由表 9-1 可知，这三种反应器的液相传质系数 k_{l0} 取值范围分别为

填料塔 $(0.3\sim2)\times10^{-4}m/s$

鼓泡塔、板式塔 $(1\sim4)\times10^{-4}m/s$

在这两种反应器中，Ha 的取值范围分别为

填料塔 $$Ha=\frac{\sqrt{kC_{Bl}D_A}}{k_{l0}}=\frac{\sqrt{0.05\times6\times2\times10^{-9}}}{(0.3\sim2)\times10^{-4}}=0.122\sim0.816$$

鼓泡塔、板式塔　$Ha=\dfrac{\sqrt{kC_{\mathrm{Bl}}D_{\mathrm{A}}}}{k_{10}}=\dfrac{\sqrt{0.05\times6\times2\times10^{-9}}}{(1\sim4)\times10^{-4}}=0.0612\sim0.245$

可见，在这三种反应器中，此反应系统均属中速反应，所以还需借助 aHa^2 进行判断。

由表 9-1 可见，这三种反应器 α 的取值范围分别为

填料塔　40～100

板式塔　40～100

鼓泡塔　4000～10000

所以，在这三种反应器中 aHa^2 的取值范围分别为

填料塔　0.595～66.6

板式塔　0.15～6.0

鼓泡塔　15.0～600

可见，鼓泡塔肯定是不合适的，填料塔和板式塔均可考虑，而何者更合适，需实验测定该反应体系在这两种气液反应器中的 k_{10} 和 α 后才能决定。

9.4　气液相反应器的设计计算

气液相反应过程，首先是被吸收气体组分扩散到相界面，再进入液相与吸收剂进行反应。因此，表现反应速率是扩散（包括气相与液相扩散）与化学反应的综合。若扩散速率远大于化学反应速率则过程为化学反应动力学控制；若化学反应速率远大于扩散速率，则过程受扩散控制，传递阻力主要在液相，这时选用设备宜以液体为连续相，这样反应的空间大且液体湍动较大，有利于液相传质和反应。对扩散控制物系，传递阻力若主要在气相，则选用设备宜以气相为连续相，这样气相湍动较大，有利于气相传质。

常用的吸收塔型有填料塔、板式塔和鼓泡塔，各具有不同的特性。

9.4.1　填料塔的设计计算

在填料塔中，气体是连续相，液体是分散相，适宜于快速反应吸收物系。在填料塔中，一般气液逆向流动，所以气液相组成沿填料塔高度呈连续变化，填料塔的设计采用常微分方程。

填料塔虽然存在较为严重的气、液相返混，但是至今工程上应用的设计计算方法仍是假定气、液两相均呈平推流状态，然后将设计计算结果再考虑一定的安全系数。在气、液相处于平推流状态下，填料吸收反应器的所需高度 L 可由微元高度 $\mathrm{d}z$ 的微分

$$-G'\mathrm{d}\left(\frac{y}{1-y}\right)=K_{\mathrm{g}}ap(y-y^{*})\mathrm{d}z \tag{9-59}$$

积分后，得到吸收塔高度

$$L=G'\int_{y_2}^{y_1}\frac{\mathrm{d}y}{pK_{\mathrm{g}}a(1-y)^2(y-y^{*})} \tag{9-60}$$

式中　G'——塔内不被吸收的惰性物料的空塔速率，$\mathrm{kmol/(m^2\cdot s)}$；

y，y^{*}——气相中被吸收组分的摩尔分数和液流主体中被吸收组分的平衡摩尔分数；

y_1，y_2——进、出吸收器气体中被吸收组分的摩尔分数；

K_g——气相总传质系数，kmol/(m^2·atm·s)；

a——传质比表面积，m^2/m^3；

p——总压，atm；

L——吸收塔的高度，m。

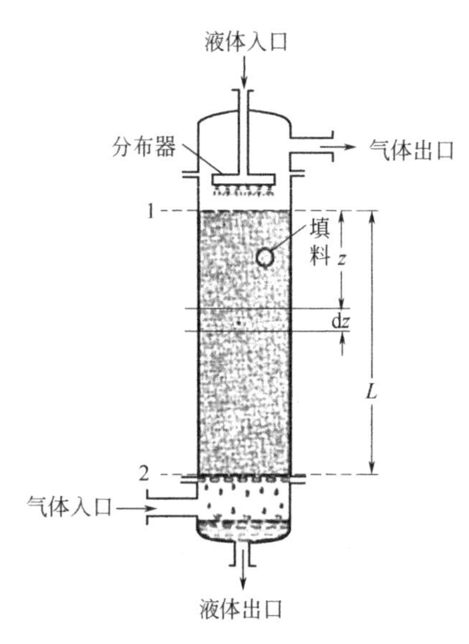

图 9-6 填料塔设计中的微元衡算

化学反应吸收的总传质系数不仅与气膜传质分系数和液膜传质分系数有关，还和化学反应增强因子 E 有关，即

$$气相总传质系数\quad K_g=\frac{1}{\frac{1}{k_g}+\frac{H}{Ek_{l0}}}$$

$$液相总传质系数\quad K_l=\frac{1}{\frac{1}{Hk_g}+\frac{1}{Ek_{l0}}}$$

填料塔设计中的微元衡算如图 9-6 所示。

由于在整个塔高区间内气液相温度和浓度一般均有变化，为此，通常需同时进行物料衡算和热量衡算，根据液相组分浓度和温度，计算平衡分压，确定实际吸收过程平衡线。并根据个别不同的反应模型，确定沿塔高不同点的增强因子和相应的气膜和液膜传质系数。

例 9-4 某带化学反应的脱 H_2S 过程，物理吸收液膜传质系数 k_{l0} 为 2×10^{-4}m/s，气膜传质系数 k_g 为 0.2kmol/(m^2·h·atm)，填料塔的比表面积为 92m^2/m^3，气体在塔内的空塔流速为 30kmol/(m^2·h)，入塔气含 H_2S 2g/m^3，出塔气含 H_2S 0.05g/m^3，操作压力 1.1atm，若全塔平均增强因子 $E=50$，H_2S 的溶解度系数为 0.1kmol/(m^3·atm)。试求在不计 H_2S 平衡分压时的塔高。

解： 化学反应存在下的液膜传质系数

$$\frac{k_l}{H}=\frac{Ek_{l0}}{H}=50\times0.1\times2\times10^{-4}\times3600=3.6\text{kmol/(m}^2\cdot\text{atm}\cdot\text{h)}$$

气膜传质系数 $k_g=0.2$kmol/(m^2·h·atm)

因 $\frac{k_l}{H}\gg k_g$，可视为气膜传质控制，因此，$K_g=k_g$。

由于 H_2S 含量很低且又不计平衡分压，则可按下式简化处理

$$-G\mathrm{d}y=K_g apy\mathrm{d}z$$

积分后，得

$$L=\frac{G}{pK_g a}\ln\frac{y_1}{y_2}$$

式中，$k_g=0.2$kmol/(m^2·h·atm)；$G=30$kmol/(m^2·h)；$p=1.1$atm；$a=92$m^2/m^3；$\frac{y_1}{y_2}=\frac{2}{0.05}=40$。

故
$$L=\frac{30}{1.1\times0.2\times92}\ln40=5.47\text{m}$$

9.4.2 鼓泡塔的设计计算

鼓泡反应器的优点是气相高度分散在液相之中，因而具有大的液体持有量和相际接触面，传质和传热效率较高，适用于缓慢化学反应和高度放热的情况，同时，气液鼓泡反应器结构简单、操作稳定、投资和维修费用低。

鼓泡反应器的缺点是液相有较大的返混。高径比较大时，气泡合并速度增加，相际接触面积迅速减小，有可能形成节涌状态。

1. 流体力学

鼓泡塔的流动状态可划分为三种区域，见图 9-7 和图 9-8。

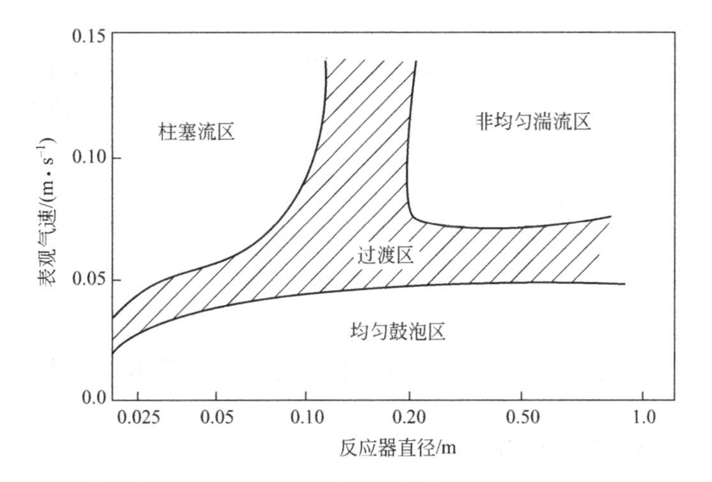

图 9-7　鼓泡塔流动状态分区域图

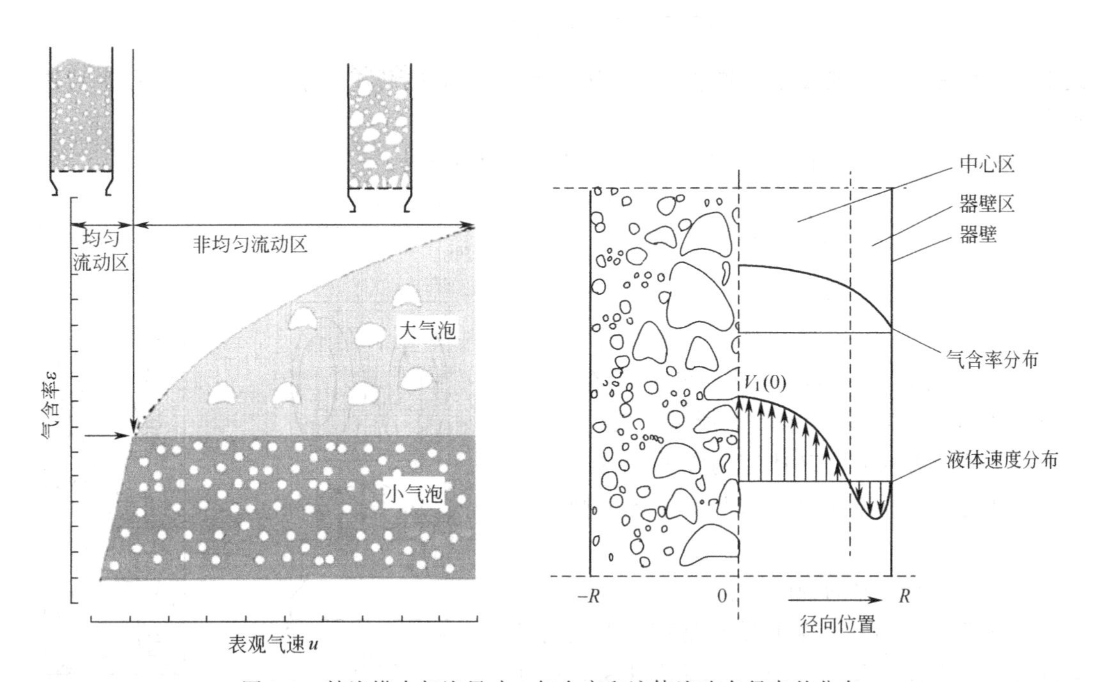

图 9-8　鼓泡塔中气泡尺寸、气含率和液体流速在径向的分布

(1) 均匀鼓泡区域

当表观气速低于0.05m/s时，常处于此种均匀鼓泡区域，此时，气泡呈分散状态，气泡大小均匀，进行有秩序的鼓泡，目测液体搅动微弱，此均匀鼓泡区域又称为安静鼓泡流动区域。

(2) 剧烈扰动的湍流鼓泡区域

在较高的表观气速下，均匀鼓泡状态不能再维持。此时部分气泡凝聚成大气泡，塔内气液剧烈无定向搅动，呈现极大的浓相返混。这时，气体以大气泡和小气泡两种形态与液体相接触，大气泡上升速度较快，停留时间较短，小气泡上升速度较慢，停留时间较长，因而，形成不均匀接触的状态，称之为剧烈扰动的湍流鼓泡区域或非均匀湍流鼓泡区域。工业鼓泡塔的操作常处于湍动区的流动状态。

(3) 柱塞流动区域

在小直径鼓泡塔中，在较高表观气速下会出现柱塞流动状态。这是由于大气泡直径被鼓泡塔的器壁所限制，实验观察到的柱塞气泡流发生在直径小于0.15m的鼓泡塔中。

2. 流体力学参数的计算

(1) 气泡直径及径向分布

鼓泡塔的气泡直径可按Akita-Yoshida关联式计算

$$\frac{d_b}{D_t}=26\left(\frac{gD_t^2\rho_l}{\sigma_l}\right)^{-0.5}\left(\frac{gD_t^3\rho_l^2}{\mu_l^2}\right)^{-0.12}\left(\frac{u_g}{\sqrt{gD_t}}\right)^{-0.12} \tag{9-61}$$

式中，d_b为全塔平均气泡直径；D_t为鼓泡塔的内径；u_g为鼓泡塔的表观气速；σ_l为液体的表面张力。

(2) 鼓泡塔的气含量及径向分布

对于塔径大于15cm的鼓泡塔，气含率计算关联式为（以单位气液混合物体积计）

$$\frac{\varepsilon_g}{(1-\varepsilon_g)^4}=C\left(\frac{u_g\mu_l}{\sigma_l}\right)\left(\frac{\rho_l\sigma_l^3}{g\mu_l^4}\right)^{7/24} \tag{9-62}$$

式中，C为常数，对纯液体和非电解质溶液$C=0.2$，对电解质溶液$C=0.25$；μ_l为液体的黏度。

或采用Akita-Yoshida关联式计算（以单位液相体积计）

$$\frac{\varepsilon_g}{(1-\varepsilon_g)^4}=0.20\left(\frac{gD_t^2\rho_l}{\sigma_l}\right)^{1/8}\left(\frac{gD_t^3\rho_l^2}{\mu_l^2}\right)^{1/12}\left(\frac{u_g}{\sqrt{gD_t}}\right) \tag{9-63}$$

(3) 鼓泡塔中液体循环

在鼓泡塔中，塔中部液体随气泡群的上升而被夹带向上流动，在塔的近壁处液体回流向下，构成了液体循环流动，如图9-9所示。鼓泡塔$2r/D_t=0.7$处，为轴向循环速度为零的中性点，直径小于此处液流向上运动，直径大于此处则液流向下运动。

(4) 鼓泡反应器的轴向混合

鼓泡反应器的一个主要缺点是存在严重的轴向混合，它不仅会降低反应器的反应速率，还使单一反应器在连续操作时难以获得较高的转化率。

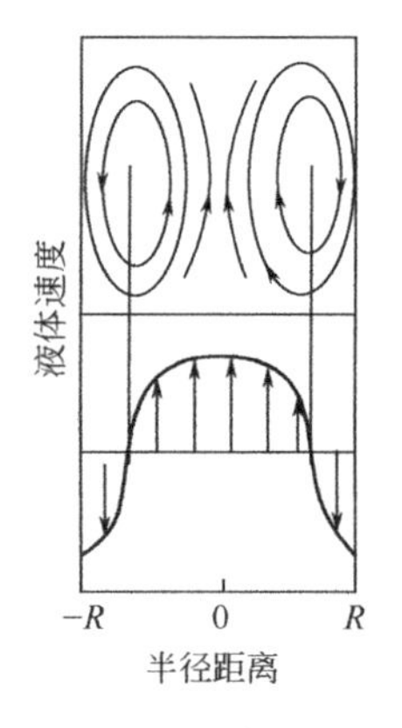

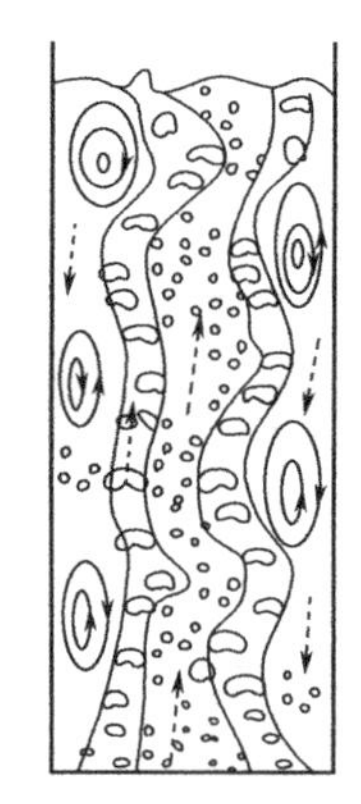

图9-9 鼓泡塔中的液体循环流动示意图

鼓泡塔的气相轴向分散系数依赖于鼓泡塔的塔径，对于 $D_t=2m$ 的工业大塔，当塔高与塔径之比为2时，$D_{ea,g}=9.05m^2/s$，$Pe_g=0.177$，接近全混流；对于 $D_t=0.1m$ 的小塔，如塔高为2m，$D_{ea,g}=0.0586m^2/s$，$Pe_g=11.38$，气相接近平推流。

根据推荐，工程计算上采用Deckwer关联式，即

$$D_{ea,l}=0.678D_t^{1.4}u_g^{0.2} \tag{9-64}$$

对液相轴向扩散系数计算得，$Pe_l=0.10\sim0.16$，因此液相一般可考虑成全混流。

Wendt等提出，液相轴向扩散系数可简单地表示为液体中心线速度 $V_l(0)$ 和反应器直径 D_t 的乘积

$$D_{ea,l}=0.31V_l(0)D_t \tag{9-65}$$

式中，$V_l(0)$ 可通过方程式(9-66)估算

$$V_l(0)=0.21(gD_t)^{1/2}\left(\frac{u_g^3}{g\nu_l}\right)^{1/8} \tag{9-66}$$

所以，$D_{ea,l}\propto D_t^{1.5}$，与Deckwer关联式相一致，即轴向液相扩散系数近似与反应器直径的1.5次方呈正比。

（5）鼓泡反应器的传质特性

由于鼓泡反应器一般适用于慢速反应，因此，气相一侧传质阻力不予考虑。液膜传质系数按Akita-Yoshida关联式计算（以单位混合相体积计）

$$\frac{k_l d_b}{D_l}=0.5\left(\frac{\mu_l}{D_l\rho_l}\right)^{0.5}\left(\frac{gd_b^3\rho_l^2}{\mu_l^2}\right)^{0.25}\left(\frac{gd_b^2\rho_l}{\sigma_l}\right)^{0.375} \tag{9-67}$$

3. 鼓泡塔的设计计算

鼓泡塔的模型建立有如下三种情况：

① 气相为平推流，液相为全混流。此种情况属于小直径鼓泡塔。

② 气相、液相均为全混流。此类情况符合于低矮型大直径鼓泡塔和搅拌鼓泡反应器。

③ 气相有返混，液相全混流。此类情况符合于多数大直径鼓泡塔。

下面仅以第一种情况为例，介绍鼓泡反应器的设计方法。

由于气相为平推流，且被吸收反应物在气相中，因此，可列微分衡算方程如下

$$-G'\mathrm{d}\left(\frac{y}{1-y}\right)=K_g ap(y-y^*)\mathrm{d}z \tag{9-68}$$

式中，$G'=G(1-y)$，为惰性气体总流量；$K_g=\left(\frac{1}{k_g}+\frac{H}{Ek_{l0}}\right)^{-1}$。

如为不可逆反应，则 $y^*=0$。

进行积分，得到鼓泡塔高度

$$L=\frac{G'}{K_g ap}\left[\ln\frac{y_1(1-y_2)}{y_2(1-y_1)}+\frac{1}{1-y_1}-\frac{1}{1-y_2}\right] \tag{9-69}$$

例9-5　邻二甲苯在鼓泡塔中用空气进行氧化，反应温度为160℃，压力为1.378MPa（绝压），已知鼓泡塔直径为2m，氧加料速率为51.5kmol/h，氧与邻二甲苯的反应速率常数 $k=3.6\times10^3h^{-1}$，出口气相氧分压为0.0577MPa，氧在邻二甲苯中的扩散系数为 $5.2\times10^{-6}m^2/h$，氧的溶解度系数为 $7.88\times10^{-2}kmol/(m^3\cdot MPa)$，求反应器高度（不考虑气膜阻力）。邻二甲苯的基础数据：$\rho_l=750kg/m^3$，$\mu_l=0.828kg/(m\cdot h)$，$\sigma_l=16.5\times10^{-3}N/m$。

解： 采用气相为平推流、液相为全混流的简化模型。

反应条件下空气的加料速率为

$$\frac{51.5}{0.21}\times22.4\times\frac{433}{273}\times\frac{0.1013}{1.378}=640\mathrm{m^3/h}$$

表观气速

$$u_g=\frac{640}{3600\times\pi\times1^2}=0.0566\mathrm{m/s}$$

气泡直径由下式计算

$$\frac{d_b}{D_t}=26\left(\frac{gD_t^2\rho_l}{\sigma_l}\right)^{-0.5}\left(\frac{gD_t^3\rho_l^2}{\mu_l^2}\right)^{-0.12}\left(\frac{u_g}{\sqrt{gD_t}}\right)^{-0.12}$$

$$\frac{d_b}{D_t}=26\times\left(\frac{9.81\times2^2\times750}{16.5\times10^{-3}}\right)^{-0.5}\times\left[\frac{9.81\times2^3\times750^2}{(0.828/3600)^2}\right]^{-0.12}\times\left(\frac{0.0566}{\sqrt{9.81\times2}}\right)^{-0.12}$$

$$=26\times7.48\times10^{-4}\times0.0162\times1.687$$

$$=5.32\times10^{-4}$$

$$d_b=5.32\times10^{-4}\times2=1.064\times10^{-3}\mathrm{m}$$

气含率由下式求取

$$\frac{\varepsilon_g}{(1-\varepsilon_g)^4}=C\left(\frac{u_g\mu_l}{\sigma_l}\right)\left(\frac{\rho_l\sigma_l^3}{g\mu_l^4}\right)^{7/24}$$

$$\frac{\varepsilon_g}{(1-\varepsilon_g)^4}=0.2\times\left(\frac{0.0566\times0.828}{16.5\times10^{-3}\times3600}\right)\times\left[\frac{750\times(16.5\times10^{-3})^3}{9.81\times(0.828/3600)^4}\right]^{7/24}=0.2706$$

经试差解得

$$\varepsilon_g=0.1447$$

比表面积

$$a=\frac{6\varepsilon_g}{d_b}=\frac{6\times0.1447}{1.064\times10^{-3}}=816\mathrm{m^2/m^3}$$

液膜传质系数可由 Akita-Yoshida 关联式计算

$$\frac{k_{l0}d_b}{D_l}=0.5\left(\frac{\mu_l}{D_l\rho_l}\right)^{0.5}\left(\frac{g_c d_b^3\rho_l^2}{\mu_l^2}\right)^{0.25}\left(\frac{g_c d_b^2\rho_l}{\sigma_l}\right)^{0.375}$$

$$k_{l0}=\frac{5.2\times10^{-6}}{1.064\times10^{-3}}\times0.5\times\left(\frac{0.828}{750\times5.2\times10^{-6}}\right)^{0.5}$$

$$\times\left[\frac{9.81\times(1.064\times10^{-3})^3\times750^2}{(0.828/3600)^2}\right]^{0.25}\left[\frac{9.81\times(1.064\times10^{-3})^2\times750}{16.5\times10^{-3}}\right]^{0.375}$$

$$=4.887\times10^{-3}\times0.5\times14.57\times18.83\times0.774=0.52\mathrm{m/h}$$

鼓泡塔高计算如下

$$Ha^2=\frac{D_lk}{k_{l0}^2}=\frac{5.2\times10^{-6}\times3.6\times10^3}{0.52^2}=0.069$$

因 $Ha=0.263$，介于 0.02 和 3 之间，故为中等速率反应。

$$\alpha=\frac{\varepsilon_l}{a\delta_l}=\frac{1}{a}\times\frac{k_{l0}}{D_l}(1-\varepsilon_g)=\frac{0.52}{816\times5.2\times10^{-6}}\times(1-0.1447)=104.8$$

$$E=\frac{\alpha Ha^2}{\alpha Ha^2-Ha^2+1}=\frac{104.8\times0.069}{104.8\times0.069-0.069+1}=0.89$$

此为不可逆反应，气体中氧浓度较高，用下式计算鼓泡塔高

$$L=\frac{G'}{K_gap}\left[\ln\frac{y_1(1-y_2)}{y_2(1-y_1)}+\frac{1}{1-y_1}-\frac{1}{1-y_2}\right]$$

其中

$$G'=51.5\times\frac{0.79}{0.21}\times\frac{1}{3600\times\pi\times12}=0.0171\text{kmol/(m}^2\cdot\text{s)}$$

$$K_g\approx\frac{Ek_{10}}{H}=0.89\times7.88\times10^{-2}\times0.52=3.69\times10^{-2}\text{kmol/(m}^2\cdot\text{MPa}\cdot\text{h)}$$

已知进口气相（空气）浓度 $y_1=0.21$，出口气相浓度 $y_2=\frac{0.0577}{1.378}=0.042$，故

$$L=\frac{0.0171\times3600}{1.378\times3.69\times10^{-2}\times816}\times\left[\ln\frac{0.21\times(1-0.042)}{0.042\times(1-0.21)}+\frac{1}{1-0.021}-\frac{1}{1-0.042}\right]$$
$$=1.484\times2.024$$
$$=3.0\text{m}$$

L 即为鼓泡塔高度。

习　题

9-1　在 2MPa（绝压）下，用 20℃的纯水吸收含体积分数为 0.1% H_2S(A) 的废气，已知在上述操作条件下 H_2S 在废气和水中的传质系数分别为

$$k_{gA}a=0.06\text{mol/(m}^3\cdot\text{s}\cdot\text{Pa)}$$
$$k_{lA}a=0.03\text{s}^{-1}$$

亨利常数 $H_A=0.0115\text{Pa}\cdot\text{L/mol}$。计算这一吸收操作中气膜和液膜的相对阻力。

若此吸收操作改用 250mol/m³ 的甲醇胺（B）溶液，温度和压力均不变。H_2S 和甲醇胺的反应式为

$$H_2S+RNH_2\longrightarrow HS^-+RNH_3^+$$

由于这是一个酸碱中和反应，可视为不可逆的瞬间反应。计算吸收过程将加快多少，并对结果进行分析。H_2S 和甲醇胺在液相中的分子扩散系数分别为 $D_{lA}=1.5\times10^{-9}\text{m}^2/\text{s}$，$D_{lB}=10^{-9}\text{m}^2/\text{s}$。

9-2　在一填料塔内，用含组分 B 的液体吸收气相组分 A，反应速率方程为

$$r_A=kC_{Al}C_{Bl}$$

已知

$$k=10^6\text{m}^3/(\text{mol}\cdot\text{h}),\quad k_{Ag}a=100\text{mol/(m}^3\cdot\text{h}\cdot\text{Pa)}$$
$$k_{Al}a=100\text{h}^{-1},\quad a=100\text{m}^2/\text{m}^3$$
$$\text{液相体积分数 }\varepsilon_l=0.1\text{m}^3/\text{m}^3$$
$$D_A=D_B=10^{-6}\text{m}^2/\text{h},\quad H=10^4\text{Pa}\cdot\text{m}^3/\text{mol}$$

在塔内某处，$p_A=10^4\text{Pa}$，$C_{Bl}=100\text{mol/m}^3$。试计算：

（1）该处的反应速率［以 mol/(m³·h) 为单位表示］；

（2）气膜、液膜阻力的相对大小。

9-3　在填料塔内用 NaOH 溶液吸收 CO_2

$$CO_2(A)+2NaOH(B)\longrightarrow Na_2CO_3+H_2O$$

已知某界面处 NaOH 浓度为 1.2kmol/m³，CO_2 分压为 0.4MPa，假定气膜传递阻力可忽略，计算该处的吸收速率。

其他有关数据

$$k_{Al0}=10^{-4}\,m/s,\quad k=1.5\times10^{4}\,m^3/(kmol\cdot s),\quad D_A=2.0\times10^{-9}\,m^2/s$$

$$D_B=3.2\times10^{-9}\,m^2/s,\quad H_A=8MPa\cdot m^3/kmol$$

9-4 气相反应物 A 与溶液中的液相反应物 B 进行反应 $A+B \longrightarrow P$，已知反应为二级，反应速率常数 $k=0.01m^3/(kmol\cdot s)$，溶液中 B 的浓度 $C_{Bl}=2kmol/m^3$，组分 A 在液相中的扩散系数 $D_A=10^{-9}m^2/s$。请选择一种合适的气液反应器。

9-5 在一填料鼓泡塔中，用 K_2CO_3-$KHCO_3$ 碱性缓冲溶液吸收 CO_2

$$CO_2(A)+OH^-(B) \longrightarrow HCO_3^-$$

$$-r_A=kC_{Al}C_{Bl}$$

气相进料为纯 CO_2，操作压力为 0.1MPa，温度为 20℃，吸收液快速循环，塔内液相组成可视为均一。计算 CO_2 的吸收率。

其他数据如下

鼓泡塔容积 $V_r=0.6041m^3$，液相分数 $\varepsilon_l=0.08$

单位塔体积气液表面积 $a=120m^2/m^3$

亨利常数 $H_A=3500Pa\cdot m^3/mol$

气相体积流率 $q_{V0}=0.0363m^3/s$

液相平均浓度 $C_{Bl}=300mol/m^3$

扩散系数 $D_{Al}=D_{Bl}=1.4\times10^{-9}m^2/s$

速率常数 $k=0.433m^3/(mol\cdot s)$，$k_{Al0}a=0.025s^{-1}$

参 考 文 献

[1] Akanksha, Pant K K, Srivastava V K. Carbon Dioxide Absorption into Monoethanolamine in a Continuous Film Contactor [J]. *Chem Eng J*, 2007, 133 (1/2): 229-237.

[2] Akita K, Yoshida F. Bubble Size, Interfacial Area, and Liquid Phase Mass Transfer Coefficient in Bubble Columns [J]. *Ind Eng Chem Process Des Dev*, 1974, 13 (1): 84-91.

[3] Akita K, Yoshida F. Gas Holdup and Volumetric Mass Transfer Coefficient in Bubble Columns. Effects of Liquid Properties [J]. *Ind Eng Chem Process Des Dev*, 1973, 12 (1): 76-80.

[4] Bugay S, Escudie R, Line A. Experimental Analysis of Hydrodynamics in Axially Agitated Tank [J]. *AIChE J*, 2002, 48 (3): 463-475.

[5] Danckwerts P V. Significance of Liquid Film Coefficients in Gas Absorption [J]. *Ind Eng Chem*, 1951, 43 (6): 1460-1467.

[6] Deckwer W D, Loulsl Y, Zaldl A, et al. Hydrodynamic Properties of the Fischer Tropsch Slurry Process [J]. *Ind Eng Chem Process Des Dev*, 1980, 19 (4): 699-708.

[7] Dhanasekharan K M, Sanyal J, Jain A, et al. A Generalized Approach to Model Oxygen Transfer in Bioreactors Using Population Balances and Computational Fluid Dynamics [J]. *Chem Eng Sci*, 2005, 60 (1): 213-218.

[8] Hatta S. Tohoku Imp Univ. Tech Repts, 1928, 8: 1. (In Butt J B. Reaction Kinetics and Reactor Design. New Jersey: Prentice-Hall, 1980.)

[9] Higbie R. The Rate of Absorption of a Pure Gas into a Still Liquid during Short Periods of Exposure [J]. *Trans Amer Inst Chem Eng*, 1935, 31: 365-389.

[10] Joshi J B, Vitankar V S, Kulkarni A A, et al. Coherent Flow Structures in Bubble Column Reactors [J]. *Chem Eng Sci*, 2002, 57 (16): 3157-3183.

[11] Lewis W K, Whitman W G. Principles of Gas Absorption [J]. *Ind Eng Chem*, 1924, 16 (12): 1215-1220.

[12] Shah Y T, Kelkar B G, Godbole S P, et al. Design Parameters Estimations for Bubble Column Reactors [J]. *AIChE J*, 1982, 28 (3): 353-379.

[13] Sie S T, Krishna R. Fundamentals and Selection of Advanced Fischer Tropsch Reactors [J]. *Appl Catal A Gen*, 1999, 186 (1/2): 55-70.

[14] Talvy S, Cockx A, Line A. Modeling Hydrodynamics of Gas-Liquid Airlift Reactor [J]. *AIChE J*, 2007, 53 (2): 335-353.

[15] Van Krevelen D W, Hoftizer P J. Rec Tray Chim, 1948, 67: 563. (In Butt J B. Reaction Kinetics and Reactor Design. New Jersey: Prentice-Hall, 1980.)

[16] Wang T F, Wang J F. Numerical Simulations of Gas Liquid Mass Transfer in Bubble Columns with a CFD PBM Coupled Model [J]. *Chem Eng Sci*, 2007, 62 (24): 7107-7118.

[17] Wendt R, Steiff A, Weinspach, P M. Liquid Phase Dispersion in Bubble Columns [J]. *Ger Chem Eng*. 1984, 7 (5): 267-273.

[18] Yano T, Kuramoto K, Tsutsumi A, et al. Scale-Up Effects in Nonlinear Dynamics of Three Phase Reactors [J]. *Chem Eng Sci*, 1999, 54 (21): 5259-5263.

[19] 张成芳．气液反应和反应器 [M]. 北京：化学工业出版社，1985.

[20] 朱炳辰．化学反应工程 [M]. 第二版．北京：化学工业出版社，1998.

第 10 章

气液固三相反应器

工业上，反应物系中存在气、液、固三相的反应过程包括以下三种类型：①反应物及反应产物在气相和液相中而固相为催化剂的催化反应过程，如重质油的加氢裂化，丁炔二醇加氢制造丁二醇；②反应物及反应产物存在于三相中的非催化反应过程，如煤的热液化，水质净化过程中悬浮有机固体的生物氧化和光氧化；③三相中只有两相参与反应而另一相为惰性物质的反应过程，如三相甲醇合成以液蜡 $C_{12}H_{26}$ 为移热剂，可控制反应温度。其他如正戊烷中 CO 和 H_2 的 Fischer-Tropsch 合成，在环己烷中乙烯或丙烯的聚合等。

与气固相反应相比，气液固三相反应过程有下列优点：①由于液相组分热容大，改善了强放热反应的传热和温度控制；②反应条件温和，可延长催化剂的寿命，对许多反应过程，这将有利于改善选择性。除此之外，溶剂化学效应也是多相反应可以利用的一个优势。例如，在苯选择性加氢制备环己烯的反应过程中，极性溶剂的添加对环己烯的选择性影响很大。这主要是由于溶剂的加入使得催化剂表面形成一层极性溶剂膜，加氢产物环己烯易从催化剂表面脱附，从而阻碍了加氢反应的继续进行。在反应体系中加入的极性溶剂虽然降低了加氢速率，但提高了环己烯的解吸速率，降低了环己烯的加氢速率，从而提高环己烯的选择性。其中较有效的溶剂有水、甲醇、乙二醇、苯甲醇、1,4-丁二醇等。以水为例，当水的用量和苯相当或略高于苯的用量时，效果非常显著，与不添加水的苯催化加氢反应相比，环己烯产率可提高一倍以上。另有实例说明，通过溶剂效应改变催化剂表面的微平衡，可使环己烯水合制备环己醇的收率由 12%提高至 20%。

10.1 气液固三相反应动力学

气液固三相反应过程中同时存在气液相际的传质、液固相际的传质和固相内部的传质和固相表面的化学反应，是比较复杂的传质-反应交互作用的过程。由于三相反应器中，液固相间的相对运动速率一般较小，而气相反应物必须通过液相才能到达固体催化剂表面，因此反应相外的传质对表观反应速率往往具有重要影响，在采用细粉催化剂的淤浆反应器中这一点更加突出。由于液体的热容和导热系数较气体大得多，因此三相反应器中反应相外部的温度差一般可忽略（除加氢裂化反应等少数例外）。可见，在三相反应过程中，外部传质和传热的相对重要性和气固相催化反应过程正好相反。

至今，对气液固三相反应过程主要还是用双膜理论进行分析。当反应仅涉及气相反应物，或液相反应物大大过量，其浓度在整个液相中可认为均匀，液相反应物的传递可忽略时，对反应 $A(g)+vB(l)\longrightarrow P$(产物)，反应过程由下列步骤组成，见图 10-1。

① 组分 A 从气相主体传递到气液界面；

② 组分 A 从气液界面传递进入液相主体；

③ 组分 A 在液相主体中的混合与扩散；

④ 组分 A 从液相传递到催化剂外表面；

⑤ 组分 A 向催化剂内部传递并在内表面上进行反应。

该步速率表达式如下

$$(-r_A)_{obs}=\eta_i k a_p C_{As} C_{Bl} \quad (10\text{-}1)$$

式中，a_p 为单位反应器体积的颗粒外表面积；C_{As}为催化剂颗粒的外表面气相反应物 A 的浓度。

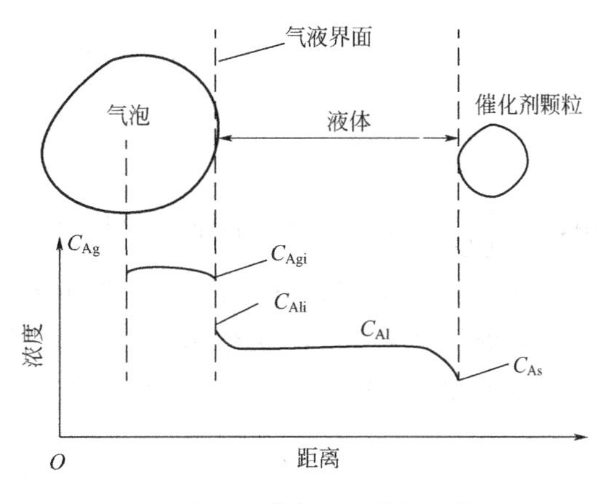

图 10-1　三相反应中气相反应物的传递过程

各步气相传递步骤速率

① 从气相内部到气泡表面——气相传质

$$(-r_A)_{obs}=k_g a_g (C_{Ag}-C_{Agi}) \quad (10\text{-}2)$$

② 从气泡表面到液相主体——气液传质

$$(-r_A)_{obs}=k_l a_g (C_{Ali}-C_{Al}) \quad (10\text{-}3)$$

式中，$C_{Ali}=\dfrac{C_{Agi}}{H}$。

③ 从液相主体到催化剂表面——液固传质

$$(-r_A)_{obs}=k_s a_p (C_{Al}-C_{As}) \quad (10\text{-}4)$$

由于以上各步速率相等，且只有气相主体浓度 C_{Ag}是已知量，因此，为便于应用，将总速率表达为如下形式

$$(-r_A)_{obs}=k_{obs} a_p C_{Ag} C_{Bl} \quad (10\text{-}5)$$

$$\frac{1}{k_{obs}a_p}=\frac{1}{k_g a_g}+\frac{H}{k_l a_g}+H\left(\frac{1}{k_s a_p}+\frac{1}{kC_{Bl}\eta_i a_p}\right) \quad (10\text{-}6)$$

式(10-6) 中气液和液固传质系数可通过以下关联式得到。

① 气液传质系数——k_l

无重力时

$$Sh=\frac{d_b k_l}{D_A}=2 \quad (10\text{-}7)$$

无搅拌时

$$k_l\left(\frac{\mu_l}{\rho_l D_A}\right)^{2/3}=0.31\left(\frac{\Delta\rho\mu_l g}{\rho_l^2}\right)^{1/3} \quad (10\text{-}8)$$

搅拌时

$$k_l=0.592 D_A^{1/2}(E/\nu)^{1/4} \quad (10\text{-}9)$$

式中，E 为单位质量液体的能量耗散率，erg/(s · g) (1erg = 10^{-7} J)；ν 为运动黏度，cm^2/s。

② 液固传质系数——k_s

无搅拌时

$$Sh=\frac{d_p k_s}{D}=2 \quad (10\text{-}10)$$

搅拌时

$$Sh=2+0.6Re^{1/2}Sc^{1/3} \quad (10\text{-}11)$$

式中，Re 随涡流尺寸 ξ 变化

$$\xi > d_p \text{ 时}, Re = \left(\frac{Ed_p^4}{\nu^3}\right)^{1/2} \tag{10-12a}$$

$$\xi < d_p \text{ 时}, Re = \left(\frac{Ed_p^4}{\nu^3}\right)^{1/3} \tag{10-12b}$$

式中，$\xi = \left(\frac{\nu^3}{E}\right)^{1/4}$，符号 E 和 ν 的意义同上。

根据式(10-6)，可得出以下两种情况下的速率特点。

① 高温下反应很快，传质将成为控制步骤；

② 同液相传质相比，气相传质要快两个数量级，因此气相传质阻力可忽略，即

$$\frac{1}{k_{obs}H} = \frac{a_p}{a_g} \times \frac{1}{k_1} + \frac{1}{k_s} + \frac{1}{kC_{Bl}\eta_i} \tag{10-13}$$

10.2 气液固三相反应器的分类和选型

工业上常用的气液固三相反应器，主要分为两种类型：固体固定型和固体悬浮型。固体固定型反应器又可按气液两相的流向分为：气液并流向下的滑流床反应器［图 10-2(a)］，气相向上、液相向下的逆流滑流床反应器［图 10-2(b)］和气液并流向上的填料鼓泡塔反应器［图 10-2(c)］。固体悬浮型反应器可按催化剂颗粒大小分为淤浆反应器和三相流化床反应器。淤浆反应器中催化剂颗粒通常小于 1mm，随液相反应物料一起排出。淤浆反应器可借助机械搅拌或鼓泡方式使催化剂颗粒悬浮（图 10-3)。三相流化床反应器中催化剂粒径较大，通常为 1～5mm，向上流出反应器的气流和液流不夹带催化剂颗粒。

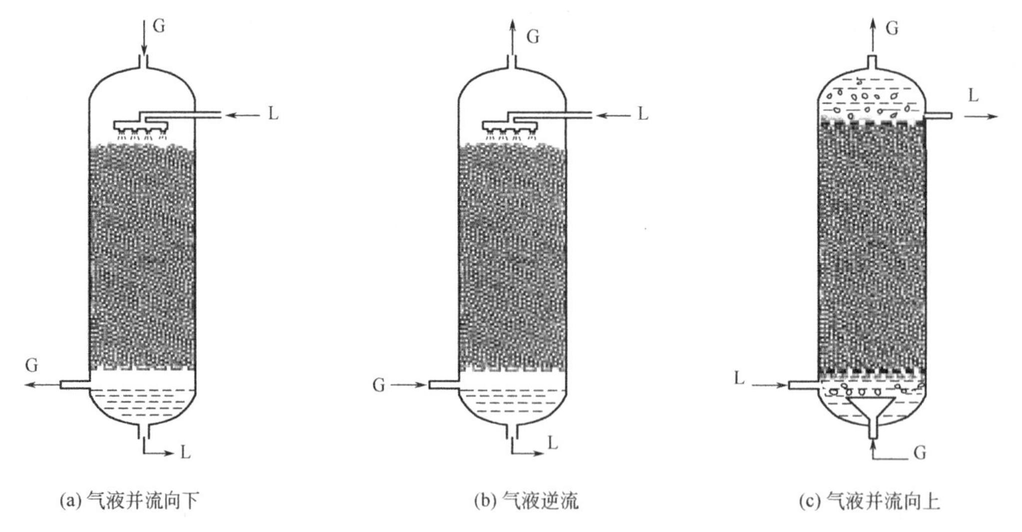

(a) 气液并流向下　(b) 气液逆流　(c) 气液并流向上

图 10-2　气液固三相固定床反应器

下面对应用最广的滑流床反应器和淤浆反应器的特点分别加以介绍。

10.2.1 滑流床反应器

滑流床反应器（Trickle-Bed Reactor）在中文文献中有多种译法，如滑流床、滴流

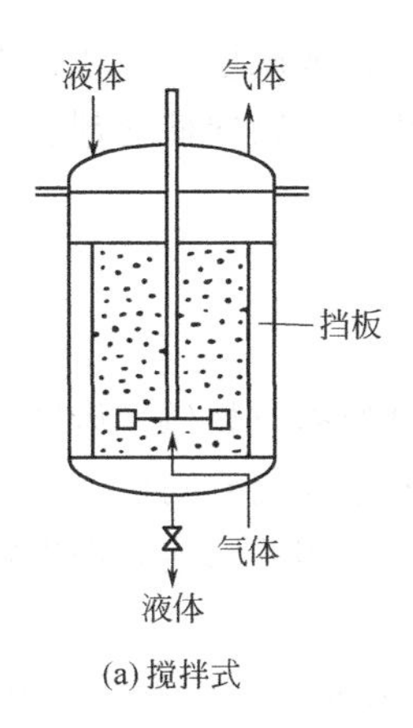

(a) 搅拌式

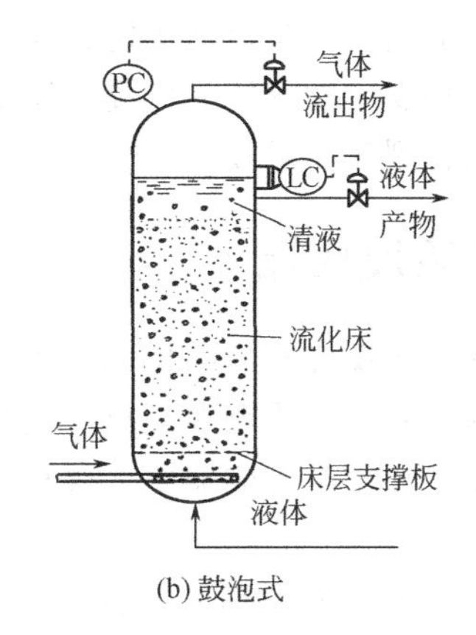

(b) 鼓泡式

图 10-3 淤浆反应器

(液) 床、淌流床等。尽管液体是以液滴形式从分布器流入床层的，但流体在床层内部的流动却不是以液滴方式流动的，而是以液膜和溪流方式在颗粒间流淌的。因此涓流和淌流较符合“Trickle Flow”的含义。因“淌流”仍无法表达流体在颗粒间的安静流动，因此本书采用“涓流床”作为“Trickle-Bed Reactor”的中文译名。涓流床反应器的结构和用于气固相反应的固定床反应器相似，通常采用气液并流向下的操作方式。液体润湿固体催化剂表面形成液膜，气相反应物溶解于液相后再向催化剂外表面和内部扩散，在催化剂的活性中心上发生反应。涓流床反应器广泛应用于石油、化工和环境保护过程，如石油馏分的加氢精制（脱硫、脱氮、脱重金属等）和加氢裂化，有机化合物的加氢、氧化以及废水处理。

涓流床反应器的主要优点是：①气液流型接近平推流，返混小，在单个反应器中可达到高转化率；②持液量（即液固比）小，当伴有均相副反应时，可使其影响降至最低，如在石油馏分加氢脱硫时，可大大减少热裂化和加氢裂化；③催化剂表面的液膜很薄，气相反应物穿过液膜扩散到催化剂表面的传质阻力小；④采用气液并流向下的操作方式时，无液泛之虞，气相流动阻力小，在整个反应器内气相反应物分压均匀，且可降低气体输送的能耗。

涓流床反应器的主要缺点是：①传热能力差，容易引起催化剂床层局部过热，造成催化剂迅速失活，或由于液膜过量汽化，使部分催化剂不能发挥作用；②液流速率低时，可能由于液流分布不均匀（如短路、沟流）导致部分催化剂未被润湿，影响反应效果；③为避免床层流动阻力过高，催化剂颗粒不能太小（通常为4～10mm），在反应速率较快时，内扩散影响会导致催化剂效率因子低下；④当催化剂由于积炭、中毒而失活时，更换催化剂不方便。

为了克服涓流床反应器传热性能差的缺点，工程上可采取的措施有：①采用多床层，在层间加入冷氢进行急冷，控制每段床层的温升；②采用液相循环操作，在反应器外对液相进行冷却。

当气相反应物浓度较低，而又要求气相组分达到较高的转化率时，可考虑采用气液逆流操作的涓流床反应器，因为逆流操作有利于增大过程的推动力，但这会增加气相流动阻力，当气液两相的流速较大时，还可能出现液泛。

气液并流向上的填料鼓泡塔反应器持液量大，液相和气相在反应器中混合好，液固间的传热性能好，适用于反应热效应较大、反应较快、传热要求高的场合。这种反应器还有以下优点：①即使液相流量很小也容易实现均匀分布；②催化剂微孔易于完全充满液体，有利于提高催化剂的效率因子；③液体对催化剂的冲刷作用较强，能延缓催化剂失活，延长操作周期；④气液相间的传质系数较大。这种反应器的缺点是：①由于存在较大返混，转化率下降；②必须采取适当的机械措施固定催化剂，否则可能会造成床层流态化带走催化剂；③流动阻力较大，气相反应物分压沿床高会明显下降；④气相反应物向催化剂表面传递时，传质阻力较大；⑤均相副反应量较大。

10.2.2 淤浆反应器

机械搅拌的淤浆反应器的结构和用于液相反应的机械搅拌釜相似，借助搅拌桨的作用将气体分散为气泡，并使固体颗粒悬浮于液相中。鼓泡塔淤浆反应器则借气流鼓泡作用使固体颗粒悬浮于液相中。淤浆反应器中，气相为连续进出料，液相可以连续进出料，也可以分批加料。

淤浆反应器在工业上常用于不饱和烃的加氢、烯烃的氧化、醛的乙炔化反应和聚合反应，也可用于氧化除去液相污染物和煤的催化液化。和滑流床反应器相比，这类反应器的优点是：①持液量大，具有良好的传热、传质和混合性能，反应温度均匀，反应器中无热点存在，即使应用于强放热反应也不会发生超温现象；②采用很细的催化剂颗粒（通常为 10～1000μm），催化剂内外的传递阻力均较小，即使对快速反应，效率因子也能接近 1，能充分发挥催化剂的作用；③对活性衰减迅速的催化剂，可方便地排出和更换催化剂；④可内置或外置冷却设施，方便地排除反应热。

淤浆反应器的缺点是：①为从液相产物中分离固体催化剂，常需附设操作费用昂贵的过滤设备；②液相连续操作时返混大，流型接近全混流，要达到高转化率，常需几个反应器串联操作；③液固比高，当存在均相副反应时，会使均相副反应显著增加；④催化剂颗粒会造成搅拌桨、循环泵、反应器壁的磨损。

10.2.3 三相反应器的选型

气液固三相反应器的选型主要取决于以下因素：

① 过程的速率控制步骤；

② 不同流型（返混程度）的优缺点；

③ 所需辅助设备的复杂性和投资。

哪种形式的反应器为最优将由考虑上述三种因素的全面技术经济评价决定。下面仅就这些因素的定性考察作些讨论。

（1）速率控制步骤

这是决定三相反应器选型的最重要的因素，应该选择有利于加快控制步骤速率的反应器。

① 如果过程的速率控制步骤为通过气膜和（或）液膜的传质，应选用气液相界面积大的反应器，如滑流床或带机械搅拌的淤浆反应器；

② 如果过程的速率控制步骤为通过液固界面的传质，则应选用单位反应器体积催化剂外表面积大的反应器，即高固含量或使用小颗粒催化剂的反应器，如淤浆反应器；

③ 如果过程的速率控制步骤为催化剂颗粒内的传质，则可选用使用细颗粒催化剂的反应器，如淤浆反应器；

④ 如果知道速率方程中的各项传递参数，如 k_g、k_l、a_b、a_p 等，以及反应速率常数 k，当然不难通过计算确定速率控制步骤，遗憾的是一般很难获得这些参数的精确数值。因此常通过实验改变速率方程中的某些因素，如固含量、催化剂颗粒尺寸、搅拌强度（影响气

液、液固传质）或操作压力、液相反应组分浓度、气相反应组分分压等，来判断过程的速率控制步骤。如果某一因素的变化能显著影响过程的速率，则表明与该因素有关的步骤可能是速率控制步骤。

（2）流动模式

限制组分（即非过量组分）采用平推流流型肯定较全混流有利，但除了转化率很高的过程，这一因素通常不会成为重要因素。

（3）辅助设备

淤浆反应器可以使用细颗粒催化剂，但会导致催化剂难以从液相中分离。涓流床反应器则无催化剂的分离问题，这是涓流床的一个很大的优点。但涓流床使用的大颗粒催化剂可能由于内部传质的限制，导致反应速率严重下降。对下述两种情况，涓流床可能具有优势：

① 对非常慢的反应，即使使用大颗粒催化剂，内部传质阻力也无明显影响；

② 虽然是快反应，但活性组分仅涂覆于催化剂外表面。

总之，涓流床操作简便，淤浆反应器通常具有较高的反应速率，三相流化床则介于其间。

对气相转化率较低的反应过程，如许多加氢反应，常采用气相出料循环返回反应器的操作方式。有时为获得高浓度的液相产物，对连续三相反应器，液相也可采用循环操作。

10.3 淤浆反应器模型化

尽管一个实际的淤浆反应器气液流动非常复杂，但其基本特征是：①气泡离散，呈平推流；②催化剂粒度小于 100μm，因此催化剂完全随液体运动，与液体均匀混合。由此得到淤浆反应器的数学模型建立方法，如图10-4所示。

定义气相为限制性反应物，则微元体积 dV 内的物料衡算方程为

$$r_{obs}dV=-d(q_gC_g) \tag{10-14}$$

式中，r_{obs} 定义为不考虑气泡在内单位浆态物料体积所具有的实际反应速率。

由于气相浓度 $C_g=C_{gf}(1-x)$ 以及 $F_A=q_gC_{gf}$，因此式(10-14)可写为

$$\frac{V}{F_A}=\int_{x_f}^{x_e}\frac{dx}{r_{obs}} \tag{10-15}$$

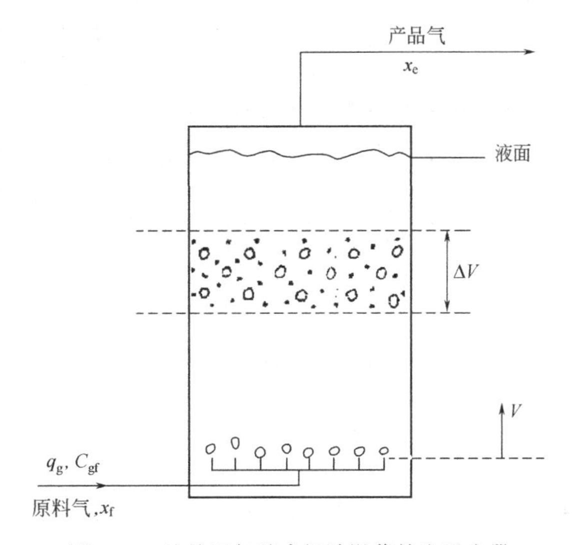

图10-4 连续通气的半间歇淤浆鼓泡反应器

将表观反应速率表达式代入式(10-15)，得到

$$\frac{V}{q_gC_{gf}}=\int_0^{x_e}\frac{dx}{k_{obs}a_pC_{gf}(1-x)} \tag{10-16}$$

式中，$k_{obs}a_p$ 可通过式(10-6)求得。

例10-1 氢气和乙烯在悬浮于甲苯的 Raney Ni 催化剂上进行反应。气泡在反应器底部生成，以平推流方式流过浆液。温度和压力分别为 50℃ 和 10atm。该条件下，总反应速率

由氢气气泡向液相的传质控制。反应为一级反应，试估算氢气转化30%所需的浆液体积。

已知条件：氢和乙烯流量均为$4.72\times10^{-2}m^3/s$（15℃，1atm），气泡比表面积$a_g=1.0cm^2/cm^3$，亨利常数$H=9.4m^3\cdot Pa/kmol$，液相有效扩散系数$D=1.1\times10^{-4}cm^2/s$，甲苯密度和黏度分别为$0.85g/cm^3$和$4.5\times10^{-4}Pa\cdot s$。

解：（1）列出物料衡算式

反应前后各物质的流量如下

	$C_2H_4(g)$	$+H_2(g)\longrightarrow$	$C_2H_6(g)$
反应前	F	F	0
反应后	$F(1-x)$	$F(1-x)$	Fx
总物质的量		$F(2-x)$	

（2）通过反应器模型方程，计算氢气转化30%所需的浆液体积

反应器模型方程为

$$\frac{V}{F}=\frac{R_gT}{k_{obs}a_pp_t}\int_0^{x_e}\frac{2-x}{1-x}dx \tag{10-17}$$

等式右端积分后得到

$$\frac{V}{F}=\frac{1}{k_{obs}a_p}\times\frac{R_gT}{p_t}[x_e-\ln(1-x_e)] \tag{10-18}$$

由于总速率只与气泡向液相的传质有关，由式(10-6)可知

$$\frac{1}{k_{obs}}=\frac{a_p}{a_g}\times\frac{H}{k_l},\quad 即\quad k_{obs}a_p=\frac{a_gk_l}{H}$$

因此

$$\frac{V}{F}=\frac{H}{k_la_g}\times\frac{R_gT}{p_t}[x_e-\ln(1-x_e)] \tag{10-19}$$

接下来的任务是计算气液传质系数k_la_g。

由于这是一个无搅拌的自由鼓泡传质过程，因此由式(10-8)可估计气液传质速率

$$k_l\left[\frac{0.45\times10^{-2}}{0.85\times(1.1\times10^{-4})}\right]^{\frac{2}{3}}=0.31\times\left[\frac{(0.85\text{-}0.8\times10^{-3})\times(0.45\times10^{-2})\times32.2}{0.85^2}\right]^{\frac{1}{3}}$$

得

$$k_l=\frac{0.31}{13.2}\times0.55=0.013cm/s$$

将该计算结果代入反应器模型方程，得到

$$\frac{V}{F}=\frac{9.4}{1.0\times0.013}\times\frac{82\times(50+273)}{10}\times[0.3-\ln(1-0.3)]$$
$$=1.26\times10^6cm^3\cdot s/mol$$

由 $F=4.72\times10^{-2}m^3/s(15℃,1atm)$ 可得 $F=2.0mol/s$

所以反应器体积 $V=2.0\times1.26\times10^6cm^3=2.52m^3$

例10-2 在一个淤浆反应器中，对在载于硅胶上的镍催化剂上进行的芝麻油加氢反应进行了研究。在反应温度为180℃，反应压力为常压，搅拌转速为750r/min，氢气进料流量为60L/h的条件下，测定了反应速率和催化剂颗粒浓度的关系，所得数据如下所列。请根据这些数据估计$\frac{k_la_B}{H'}$的数值，并判断氢气溶解于液相主体的传质阻力的重要性。如果当镍催化剂质量分数为0.07%时能使此传质阻力消除，请估计此时的表观反应速率。

催化剂浓度/%	0.018	0.038	0.07	0.14	0.28	1.0
$(-r_A)_{obs}\times10^5/(mol\cdot cm^{-3}\cdot min^{-1})$	5.2	8.5	10.0	12.0	13.6	14.6
$C_{Ag}/(-r_A)_{obs}/min$	0.52	0.32	0.27	0.22	0.20	0.18

解：因为气相进料为纯氢，气相传质阻力可忽略，由式(10-6) 得

$$(-r_A)_{obs}=\frac{a_pC_{Ag}}{H\left(\dfrac{a_p}{a_gk_l}+\dfrac{1}{k_s}+\dfrac{1}{k\eta_i}\right)}=\frac{C_{Ag}}{H\left(\dfrac{1}{a_gk_l}+\dfrac{1}{a_pk_s}+\dfrac{1}{a_pk\eta_i}\right)} \tag{10-20}$$

因为在各次实验中，气相流量、搅拌转速均恒定，所以 k_s、k_l、a_g 均为常数。又因为各次实验的反应温度相同，所以反应速率常数 k 亦不变。假定催化剂颗粒不会凝聚，则单位反应器体积的催化剂表面积 a_p，应和催化剂浓度呈正比，于是式(10-20) 可改写成

$$\frac{C_{Ag}}{(-r_A)_{obs}}=\frac{H}{a_gk_l}+\frac{AH}{C_{cat}}\left(\frac{1}{k_s}+\frac{1}{k\eta_i}\right) \tag{10-21}$$

式中，A 为比例常数。由式(10-21) 可知，将$\dfrac{C_{Ag}}{(-r_A)_{obs}}$对$\dfrac{1}{C_{cat}}$标绘应得一条直线。将上表中的数据标绘在图 10-5 中，将所得直线外推至$\dfrac{1}{C_{cat}}=0$，得截距为 0.18min。于是由式(10-21) 可知

$$\frac{H}{a_gk_l}=0.18\text{min} \quad 或 \quad \frac{a_gk_l}{H}=5.7\text{min}^{-1}$$

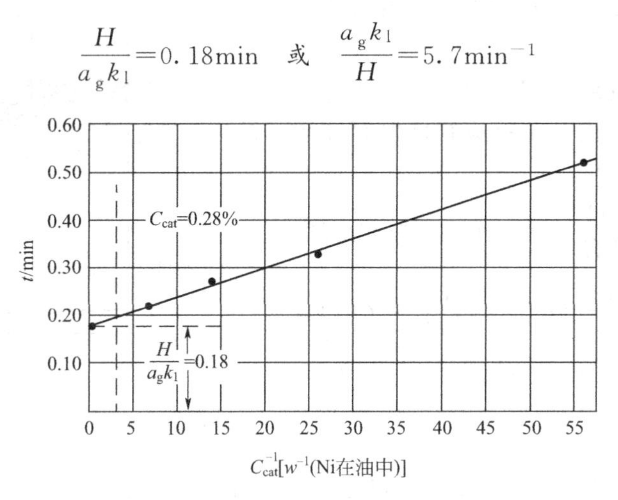

图 10-5　淤浆反应器中催化剂浓度对反应速率的影响

在图 10-5 中，氢气溶解进入液相的阻力由水平虚线表示，而总的阻力则为实线的纵坐标。在低催化剂浓度时，由液相主体扩散到催化剂表面和化学反应的阻力较大，虽然在实验范围内气相到液相的传质阻力仍不能忽略。在高催化剂浓度时，气相到液相主体的传质阻力对表观速率有决定性的影响。例如，当催化剂质量分数为 0.28%时，气液相间的传质阻力占总阻力的 90% (0.18/0.20)。这说明当催化剂质量分数为 0.28%时，$\dfrac{a_p}{a_g}$已足够大了，继续增加催化剂浓度对加速过程已无多大意义。

当催化剂质量分数为 0.07%时，若能消除气液相间传质阻力，由图 10-5 可见

$$\frac{C_{Ag}}{(-r_A)_{obs}}=\frac{AH}{C_{cat}}\left(\frac{1}{k_s}+\frac{1}{k\eta_i}\right)=0.27-0.18=0.09\text{min}$$

因为
$$C_{Ag}=\frac{p}{RT}=\frac{1}{82\times(273+180)}=2.7\times10^{-5}\text{mol/cm}^3$$

所以
$$(-r_A)_{obs}=\frac{2.7\times10^{-5}}{0.09}=3\times10^{-4}\text{mol/(cm}^3\cdot\text{min)}$$

此值为实测表观反应速率的3倍。增加氢气流率，加强搅拌以增大气含量，减小气泡直径可使 a_g 和 k_l 增大，达到强化过程的目的。

10.4 滑流床反应器的模型化

作为固定床反应器的一种，滑流床反应器的数学模型化是建立在平推流基础上的，对气液两相分别采用不同的处理方法：①气相看作平推流；②液相看作带有轴向返混的平推流。

滑流床反应器的简化物理模型如图10-6所示。

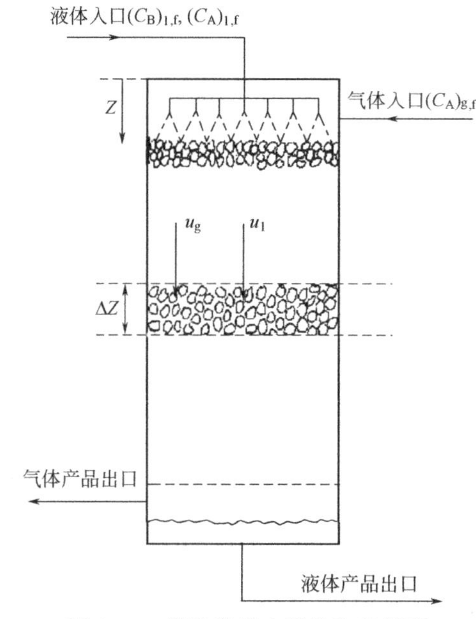

图10-6 滑流床反应器的物理模型

假定反应物A(g)与反应物B(l)在反应器内进行如下反应

$$aA(g)+B(l)\longrightarrow C(g或l)+D(g或l) \tag{10-22}$$

对于气相反应物A，由于该反应物同时存在于气相和液相中，因此有

$$u_g\frac{dC_{Ag}}{dz}+(K_la_g)_A\left(\frac{C_{Ag}}{H_A}-C_{Al}\right)=0 \tag{10-23}$$

$$D_l\frac{d^2C_{Al}}{dz^2}-u_l\frac{dC_{Al}}{dz}+(K_la_g)_A\left(\frac{C_{Ag}}{H_A}-C_{Al}\right)-(k_sa_p)_A(C_{Al}-C_{As})=0 \tag{10-24}$$

式中，$\frac{1}{K_l}=\frac{1}{Hk_g}+\frac{1}{k_l}$。

对于液相反应物B，由于该反应物仅存在于液相中，因此有

$$(D_l)_B\frac{d^2C_{Bl}}{dz^2}-u_l\frac{dC_{Bl}}{dz}-(k_sa_p)_B(C_{Bl}-C_{Bs})=0 \tag{10-25}$$

对于催化剂相，反应物A和B之间的化学反应存在如下物料衡算关系

$$(k_sa_p)_A(C_{Al}-C_{As})=\rho_B\eta f(C_{As},C_{Bs}) \tag{10-26}$$

$$(k_sa_p)_B(C_{Bl}-C_{Bs})=\frac{r_{A,obs}}{a}=\frac{\rho_B}{a}\eta f(C_{As},C_{Bs}) \tag{10-27}$$

边界条件如下

$$z=0,\quad C_{Ag}=C_{Ag,f},\quad C_{Al}=C_{Al,f},\quad C_{Bl}=C_{Bl,f} \tag{10-28}$$

例10-3 纯氢（A）和柴油（B）从反应器顶部通入，反应器在200℃和40atm下操作。表观液速为5.0cm/s，表观一级反应速率常数 $k_A=0.11\text{cm}^3/(\text{g}\cdot\text{s})$，$k_B=0.07\text{cm}^3/(\text{g}\cdot\text{s})$，液体到颗粒的传质系数 $(k_sa_p)_A=0.50\text{s}^{-1}$，$(k_sa_p)_B=0.30\text{s}^{-1}$，床层密度 $\rho_B=0.96\text{g}/$

cm^3。氢与噻吩间的反应方程如下

$$C_4H_4S+4H_2 \longrightarrow C_4H_{10}+H_2S$$

为脱除75%的噻吩，试计算A、B两种情况下的床层高度。

A. 噻吩浓度很高如1000μL/L，反应很慢，液体被氢气饱和，反应对氢气为一级反应。

B. 噻吩浓度很低如100μL/L，氢浓度过剩，反应对于噻吩为一级反应。

解： 对于问题A，可认为反应对氢气为一级，对噻吩为零级，解题步骤如下。

(1) 写出反应速率表达式，以催化剂表面氢浓度表示

$$r_{obs}=f[(C_A)_s,(C_B)_s]=\rho_B k_A (C_{H2})_s \tag{10-29}$$

(2) 写出传质速率表达式

$$r_{obs}=(k_s a_p)_A[(C_{H_2})_l-(C_{H_2})_s]=\rho_B k_A (C_{H_2})_s \tag{10-30}$$

(3) 联立方程式(10-29)和式(10-30)，得到颗粒表面氢浓度

$$(C_{H_2})_s=\frac{(k_s a_p)_A}{(k_s a_p)_A+\rho_B k_A}(C_{H_2})_l \tag{10-31}$$

式中，$(C_{H_2})_l=\dfrac{(C_{H_2})_g}{H_{H_2}}$。

根据氢与噻吩反应的化学计量系数，得到以噻吩表示的反应速率方程

$$r_{obs}=(k_s a_p)_B[(C_B)_l-(C_B)_s]=\frac{\rho_B}{4}k_A\frac{(k_s a_p)_A}{(k_s a_p)_A+\rho_B k_A}\left[\frac{(C_{H_2})_g}{H_{H_2}}\right] \tag{10-32}$$

代入滑流床反应器模型方程，得出转化率与反应器高度间的关系

对反应器模型方程

$$u_l\frac{d(C_B)_l}{dz}=-(k_s a_p)_B[(C_B)_l-(C_B)_s] \tag{10-33}$$

进行积分，得到

$$(C_B)_l-(C_B)_{l,f}=-\left[\frac{(k_A)_{obs}z}{4u_l}\right]\frac{(C_{H_2})_g}{H_{H_2}} \tag{10-34}$$

因此

$$x=\frac{(C_B)_{l,f}-(C_B)_l}{(C_B)_{l,f}}=\left[\frac{(k_A)_{obs}z}{4u_l}\right]\frac{(C_{H_2})_g}{H_{H_2}(C_B)_{l,f}} \tag{10-35}$$

式中，$\dfrac{1}{(k_A)_{obs}}=\dfrac{1}{(k_s a_p)_A}+\dfrac{1}{\rho_B k_A}$。

将相关数据代入式(10-35)，得到最终结果

气相中氢气浓度为

$$(C_{H_2})_g=\frac{p_{H_2}}{RT}=\frac{40}{82\times 473}=1.03\times 10^{-3}\text{g}\cdot\text{mol/cm}^3$$

表观反应速率常数为

$$(k_A)_{obs}=\left(\frac{1}{0.50}+\frac{1}{0.96\times 0.11}\right)^{-1}=0.087\text{s}^{-1}$$

得到反应器高度为

$$L=x\left[\frac{4u_l}{(k_A)_{obs}}\right]\frac{H_{H_2}(C_B)_{l,f}}{(C_{H_2})_g}=0.75\times\left(\frac{4\times 5}{0.087}\right)\times\frac{50\times 1.19\times 10^{-5}}{1.03\times 10^{-3}}=100\text{cm}$$

对于问题B，可认为反应对氢气为零级，对噻吩为一级，解题步骤如下。

(1) 写出反应速率表达式，以催化剂表面噻吩浓度表示

$$r_{obs}=f[(C_A)_s,(C_B)_s]=\rho_B k_B (C_B)_s \tag{10-36}$$

(2) 写出传质速率表达式

$$(k_s a_p)_B[(C_B)_l-(C_B)_s]=\rho_B k_B (C_B)_s \tag{10-37}$$

(3) 联立方程式(10-36) 和式(10-37)，得到颗粒表面噻吩浓度

$$(C_B)_s=\frac{(k_s a_p)_B}{(k_s a_p)_B+\rho_B k_B}(C_B)_l \tag{10-38}$$

(4) 代入涓流床反应器模型方程，得出转化率与反应器高度间的关系

对反应器模型方程

$$u_l\frac{d(C_B)_l}{dz}=-\rho_B k_B\frac{(k_s a_p)_B}{(k_s a_p)_B+\rho_B k_B}(C_B)_l \tag{10-39}$$

进行积分，得到

$$x=1-\exp\left[-\frac{(k_B)_{obs}z}{u_l}\right] \tag{10-40}$$

式中，$\frac{1}{(k_B)_{obs}}=\frac{1}{(k_s a_p)_B}+\frac{1}{\rho_B k_B}$。

将表观反应速率常数代入式(10-40)，得到最终结果。

由
$$\frac{1}{(k_B)_{obs}}=\frac{1}{0.3}+\frac{1}{0.96\times 0.07}=18.2\text{s}$$

得
$$0.75=1-\exp\left[-\frac{(1/18.2)L}{5}\right]$$

因此反应器高度 $L=126\text{cm}$。

10.5 涓流床反应器的设计与放大

涓流床反应器主要应用于石油炼制工业中的加氢精制与加氢裂化，操作范围很宽。催化剂活性低时，一般液体流量也比较低，在润滑油等的加氢处理中液体表观流速为 0.83～8.3kg/(m^2·s)，在石脑油的加氢中流速大约是 8.3～25kg/(m^2·s)。对于更高的流速，一般不再是这种进料形式，很多采用气体进料。对于放热量强烈的加氢脱硫和加氢裂化反应，反应器一般要采用多床层。催化剂经常被分成 2～5 个床层，每层深 3～6m。在多床层反应器中，采用氢气在床层之间注入的方式来控制床层温度，这种方法叫冷激。为达到适当的轴向温度分布，保证每层的绝热温升控制在最大温升以内（一般最高温升为 28℃或者更低），各个注入点氢气的注入量也不同。催化剂床层的最大高度受液体和气体分布的限制，为了使气液有较好的分布，催化剂床层的高度不能太高。在目前的实际应用中，这个最大高度大约是 6～7.5m。根据液体空速（Liquid Hourly Space Velocity，LHSV）的定义，液体的表观流速和反应器长度成比例。工业化反应器催化剂填装高度达 18～24m，但是中试和小试的表观液体流速只有工业化反应器的 1/10～1/15，对应的气体流速也比较低。既然工业反应器和研究开发所用反应器中的流体流动状况有所不同，它们的接触效果可能有很大不同，是反应器设计中必须考虑的问题。

10.5.1　液固接触效率

当液体和气体的流速足够低时，液体以膜流或者溪流的形式在催化剂上流过，而气体则连续通过床层间隙，见图 10-7。这种流动状态下气体是连续相，这种操作形式经常用于实验室或者中试的放大。当气体或者液体流速增加时，操作进入脉冲区，在工业过程中经常遇到。在高的液体流速而气体流速又足够低时，液体是连续相，气体以气泡的形式通过，这种操作状态叫鼓泡流，通常用于双烯烃和炔烃的选择性加氢反应。

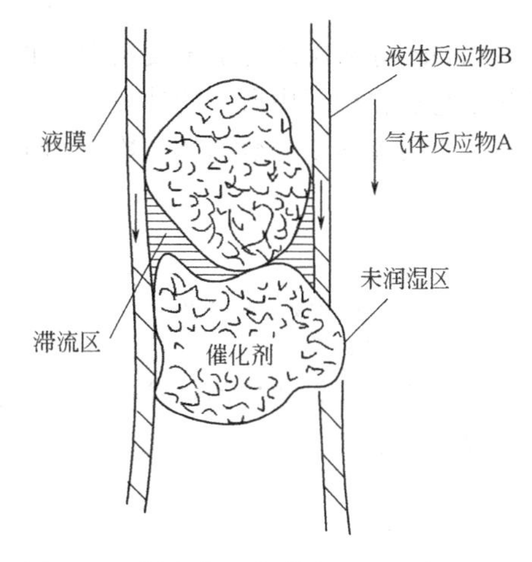

图 10-7　涓流床反应器中的液固接触状态

涓流床反应器采用等液体空速放大时，液固接触效率将随液速的增加而提高，见图 10-8，图 10-8 中曲线为 Mills-Dudukovic 关联式。因为工业化的装置比中试装置长 5～10 倍，为了保证相同的液体空速，工业反应器的表观流速将是中试的 5～10 倍。然而，令人困惑的是工业反应器尽管采用了比较高的线速度，接触效果却不如中试反应器。这可能是由液体分布不均导致的，因为这恰好与大型反应器中持液量较低相一致。

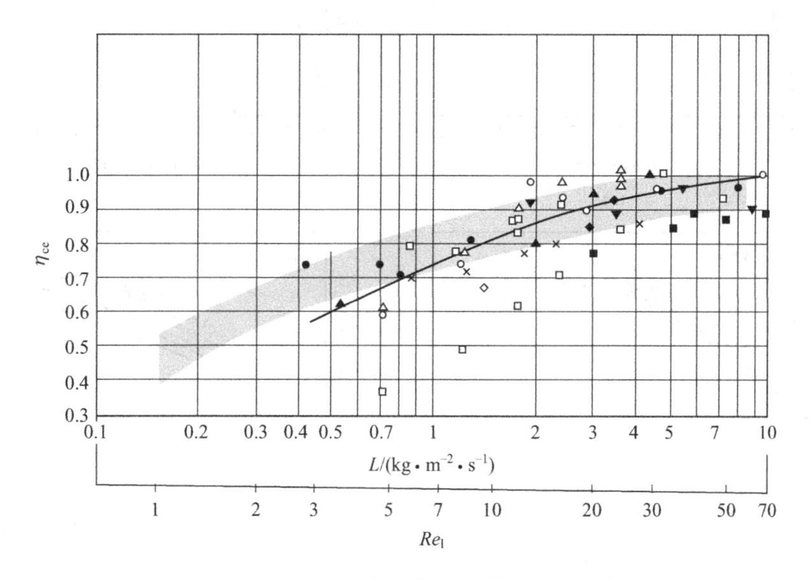

图 10-8　涓流床反应器中的液固接触效率

为了回答这一问题，必须先预测液体流速对 k_{obs} 的影响。Bondi 建立了一个如下形式的经验关系式，满足当液体表观流速趋近无穷大时 k_{obs} 与 k_v 接近

$$\frac{1}{k_{obs}}-\frac{1}{k_v}=\frac{A}{Q_L^b} \tag{10-41}$$

对很多系统，$0.5<b<0.7$，中间值大约是 2/3。

这种方法的价值在于接触效率能被直接定义为 k_{obs}/k_v。在重柴油加氢脱硫中，这个比

率在 $Q_L=0.08kg/(m^2 \cdot s)$ 时大约为 0.12～0.2；而当 $Q_L=0.3kg/(m^2 \cdot s)$ 时约为 0.6。在低液相流率下，该比率正比于液体流率的 0.5～0.7 次方；在较高的液相流率下，该幂次下降。对液固接触效率的预测，可采用如下经验关联式

$$\eta_{ce}=1.617Re_l^{0.146}Ga_l^{-0.071} \tag{10-42}$$

Cheng 等从流体力学角度出发，将床层中的液体流动形态区分为膜流和沟流两种形态，估算了它们在床层中所占的体积分数。根据颗粒表面有效润湿率同动态液体体积分数的内在联系，将膜流体积分数的 2/3 次方加上沟流体积分数的总和作为表面有效润湿率，得到以下关联式

$$\eta_{ce}=4.85Re_l^{0.42}Ga_l^{-0.25}Re_g^{0.083} \tag{10-43}$$

式中，$Re_l=\rho_l u_l d_p/\mu_l$；$Ga_l=\rho_l^2 g d_p^3/\mu_l^2$；$Re_g=\rho_g u_g d_p/\mu_g$。

该关联式表明：润湿率受气速影响很小，受液速影响较大，且随粒径的 −0.25 次方变化。该关联式在较宽广的颗粒直径（5.2mm 以下）范围内有良好的预测性能，但颗粒直径再大时预测效果下降，见图 10-9。

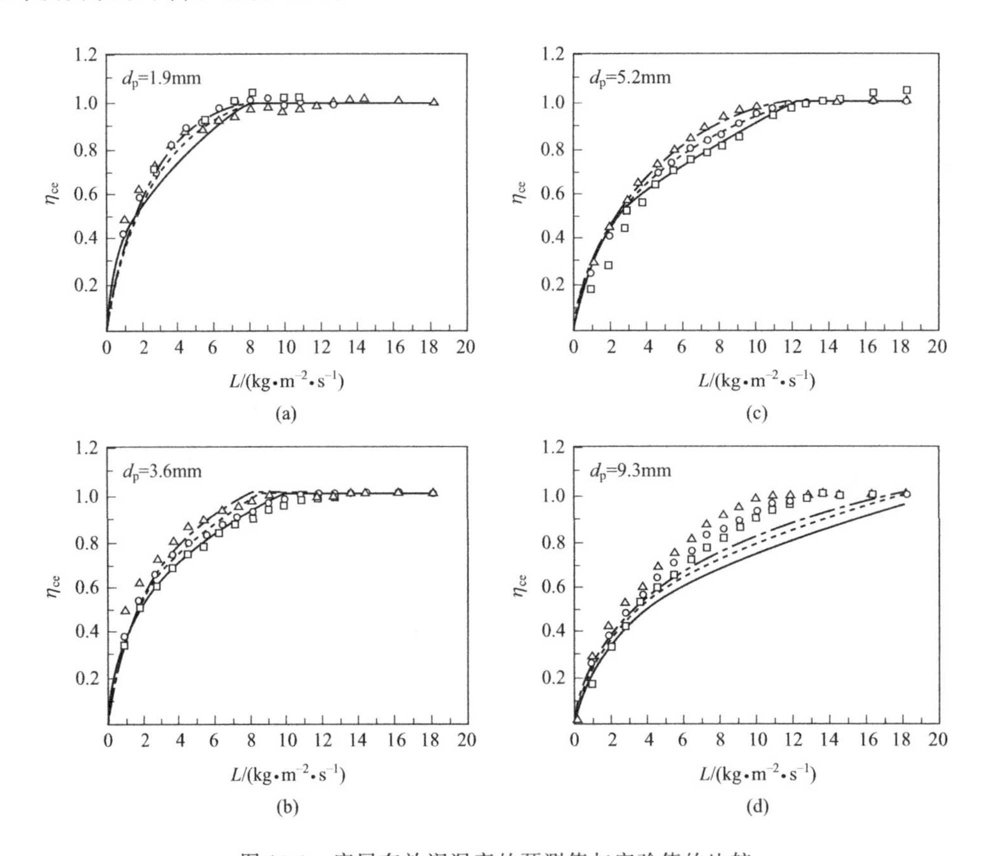

图 10-9 床层有效润湿率的预测值与实验值的比较

$G/(kg \cdot m^{-2} \cdot s^{-1})$：□—0.065；○—0.130；△—0.195（实验值）；———0.065；-----0.130；—·—0.195（预测值）

10.5.2 床层持液量

当液相流率增加时，液相持液量会增加，转化率相应下降。但是随着持液量增加，人们普遍发现反应器出口浓度 C_{out} 比预测要低，这说明持液量的增加是有效的。因为这可以提高液固接触效率，同时降低轴向扩散。不管是否为上述原因，大量数据表明反应速率正比于持

液量 h，即

$$r_{obs} \propto h \tag{10-44}$$

另外，对于一级反应来说，进出口浓度比值与反应停留时间存在对数关系

$$\ln\frac{C_{out}}{C_{in}} \propto -k_{obs}t \tag{10-45}$$

而停留时间又与液相流速 u_l 呈反比，将以上两式结合，可得

$$\ln\frac{C_{out}}{C_{in}} \propto \frac{-h}{u_l} \tag{10-46}$$

Ross 将两个工业加氢脱硫反应器和一个中试反应器的残余硫含量对 h/u_l 在半对数坐标上作图，得到直线关系。Henry 和 Gilbert 将这个概念作了深入发展，他们指出对沿球形颗粒床层向下的层流流动，持液量正比于 $Re^{1/3}$。将床层高度 L 对停留时间的影响，液体黏度 μ_l 和颗粒直径 d_p 对润湿性的影响综合考虑后，方程式(10-46) 就变为

$$\ln\frac{C_{in}}{C_{out}} \propto L^{1/3}u_l^{-2/3}d_p^{-2/3}\mu_l^{1/3} \tag{10-47}$$

方程式(10-47) 的可靠性已被床层高度 L 对转化率影响的工业数据所证实。

由于持液量正比于液相流率的 1/3 次方只是在 0.5kg/(m^2·s) 以下的低流速区才成立，其他气液流速下的持液量可从经验关联式(10-48) 和式(10-49) 获得。例如 Pironti 等测定了液体流量为 1.76～14.48kg/(m^2·s)，气体流量为 0.1～0.31kg/(m^2·s) 下的动持液量，测定结果具有很好的重复性，标准偏差<3.7%。动持液的大小主要受液相雷诺数影响，而与气相雷诺数关系不大，仅随后者增大而略微下降

$$h_d = 0.048Re_l^{0.403}Re_g^{-0.077} \tag{10-48}$$

适用范围：$11 \leqslant Re_l \leqslant 90.4$，$9 \leqslant Re_g \leqslant 110$。

Midoux 等对烃类溶液的总持液量进行了研究，得出在不起泡液体各种流动状态区，有

$$\frac{h}{\varepsilon} = \frac{0.66\left(\frac{\delta_l}{\delta_g}\right)^{0.405}}{1+0.66\left(\frac{\delta_l}{\delta_g}\right)^{0.405}},\quad 0.1 < \left(\frac{\delta_l}{\delta_g}\right)^{0.5} < 80 \tag{10-49}$$

式中，δ_l 和 δ_g 代表单相流动条件下液相和气相的单位床层高度压降。h 包含动持液和静持液两部分，其中静持液是由颗粒形状和液体性质决定的。文献中认为静持液的极限值为 0.05 或 0.075，通常情况下为 0.035～0.050。

10.5.3 轴向扩散对床层高度的影响

Mears 提出为使轴向扩散影响下的反应器长度与平推流时所需长度的差别在 5%以内，应满足以下判据

$$\frac{z}{d_p} > \frac{20m}{Pe_l}\ln\frac{C_{in}}{C_{out}} \tag{10-50}$$

式中，$Pe_l = d_p u_l / D_l$；m 为反应级数。因而，最小反应器高度随反应级数的增加而增加，且在高转化率时床层高度对轴向扩散系数非常敏感。

一般液相 Péclet 数随雷诺数增大而增大，Pe_l 从 $Re_l = 4$ 时的 0.15 变化到 $Re_l = 70$ 时的 0.40，但受气速的影响是很小的。两相流下 Pe_l 的取值是相同雷诺数下单相液体的 1/3 到 1/6。液相 Péclet 数关联式为

$$Pe_l=0.042Re_l^{0.5} \tag{10-51}$$

气相 Péclet 数受液体影响很小

$$Pe_g=Re_g^{-0.7}\times 10^{-0.005Re_l} \tag{10-52}$$

Pe_g 值一般比在单相气体流动下低 1～2 个数量级，这相当于把被液体覆盖的气相能见的颗粒团聚体当作一个有效的大颗粒。尽管气相轴向扩散增强，但在涓流床中一般把气相作为平推流考虑。

习　题

10-1　在 1.3MPa 及 120℃下，纯氢与液体苯胺在镍催化剂上进行加氢反应

$$3H_2(A)+2C_6H_5NH_2(B)\longrightarrow C_6H_{11}NHC_6H_5(\text{环己基苯胺})+NH_3$$

此反应对氢为一级反应，对苯胺为零级反应，反应速率常数 $ka_p=38.6s^{-1}$。催化剂颗粒直径为 1mm，内扩散阻力可忽略。床层中气含率为 0.1，催化剂体积分数为 0.2。已知气液界面液侧传质系数 $k_{Al}=0.02s^{-1}$，液固传质系数 $k_s=0.07cm/s$。液相中与气相平衡的氢浓度为 $3.56\times10^{-6}mol/cm^3$。计算氢的表观反应速率。

10-2　在淤浆反应器中以活性炭作催化剂，SO_2 与 O_2 发生如下反应

$$SO_2(g)+0.5O_2(g)\longrightarrow SO_3(g)+H_2O\longrightarrow H_2SO_4$$

原料气由 SO_2、O_2、N_2 组成，其中 O_2 的体积分数为 21%。气体自反应器底部进入淤浆反应器，气泡直径 $d_p=3mm$。反应温度为 25℃，压力为 0.1MPa。实验发现反应速率对 O_2 为一级，对 SO_2 为零级。活性炭颗粒密度 $\rho_p=0.8g/cm^3$，单位体积液体中气泡体积 $V_p=0.07cm^3(g)/cm^3(l)$。在 25℃下，O_2 在水中的溶解度参数 $H=35.4$。实验中采用了两种不同尺寸的活性炭颗粒，直径分别为 0.099mm 和 0.030mm。试根据下表所列的实验数据确定气液界面到液相主体的传质系数 k_{Al}。

活性炭粒径/mm	活性炭含量/(g·cm⁻³)	$-r_{O_2}\times10^9/(mol\cdot cm^{-3}\cdot s^{-1})$
0.099	0.0131	8.4
0.099	0.0056	4.22
0.099	0.00222	1.78
0.030	0.0370	21.0
0.030	0.0111	10.4
0.030	0.0056	7.44
0.030	0.00278	4.11
0.030	0.00139	2.33

10-3　用双混合式反应器研究淤浆反应动力学，反应器内液体中含有悬浮的催化剂颗粒，高浓度的反应物 B 与 0.1MPa 的纯气体 A 接触，当液体体积为 $200cm^3$ 时，获得了下列结果。

实验编号	气液界面积/cm^2	催化剂浓度/($g \cdot cm^{-3}$液体)	反应速率/($mol \cdot cm^{-3} \cdot h^{-1}$)
1	10	0.1	10
2	10	0.5	25
3	50	0.1	2.5
4	50	0.5	10

已知在催化剂表面上进行的反应为快速反应，推导一个以单位淤浆体积为基准的反应速率式，假如过程有控制步骤的话，试指出属于哪一种阻力控制。

10-4 在一半间歇操作的淤浆反应器中，在1MPa压力下用纯氧将稀水溶液中的乙醇氧化为乙酸

$$C_2H_5OH+O_2 \longrightarrow CH_3COOH+H_2O$$

该反应对氧为一级反应，对乙醇为零级反应。催化剂为粒度0.1mm的Pd/Al_2O_3，催化剂用量为$0.6g/cm^3$，反应温度为30℃，此温度下反应速率常数$k=0.0177cm^3/(g \cdot s)$。已知：氧的粒内有效扩散系数$D_e=4.16\times10^{-6}cm^2/s$，催化剂颗粒密度$\rho_p=1.8g/cm^3$，传质系数$k_{Al}a_g=0.068s^{-1}$，$k_s=0.05cm/s$，氧在溶液中的亨利常数$H_A=8.6\times10^{10}Pa \cdot cm^3/mol$。计算乙醇转化率达50%所需的反应时间。

10-5 在一气液相均为连续进出料的淤浆反应器中进行苯胺加氢反应，催化剂为粒径$d_p=0.3mm$、浸渍在多孔黏土颗粒上的镍催化剂，反应速率方程为

$$-r_A=kC_A,\quad k=50cm^3/(g\ cat \cdot s)$$

反应器高度$L=2m$，催化剂体积分率$\varepsilon_s=0.2$，操作压力$p=1MPa$，液相表观流速$u_l=0.1cm/s$，气液相流型均可视为全混流，计算苯胺的转化率。

其他数据：

气相进料为纯氢，亨利常数$H_A=2.85\times10^{10}Pa \cdot cm^3/mol$；

液相进料浓度$C_{Bl}=1.1\times10^{-3}mol/cm^3$；

催化剂颗粒密度$\rho_p=0.75g/cm^3$；

粒内有效扩散系数$D_e=8.35\times10^{-6}cm^2/s$；

传质系数$k_{Al}a_g=0.02s^{-1}$，$k_s=0.07cm/s$。

参考文献

[1] Bondi A. Handling Kinetics from Trickle-Phase Reactors [J]. *Chem Tech*, 1971, 1: 185.

[2] Cheng Z M, Fang X C, Zeng R H, et al. Deep Removal of Sulfur and Aromatics From Diesel through Two Stage Concurrently and Countercurrently Operated Fixed bed Reactors [J]. *Chem Eng Sci*, 2004, 59 (22): 5465-5472.

[3] Cheng Z M, Kong X M, Zhu J, et al. Hydrodynamic Modeling on the External Liquid-Solid Wetting Efficiency in a Trickling Flow Reactor [J]. *AIChE J*, 2013, 59 (1): 283-294.

[4] Datsevich L B, Muhkortov D A. Multiphase Fixed-Bed Technologies Comparative Analysis of Industrial Processes (Experience of Development and Industrial Implementation) [J]. *App Catal A Gen*, 2004, 261 (2): 143-161.

[5] Davis B H. Fischer Tropsch synthesis: Overview of Reactor Development and Future Potentialities [J]. *Top Catal*, 2005, 32 (3): 143-168.

[6] De Klerk A. Liquid Holdup in Packed Beds at Low Mass Flux [J]. *AIChE J*, 2003, 49 (6): 1597-1600.

[7] Dobert F, Gaube J. Kinetics and Reaction Engineering of Selective Hydrogenation of Benzene towards Cyclohexene [J]. *Chem Eng Sci*, 1996, 51 (11): 2873-2877.

[8] Elhisnawi A A, Dudukovic M P, Mills P L. Trickle Bed Reactors: Dynamic Tracer Tests, Reaction Studies, and

Modeling of Reactor Performance [J]. *ACS Symposium Series*, 1981, 196: 421-440.

[9] Gianetto A, Specchia V. Trickle Bed Reactors: State of Art and Perspectives [J]. *Chem Eng Sci*, 1992, 47 (13/14): 3197-3213.

[10] Henry H C, Gilbert J B. Scale Up of Pilot Plant Data for Catalytic Hydroprocessing [J]. *Ind Eng Chem Process Der Dev*, 1973, 12 (3): 328-334.

[11] Lakota A, Levec J. Solid Liquid Mass Transfer in Packed Beds with Cocurrent Downward Two Phase Flow [J]. *AIChE J*, 1990, 36 (9): 1444-1448.

[12] Mears D E. The Role of Axial Dispersion in Trickle Flow Laboratory Reactors [J]. *Chem Eng Sci*, 1971, 26 (9): 1361-1366.

[13] Midoux N, Favier M, Charpentier J C. Flow Pattern, Pressure Loss and Liquid Holdup Data in Gas Liquid Downflow Packed Beds with Foaming and Nonfoaming Hydrocarbons [J]. *J Chem Eng Jpn*, 1976, 9 (5): 350-356.

[14] Mills P L, Chaudhari R V. Multiphase Catalytic Reactor Engineering and Design for Pharmaceuticals and Fine Chemicals [J]. *Catal Today*, 1997, 37 (4): 367-404.

[15] Mills P L, Dudukovic M P. Evaluation of Liquid-Solid Contacting in Trickle-Bed Reactors by Tracer Methods [J]. *AIChE J*. 1981; 27 (6): 893-904.

[16] Pironti F, Mizrahi D, Acosta A, et al. Liquid Solid Wetting Factor in Trickle Bed Reactors; its Determination by a Physical Method [J]. *Chem Eng Sci*, 1999, 54 (17): 3793-3800.

[17] Riisager A, Wasserscheid P. Continuous Fixed-Bed Gas-Phase Hydroformylation Using Supported Ionic Liquid phase (SILP) Rh Catalysts [J]. *J Catal*, 2003, 219 (2): 452-455.

[18] Ross L D. Performance of Trickle Bed Reactors [J]. *Chem Eng Progr*, 1956, 61 (10): 77-82.

[19] Satterfield C N. Contacting Effectiveness in Trickle Bed Reactors [M]// Hulburt H M eds. Chemical Reaction Engineering Reviews. Washington: ACS, 1975.

[20] Shah Y T. Gas-Liquid-Solid Reactor Design [M]. New York: McGraw-Hill, 1979.

[21] Smith J M. Chemical Engineering Kinetics [M]. 3rd ed. New York: McGraw-Hill, 1981.

[22] Spinace E V, Vaz J M. Liquid-Phase Hydrogenation of Benzene to Cyclohexene Catalyzed by Ru/SiO_2 in the Presence of Water Organic Mixtures [J]. *Catal Commun*, 2003, 4 (3): 91-96.

[23] Sylvester N D, Pitayagusarn P. Mass Transfer for Two Phase Concurrent Downflow in Packed Bed [J]. *Ind Eng Chem Process Des Dev*, 1975, 14: 421-426.

[24] Takamatsu Y, Kaneshima T. Process for the Preparation of Cyclohexanol: US, 6552235. 2003.

[25] Tarhan M O. Catalytic Reactor Design [M]. New York: McGraw-Hill, 1983.

[26] Zaki M M, Nirdosh I, Sedahmed G H, et al. Liquid/Solid Mass Transfer in Fixed Beds [J]. *Chem Eng Technol*, 2004, 27 (4): 414-416.

第 11 章

计算流体力学模拟在反应工程中的应用

化学反应工程的诞生使得反应器设计与开发建立在模型化基础上。一个典型的反应器模型是由热量衡算、物料衡算和动量衡算方程所组成，其中的模型参数主要有表征流体在反应器尺度上返混程度的轴向扩散系数、用于表征相间传递作用的传质或传热参数。从反应工程诞生的 20 世纪 50 年代至计算流体力学在化工中应用开始兴起的 20 世纪 90 年代，反应器的开发设计都离不开模型简化和模型参数的确定。反应器模型化既需要准确的边界条件，又需要将各种不同的反应器近似简化为平推流反应器（PFR）或连续搅拌釜反应器（CSTR），并且要实际测量反应器停留时间分布和传递参数。近年来，人们注意到由于反应器内部各处流场结构不同，传热、传质系数处处不同，使得采用模型参数平均值法失去准确性甚至可靠性，提出应采用多尺度方法进行建模。计算流体力学作为描述反应器流体力学的计算工具，能够描述流体的真实流动状况，其在化工中的应用使得“无模型化”开发设计反应器成为一种可能。计算流体力学软件如 Fluent 和 CFX 包含大量反应过程和多相流计算模块，已经成为现代反应工程研究的必要工具。计算流体力学在反应工程中的应用十分广泛，全面介绍是不可能的，因此，本章将结合本教材的部分内容展开，主要涉及停留时间分布，理想反应器组合，固定床反应器、鼓泡床反应器模拟与分析。

11.1 停留时间分布模拟

停留时间分布测量方法主要有脉冲法和阶跃法。脉冲法在 0 时刻以极短时间向流动体系中注入一定质量的示踪剂，阶跃法从 0 时刻起向流动体系内注入流量恒定的示踪剂。从示踪剂注入时刻起，连续记录反应器出口的示踪剂浓度。由于脉冲法获得的是流体的停留时间分布密度函数 $E(t)$，而阶跃法获得的是停留时间分布函数 $F(t)$，微分后才能得到 $E(t)$。为便于数学处理，本章将对脉冲法测量停留时间进行模拟。

11.1.1 模型选择

模拟停留时间分布必须在反应器入口处加入另外一种流体——示踪剂，这就必须考虑模型如何选择的问题。有两种模型可供选择。

① 混合物模型。该模型将示踪剂与工作流体看作两种流体，但它们又被定义为同一种物质，如都为空气或水，两种流体间不存在传质与扩散，模拟时采用多相流模型中的 Mixture 模型。因此，这种模型化方法得到的完全是流体的宏观流动性质，即只存在对流，不存在扩散，完全符合“停留时间分布是对于流体宏观流动特性的表征”这一基本定义。

② 组分扩散模型。该模型将示踪剂与工作流体看作同一相，示踪剂除随工作流体流动外，还在工作流体中发生扩散。该模型显然将示踪剂当作工作流体来处理，即对流与扩散同时存在。

11.1.2 计算模型的建立

由于CSTR具有确定的停留时间分布，可以以此为基准对模拟结果进行验证。因为连续流动搅拌釜接近CSTR的停留时间分布，为简化计算，本章将采用二维模型进行模拟，模拟软件采用Ansys Fluent。

在搅拌模拟中首先采用前处理软件Gambit进行网格生成，并且对边界条件进行指定。搅拌釜采用十字型搅拌器，壁上设置三块挡板，计算网格的划分如图11-1所示。

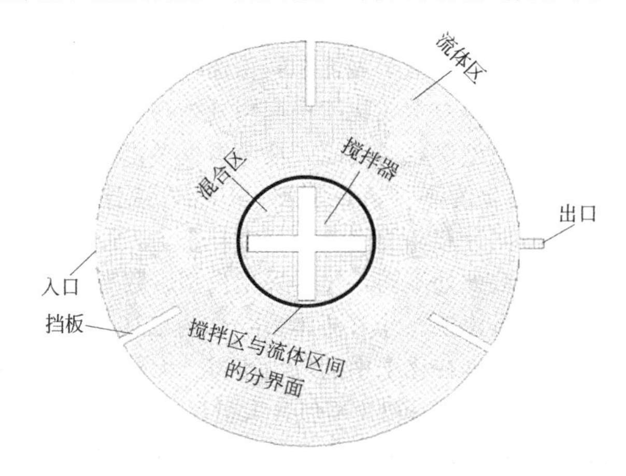

图11-1 搅拌釜模拟计算网格的划分

搅拌作用通常使用两种方法进行模拟：多参考系模型（Multiple Reference Frame Model，MRF）和滑移网格模型（Sliding Mesh Model，SMM）。两种方法的区别是：MRF方法求解出来的流场是一个充分发展流场，这个流场再被设置以一定的角速度运动，经运算后得到整个搅拌釜的真实速度分布；SMM方法得到的搅拌器的实际转动状况，可以实时观察到十字型搅拌器的空间位置变化。由于搅拌器区域中的流体流动已充分发展，因此MRF方法更为简捷，也更为常用。该方法通过设置界面"Interface"将搅拌釜中的流体划分为两个区：一个是搅拌器区，即图11-1中的"混合区"；另一个是剩余区域，即"流体区"。

区域划分好之后，进行边界条件设置。按照MRF方法，对于流动充分发展的搅拌器区"mixing zone"，可按照图11-2所示方法进行物料、搅拌轴轴心位置和搅拌转速的设置，并按照图11-3方法进行搅拌器的设置。

混合物模型的建立是通过"Models"菜单栏下"Multiphase"中的"Mixture"模型实现的，设定相数为2。通过材料设定，将示踪剂设定成与工作流体完全一样的物质，如均为空气或水。再通过相的设定将工作流体设定为"Primary Phase"，示踪剂设定为"Secondary Phase"。组分扩散模型的建立是通过在"Species"菜单下选择"Transport & Reaction"，勾选"Species Transport"选项，并设定两种组分，定义混合组分名称。由于示踪剂要有与工作流体相同的物性，因此这两种组分为同一种物质，但取不同名称。最后在"Edit Materials"面板中设置混合组分物性，如导热系数、黏度、扩散系数，其中扩散系数最为重要。

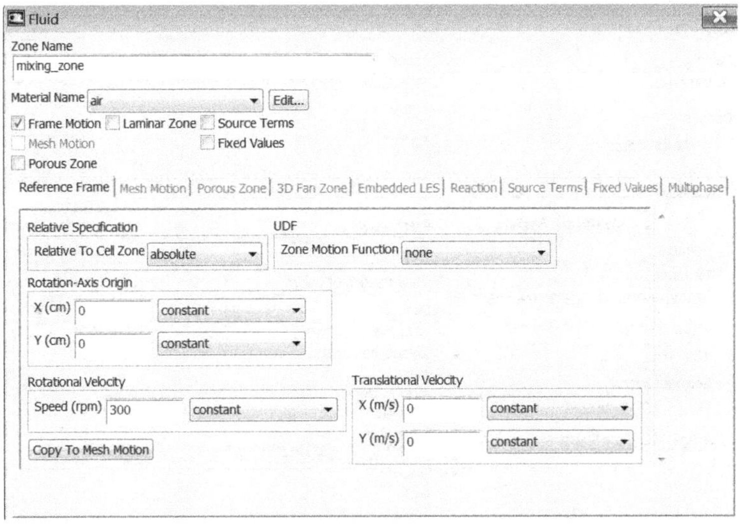

图 11-2 MRF 方法对流动充分发展区的设置

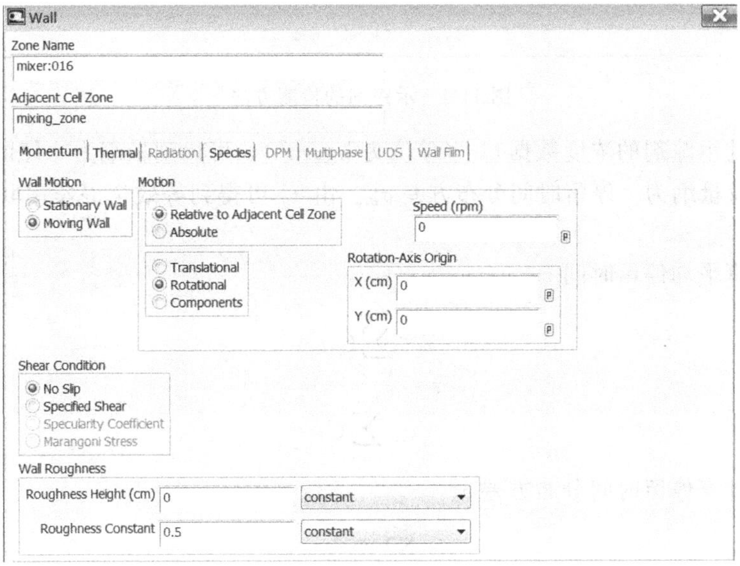

图 11-3 MRF 方法对搅拌器的设置

11.1.3 示踪剂的导入与跟踪方法

向体系中加入示踪剂是停留时间分布模拟的关键一步，可通过编写用户自定义函数（User Defined Function，UDF）实现。主要思路是：首先定义示踪剂加入时刻 t_0，给出示踪剂流量以及示踪剂脉冲注入所持续时间 δt。计算开始后，不断获取当前计算机时间 t，如果发现 $t>t_0+\delta t$，则停止注入。当前计算时间 t 用语句"t=RP_Get_Real("flow-time")"获取。

入口处和出口处示踪剂流量的检测通过"Solve"菜单栏下的"Surface Monitor"面板设置。一般应将数据进行存储，并将 x 轴设定为"Flow Time"，同时设定数据存储频率，如图 11-4 所示。

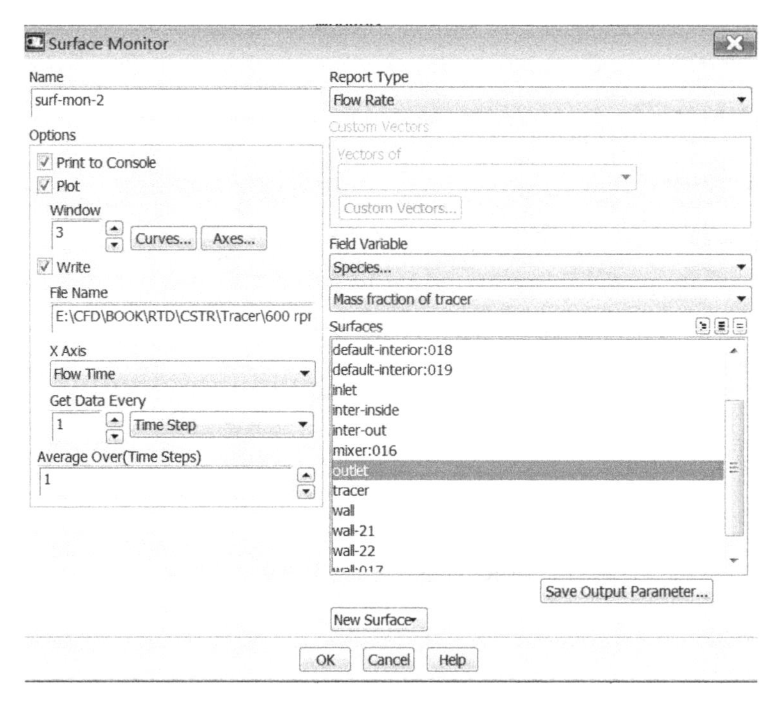

图 11-4　示踪剂的检测方法

根据出口处示踪剂的浓度数据 C_i（单位为 kg/m^3），可得到量纲为一停留时间分布密度函数 $E(t)$ 以及量纲为一停留时间分布方差 σ_θ^2。由 σ_θ^2 可得到等效全混釜串联级数 N。步骤如下：

首先，计算平均停留时间 τ

$$\tau = \frac{\sum_{i=1}^{n_\infty} C_i t_i}{\sum_{i=1}^{n_\infty} C_i} \tag{11-1}$$

再由下式计算停留时间分布方差 σ_t^2

$$\sigma_t^2 = \frac{\sum_{i=1}^{n_\infty} t_i^2 C_i}{\sum_{i=1}^{n_\infty} C_i} - \tau^2 \tag{11-2}$$

进一步得到量纲为一方差 σ_θ^2

$$\sigma_\theta^2 = \frac{\sigma_t^2}{\tau^2} \tag{11-3}$$

最后，得到等效 CSTR 串联级数 N

$$N = \frac{1}{\sigma_\theta^2} \tag{11-4}$$

11.1.4　模型检验

在工作流体为空气，流体入口速度 $u=0.2\sim0.5\text{m/s}$，示踪剂注入速度为 0.1m/s，持续时间为 1.0s，搅拌器转速为 600r/min 的条件下，针对单个反应釜和三级等效釜串联两种方式进行停留时间分布模拟。从理论上说，如果反应釜的流动接近理想全混流，单个反应釜的模拟结果应该接近于一个 CSTR，三级搅拌釜串联方式应该接近于三级 CSTR。

(1) 单级反应釜模拟

设定流体入口速度 $u=0.2\text{m/s}$，采用混合物模型与扩散模型所获得的 CSTR 分布如图 11-5 所示，等效全混釜级数分别为 1.07 和 1.18，平均停留时间分别为 16.8s 和 31.5s。由于反应器流动空间体积为 0.567m^3，入口截面积为 0.10m^2，在入口流速为 0.2m/s 的情况下，流体平均停留时间理论值为 28.35s，与扩散模型所得结果较接近，与混合物模型结果相差悬殊。因此，初步可以判断扩散模型是可靠的。

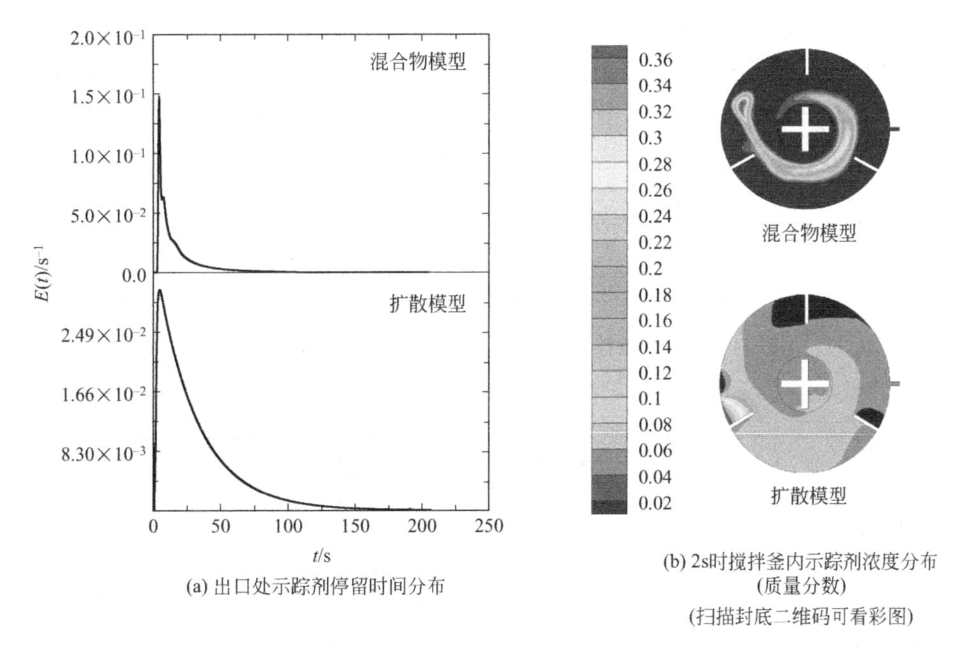

图 11-5　单级搅拌釜停留时间分布模拟

(2) 三级搅拌釜串联

为了进一步验证扩散模型的正确性，可进行多釜串联停留时间分布模拟。图 11-6 及图 11-7 分别为入口工作流体流速 $u=0.2\text{m/s}$ 和 0.5m/s 时采用两种计算模型得到的各级反应器出口处的停留时间分布密度曲线。扩散模型得到的停留时间分布密度均为单峰光滑曲线，而混合物模型则呈现为多峰或突变状。各级反应釜出口的流体平均停留时间如表 11-1 和图 11-8 所示。扩散模型得到的各级釜具有几乎完全相同的平均停留时间，与实际情况相一致，而混合物模型则较为混乱。例如，在 $u=0.2\text{m/s}$ 时，采用混合物模型得到的一级反应器流体平均停留时间为 5.59s，但在具有相同体积的第二级反应器中达到 11.43s，两者相差一倍，与实际情况偏离严重。从对等效全混釜数的预测来看，混合物模型所得结果也很不合理。例如，在 $u=0.5\text{m/s}$ 时，第一级反应釜的 CSTR 串联级数被预测为 2.37 级，而全部三个反应釜被预测为 2.73 级。正常情况下，单个搅拌釜应略大于 1 级，三个釜串联应略大于 3 级。三个反应釜串联得到 2.73 级的模拟结果，说明返混程度高于理想 CSTR 反应器，这显然是不可能的。

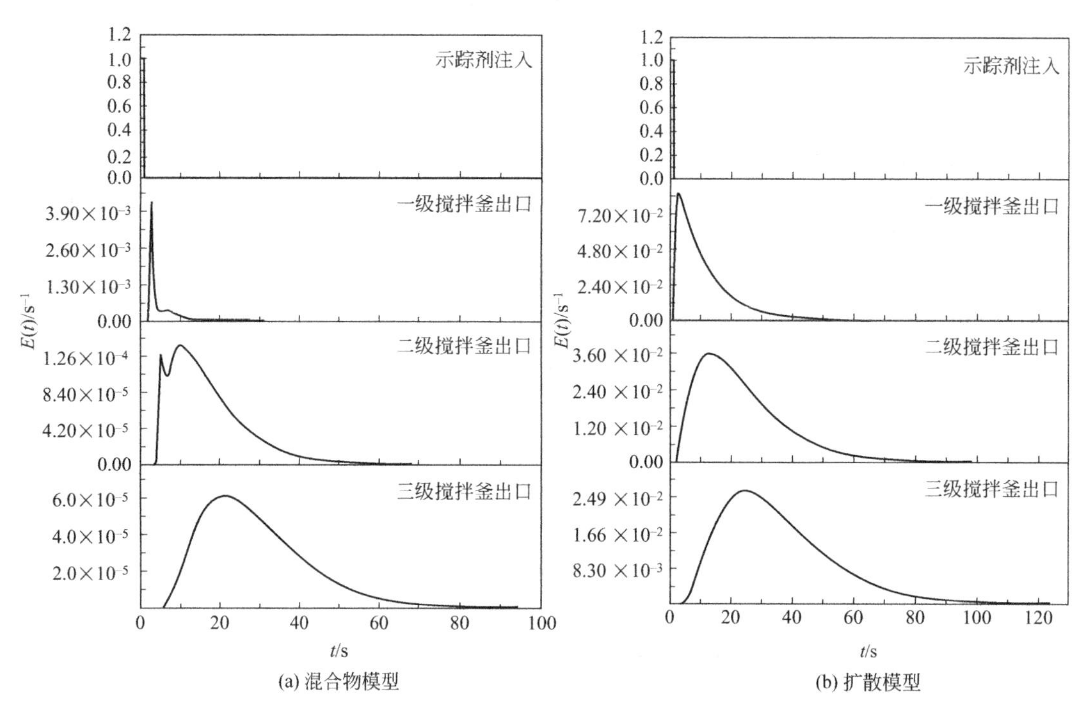

图 11-6 三级搅拌釜串联停留时间分布模拟（u=0.2m/s）

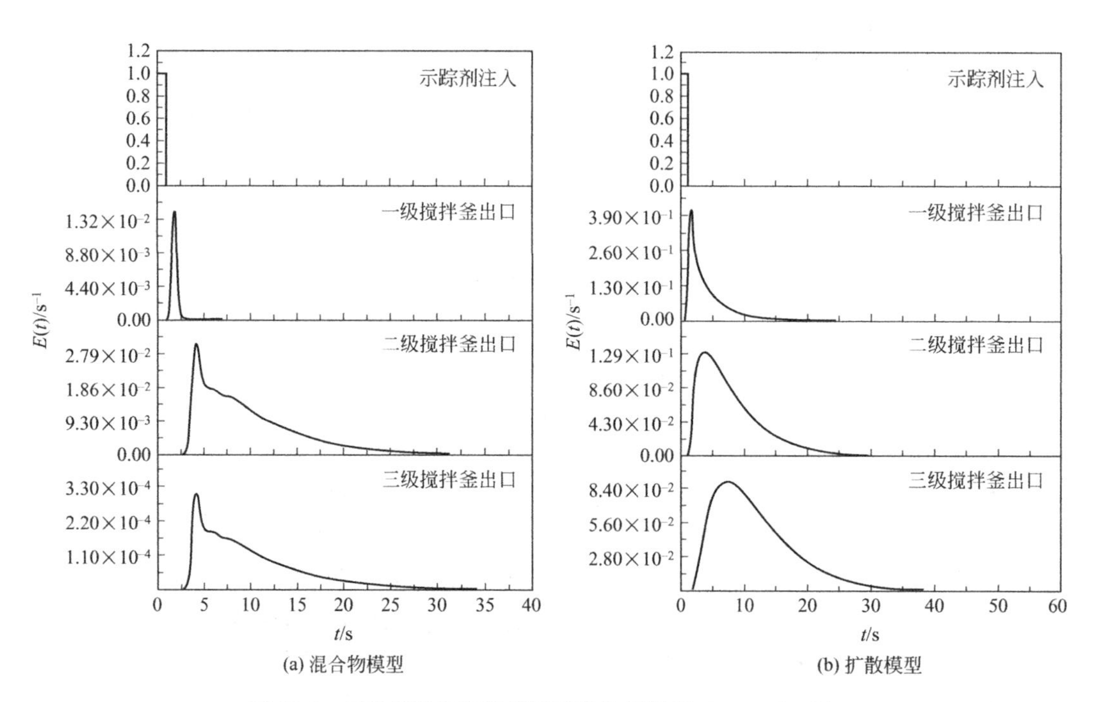

图 11-7 三级搅拌釜串联停留时间分布模拟（u=0.5m/s）

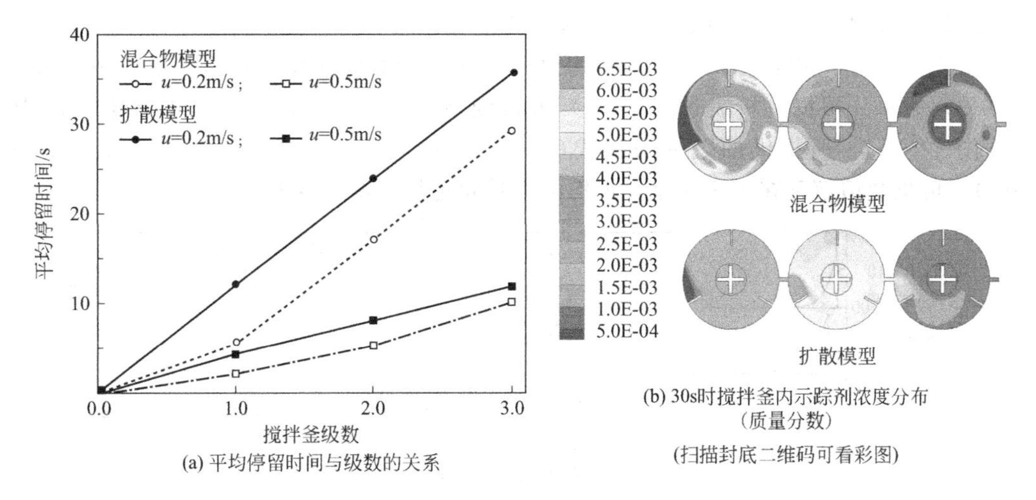

(a) 平均停留时间与级数的关系

(b) 30s时搅拌釜内示踪剂浓度分布（质量分数）

(扫描封底二维码可看彩图)

图 11-8　两种模型对搅拌釜出口流体平均停留时间的模拟对比

表 11-1　三级搅拌釜串联停留时间分布比较

入口流速 /(m·s^{-1})	模型	一级搅拌釜出口		二级搅拌釜出口		三级搅拌釜出口	
		τ_1 /s	N_1	τ_2 /s	N_2	τ_3 /s	N_3
0.2	混合物	5.59	1.39	17.02	2.87	29.20	4.59
	扩散	12.09	1.33	23.86	2.54	35.51	3.74
0.5	混合物	2.12	2.37	5.29	1.85	10.18	2.73
	扩散	4.38	1.34	8.15	2.26	11.86	3.20

11.1.5　停留时间分布模拟的应用

本教材第 4 章例题给出了两个等体积 CSTR 与 PRF 相串联时停留时间分布密度函数$E(t)$。这两个反应器，无论哪个在前，$E(t)$ 表达式均相同。

$$E(t)=\begin{cases}0 & \dfrac{t}{\tau}<\dfrac{1}{2}\\ \dfrac{2}{\tau}e^{1-\frac{2t}{\tau}} & \dfrac{t}{\tau}\geqslant\dfrac{1}{2}\end{cases}\tag{11-5}$$

式中，τ 为反应器平均停留时间。下面，首先计算与该组合相当的 CSTR 串联级数的理论值，再通过计算流体力学（CFD）模拟得到计算值。

该反应器组合的停留时间分布方差为

$$\sigma_t^2=\int_0^{\infty}(t-\tau)^2E(t)\mathrm{d}t=\int_{\frac{\tau}{2}}^{\infty}(t-\tau)^2E(t)\mathrm{d}t\tag{11-6}$$

该积分的解析表达式求取如果采用人工方法必然十分繁琐，可借助 MATLAB 的 int 函数进行符号函数积分，程序如下：

```
syms t tor                                  %定义变量 t 和τ
Et = (2./tor) * exp(1.-2. * t/tor)          %写出 E(t)表达式
Delt2 = int((t-tor)∧2 * Et,t)              %用 int 函数写出 σt² 的被积函数表达式
```

上述命令执行后得到如下积分结果

$$\sigma_t^2=-e^{1-2t/\tau}(t^2-t\tau+\tau^2/2)\tag{11-7}$$

由此得到量纲为一方差[式(11-3)]和等效全混釜串联数[式(11-4)]。

根据式(11-5)可以计算出与不同平均停留时间 τ 所对应的反应器出口示踪剂流量，如图 11-9(a) 所示。根据解析表达式(11-7)可得到该反应器组合的等效全混釜串联数为 4，而根据图 11-9(a) 所提供的数据采用式(11-2)进行数据处理，可得到的数值解，见图 11-9(b)。可见数值解存在一定误差，平均停留时间越长，误差越大。

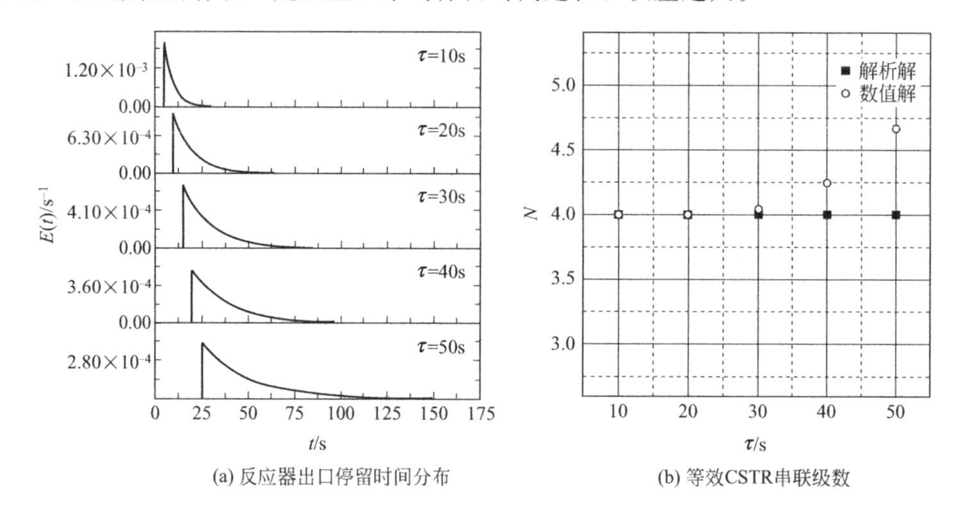

(a) 反应器出口停留时间分布 (b) 等效CSTR串联级数

图 11-9 PFR 与 CSTR 串联组合反应器的停留时间分布计算分析-理论模型

在真实流动状态下，由于壁面无滑移造成的抛物线型速度分布偏离了平推流假定，因此，实际状态下的反应器停留时间分布必然不同于理想反应器，使得通过 CFD 模拟获取停留时间分布参数十分必要。图 11-10 为对两个体积均为 $0.189m^3$ 的管式与釜式组合反应器的停留时间分布模拟结果，测得在流速 0.05m/s、0.1m/s、0.2m/s 下管式反应器的等效全

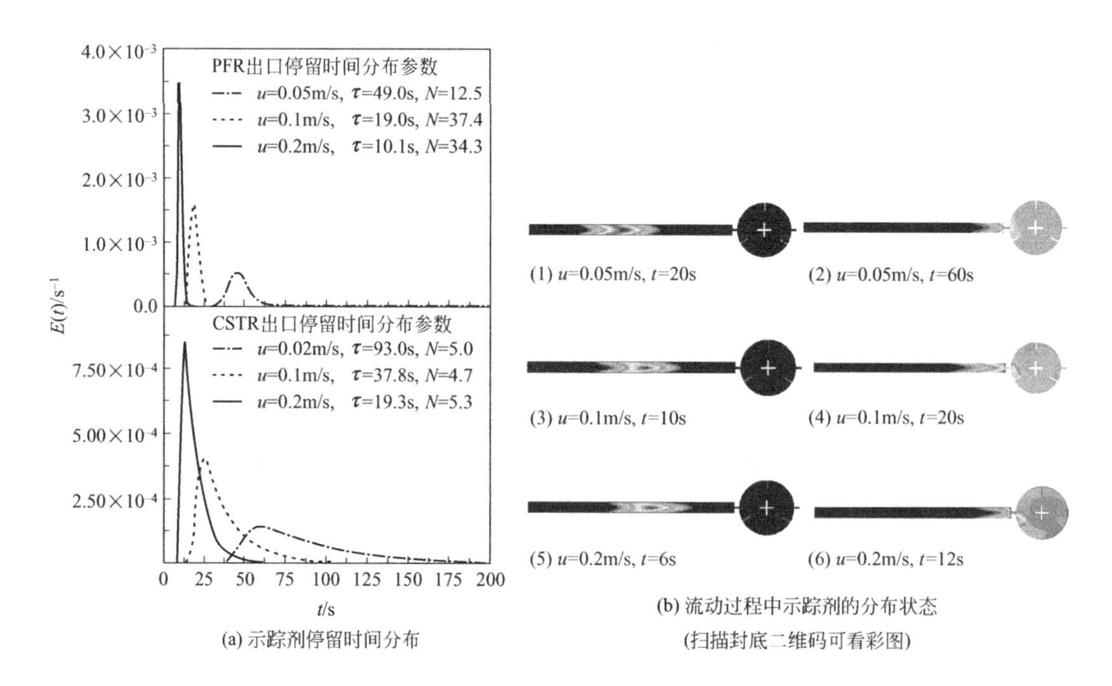

(a) 示踪剂停留时间分布 (b) 流动过程中示踪剂的分布状态 (扫描封底二维码可看彩图)

图 11-10 PFR 与 CSTR 串联组合反应器的停留时间分布——CFD 模拟

混釜级数分别为12.5、34.3和37.4，与平推流较接近；上述流速下在搅拌釜出口处测得的两反应器串联等效全混釜级数分别为5.0、4.7和5.3，均大于理论级数4.0，说明搅拌釜未能实现流体分子均匀混合，与理想全混流有一定差距。

利用CFD模拟可以较好地得到流体平均停留时间，见图11-10。由于管式与釜式反应器体积均为0.189m^3，管式反应器截面积为0.1m^2。因此，流速为0.1m/s时流体流量为0.01m^3/s，流体在每个反应器中的平均停留时间理论值均为18.9s，而CFD模拟值为19.0s和18.8s。流速为0.2m/s时，流体流量为0.02m^3/s，平均停留时间理论值均为9.45s，而CFD模拟值为10.1s和9.2s。必须指出，在以上两种情况下，反应器处于流动充分发展状态，反应器体积可视为流动体积，因此，流体平均停留时间近似等于反应器体积除以流量。在流动不充分发展的低流速下，由于反应器内存在缓慢流动区，将使平均停留时间大于理论值。例如，流速u=0.05m/s时，两反应器平均停留时间理论值均应为37.8s，而CFD模拟值为49.0s和44.0s，均大于理论值，说明反应器内存在缓慢流动区，停留时间分布曲线出现拖尾现象，见图11-10(a)。

11.2　反应过程的CFD模拟

CFD模拟可以通过求解描述每种组成物质的对流、扩散和反应源的守恒方程来模拟混合和输运，可以模拟多种同时发生的化学反应，这些反应可以发生在均相空间（容积反应）中，和（或）壁面、微粒的表面上。

11.2.1　反应模型的选择

计算包括组分输运和反应流动的任何问题，首先都要确定什么模型合适。Fluent提供了以下四种模型供选择：

① 通用有限速率模型。主要用于化学组分混合、输运和反应的问题；壁面或者粒子表面反应的问题（如化学气相沉积）。

② 非预混合燃烧模型。主要用于包括湍流扩散火焰的反应系统，该系统接近化学平衡，其中的氧化物和燃料通过两个或者三个流道分别流入所要计算的区域。

③ 预混合燃烧模型。主要用于单一、完全预混合反应物流动。

④ 部分预混合燃烧模型。主要用于区域内具有变化等值比率的预混合火焰的情况。

在以上四种模型中应用最广的是通用有限速率模型。该模型通过第i种物质的对流扩散方程预估每种物质的质量分数Y_i。守恒方程采用以下的通用形式

$$\frac{\partial}{\partial t}(\rho Y_i)+\nabla\cdot(\rho \boldsymbol{v} Y_i)=-\nabla \boldsymbol{J}_i+R_i+S_i \tag{11-8}$$

式中，R_i是化学反应的净产生速率；S_i为离散相及用户定义的源项导致的额外产生速率。在系统中出现N种物质时，需要解$N-1$个这种形式的方程。由于质量分数的和必须为1，第N种物质的质量分数通过1减去$N-1$个已解得的质量分数得到。为了使数值误差最小，第N种物质必须选择质量分数最大的物质，比如氧化物是空气时第N种物质必须选择N_2。

方程式(11-8)中，$\boldsymbol{J}_i$是物质i的扩散通量，由浓度梯度产生。层流状态下质量扩散通量可记为

$$\boldsymbol{J}_i=-\rho D_{i,\mathrm{m}}\nabla Y_i \tag{11-9}$$

式中，$D_{i,m}$ 是混合物中第 i 种物质的扩散系数。

在湍流中，质量扩散通量可表达为

$$\boldsymbol{J}_i=-\left(\rho D_{i,m}+\frac{\mu_t}{Sc_t}\right)\nabla Y_i \tag{11-10}$$

式中，Sc_t 是湍流 Schmidt 数$\frac{\mu_t}{\rho D_t}$，缺省值设置为 0.7。

在多组分混合流动中，物质扩散还导致了焓的传递。这种扩散对于焓场有重要影响，不能被忽略。特别是当所有物质的 Lewis 数 $Le_i=\frac{k}{\rho c_p D_{i,m}}$ 远离 1 时，忽略这一项会导致严重的误差。所以，Fluent 将这一项作为默认值。

另外，在 Fluent 的非耦合求解器中，入口的物质净输送量由对流量和扩散量组成，对耦合解算器，只包括对流部分。对流部分由指定的物质浓度确定，扩散部分依赖于计算得到的物质浓度场梯度。

有限速率形式包括：层流有限速率模型、涡流耗散模型、涡流耗散概念（EDC）模型。层流有限速率模型使用 Arrhenius 公式计算化学源项，忽略湍流脉动的影响。这一模型对于层流流场反应是准确的，但在湍流流场中，由于 Arrhenius 化学动力学的高度非线性，层流模型不准确。涡流耗散模型适用于快速反应，整体反应速率由湍流混合控制。在非预混反应中，湍流缓慢地通过对流/混合区进入反应区，在反应区快速反应。在预混反应中，冷的反应物和热的反应物同时进入反应区，在反应区迅速地发生反应。在这些情况下，反应为混合限制的，化学反应动力学速率可以安全地忽略掉。

Fluent 提供了湍流-化学反应相互作用模型，化学反应速率由大涡混合时间尺度 k/ε 控制。只要湍流出现（$k/\varepsilon>0$），反应即可进行。Fluent 提供了有限速率/涡流耗散模型，对 Arrhenius 方程和涡流耗散方程的反应速率都进行计算，净反应速率取两个速率中较小的。

11.2.2 反应过程的 CFD 模拟步骤

在模拟反应之前，首先进行流动模拟，达到稳定状态后，再按以下步骤进行反应过程模拟设置：

① 启动组分扩散与反应模块。在“Define”菜单下通过“Models”打开“Species”选项，在“Species Model”面板中根据要研究的问题性质进行适当选择。例如，如果要研究体积型反应，要在反应类型“Reactions”中选择“Volumetric”，默认选择“Inlet Diffusion”“Diffusion Energy Source”，表示入口处既有对流又有扩散。其他选项根据情况确定，如图 11-11 所示。

② 对反应混合物的组成与性质进行定义。在步骤①完成的基础上，继续通过“Define”菜单进行模型化设定。在“Materials”栏目中设定“Materials Type”为“Mixture”，在“Fluent Database Materials”数据库中选择一个类似反应体系作为模板，例如，如果想研究多步反应，可选择“methane-air-2step”，共包括两步反应

$$CH_4+1.5O_2\longrightarrow CO+2H_2O \tag{11-11}$$

$$CO+0.5O_2\rightleftharpoons CO_2 \tag{11-12}$$

在“Properties”栏目中，可根据实际情况对混合物组成、反应速率方程、反应机理、混合物性质（密度、比热容、导热系数、黏度、扩散系数）等参数进行设定。

为了对通用有限速率模型的准确性进行验证，可在等温条件下将“methane-air-2step”反应进行简化来完成。为避免复杂性，可只保留第一步反应，即方程式(11-11)。在参数设

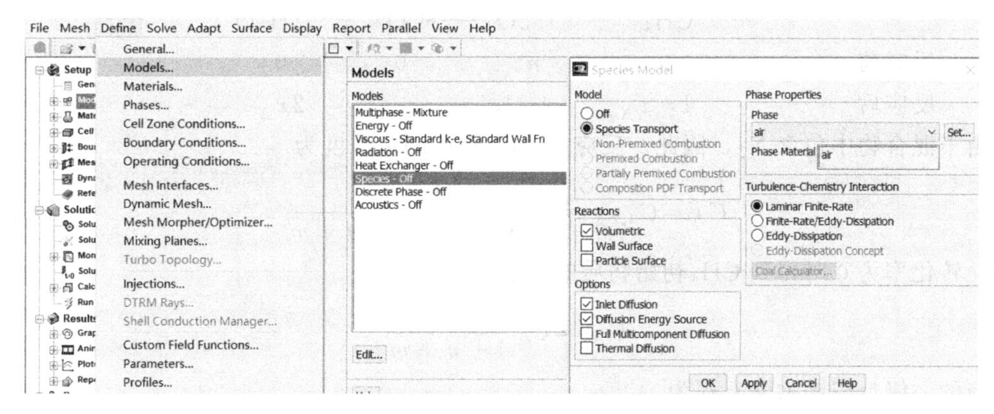

图 11-11　体积型反应的流体力学计算设置方法

置页面中将总反应个数设置为 1，CH_4反应级数设置为 1 或 2，O_2反应级数设置为 0，并将 Arrhenius 型反应速率常数设置为

$$k=5.012\times10^{11}\exp\left(\frac{-2.0\times10^{5}}{RT}\right) \tag{11-13}$$

反应级数为 1 时，反应组分、反应计量关系和动力学参数取值如图 11-12 所示。

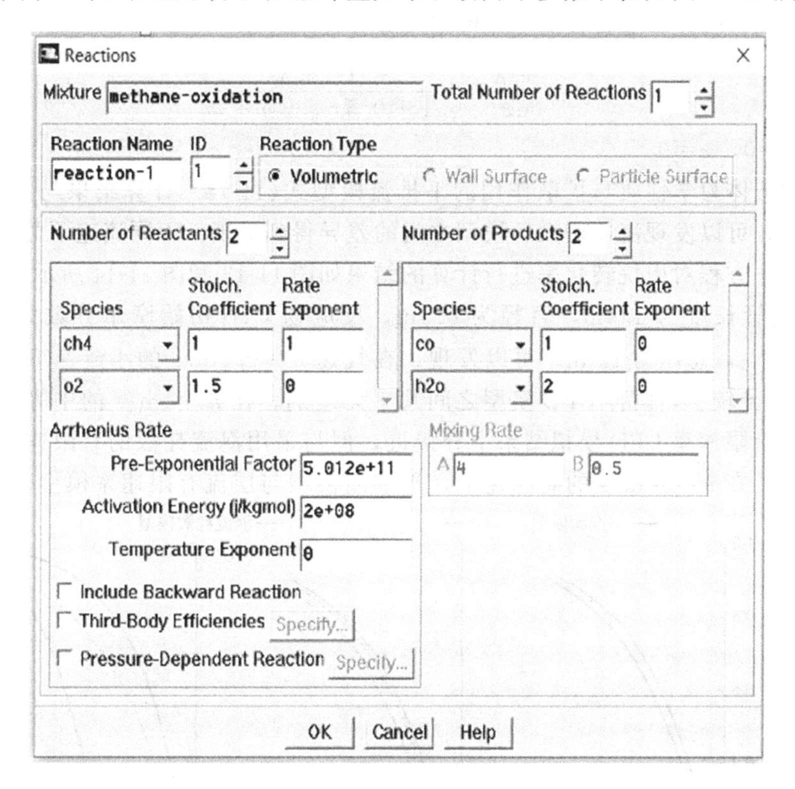

图 11-12　反应参数设置表

11.2.3　模型验证

令常压下空气-甲烷混合物中 O_2、N_2与 CH_4的物质的量配比分别为 $n:1$ 和 $m:1$。以 1mol CH_4为基准，当转化率为 x_A 时（用 A 代表 CH_4），反应体系的物料组成为

$$\begin{array}{lccccc} & CH_4 & + & 1.5O_2 \longrightarrow CO & + & 2H_2O \\ \text{反应前} & 1 & & n \quad\quad 0 & & 0 \\ \text{反应后} & 1-x_A & & n-1.5x_A \quad x_A & & 2x_A \end{array}$$

由于混合物中包含 N_2，因此，反应后 CH_4 物质的量浓度为

$$C_A = C_0 y_A = C_0 \frac{1-x_A}{1+0.5x_A+n+m} \tag{11-14}$$

其中，转化率为0时得到 CH_4 初始物质的量浓度

$$C_{A0} = C_0 \frac{1}{1+n+m} \tag{11-15}$$

该反应的一级反应动力学方程为

$$-r_A = kC_0 \frac{1-x_A}{1+0.5x_A+n+m} \tag{11-16}$$

二级反应动力学方程为

$$-r_A = k\left(C_0 \frac{1-x_A}{1+0.5x_A+n+m}\right)^2 \tag{11-17}$$

将式(11-16) 或式(11-17) 代入平推流反应器模型方程，可检验 CFD 模拟的准确性。以一级反应为例，转化率随管长的变化可用微分方程来表示

$$uy_{A0}\frac{dx_A}{dz} = k\frac{1-x_A}{1+0.5x_A+n+m} \tag{11-18}$$

初始条件为 $z=0$，$x=0$。

将不考虑流体力学性质与扩散作用的平推流模型式(11-18) 计算结果与 CFD 有限速率模型进行比较，可以发现流速增大后模型之间的差异得到显现。不同流速下分别按一级反应和二级反应速率方程对甲烷转化率进行计算的结果如图 11-13 和图 11-14 所示，其中 CFD 模拟采用的反应管长度为 1.9m，直径为 0.1m，反应物 CH_4 初始摩尔分数为 0.05，O_2 为 0.21，其余为 N_2，总压为 1atm。可以发现，在气速 $u=0.1$m/s 的小流速下，平推流模型与 CFD 模拟差异较小，两种 CFD 模型之间几乎无差别。在 $u=1$m/s 的中等流速下，平推流模型与层流有限速率 CFD 模拟结果十分接近，但与采用涡流耗散的有限速率模拟之间的差别开始显现。在 $u=10$m/s 的高流速下，平推流模型与层流有限速率模型仍然十分接近，

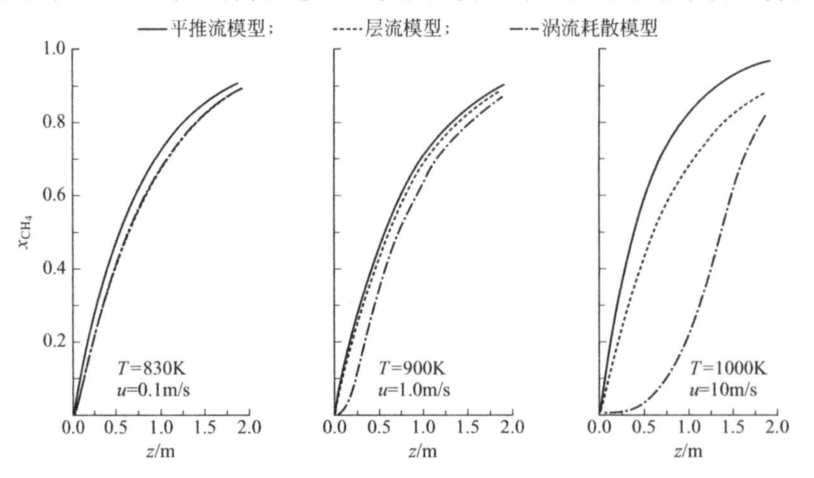

图 11-13 平推流模型与有限速率 CFD 模型对一级反应的模拟比较

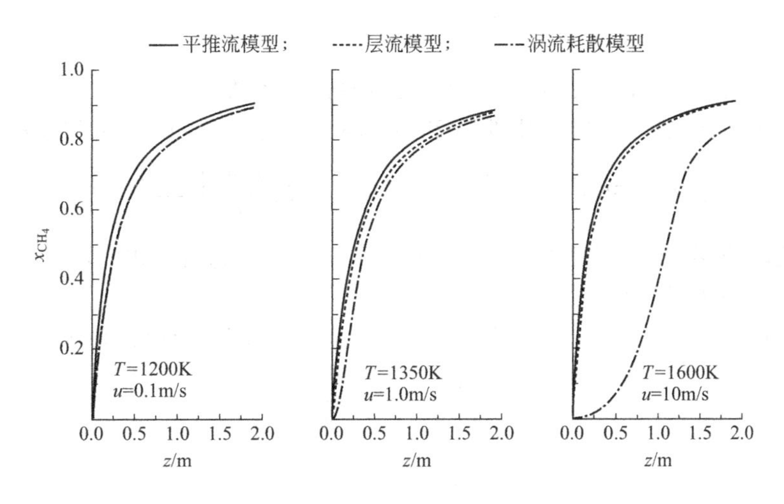

图 11-14　平推流模型与有限速率 CFD 模型对二级反应的模拟比较

而采用涡流耗散有限速率模型则表现出较大差异，特别是在入口段甲烷转化率增加缓慢，远低于平推流与层流有限速率模型。

不同模型间存在差别的原因在于，平推流模型完全不考虑速度分布的不均匀性和扩散对反应的影响，层流有限速率模型虽然是建立在真实速度分布基础之上，但只考虑了分子扩散对传质的贡献，而涡流耗散有限速率模型相比于层流模型还增加了湍流扩散的贡献，因而更加真实。

由方程式(11-10) 可知，湍流扩散系数 D_t 可根据下式进行计算

$$D_t=\frac{1}{\rho}\times\frac{\mu_t}{Sc_t} \tag{11-19}$$

式中，Sc_t 是 Schmidt 数，默认值为 0.7。

图 11-15 对沿反应器轴线的湍流扩散系数 D_t 与分子扩散系数 D_m 的比值进行了计算，充分说明模拟计算中应当包含湍流扩散系数的必要性。

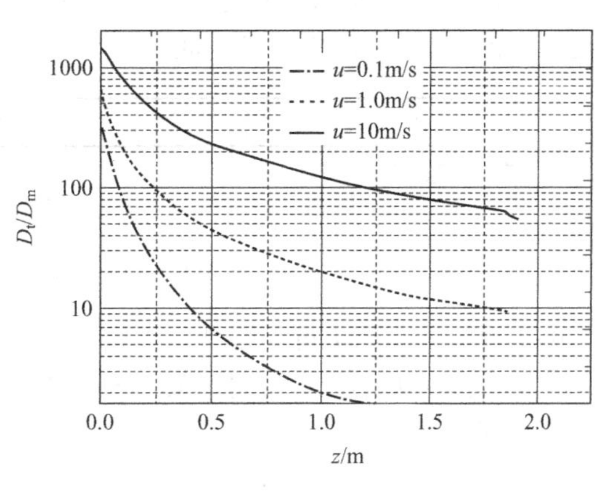

图 11-15　不同流速下湍流扩散系数与分子扩散系数的比值沿反应器轴线的变化

11.3　固定床反应器的 CFD 模拟

固定床中装填大量催化剂，采用颗粒累积方法计算固定床的转化率和温度分布显然是不可行的，固定床反应器模拟可借用 CFD 中的多孔介质模型。多孔介质是一个具有流动性但又有一定附加阻力的特殊区域，弥补了空管的不足。因此，多孔介质模型可用于描述内部有分散性填充物的流体设备，诸如固定床、过滤器、多孔分配器、管束系统等。

多孔介质模型的附加阻力项是在标准动量方程的后面加上源项。源项包含两个部分：黏性损失项［方程式(11-20)右侧第一项］和惯性损失项［方程式(11-20)右侧第二项］。

$$S_i = -\left(\frac{\mu}{\alpha}v_i + C_2 \times \frac{1}{2}\rho \left| v \right| v_i\right) \tag{11-20}$$

式中，下标 i 为流动方向；α 是渗透率；C_2 是惯性阻力系数。

在固定床中，流动阻力包含黏性阻力和惯性阻力，通常用 Ergun 方程表示

$$\Delta P = 150\,\frac{(1-\varepsilon_b)^2}{\varepsilon_b^3} \times \frac{u_0\mu}{d_p^2}L + 1.75\,\frac{\rho_f u_0^2}{d_p}\left(\frac{1-\varepsilon_b}{\varepsilon_b^3}\right)L \tag{11-21}$$

当流体流动为层流时，方程式(11-21) 的第二项就可以忽略。式中，μ 是流体黏度；d_p 是颗粒粒径；L 是床层高度；ε_b 是床层空隙率。

将方程式(11-20) 与式(11-21) 进行比较，可得到黏性阻力系数和惯性阻力系数分别为

$$\alpha = \frac{d_p^2}{150} \times \frac{\varepsilon_b^3}{(1-\varepsilon_b)^2} \tag{11-22}$$

$$C_2 = \frac{3.5}{d_p}\left(\frac{1-\varepsilon_b}{\varepsilon_b^3}\right) \tag{11-23}$$

11.3.1　固定床中的压降与速度分布

建立如图 11-16 所示的固定床反应器几何模型。反应器总长度为 50cm，直径为 2.5cm [列管式固定床中反应管直径通常为 1 英寸(1 英寸=0.0254m)]。催化剂床层高度为 30cm，处在两个各为 10cm 的空管段之间。

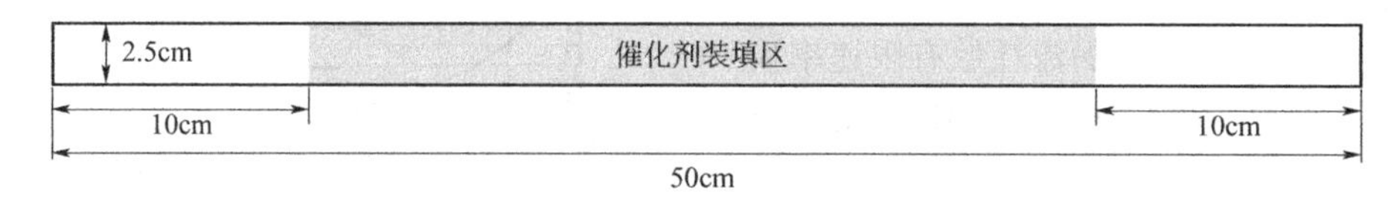

图 11-16　固定床反应器几何模型

由于颗粒大小的不可忽略性，固定床中存在空隙率分布。空隙率的不均匀性使得反应器径向各点的流道大小各不相同，从而产生速度分布。床层截面径向速度分布的计算可通过以下两个步骤完成。

(1) 计算空隙率的径向分布

本书采用 Müller (1991) 关联式计算空隙率径向分布

$$\varepsilon = \varepsilon_b + (1-\varepsilon_b)J_0(ar^*)e^{-br^*} \tag{11-24}$$

式中

$$a = \begin{cases} 8.243 - \dfrac{12.98}{D_t/d_p + 3.156}, & 2.61 \leqslant D_t/d_p \leqslant 13.0 \\ 7.383 - \dfrac{2.932}{D_t/d_p - 9.864}, & D_t/d_p > 13.0 \end{cases} \tag{11-25a}$$

$$b = 0.304 - \frac{0.724}{D_t/d_p} \tag{11-25b}$$

$$\varepsilon_b = 0.379 + \frac{0.078}{D_t/d_p - 1.80} \tag{11-25c}$$

方程式(11-24) 中的自变量为管径与颗粒直径之比 D_t/d_p 以及量纲为一径向距离 $r^* = (D_t/2 - r)/d_p$，r 为离开管中心的距离。

将以上方程式写成 UDF 函数导入 Fluent 多孔介质模块，可直接得到空隙率分布曲线，

如图 11-17 所示。可见，粒径越大，空隙率的波动范围也就越宽，即使到管中心区域仍存在明显振荡。

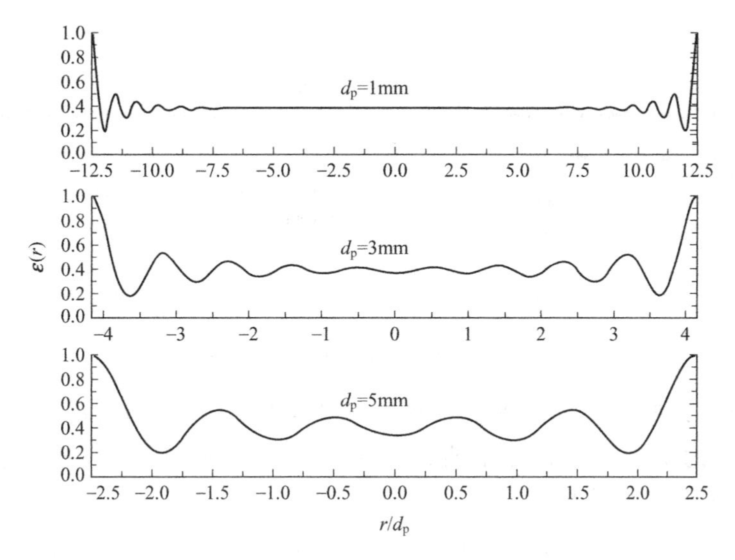

图 11-17　颗粒直径对固定床中空隙率分布的影响

在获得空隙率分布的同时，也得到压降随气速和颗粒直径的变化，见图 11-18。模拟结果正如 Ergun 方程所预测的，压降与床层高度呈正比。在 1.0m/s 的中等气速下，1mm 直径颗粒的床层压降为 2225Pa，5mm 时为 169Pa，两者相差 13.1 倍，介于湍流控制区的 5 倍和层流控制区的 25 倍之间，也与 Ergun 方程相符。

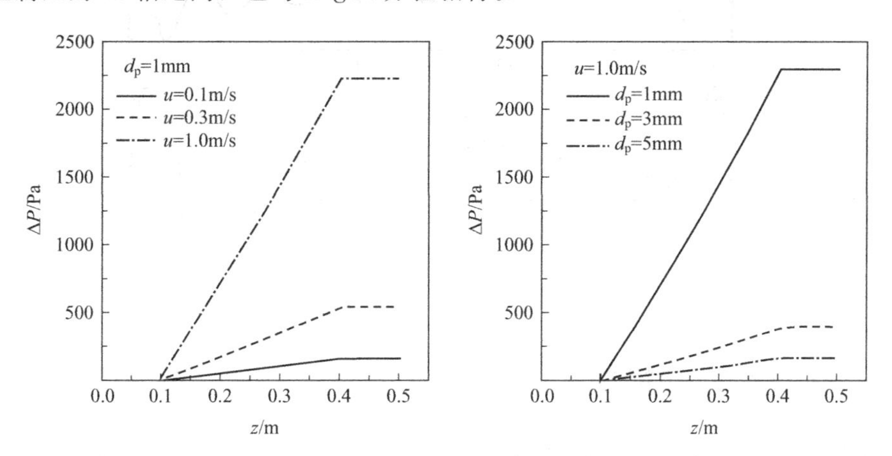

图 11-18　固定床压降随气速与颗粒直径的变化

(2) 将阻力系数作为自定义函数导入多孔介质模型获得速度分布

在边界条件中进行如图 11-19 所示名称为“porous _ zone”的固定床反应段设置。在“Zone Name”的标题下，将该区域设为“porous zone”。在下拉菜单中将流动方向定义为“1”，非流动方向定义为“0”，接着进行流动阻力系数的定义。在“Relative Velocity Resistance Formulation”栏目下，将流动方向的“Viscous Resistance”按照式(11-22) 写成 UDF 函数“udf Coe1”导入，非流动方向的阻力系数写成一个较大的数值，如“2.25e+09”代入。在“Inertial Resistance”栏目下，将流动方向的阻力系数按照式(11-23) 写成 UDF 函数“udf Coe2”导入，非流动方向的阻力系数写成一个较大的数值，如“1410000”代入。

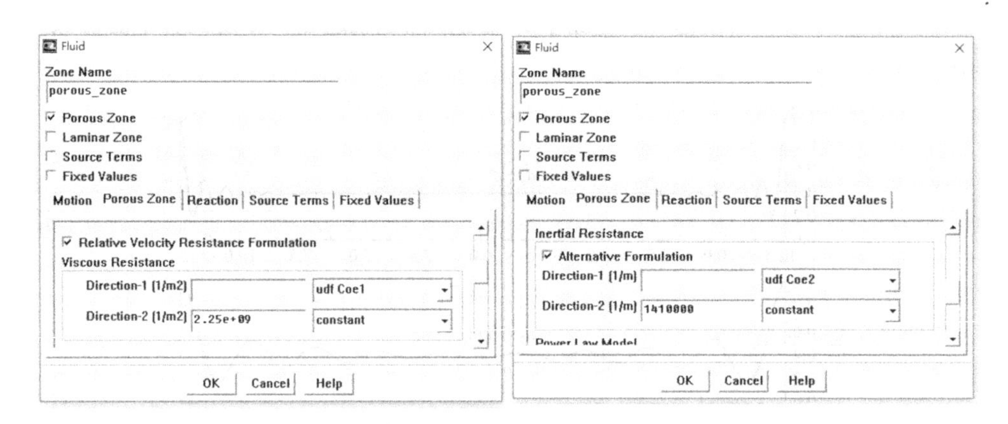

图 11-19　固定床多孔介质模型的参数设置

进行稳态模拟，得到图 11-20 所示的模拟结果。将流速与颗粒直径的影响相比较发现，即使在相差 10 倍的流速下，同一颗粒直径的固定床表现出相似的径向速度分布，不同颗粒直径的床层流速分布差别很大。

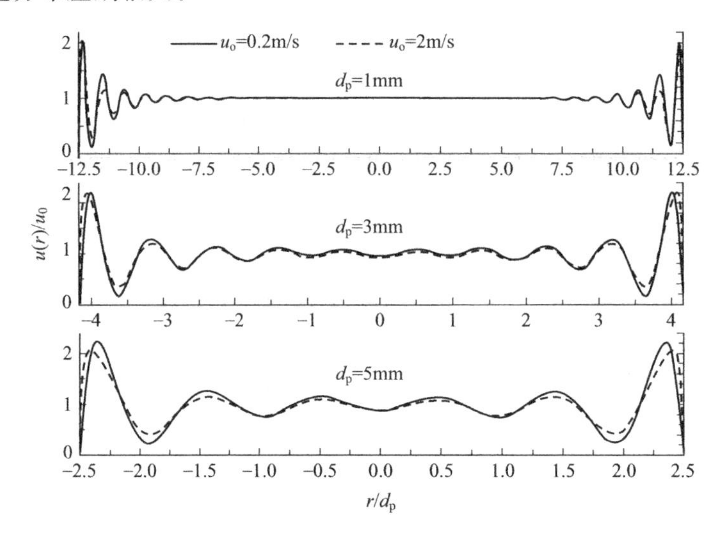

图 11-20　固定床速度分布的 CFD 模拟结果

11.3.2　化学反应的模拟

现以甲烷催化氧化反应说明固定床中化学反应的模拟。甲烷氧化反应方程式为

$$CH_4+2O_2 \longrightarrow CO_2+2H_2O+(-\Delta H) \tag{11-26}$$

该方程式定义了反应物和产物的化学计量系数。

单位催化剂床层体积的反应速率表达式为

$$-r_{CH_4}=k_0\exp\left(-\frac{E}{RT}\right)C_{CH_4} \tag{11-27}$$

式中，$k_0=1.8\times10^8\ s^{-1}$；$E=130kJ/mol$；反应热（$-\Delta H$）$=74.99kJ/mol$；$C_{CH_4}$ 为甲烷的物质的量浓度，mol/m^3。

甲烷氧化引起的各组分浓度和温度的变化可通过在质量和能量衡算方程中添加源项来获得。例如，CO_2 生成速率源项为

```
DEFINE_SOURCE(co2,c,t,dS,eqn)
{
real source;
source = (arrhenius_rate) * C_R(c,t) * C_YI(c,t,CH4);
dS[eqn] = 0;
return source;
}
```

以反应热生成速率表示的热量源项为

```
DEFINE_SOURCE(energy,c,t,dS,eqn)
{
real source;
delt_h = -7.499e+07;/ * 单位 J/kmol * /
source = delt_h * (-arrhenius_rate) * C_R(c,t) * C_YI(c,t,CH4)/16;
dS[eqn] = 0;
return source;
}
```

在热量源项表达式中，"C_R(c,t) * C_YI(c,t,CH4)"代表甲烷浓度，单位为 kg/m^3，被甲烷分子量 16 相除后，得到 $kmol/m^3$，再与反应热"delt _ h"相乘后得到"source"，单位为 $J/(m^3 \cdot s)$。

源项的添加可通过在固定床段的边界条件设定栏目下选择"Source Terms"，并将以上编写的组分源项和热量源项 UDF 函数逐个导入来实现，如图 11-21 所示。

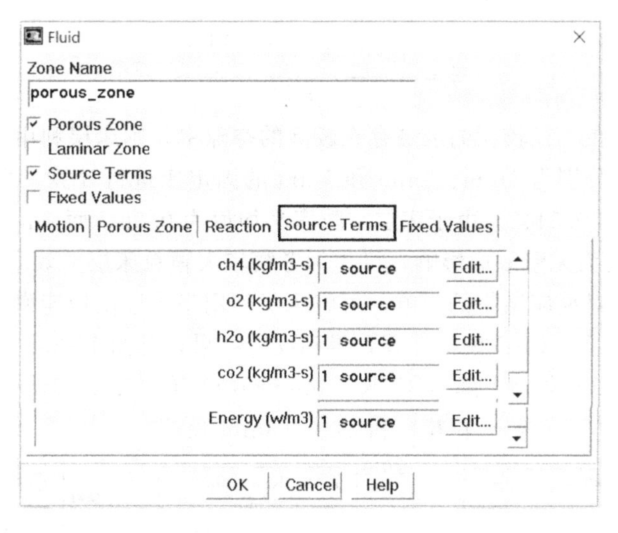

图 11-21　固定床段组分源项和热量源项的导入方式

完成所有边界条件设定后进行初始化，然后开始稳态计算，得到所需计算结果，如图 11-22 所示。计算结果显示，在 0～0.1m 和 0.4～0.5m 两个空管段均无温度和组分浓度的变化，该结果与这两个区域未装填催化剂而无化学反应相一致。由图 11-22(a) 可知，在流速 0.3m/s 和入口温度 770K 下，甲烷浓度由质量分数为 0.05 下降为 0.01662；在流速 1.0m/s 和入口温度 825K 下，甲烷浓度由质量分数为 0.05 下降为 0.01745。由图11-22(c) 可知，在上述条件下反应器温度分别由 770K 上升至 897.6K，由 825K 上升至 948.1K，分别上升了 127.6K 和 123.1K。将温升与浓度变化值相除分别为 3822.6K 和 3781.8K，两者

偏差为1.06%，可满足工程设计要求。

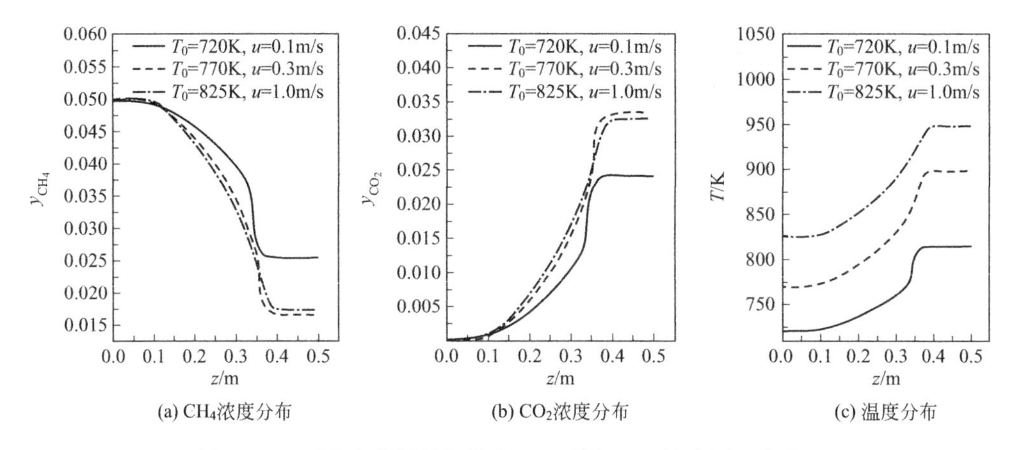

(a) CH_4浓度分布　(b) CO_2浓度分布　(c) 温度分布

图 11-22　固定床中甲烷氧化的CFD模拟（不计床层空隙率）

11.3.3 壁效应分析

从床层空隙率分布曲线可知，近壁处存在较大空隙率，这意味着近壁处催化剂装填密度低于中心区域，造成反应速率下降，产生所谓的壁效应。由于壁处圆周半径较大，催化剂装填量又正比于圆周半径，因此，壁处空隙率特征对反应器壁效应会产成较大影响。壁效应的影响可通过催化剂床层利用率 η 得到反映

$$\eta=\frac{\int_0^R 2\pi r\left[1-\varepsilon(r)\right]\mathrm{d}r}{\pi R^2} \tag{11-28}$$

该式表明，如果在半径较大的区域存在较高的空隙率，则床层利用率就会较低。对管径为2.5cm，颗粒直径分别为1mm、3mm和5mm的固定床进行计算，得到床层利用率分别为0.6270、0.5855和0.5442。由于床层空隙率平均值为0.38，而1mm直径颗粒床层利用率近似为0.62，可视为无壁效应影响，可作为考察较大颗粒床层壁效应影响的对比值。

为了研究壁效应对反应结果的影响，可将床层利用率乘以反应速率常数从而得到真实床层反应速率常数，再通过CFD模拟计算，得到反应结果，见图11-23。壁效应的存在，使得反应器出口温度由882K分别下降为877K（3mm颗粒）和872K（5mm颗粒），甲烷转化率由30%分别下降为27%（3mm颗粒）和24%（5mm颗粒）。

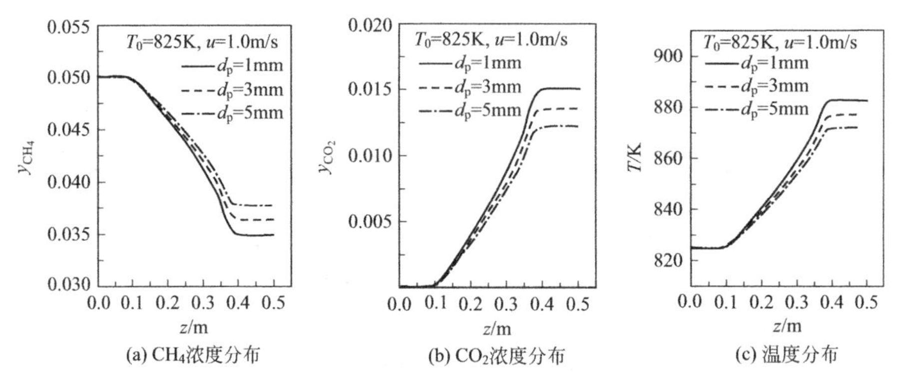

(a) CH_4浓度分布　(b) CO_2浓度分布　(c) 温度分布

图 11-23　固定床中壁效应对反应结果的影响

11.4　气液鼓泡反应器

鼓泡塔中一般存在两种流区：均匀鼓泡流和湍动流。均匀鼓泡流出现在较低表观气速下（<5cm/s），其特征是气泡为均匀的小气泡，直径在 2～6mm 之间。湍动区出现在较高表观气速下（>5cm/s），其特征是气泡直径较大（>15mm），并且有较宽的分布。Krishna 采用流体体积法（Volume of Fluid，VOF）对直径为 4～20mm 的空气气泡在水中的上升轨迹和形状进行了模拟，如图 11-24 所示。由图 11-24 可知，气泡直径越大，越偏离球形，越接近球帽形。气泡直径越小，越易受到周围流场的干扰而使上升轨迹呈锯齿状，气泡足够大时可沿直线上升。

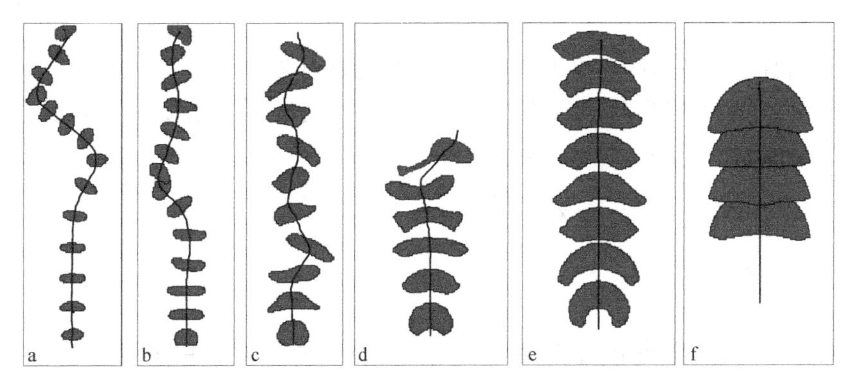

图 11-24　不同尺寸气泡上升轨迹的流体体积法模拟

a—4mm；b—5mm；c—7mm；d—9mm；e—12mm；f—20mm

气泡越大，所受浮力也越大，因此上升速度越快。管径远大于气泡直径的条件下，气泡上升速度与气泡直径间存在以下关系

$$u_b=\frac{2}{3}\sqrt{\frac{\Delta\rho g d_b}{2\rho_l}} \tag{11-29}$$

根据该式可对单气泡上升速度进行预测，例如气泡直径为 1cm 时上升速度为 0.15m/s，直径 5cm 时上升速度为 0.31m/s，如图 11-25 所示。

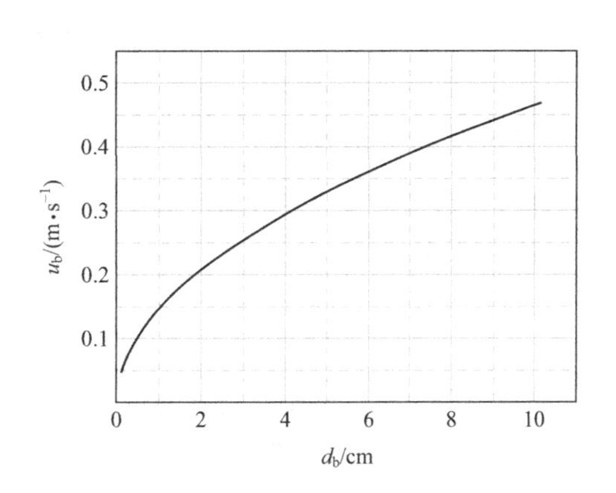

图 11-25　不同尺寸气泡在水中的上升速度计算值

鼓泡塔的数值模拟属于多相流模拟，目前主要有欧拉-拉格朗日法和欧拉-欧拉法。欧拉-拉格朗日方法需要对每一个气泡进行跟踪，对于高气含率的工业反应器，其应用受到计算量的限制。欧拉-欧拉法又称为双流体模型，它假定每一相都是相互贯穿的连续体，为每一相求解一组控制方程，其计算将不受气含率的限制。进行鼓泡塔的 CFD 模拟之前，应先掌握以下基础知识。

11.4.1　相间动量交换项

在关于分散相气泡的动量守恒方程中，相间动量交换由 6 项组成，如图 11-26 所示，其中1项为曳力，其余5项为非曳力。

(1) 曳力

曳力是指液相与气泡之间的流体摩擦力，是气泡在液相中的形体阻力。

对单个球形气泡来说，以一定速度匀速上升的气泡所受曳力为

$$F_D = C_D A_g \frac{\rho_l}{2} |\boldsymbol{v}_g - \boldsymbol{v}_l| (\boldsymbol{v}_g - \boldsymbol{v}_l) \tag{11-30}$$

式中，下标g表示气泡相；下标l表示液相；C_D为曳力系数；A_g为气泡投影面积，$\frac{\pi d_b^2}{4}$；ρ_l为液相密度；$\boldsymbol{v}$为速度矢量。

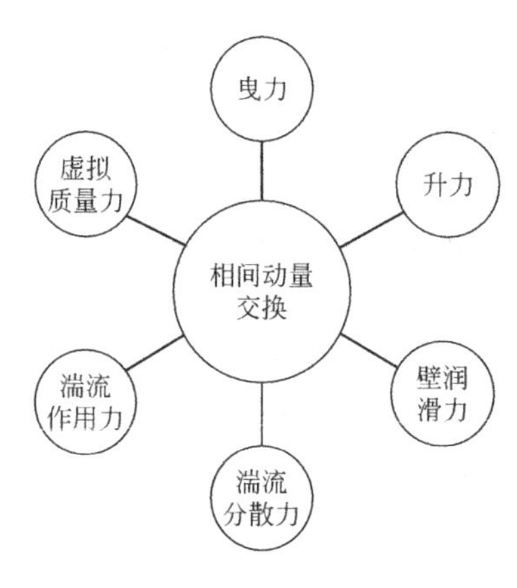

图11-26 分散相受力组成分析

根据气泡所处流区的不同，曳力系数采用不同方法计算。

① 球形区 气泡为球形且直径在2mm以下时，气泡终端速度小于0.2m/s，可按照Schiller & Naumann (1935) 模型计算

$$C_D = \max\left[\frac{24}{Re}(1+0.15Re^{0.687}), 0.44\right] \tag{11-31}$$

式中，$Re = \frac{d_g \rho_l |\boldsymbol{v}_g - \boldsymbol{v}_l|}{\mu_l}$。

② 椭球区 气泡沿锯齿状路线摇摆上升。计算公式通常采用Ishii-Zuber和Grace关联式。

Ishii-Zuber关联式为

$$C_D(\text{椭球}) = \frac{2}{3} Eo^{1/2} \tag{11-32}$$

式中，Eo为Eötvös数，$Eo = \frac{g(\rho_l - \rho_g) d_b^2}{\sigma}$。

此模型得出的曳力系数与气泡尺寸、表面张力、两相密度有关，但与黏度无关。

Grace关联式为

$$C_D(\text{椭球}) = \frac{4}{3} \times \frac{g d_b}{u_t^2} \times \frac{\Delta\rho}{\rho_l} \tag{11-33}$$

此模型的曳力系数不仅与气泡尺寸有关，还与连续相黏度、表面张力、两相密度有关。

③ 球帽区 曳力系数达到定值

$$C_D = \frac{8}{3} \tag{11-34}$$

Schiller & Naumann (1935) 模型只能用于球形区曳力系数的计算，但该模型不能拓展到椭球区和球帽区。Grace曳力模型、Ishii-Zuber曳力模型和通用曳力模型可覆盖全部流区，文献中采用Grace曳力模型较多。

(2) 升力

颗粒或气泡所受升力主要由于主体相流场的速度梯度垂直于两相的相对运动方向。升力对于大气泡来说较为重要，但在多数情况下，升力远不如曳力重要，因此，一般不需要将升力项考虑在内。升力只是在相间分离很快或者液体旋转流动的情况下才有影响。

（3）壁润滑力

壁润滑力的作用在于将分散相（气泡）推离器壁。例如，对竖直管中的鼓泡向上流动，壁润滑力使气泡聚集在中心区，而不是在壁面附近出现。这一作用力可保证壁面处气含率为 0，从而与实验相符合。壁润滑系数可通过 Antal et al.（1991）模型、Tomiyama 模型、Frank 模型、Hosokawa 模型获得。以上模型中，后者都是对前者的修正和补充，因此适应性和准确性更高。

（4）湍流分散力

湍流分散力是相间湍流动量传递，起到对分散相的湍流扩散作用。例如，在竖直管中加热液体达到沸腾时，蒸汽是在加热壁面上产生的，湍流分散力将促使蒸汽离开壁面向管中心聚集。湍流分散力来源于相间曳力，在 Ansys Fluent 中有以下曳力模型供用户选择：Lopez de Bertodano 模型、Simonin 模型、Burns et al. 模型、VOF 扩散模型。

（5）湍流作用力

鼓泡流中的湍流影响十分复杂，它包含气泡引起的湍流、气泡引起与剪切引起两种湍流的交互作用、气泡与涡流的直接作用。模型有 Sato 模型、Simonin 模型、Troshko & Hassan 模型。

其中，Sato 模型将连续相增强涡流黏度表达为

$$\mu_{tc}=\mu_{ts}+\mu_{tp} \tag{11-35}$$

式中，μ_{ts}为剪切引起的涡流黏度；μ_{tp}为颗粒引起的附加涡流黏度。

（6）虚拟质量力

对多相流动，当分散相 p 相对于主相 q 加速时主相会对分散相施加一个虚拟质量力。当分散相的密度远小于主相的密度时，虚拟质量力的影响是重要的。在鼓泡塔模拟中，虚拟质量力会对气泡羽流的摆动周期、气泡穿过收缩管的加速流动产生影响。

11.4.2　湍流模型的选择

Fluent 针对 k-ε 模型提供了三种方法模拟多相流中的湍流，选用何种模型取决于第二相湍流的重要性。

（1）混合湍流模型（Mixture Turbulence Model）

该模型是默认的多相湍流模型，应用于分层（或接近分层）的多相流和相间密度比接近于 1 的多相流动。在这种情形下，使用混合属性和混合速度捕获湍流的重要特征是足够的。

（2）分散湍流模型（Dispersed Turbulence Model）

当分散相含率不高时，分散湍流模型是合适的模型。这种情形下，分散相间的碰撞可忽略，对分散相随机运动起支配作用的是主相湍流的影响。此外，连续相和分散相密度差很大时，例如鼓泡塔中的气液两相流，也符合这个模型的适用范围。

（3）各相湍流模型（Turbulence Model for Each Phase）

该模型为每一相求解一套 k-ε 输运方程。当湍流传递在相间起重要作用时，这个湍流模型是合适的选择。由于 Fluent 为每个第二相求解两个附加的输运方程，各相湍流模型与分散相湍流模型相比大大地增加了计算的强度。

11.4.3　气泡尺寸分布

在大于 5cm/s 的较高表观气速下，会出现大气泡不断破碎成小气泡，小气泡又不断聚并成大气泡的动态现象，最后达到平衡状态，出现一定的气泡尺寸分布。群平衡

(Population Balance）方程就是一个计算气泡尺寸分布的有效方法。

群平衡方程如下

$$\frac{\partial}{\partial t}n(m,t)+\frac{\partial}{\partial x^{i}}[u^{i}(m,t)n(m,t)]=B_{\mathrm{B}}-D_{\mathrm{B}}+B_{\mathrm{C}}-D_{\mathrm{C}} \tag{11-36}$$

式中，n 为气泡数量；m 为气泡质量；u 为气泡流速；B_{B}、D_{B}、B_{C}、D_{C} 分别代表质量为 m 的气泡因大气泡破碎而产生的速率、因气泡破碎生成更小气泡而消失的速率、由于小气泡聚并而生成的速率和由于与其他气泡聚并而消失的速率。

求解群平衡方程前要先进行气泡尺寸的划分，即进行气泡尺寸组的预定义。由于各组尺寸是以质量而不是以直径或体积定义的，为了便于使用，软件可根据用户需要自行定义气泡尺寸。由于气泡质量正比于气泡直径的 3 次方，相邻两组较大气泡的直径是较小气泡的 $2^{x/3}$ 倍，其中 x 为比率指数。例如，如果 $x=3$，气泡共 5 组，则最大气泡与最小气泡直径之比为$(2^{3/3})^{5-1}=16$。Fluent 和 CFX 求解器提供了多种模型以供使用，如 Luo & Svendsen 模型、Prince & Blanch 模型等。

11.4.4 气液界面积浓度

界面积浓度（Interfacial Area Concentration）是指单位混合物体积中两相间的界面积。当采用 Eulerian 多相模型时，Fluent 提供了对称模型、颗粒模型、Ishii 模型等供选择。由于颗粒模型提供的是单位纯液相中的界面积，故不符合定义。对称模型将液含率和气含率均考虑在内，故符合对界面积浓度的定义。Ishii 只限于液相沸腾状态下使用。

11.4.5 传质系数模型

（1）Sherwood 数法

气泡相(g) 向液相(l) 的传质系数可通过 Sherwood 数计算

$$k_{\mathrm{lg}}=\frac{Sh_{\mathrm{l}}D_{\mathrm{l}}}{d_{\mathrm{b}}} \tag{11-37}$$

式中，D_{l} 为液相扩散系数；d_{b} 为气泡直径。

Sherwood 数的计算可根据流体力学条件从以下两个模型中选择。

① Ranz-Marshall 模型　该模型来源于流体通过球形颗粒的边界层理论

$$Sh_{\mathrm{l}}=2+0.6\,Re_{\mathrm{l}}^{1/2}Sc_{\mathrm{l}}^{1/3}\mathrm{A}\qquad(0\leqslant Re_{\mathrm{l}}<200,0\leqslant Sc_{\mathrm{l}}<250) \tag{11-38}$$

② Hughmark 模型　通过改进 Ranz-Marshall 模型，Hughmark 模型适用范围更广

$$Sh_{\mathrm{l}}=\begin{cases}2+0.6Re_{\mathrm{l}}^{1/2}Sc_{\mathrm{l}}^{1/3} & 0\leqslant Re_{\mathrm{l}}<776,\quad 0\leqslant Sc_{\mathrm{l}}<250\\ 2+0.27Re_{\mathrm{l}}^{0.62}Sc_{\mathrm{l}}^{1/3} & 776\leqslant Re_{\mathrm{l}},\quad 0\leqslant Sc_{\mathrm{l}}<250\end{cases} \tag{11-39}$$

（2）湍动能耗散率法

Garcia-Ochoa 基于 Higbie 渗透理论，提出了根据湍动能耗散率计算气液传质系数的预测公式

$$k_{\mathrm{l}}=\frac{2}{\sqrt{\pi}}\sqrt{D_{\mathrm{l}}}\left(\frac{\varepsilon_{\mathrm{l}}\rho_{\mathrm{l}}}{\mu_{\mathrm{l}}}\right)^{1/4} \tag{11-40}$$

式中，D_{l} 为液相传质系数，$\mathrm{m^2/s}$；ρ_{l} 为液相密度，$\mathrm{kg/m^3}$；μ_{l} 为液相黏度，Pa·s；ε_{l} 为局部湍动能耗散率，$\mathrm{m^2/s^3}$。

能量耗散与变形运动有关，变形率越大，耗散的能量也就越大。湍流中存在能量梯级，湍

流运动中耗散的能量，是由大涡漩从平均运动取得而在小涡旋中通过黏性耗散的。湍流中所产生的涡旋尺寸越小，湍流能量耗散也就越大，表面更新频率也就越高，传质系数就越大。

11.4.6　不同曳力模型对气泡羽流的模拟

前已述及，Schiller & Naumann 模型仅适用于球形小气泡，而 Grace 模型适用于所有气泡形状。为了说明正确选择曳力模型的重要性，可对相同流速下不同大小气泡的羽流摆动特性模拟进行比较。模拟所采用鼓泡塔直径为 50cm，直筒段高度 5m，不含内构件。模拟结果如图 11-27 所示。

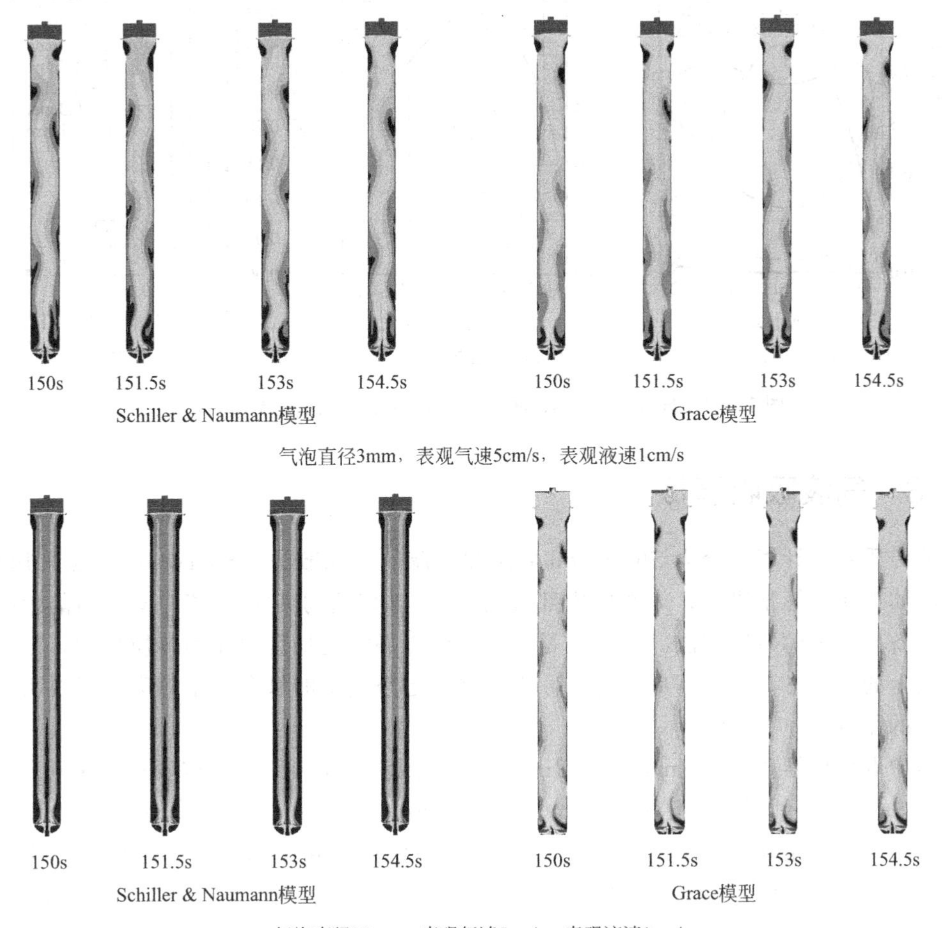

图 11-27　不同曳力模型对气泡羽流的模拟对比
（扫描封底二维码可看彩图）

由图 11-27 可知，在气泡直径较小的情况下两种模型均可模拟得到气泡羽流的摆动现象，但在气泡直径较大而转变为非球形情况下，Schiller & Naumann 模型完全失真，而 Grace 模型对大气泡运动仍然适用。

11.4.7　气泡分布的群平衡模拟

由于模拟之前是无法确定鼓泡塔中的气泡尺寸分布或者平均气泡直径的，群平衡模型将很好地解决这一问题。考虑到将气泡尺寸分为6组，比率指数设定为3，最小直径设定为0.15cm，计算得到其他各组气泡直径依次为0.3cm、0.6cm、1.2cm、2.4cm、4.8cm，聚并和破碎核函数均采用Luo & Svendsen模型，在气速为10cm/s、液速为0.5cm/s的流动条件下，高度3m处床层截面的瞬态气泡分布特征如图11-28所示。

从图11-28可知，塔中心主要被大气泡所占据，气泡越小，越远离中心区。在湍动区，为满足大气量通过的需要，气体主要以大气泡方式快速通过鼓泡塔，毫米级气泡总量不到10%。

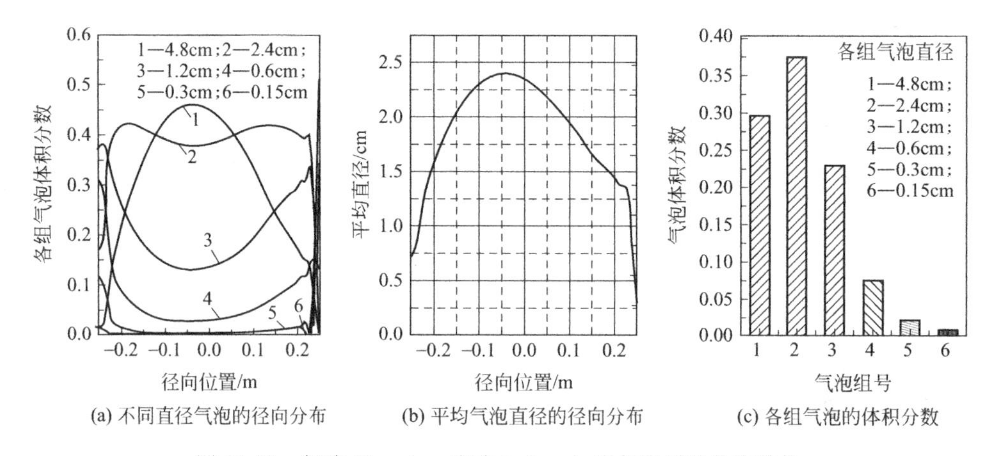

(a) 不同直径气泡的径向分布　(b) 平均气泡直径的径向分布　(c) 各组气泡的体积分数

图11-28　气速10cm/s、液速0.5cm/s下气泡群的分布特性

11.4.8　气液吸收模拟

气液传质系数计算可分为Sherwood数法和湍流能量耗散法。Sherwood数法采用塔径、液速和液体性质计算雷诺数，未考虑内部流动状态（如气泡引起的湍流）对传质的影响，是建立在设备尺度上的研究方法。湍流能量耗散法则以涡流能量传递作为传质机理，是建立在湍流尺度上的研究方法，因而更加可靠。以下将通过空气中的氧在水中的吸收来说明这两种方法带来的差别。

模拟中取反应器直径0.2m，高度2m，液体表观流速1cm/s，气体表观流速6cm/s，气泡直径取3mm，得到液体雷诺数为2000，Sherwood数为227.2，气液传质系数为1.74×10^{-4}m/s。在流动充分发展达到稳定后，通过CFD模拟计算得到全塔湍流耗散率体积平均值为0.1163m^2/s^3，由此得到气液传质系数为0.001m/s，是Sherwood数法的5.75倍。可见，Sherwood数大大低估了因气体流动而增强的气液传质系数。

图11-29为采用Sherwood数法和湍流能量耗散法获得的鼓泡塔内液相氧浓度的轴向变化比较。可以发现，采用Sherwood数法计算得到的氧浓度增长速度小于湍流能量耗散法，这与两者传质系数相差5.75倍是一致的。鼓泡塔虽然有较强的轴向液相返混，但仍然表现出明显的液相浓度轴向分布，说明鼓泡塔比较适合采用轴向扩散平推流模型。在反应器出口端所表现出的氧浓度下降是由两个原因造成的：

① 气相中的氧已被液体吸收，造成出口端气相氧分压下降，平衡浓度随之下降，传质推动力下降；

② 塔内液体初始状态氧浓度设置为0，使得向上流动的溶解氧不断被稀释。

图11-30为气相氧摩尔分数的轴向分布随时间的变化。可见，采用湍流能量耗散法得到

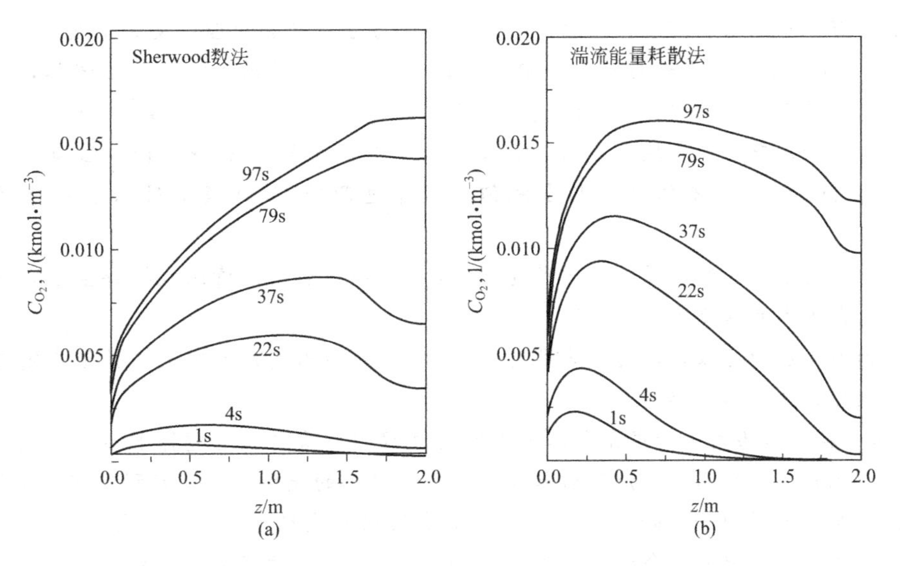

图 11-29　不同传质系数计算方法对液相氧浓度的影响

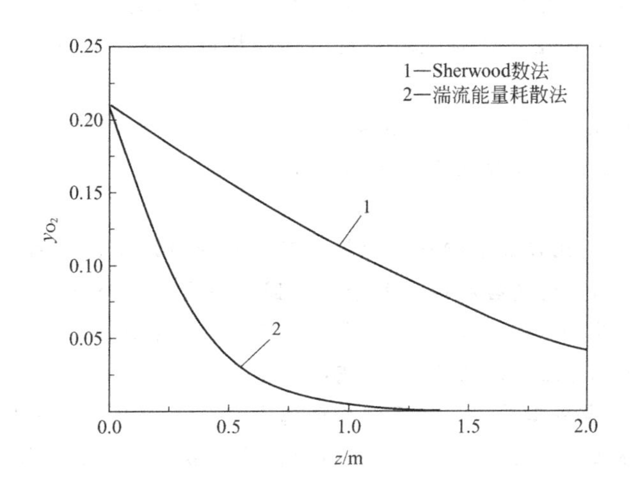

图 11-30　不同传质系数计算方法得到的气相氧剩余浓度

的气相氧摩尔分数下降速率远快于 Sherwood 数法，与液相氧浓度的变化相吻合。

可见，反应器内部各处流场结构不同，造成传热、传质系数处处不同，使得采用模型参数平均值法失去准确性甚至可靠性，应采用网格化方法进行建模。计算流体力学作为描述反应器流体力学的计算工具，能够描述流体的真实流动状况，其在化工中的应用使得“无模型化”开发设计反应器成为一种可能。

习　题

11-1　化工过程中流体流动多数处于湍流区间，但流动类型差异很大，因此湍流模型的选择必须与流动性质相符合。请对几种主要湍流模型加以介绍，并指出各自的适用范围。

11-2　在所研究问题的物理模型和计算区域确定后，即可进行计算区域的离散化处理，即通过网格划分用一组有限个离散的点来代替原来连续的空间。离散化方法主要有三种：有限差分法、有限单元法和有限体积法。请说明每种方法的计算原理以及优缺点。

11-3 向一个由搅拌釜与圆柱管相组合的反应器中连续通入液态反应流体，两反应器体积相等。管式反应器中流体表观流速为 0.1m/s，管径为 0.1m，长度为 2m。为达到全混流效果，搅拌釜器壁安装 6 块厚度为 1cm 的挡板，搅拌桨转速 600r/min。已知反应物 A 的初始浓度为 $1 mol/m^3$，流体性质与水相似。试通过两维 CFD 模拟对以下两个问题进行分析：

(1) 如果反应为 1 级，动力学方程为 $(-r_A)=0.01C_A$，请比较搅拌釜在前与反应管在前两种组合方式的转化率。

(2) 如果反应为 2 级，动力学方程为 $(-r_A)=0.03C_A^2$，请比较搅拌釜在前与反应管在前两种组合方式的转化率。

11-4 在丁二烯氯化加成制取二氯丁烯的过程中，需要在无搅拌下实现反应器内两种流体的均匀混合。已知高速射流可引起设备内整个流体的循环流动，起到搅拌混合作用，但喷嘴结构需要通过模拟加以验证。冷模试验拟采用内管直径为 3cm，外管直径为 5cm 的环形管作为射流喷嘴，射流混合空间为直径 50cm，高 200cm 的有机玻璃塔，塔的两端各有一个进出口，其中底部为喷射入口，顶部为排气口，接通风管道，排气口直径为 10cm。为降低研究成本，采用 20℃的空气作为试验介质。请模拟以下条件下的射流混合效果，讨论孔口雷诺数的卷吸作用范围。

(1) 内孔流速 10m/s，环隙流速 3m/s；

(2) 内孔流速 50m/s，环隙流速 15m/s；

(3) 内孔流速 100m/s，环隙流速 30m/s。

11-5 通过模拟，比较离散相与连续相密度差相同情况下，相同大小气泡与颗粒在液相中的运动速度和运动轨迹是否相同，并分析原因。假定气泡为空气，密度为 $1.25kg/m^3$，颗粒为陶瓷球，密度为 $2000kg/m^3$，液相为水。气泡和颗粒均为 (1) 3mm；(2) 10mm。两者在水中的上升或沉降距离均为 50cm，忽略壁效应。

11-6 在氯丙醇合成工艺中，为了避免丙烯与氯气直接反应，都先将氯气溶解到水中形成次氯酸再与丙烯反应。请比较鼓泡溶氯与液体喷射溶氯哪种方式能够获得较高的次氯酸浓度并减小设备体积。

参 考 文 献

[1] ANSYS, Inc. Advanced Multiphase Course, Lecture 4: Gas-Liquid Flows. 2014.

[2] Clift R, Grace J R, Weber M E. Bubbles, Drops and Particles [M]. New York: Academic Press, 1978.

[3] Garcia-Ochoa F, Gomez E. Theoretical Prediction of Gas-Liquid Mass Transfer Coefficient, Specific Area and Hold-Up in Sparged Stirred Tanks [J]. *Chem Eng Sci*, 2004, 59: 2489-2501.

[4] Hughmark G A. Mass and Heat Transfer from Rigid Spheres [J]. *AIChE J*. 1967, 13 (6): 1219-1221.

[5] Ishii M, Zuber N. Drag Coefficient and Relative Velocity in Bubbly, Droplet or Particulate Flows [J]. *AIChE J*, 1979, 25 (5): 843-855.

[6] Joshi J B, Vitankar V S, Kulkarni A A, et al. Coherent Flow Structures in Bubble Column Reactors [J]. *Chem Eng Sci*, 2002, 57 (16): 3157- 3183.

[7] Krishna R, van Baten J M. Simulating the Motion of Gas Bubbles in a Liquid [J]. Nature, 1999, 398 (6724): 208.

[8] Luo H, Svendsen H F. Theoretical Model for Drop and Bubble Breakup in Turbulent Dispersions [J]. AIChE J, 1996, 42 (5): 1225 -1233.

[9] Müeller G E. Prediction of Radial Porosity Distributions in Randomly Packed Fixed Beds of Uniformly Sized Spheres in Cylindrical Containers [J]. *Chem Eng Sci*, 1991, 46 (2): 706-708.

[10] Prince M J, Blanch H W. Bubble Coalescence and Break-Up in Air-Sparged Bubble Columns [J]. *AIChE J*, 1990, 36 (10): 1485-1499.

[11] Ranz W E, Marshall W R. Evaporation from Drops, Part I and Part Ⅱ [J]. *Chem Eng Prog*, 1952, 48 (4): 173-180.

[12] Sato Y, Sekoguchi K. Liquid Velocity Distribution in Two-Phase Bubbly Flow [J]. *Int J Multiphas Flow*, 1975, 2 (1): 79-95.

[13] Schiller L, Naumann A. Fundamental Calculations in Gravitational Processing [J]. *Zeitschrift Des Vereines Deutscher Ingenieure*, 1933, 77: 318-320.

主要符号表

符号	含义与单位
A_R	反应器的传热面积，m^2
a	组分分率；催化剂活性；催化剂颗粒的比表面积或单位液相体积的气液界面积，m^{-1}
Bi_m	传质 Biot 数，$\frac{k_g L_P}{D_e}$
Bi_h	传热 Biot 数，$\frac{hL_P}{\lambda}$
C_A、C_B、C_i	组分 A、B、i 的物质的量浓度，mol/m^3
$\boldsymbol{C}$	浓度向量，mol/m^3
c_p	定压比热容，J/(kg・K)
Da_{I}	第一 Damköhler 数
Da_{II}	第二 Damköhler 数
D_A、D_B	组分 A、B 的分子扩散系数，m^2/s
D_e	催化剂颗粒内的有效扩散系数，m^2/s
D_{ea}、D_{er}	固定床反应器的轴向有效扩散系数和径向有效扩散系数，m^2/s
d_p	颗粒直径，m
D_t	反应器内径，m
E	活化能，J/mol；气液反应中的液相增强因子
$E(t)$	停留时间分布密度函数，s^{-1}
F	单位横截面积的质量流率，$kg/(m^2 \cdot s)$
$F(t)$	停留时间分布函数
f	组分逸度；量纲为一浓度(对比浓度)
G_m	摩尔吉布斯自由能，J/mol
H	高度，m；亨利常数，$m^3 \cdot Pa/mol$
ΔH	反应热，J/mol
Ha	八田数
h	气膜传热系数，$W/(m^2 \cdot K)$
J_A	气相组分 A 通过液膜的传质通量，$mol/(m^2 \cdot s)$
j_D	传质 j 因子
j_H	传热 j 因子
K	化学平衡常数
$\boldsymbol{K}$	反应速率常数矩阵，一级反应，s^{-1}
K_A、K_B	双曲线型动力学模型中组分 A、B 的吸附平衡常数
K_{bc}	鼓泡流化床中气泡相和气泡云相之间的交换系数，s^{-1}
K_{ce}	鼓泡流化床中气泡云相和乳化相之间的交换系数，s^{-1}
k	反应速率常数，一级反应，s^{-1}
k_0	Arrhenius 方程中的频率因子，一级反应，s^{-1}
k_g	从气相到固体颗粒外表面或气液界面的传质系数，$mol/(m^2 \cdot Pa \cdot s)$
k_l	液相传质系数，m/s
k_{l0}	液相物理传质系数，m/s
L	反应器高度，m；Lewis 数，$\frac{\lambda}{c_p \rho D}$，量纲为一
L_p	颗粒特征尺寸，m
m_c	催化剂质量，kg
m_R	反应物料质量，kg
$\overline{M}_r$	平均分子量，g/mol
N	传热数；固定床反应器参数灵敏性判别特征数
N_A、N_B	组分 A、B 反应的物质的量，mol
Pe	Péclet 数，$\frac{uL}{D_e}$
Pr	Prandtl 数，$\frac{c_p \mu}{\lambda}$
P	压力，床层表观压力，Pa
p_A、p_B	组分 A、B 的分压，Pa
p_t	系统总压，Pa
Q	传热速率，W/m^2；体积流量，m^3/s
Q_g	反应器放热速率，W
Q_r	反应器移热速率，W
q_n	流量，mol/s
q_V	体积流量，m^3/s
R	摩尔气体常数，8.314J/(mol・K)；循环比；径向半径，m

符号	含义与单位
Re	Reynolds 数，$\frac{u\rho d}{\mu}$
r	径向距离，m
r^*	量纲为一径向距离
r_A	组分 A 的反应速率，$mol/(m^3 \cdot s)$
S	固定床反应器参数灵敏性判别特征数
Sc	Schmidt 数，$\frac{\mu}{\rho D}$
S_e	反应选择性
S_{wh}	质量空速，$kg/(kg \cdot h)$
T	热力学温度，K
ΔT_{ad}	绝热温升，K
t	时间，s
t_r	特征反应时间，s
t^*	固体颗粒完全转化所需时间，s
U	总传热系数，$W/(m^2 \cdot K)$
u	线速度，m/s
V_R	反应器体积，m^3
x_A	组分 A 的转化率
Y_P	产物 P 的产率
y_A	组分 A 的摩尔分数
z	轴向坐标，m

希腊字母

符号	含义与单位
α	液相总体积和液膜体积之比；鼓泡流化床中气泡尾迹体积与气泡体积之比，m^3/m^3
β	化合物中某元素的原子数；量纲为一绝热温升
β_{ex}	量纲为一最大外部温升，$\frac{(-\Delta H)C_{Ab}}{\rho c_p T_b}\left(\frac{\lambda}{c_p \rho D}\right)^{-\frac{2}{3}}$
$\bar{\beta}_{ex}$	量纲为一外部温升，$\beta_{ex}\eta_e Da$
β_{in}	发热函数，$\frac{D_e(-\Delta H)C_{As}}{\lambda T_s}$
$\bar{\beta}_i$	量纲为一内部温升，$\beta_{in}(1-\eta_e Da)$
$\bar{\beta}_{in}$	量纲为一最大内部温升，$\frac{D_e(-\Delta H)C_{Ab}}{\lambda T_b}$
γ_b	传质 Biot 数和传热 Biot 数之比
δ	液膜厚度；流化床中气泡体积和床层体积之比，m
ε	量纲为一活化能，$\frac{E}{RT_0}$；迭代计算的收敛精度；空隙率
ε_l	持液量，m^3/m^3
ζ	量纲为一反应时间
η	气固相催化反应中的催化剂效率因子；气液相反应中的液相效率因子
η_e	催化剂外部效率因子
η_i	催化剂内部效率因子
θ	量纲为一温度；对比停留时间
λ	导热系数，$W/(m \cdot K)$
λ_{ea}	固定床反应器轴向有效导热系数，$W/(m \cdot K)$
λ_{er}	固定床反应器径向有效导热系数，$W/(m \cdot K)$
μ	化学势；动力黏度，$kg/(m \cdot s)$
ξ	反应进度；对比长度，z/L
ρ	密度，kg/m^3；对比径向距离，$\frac{r}{R}$
ρ_m	物质的量浓度，mol/m^3
υ	化学计量系数
σ^2	量纲为一方差
τ	反应器平均停留时间，s
Φ	修正 Thiele 模数，对一级反应，$L_p\sqrt{\frac{k}{D_e}}$
ϕ	Thiele 模数，对一级反应，$R_p\sqrt{\frac{k}{D_e}}$；体积分数

下标

符号	含义
A、B	组分 A、B
a	轴向
B	床层
b	主体，流化床中气泡云相
c	固体未反应核，流化床中气泡云相
e	化学平衡，外部，流化床中乳化相
g	气体
i	界面，内部
i	组分编号
j	反应编号，组分编号
l	液相
mf	临界流化状态
obs	表观
r	径向
s	定态，固体表面
t	极限流化状态
w	气泡尾涡
0	初始或进口状态

上标

符号	含义
$\ominus$	标准态符号
k	迭代次数